Handbuch der Konstruktion: Innenausbau

Wolfgang Nutsch

Handbuch der Konstruktion: Innenausbau

Deutsche Verlags-Anstalt
Stuttgart

Wolfgang Nutsch, Ing. grad. für Bauwesen.
Techniker der Fachrichtung Holz, Tischlermeister.
Wissenschaftlicher Lehrer, seit 1979 Leiter der
Fachschule für das Holzgewerbe in Stuttgart.

Die Deutsche Bibliothek – CIP-Einheitsaufnahme

Nutsch, Wolfgang:
Handbuch der Konstruktion / Wolfgang Nutsch. –
Stuttgart : Deutsche Verlags-Anstalt.
Innenausbau. – 10. Aufl. – 1994
ISBN 3-421-02339-5

10. Auflage 1994

Druck u. Bindung: F. Pustet, Regensburg
Printed in Germany

Inhalt

Einleitung

Der individuelle Innenausbau gehört zu den größten und auch interessantesten Aufgabengebieten der kleinen und mittleren Holzverarbeitungsbetriebe. Wie das Inhaltsverzeichnis dieses Handbuches ausweist, gehören hierzu Innentüren, wie Drehflügeltüren, Pendeltüren, Schiebetüren, Falt- und Harmonikatüren, Wandverkleidungen, Heizkörperverkleidungen, Einbauschränke, Deckenverkleidungen und Trennwände. In besonderen Fällen ist bei den Konstruktionen noch der Schall-, Wärme-, Feuchte- oder Brandschutz zu beachten.
Die Gestaltung des Innenausbaus ist eine architektonische Aufgabe und somit vom Zeitgeschmack, den Ideen des Architekten und den Wünschen des Kunden abhängig. Die Konstruktion der einzelnen Ausbauelemente ist auf den Entwurf oder umgekehrt der Entwurf auf die Konstruktionselemente abzustimmen. Beide, Konstruktion und Entwurf, haben im allgemeinen auf die vorhandenen Werkstoffe und Beschläge Rücksicht zu nehmen. Aber trotz dem Wandel der formalen Vorstellungen bleibt das einzelne Konstruktionselement über längere Zeit verhältnismäßig gleich. Das hat bei der Bearbeitung des Buches dazu geführt, besonders die einzelnen Konstruktionselemente, wie Wand-, Fußboden- und Mittelanschlüsse bei Wand-, Deckenverkleidungen und Einbauschränken, die Aufbausysteme der Einbauschränke und Trennwände oder die Anschlags-, Einbau- und Verschlußmöglichkeiten von Innentüren zu behandeln. Weitere Grundelemente, die die Grundkonstruktionen der Verbindungen oder des Möbelbaus betreffen, beim Einbauschrank z. B. Türen, Klappen, Schubkasten, Eckverbindungen, Bodenträgersysteme und Rückwandbefestigungen, sind dem »Handbuch der Konstruktion – Möbel und Einbauschränke« zu entnehmen.
Zur besseren Les- und Verwendbarkeit sind alle Detailpunkte im Maßstab 1 : 2 nach DIN 919 gezeichnet und die wichtigsten Maße eingetragen. Dadurch sind sie als Vorlagen für die Erstellung von Teilschnittzeichnungen geeignet. Bei besonderen Materialien läßt sich über das Abkürzungsverzeichnis die Her-

steller- oder Lieferfirma des Beschlages oder des Werkstoffes ermitteln. Soweit erforderlich, sind Hinweise auf die einschlägigen DIN-Vorschriften gegeben.
Das Buch ist so gegliedert, daß man in den einzelnen Abschnitten die gesuchten Detailpunkte schnell findet. Dem Praktiker, Konstrukteur und Architekten dient es als Nachschlagewerk. Wegen seines chronologischen, methodischen Aufbaus kann das Buch aber auch systematisch durchgearbeitet werden und stellt zugleich ein Lehrbuch für Auszubildende dar.

1. Maße im Hochbau

1.1 Baunormzahlen

Die Maße im Bauwesen, besonders im Hochbau, sind durch eine Maßordnung festgelegt. Dadurch ist eine gewisse Normung erreicht worden, die sich auch im Innenausbau bemerkbar macht. In der DIN 4172 »Maßordnung im Hochbau« sind die *Baunormzahlen* angegeben (siehe B 1.1). Es sind Zahlen für die Baurichtmaße, aus denen die Einzelmaße, die Rohbaumaße und die Maße für den Ausbau abgeleitet werden. In der DIN ist zwischen Baurichtmaßen und Nennmaßen zu unterscheiden.

1.2 Baurichtmaße

Baurichtmaße sind besonders bei Mauerwerksbauten mit Fugen theoretische Maße. Sie betragen im Rohbau in der Regel ein Vielfaches von 12,5 cm. Die Baurichtmaße sind erforderlich, um die Bauteile normgerecht verbinden zu können. Sie können aus der Tafel B 1.1 entnommen werden (siehe auch B 1.2).

1.3 Nennmaße

Nennmaße sind die Maße, die die Bauten bzw. die Bauteile tatsächlich aufweisen sollen. Sie werden in die Bauzeichnungen eingetragen. Bei Bauten ohne Fugen, wie Beton, entsprechen die Nennmaße den Baurichtmaßen. Bei Bauten aus Mauerwerk, die also Fugen aufweisen, ergeben sich die Nennmaße aus den Baurichtmaßen abzüglich oder zuzüglich der Fugen (siehe B 1.2). Die Fugendicke wird mit 10 mm angenommen.

Reihen vorzugsweise für den **Rohbau**				Reihe vorzugsweise für **Einzelmaße**	Reihen vorzugsweise für den **Ausbau**			
a	**b**	**c**	**d**	**e**	**f**	**g**	**h**	**i**
25	$\frac{25}{2}$	$\frac{25}{3}$	$\frac{25}{4}$	$\frac{25}{10} = \frac{5}{2}$	**5**	**2 x 5**	**4 x 5**	**5 x 5**
				2,5				
			$6\frac{1}{4}$	5	5			
		$8\frac{1}{3}$		7,5				
				10	10	10		
	$12\frac{1}{2}$		$12\frac{1}{2}$	12,5				
		$16\frac{2}{3}$		15	15			
				17,5				
			$18\frac{3}{4}$	20	20	20	20	
				22,5				
25	**25**	25	25	25	25			25
				27,5				
			$31\frac{1}{4}$	30	30	30		
				32,5				
		$33\frac{1}{3}$		35	35			
	$37\frac{1}{2}$		$37\frac{1}{2}$	37,5				
		$41\frac{2}{3}$		40	40	40	40	
			$43\frac{3}{4}$	42,5				
				45	45			
				47,5				
50	**50**	50	50	50	50	50		50
				52,5				
				55	55			
			$56\frac{1}{4}$	57,5				
		$58\frac{1}{3}$		60	60	60	60	
	$62\frac{1}{2}$		$62\frac{1}{2}$	62,5				
		$66\frac{2}{3}$		65	65			
				67,5				
			$68\frac{3}{4}$	70	70	70		
				72,5				
75	**75**	75	75	75	75			75
				77,5				
			$81\frac{1}{4}$	80	80	80	80	
		$83\frac{1}{3}$		82,5				
				85	85			
	$87\frac{1}{2}$		$87\frac{1}{2}$	87,5				
		$91\frac{2}{3}$		90	90	90		
			$93\frac{3}{4}$	92,5				
				95	95			
				97,5				
100	**100**	100	100	100	100	100	100	100

B 1.1 Baunormzahlen in cm nach DIN 4172

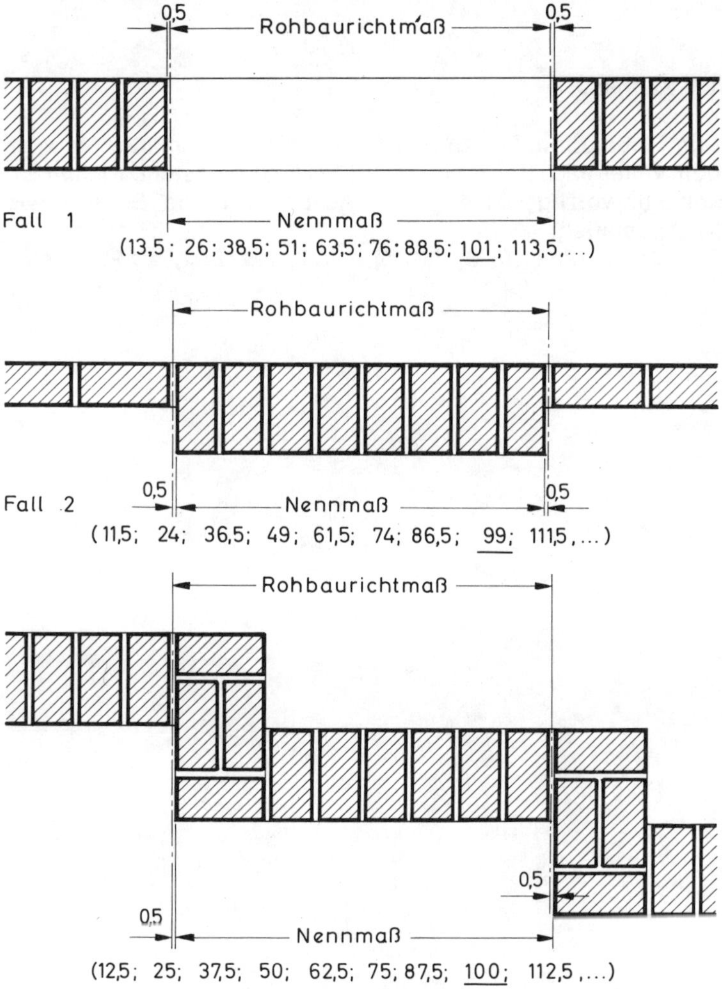

B 1.2 Rohbaurichtmaße und Nennmaße im Mauerwerksbau. Maßangabe in cm. Fall 1: Bei Öffnungen, Nischen und Zwischenmaßen (x · 12,5 + 1). Fall 2: Bei Vorlagen, Pfeilern und bei Wanddicken (x · 12,5 – 1). Fall 3: Bei einseitig angebauten Pfeilern und Vorlagen (x · 12,5).

1.4 Kleinmaße

Alle Maße, die unter 25 mm liegen, sind Kleinmaße. Sie werden weiter nach der Reihe R 10 (DIN 323) aufgeteilt. Kleinmaße kommen vorzugsweise für den Ausbau in Frage. Sie sind wie folgt gestaffelt:
25; 20; 16; 12,5; 10; 8; 6,3; 5; 4; 3,2; 2,5; 2; 1,6; 1,25; 1 mm

2. Innentüren

Innentüren haben die Aufgabe, Räume zu separieren. Sie können gegen unbefugten Zutritt verschlossen werden. Innentüren bestehen im wesentlichen aus der *Türumrahmung,* die fest mit der Raumwand verbunden wird, und dem beweglichen *Türblatt,* das je nach verwendetem Beschlag unterschiedlich zu öffnen und zu schließen ist.
Die Innentür wird die architektonische Wirkung des Raumes mitbestimmen. Darum ist nicht nur bei der baulichen Anlage, sondern auch bei der Konstruktion der Türumrahmung, der Türblattausbildung sowie der Auswahl der Beschläge eine sorgfältige Abstimmung im Hinblick auf die spätere Raumnutzung und Möblierung erforderlich. Man hat zwischen breiten oder schmalen Türumrahmungen, stark gegliederten oder schlichten Türblättern, Türen mit Sturz oder raumhohen Türen, furnierten oder gestrichenen Ausführungen mit unauffälligen oder betonenden Beschlägen zu wählen. Ganz allgemein sollten Türen da neutral und in der Wand zurückhaltend bleiben, wo sie sich nicht in die Architektur des Raumes bzw. in die Ausführung des Mobiliars hineinkomponieren lassen.

2.0.1 Arten der Innentüren

Folgende Innentüren sind zu unterscheiden.
Nach dem Verwendungszweck:
Zimmertüren – trennen Räume von Fluren und Gängen oder Räume untereinander ab.
Wohnungsabschlußtüren – schließen Wohnungen von Treppenhäusern oder Hausfluren ab. Sie müssen ausreichend einbruchhemmend und schalldämmend sein und sich im Brandfalle selbst schließen.
Windfangtüren – liegen hinter den Hauseingängen.
WC- und Badezellentüren – weisen sich durch besondere Verschlüsse aus.
Schalldämmende Türen – haben schalldämmende Türblätter,

Falz- und Bodendichtungen. Sie werden in Arztpraxen, Sitzungs- und Direktionszimmern eingesetzt.
Strahlenschutztüren – hier sind Bleieinlagen eingebaut, die gegen Röntgenstrahlen abschirmen.
Feuerhemmende Türen – werden aus schwer- oder nicht entflammbaren Stoffen gebaut. Sie müssen automatisch schließen.
Hoteltüren – sind mit besonderen Schlössern bestückt.
Krankenhaustüren – haben ein Überformat (lichte Durchgangsbreite $\geqq$ 1,10 m besser 1,15 bis 1,20 m) und werden mit Spezialschlössern versehen. Sie sollten schalldämmend sein und geräuscharm schließen.
Nach der Bewegungsrichtung:
Drehflügeltüren – das Türblatt dreht sich um eine Längskante und schlägt auf die Türumrahmung.
Pendeltüren – ihr Türblatt dreht sich um eine Längskante und schlägt in der Türumrahmung durch.
Schiebetüren – sind an Laufwerken aufgehängt und werden seitlich verschoben.
Falttüren – bestehen aus mehreren Türblättern, die an den Längskanten miteinander verbunden und am Laufwerk aufgehängt sind. Durch seitliches Verschieben lassen sich die Türblätter zusammenfalten.
Harmonikatüren – sind ebenfalls an Laufwerken aufgehängt. Im Innern der Tür befindet sich meistens ein Scherengestänge, auf das beidseitig eine faltbare Holzkonstruktion oder Kunststoffhaut befestigt ist. Durch seitliches Verschieben lassen sich die Türteile harmonikaförmig zusammenfalten.

B 2.0.–1 Symbole der Türen in Hochbauzeichnungen. (a) Einflügelige Drehtür ohne Schwelle, Rohbaumaß: Breite: 1,01 m, Höhe: 2,01 m; (b) Drehflügeltür mit Stoßschiene; (c) Drehflügeltür mit Schwelle; (d) einflügelige Pendeltür; (e) Blendrahmentür im gemauerten Innenanschlag; (f) Blendrahmentür im gemauerten Außenanschlag, Rohbaumaß: Breite i. L.: 0,885 m, Höhe i. L.: 2,01 m; (g) zweiflügelige Drehtür ohne Schwelle; (h) zweiflügelige Schiebetür in Mauertaschen laufend, Rohbaumaß: Breite: 1,51 m, Höhe: 2,13 m; (i) Nennmaßhöhe wird von der Oberkante Fertigfußboden bis Unterkante Sturz angegeben. OFF = Oberkante Fußboden fertig. OFR = Oberkante Fußboden roh.

Drehkreuztüren – drei oder vier Flügel sind an einer Längskante stern- oder kreuzartig miteinander verbunden. Das Türkreuz dreht sich um seine Mittelachse in einem zylindrischen

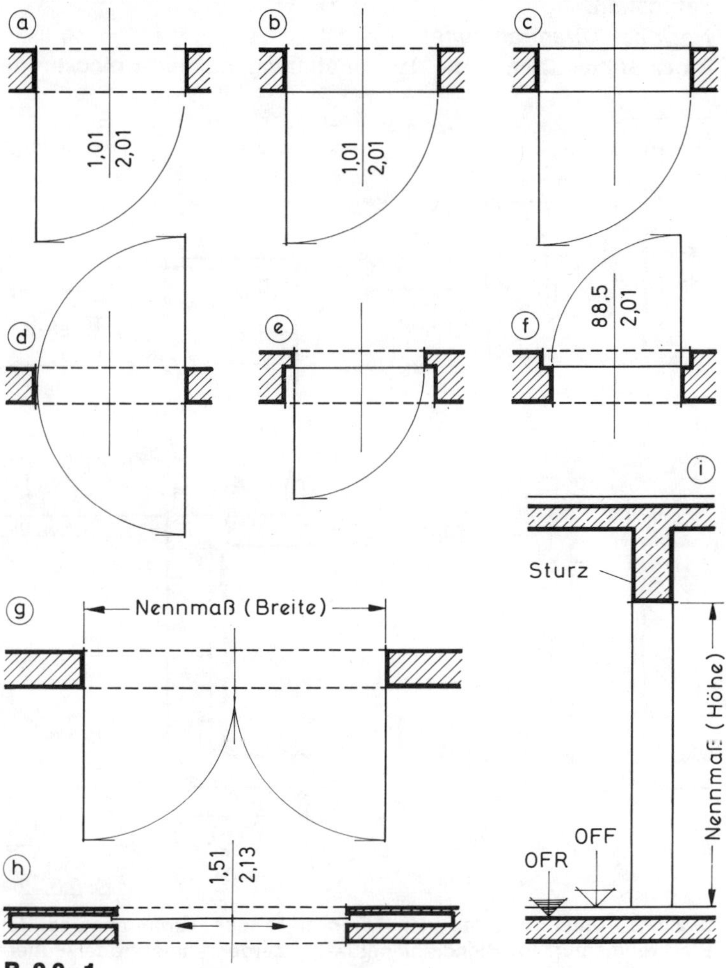

B 2.0.–1

Futter. Zum ungehinderten Durchgang oder zum Lüften können die Flügel aufeinandergeklappt werden.
Die Symbole der Türen in Hochbauzeichnungen sind in B 2.0.–1 dargestellt.
Nach der Türumrahmung:
Blockrahmentüren – die Türumrahmung hat eine blockartige

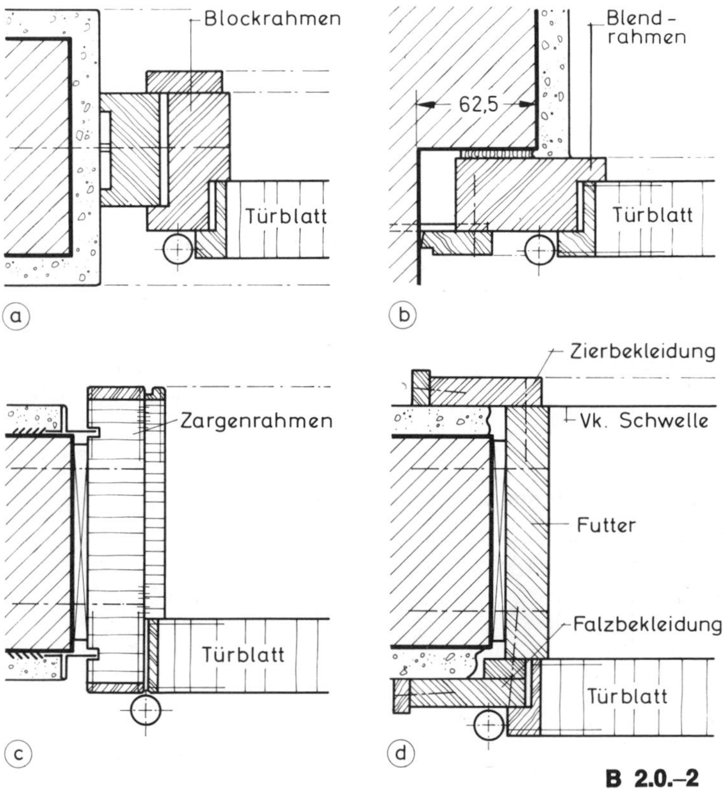

B 2.0.–2 Unterscheidung der Türen nach der Türumrahmung. (a) Blockrahmentür, (b) Blendrahmentür, (c) Zargenrahmen- oder Futterzargentür, (d) Türen mit Futter und Bekleidungen.

annähernd quadratische Form und wird an der Türlaibung befestigt (B 2.0.–2).

Blendrahmentüren – Die Türumrahmung hat meistens einen rechteckigen Querschnitt und wird in einem Mauerfalz oder auf der Wand der Maueröffnung befestigt (B 2.0–2).

Zargenrahmen- oder Futterzargentüren – Holzzargen oder -futter sind annähernd so tief wie die Wände dick sind und werden an der Türlaibung befestigt (B 2.0.–2).

Türen mit Futter und Bekleidungen – das Futter hat annähernd die Tiefe der Wanddicke. Die Luft zwischen Futter und Wand wird durch Bekleidungen abgedeckt (B 2.0.–2).

Nach der Türblattform:

Neben den üblichen rechteckigen Türen sind **Rundbogen-, Stichbogen-** und **Korbbogentüren** zu unterscheiden (B 2.0.–3).

Nach der Türblattausbildung:

Die Türblätter können aus Rahmen mit Holz- oder Glasfüllungen, aus Ganzglas, aus Nut- und Federbrettern bestehen oder als glatte Sperrholzblätter ausgebildet sein (B 2.0.–4).

In der Regel werden heute glatte industriell gefertigte Sperr-

B 2.0.–3

B 2.0.–3 Besondere Türblattformen. (1) Stichbogentür, (2) Korbbogentür, (3) Rundbogentür.

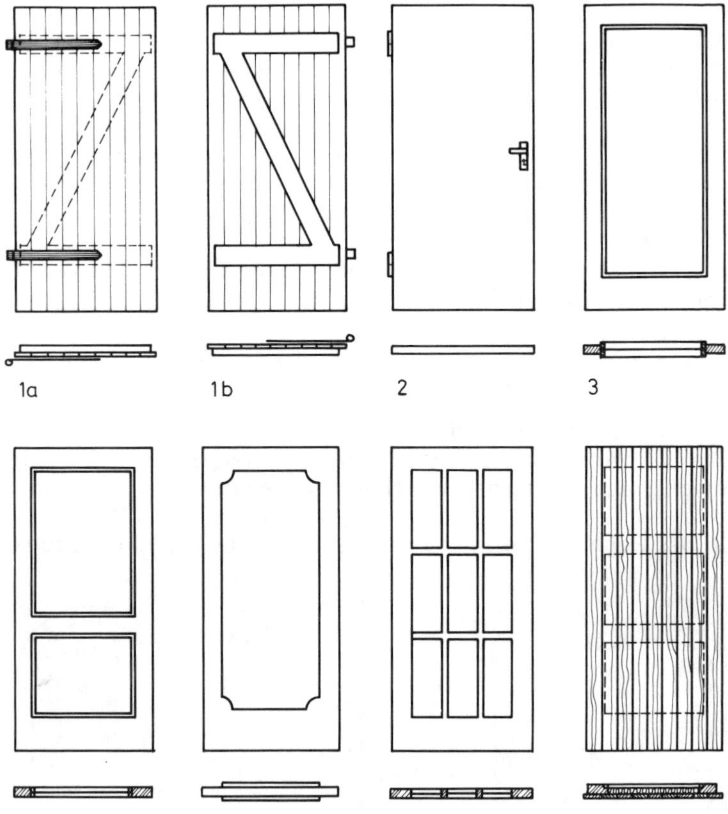

B 2.0.–4

B 2.0.–4 Verschiedene Türblattausbildungen. (1) Brettertür mit Langbändern, (a) Vorderseite, (b) Rückseite mit Querleisten und Strebe; (2) schlichtes Sperrholztürblatt; (3) Türblatt aus Rahmen und Holz- oder Glasfüllung; (4) Türblatt mit geteilten Füllungen; (5) aufgesetzte Füllungen; (6) Sprossentür; (7) aufgedoppelte Tür.

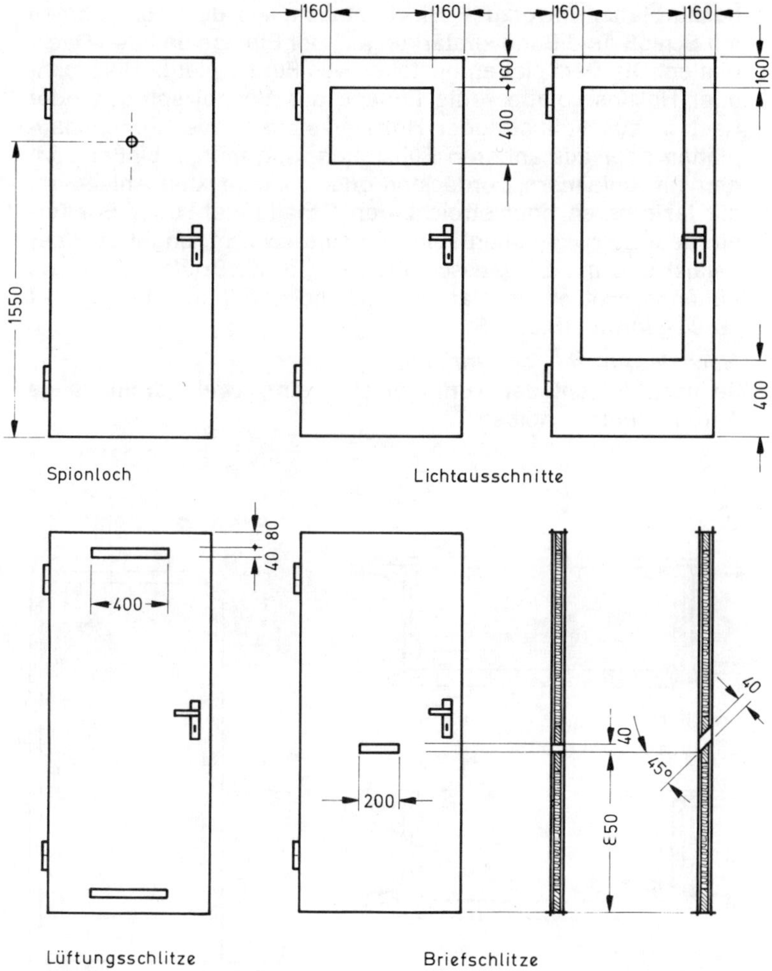

B 2.0.–5

B 2.0.–5 Ausbildung der Sperrholztürblätter nach DIN 68706.

holztürblätter bevorzugt. Sie bestehen aus dem Holzrahmen mit Schloß- und Bandverstärkungen, der Einlage und den Deckplatten. Die Deckplatten bestehen aus Furnierplatte, Holzspan- oder Holzfaserplatte – die Einlage aus Vollholzspiralen oder Rastern aus Vollholz oder Holzwerkstoffen, aus Röhrenspanplatten oder aus anderen Füllstoffen. Sperrholztürblätter können mit Einleimern, verdeckten oder unverdeckten Anleimern, mit lasierbaren oder streichbaren Schälfurnier- oder Edelfurnierdecklagen versehen sein. Sie sind schlicht, ungefälzt oder gefälzt und mit Glasausschnitten sowie mit Briefeinwurf- und Lüftungsschlitzen im Handel. Sperrholztürblätter sind in DIN 68706 genormt (B 2.0.–5).

Nach der Anzahl der Türflügel:
Je nach Anzahl der Türflügel sind ein-, zwei-, dreiflügelige Türen zu unterscheiden.

B 2.1.–1

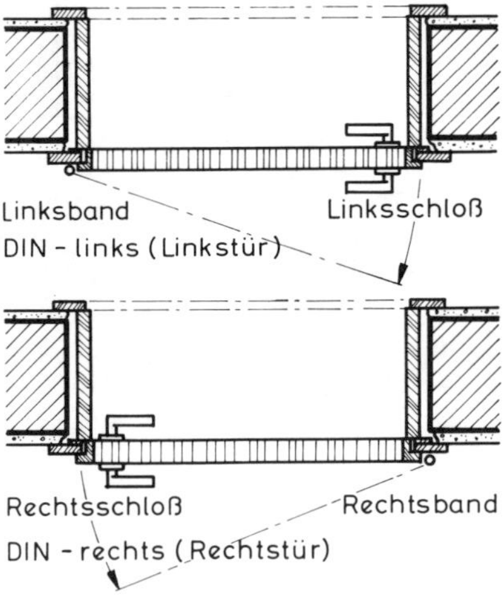

B 2.1.–2

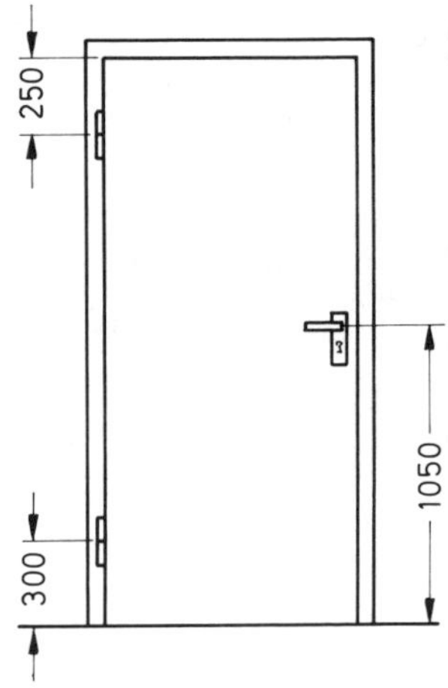

B 2.1.–1 Drehrichtung der Türen (DIN 107).
B 2.1.–2 Bandsitz und Schloßsitz (Maße bei Einzelfertigung).

2.1 Drehflügeltüren

Drehflügeltüren sind an ihren Längskanten angeschlagen und drehen sich um diese. Nach der Drehrichtung sind Links- (L) und Rechtstüren (R) zu unterscheiden. Maßgebend für die Bestimmung der Drehrichtung ist der Sitz der Bänder auf der Anschlagseite (B 2.1.–1). Die Höhe der Bänder und des Schlosses sind in der DIN 18101 festgelegt. Bei Einzelfertigung gelten für den Bandsitz die in B 2.1.–2 angegebenen Maße; für Industrietüren ist auf die Bandbezugslinie (DIN 18268) Rücksicht zu nehmen. Drehflügeltüren können einflügelig, zweiflügelig, seltener auch mehrflügelig ausgebildet werden. Ihr Format ist in der Regel rechteckig – mit Sturz oder sturzlos – oder mit Rund-, Korb- oder Stichbogen.
Die *Türblätter* können aus Sperrholz, schlicht oder mit Ausschnitten, aus Rahmen mit Glas- oder Holzfüllungen, mit Sprosseneinteilungen, mit aufgedoppelten Vollholzbrettern oder aus Ganzglas bestehen.
Die *Türrahmung* hat die Aufgabe das Türblatt zu halten und die Tür am Mauerwerk zu befestigen. Der Anschluß am Mauerwerk kann durch Futter und Bekleidungen, Zargenrahmen oder Blockrahmen erreicht werden. Blendrahmen kommen bei Innentüren weniger zur Anwendung.

2.1.1 Anschlagsmöglichkeiten

Zum Anschlagen der Türblätter an die Türrahmung stehen zahlreiche Bänder oder Scharniere zur Verfügung. Sie sind im wesentlichen für *überfälzte* oder *stumpf einschlagende* Türen konstruiert.

2.1.1.1 Überfälzte Türen

Bei überfälzten Türen sind die Türblätter mit einem dreiseitig umlaufenden Falz versehen, der bei Innentüren 12 bis 13 mm tief und 24 bis 26 mm breit sein soll. Durch den Überschlag wird die Luft zwischen Türblatt und Türumrahmung verdeckt. An der Schloßseite werden Winkelschließbleche mit gleich breiten Schenkeln oder Winkelschließbleche mit einem schmalen Schenkel verwendet, wenn dieser durch den Überschlag abgedeckt werden soll. Schlösser überfälzter Türen weisen einen einseitig versetzten Stulp auf. Damit die Holzwange über dem Schließkasten nicht zu schwach wird, sind bei der Verwendung von Winkelschließblechen mit schmalen Schenkeln Schlösser mit hochliegenden Riegeln einzubauen (B 2.1.–35 und 36).

Falztüren können mit Fitschen, Aufsatzbändern mit Kröpfung »D«, Scharnieren mit Kröpfung »D«, Einbohrbändern, Kombibändern, Bodentürschließern und einigen Spezialbändern angeschlagen werden. Die Überschlagsbreite ist in DIN 18102 für Wohnungstüren mit 12 mm und für industriemäßig gefertigte Türen mit 13 mm genormt.

Fitschen sind die älteste Bandart, die aus dem Oberlappen und dem Unterlappen mit Stift bestehen, die in das Türblatt bzw. in die Türumrahmung eingestemmt und dort mit Schrauben oder Fitschenstiften befestigt werden. Die Befestigung ist gut haltbar, das Anschlagen aber relativ umständlich. Außerdem sind die Befestigungsmittel, besonders die des Türlappens, auf der Türblattfläche sichtbar. Lassen sich die Türblätter aus Platzmangel an der Oberkante nicht aushängen, kommen Fitschen mit losem Stift zur Anwendung. Bei Blendrahmentüren sind die Unterlappen kürzer, damit sie nicht durch den Rahmen hindurchgestemmt werden. Normalerweise ist die Rolle des Ober- und Unterlappens horizontal getrennt, nur bei den sogenannten steigenden Bändern ist sie spiralförmig getrennt. Die Fitschen bestehen vorwiegend aus Stahl, weniger aus Messing oder Edelstahl. Die Rollen können aber durch Aufsteckhülsen aus Buntmetallen verkleidet werden. Bei Fitschen ist die Drehrichtung DIN rechts oder links zu berücksichtigen.

Ein schnelleres und einfacheres Anschlagen überfälzter Türen ist mit *Einbohrbändern* möglich. Hierzu sind besondere Bohrlehren und genau passende Bohrer erforderlich, die auf die Holzart – Weich- oder Hartholz – abgestimmt sein müssen. Die Einbohrzapfen im Türblatt sind meistens mit Gewinde versehen und können in die Bohrung eingedreht werden. Die Einbohrzapfen in den Türumrahmungen weisen bei manchen Ausführungen ebenfalls Gewinde auf, bei anderen Löcher zur Verstiftung bzw. Verschraubung. Die Überschlagsdicke darf bei Einbohrbändern nicht zu gering sein, damit trotz der dicken

Einbohrzapfen noch genügend Holz stehen bleibt. Sie beträgt je nach Bandstärke für Innentüren 14 bis 16 mm. Einbohrbänder sind vorwiegend verzinkt, aber auch vermessingt, vernikkelt, verchromt oder echt vergoldet im Handel. Sie wirken zierlich, weil ihre Rolle im Gegensatz zu den Fitschen nur kurz ist (min. 40 mm).

Aufsatzbänder weisen für überfälzte Türen die Kröpfung »D« 12 bzw. 13 mm auf. Sie müssen im Falz eingelassen und verschraubt werden. Bei Lappen mit abgerundeten Ecken ist ein maschinelles Einlassen möglich. Sie sind in Stahl, vernickelt, vermessingt, gefärbt, in Messing, in Aluminium und in Edelstahl lieferbar. In der Lauffläche zwischen Rahmen- und Türlappen können Zwischenringe mit oder ohne Kugellager eingebaut werden. Bei Bestellungen ist die Drehrichtung des Türblattes DIN rechts oder links anzugeben.

Bei *Kombibändern* sind Fitschen bzw. Einbohrbänder mit Aufsatzbändern kombiniert. Der Rahmenteil des Bandes kann entweder ein Fitschenlappen zum Einstemmen oder Einbohrzapfen zum Einbohren sein und der Türteil ein Aufsatzlappen zum Einlassen im Türfalz. Auf die Drehrichtung DIN rechts bzw. links ist Rücksicht zu nehmen.

Türscharniere sind wie Aufsatzbänder gekröpft. Sie können durch ihr mehrgliedriges Gewerbe nicht ausgehängt werden. Bei losem Knopfausziehstift ist allerdings ein Abnehmen des Türblattes von der Türrahmung möglich. Die Kröpfung »D« beträgt 13 mm. Durch Umstecken des losen Stiftes können sie links oder rechts verwendet werden. Sie sind in Stahl blank, messing-poliert oder gebürstet, verchromt und gefärbt erhältlich. Die Rollenlänge beträgt 75 bis 100 mm.

Zu den *Spezialbändern* können die Zapfenbänder und Bodentürschließer, die verdeckten Bänder, Aufsatzbänder mit verstärkenden Tragzapfen usw. gezählt werden.

Anschlagsmöglichkeiten überfälzter Türen siehe B 2.1.–3 bis 16.

2.1.1.2 Stumpf einschlagende Türen

Bei stumpf einschlagenden Türen sind die Türblätter meistens ohne Fälzung in ganzer Dicke so in die Türumrahmung eingesetzt, daß Türblatt und Rahmen bündig sind. Sie sind sehr genau einzupassen, weil die Luft zwischen Türblatt und Umrah-

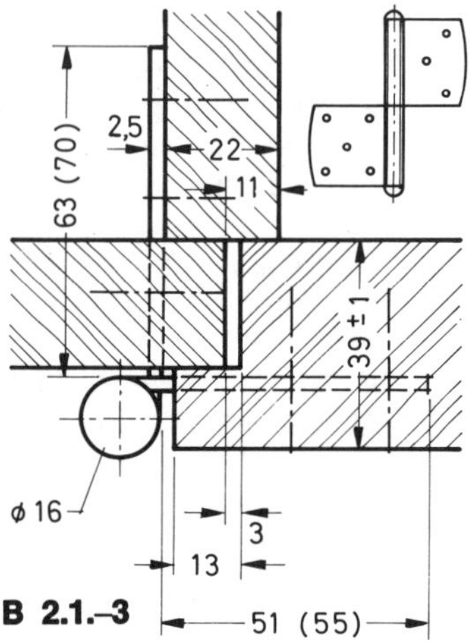

B 2.1.–3

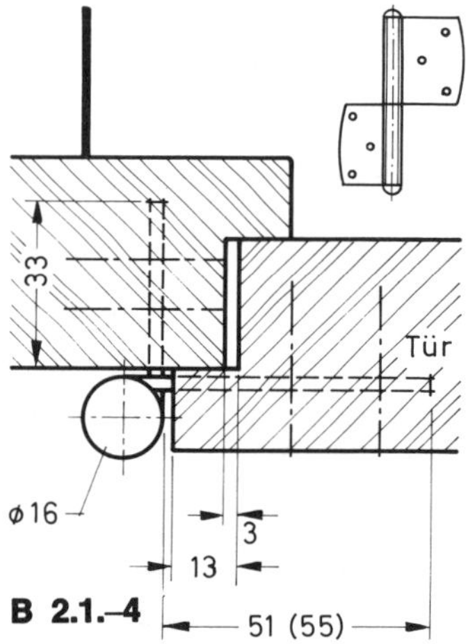

B 2.1.–4

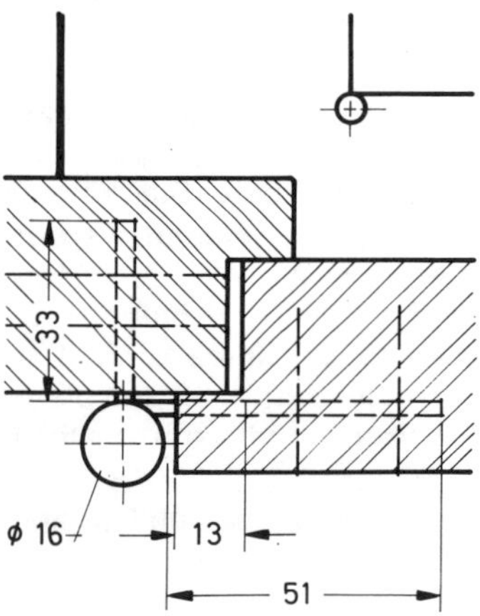

B 2.1.–5

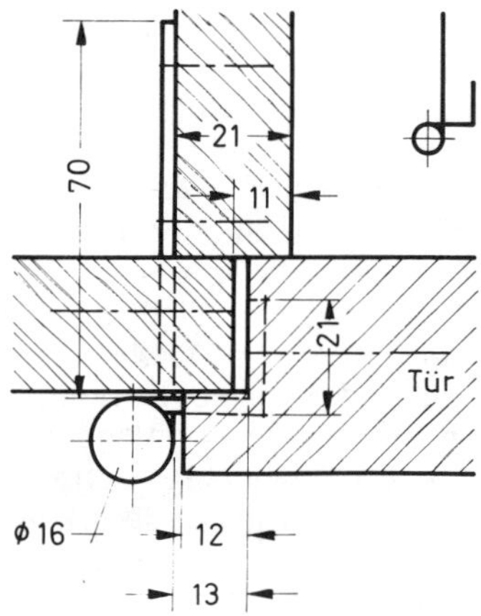

B 2.1.–6

B 2.1.–3 Türanschläge mit Fitschen, überfälzte Tür in Futter und Bekleidungen, Einstemmbänder-G, Lappen versetzt, DIN links (BSW, On).
B 2.1.–4 Türanschlag mit Fitschen, überfälzte Tür im Blendrahmen, Stockband G IV, hier DIN links, Lappen versetzt, verkürzter Unterlappen (BSW).

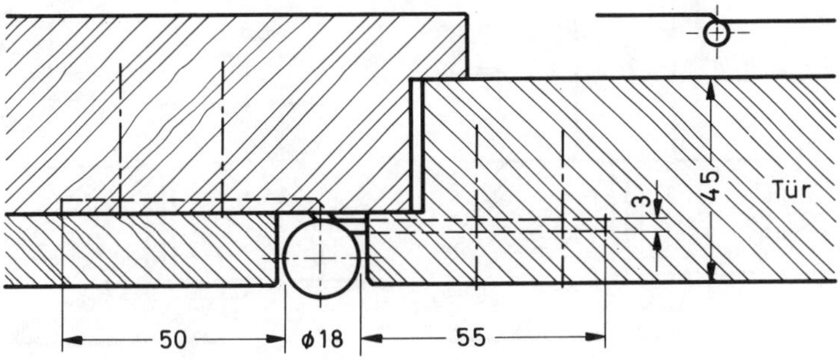

B 2.1.–7

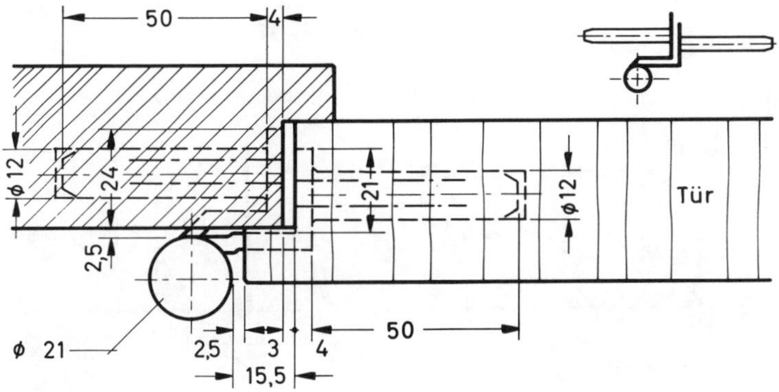

B 2.1.–8

B 2.1.–5 Türanschlag mit Fitschen, überfälzte Tür im Blendrahmen, verkürzter Unterlappen auf Mitte, loser Stift, G IV hier DIN links (BSW).
B 2.1.–6 Türanschlag mit Kombiband, Oberlappen als Aufsatzband, gekröpft, Kröpfung D = 13 mm, Unterlappen gerade zum Einstemmen, QG, hier DIN links (BSW, On).
B 2.1.–7 Türanschlag einer überfälzten Tür im Blendrahmen mit „Karlsruher Band" – G, Oberlappen zum Einstemmen, Unterlappen zum Aufschrauben, Lappen versetzt, hier DIN links (BSW, On).
B 2.1.–8 Aufsatzband mit Tragzapfen, Kröpfung D = 15,5 mm, Rollenlänge 80 mm, für ein Türgewicht bis 80 Kp bei nur zwei Bändern, Rollen mit Edelstahl- oder LM-Überzug. Die Bänder sind auch ohne Tragzapfen und noch in den Rollenlängen 160 und 180 mm erhältlich (Wen).

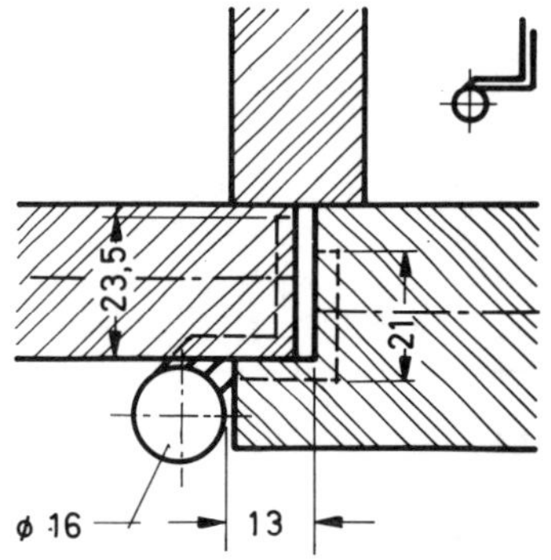

B 2.1.–9

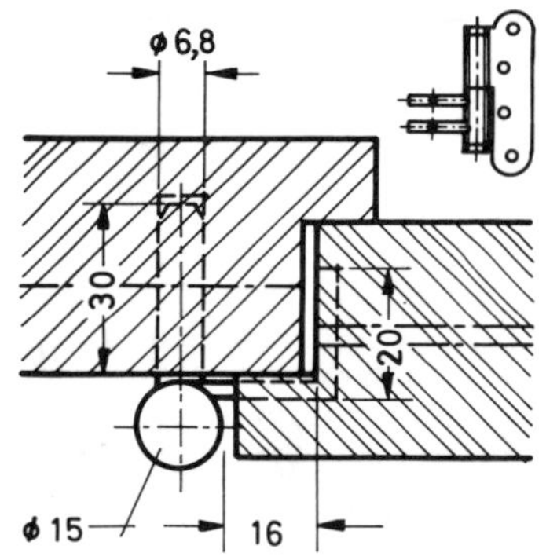

B 2.1.–10

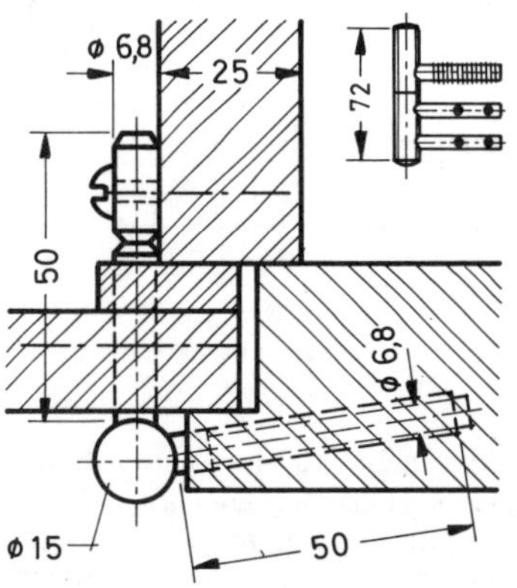

B 2.1.–11

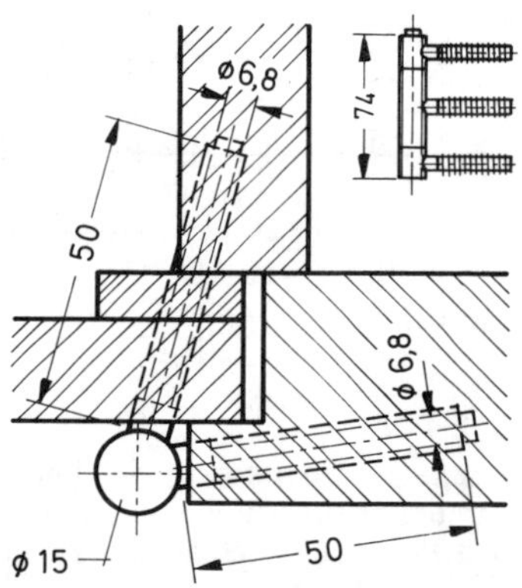

B 2.1.–12

B 2.1.–9 Überfälzter Türanschlag mit Aufsatzbändern, Kröpfung D = 13 mm, hier DIN links (BSW, On).

B 2.1.–10 Überfälzte Tür mit Kombiband angeschlagen, Unterlappen zum Einbohren, Oberlappen zum Aufschrauben, hier DIN links (Bakaband, Si).

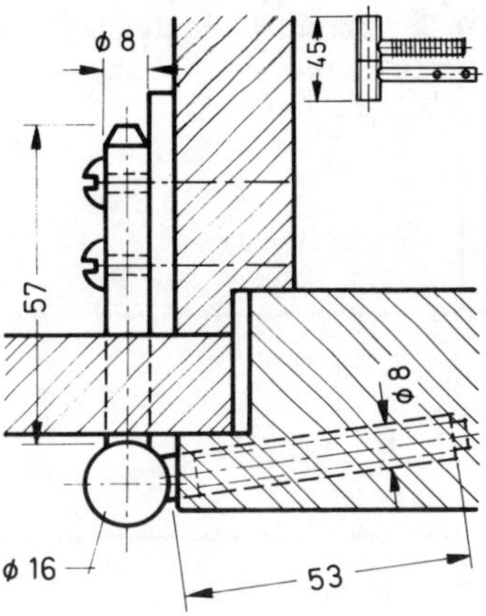

B 2.1.–13

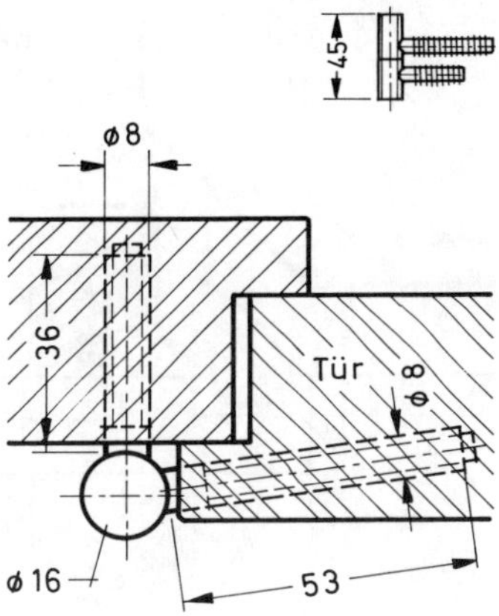

B 2.1.–14

B 2.1.–11 Überfälzte Tür im Futter mit Bekleidungen mit Einbohrband angeschlagen. Es ist links und rechts verwendbar. Unterteil: Zwei Einbohrzapfen zum Verstiften bzw. Verschrauben; dadurch kein Verdrehen. An der Kerbe können sie abgekniffen werden, so daß die Länge für Blendrahmen geeignet ist. Oberteil: Einbohrzapfen mit Gewinde (Bakaband, Si; Quickband, BSW und On sinngemäß).

B 2.1.–12 Überfälzte Tür im Futter mit Bekleidungen mit Einbohrband angeschlagen. Türteil und beide Rahmenteile mit Gewinde, links und rechts verwendbar (Anuba-, Baka-, Quickbänder; An, Si, BSW, On, Hä, Wi).

B 2.1.–13 Überfälzte Tür im Futter mit Bekleidungen mit Einbohrband mit kurzer Rolle angeschlagen, Türteil mit Gewinde, Rahmenteil zum Verstiften bzw. Verschrauben, links und rechts verwendbar (An, BSW, On, Si, Hä).

B 2.1.–14 Überfälzte Tür im Blendrahmen mit Einbohrband angeschlagen. Rahmenteil: Kurzer Einbohrzapfen mit Gewinde. Türteil: Langer Einbohrzapfen mit Gewinde. Links und rechts verwendbar (An, BSW, On, Si, Wi).

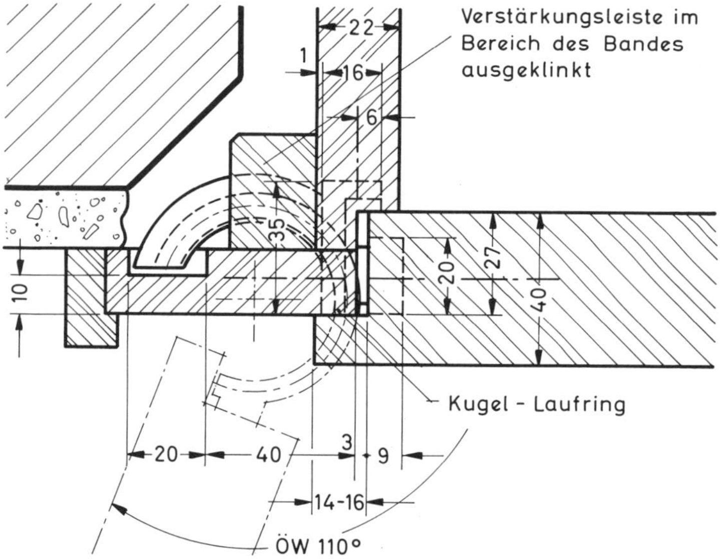

B 2.1.–15

B 2.1.–15 Überfälzte Tür im Futter mit Bekleidungen mit unsichtbarem Band angeschlagen. Es ist auch für Blendrahmen, Mindestdicke 50 mm, geeignet. Links und rechts verwendbar (Phantom-Band, Si).
B 2.1.–16 Überfälzte Tür mit Bodentürschließer, hier DIN links. Bodentürschließer gibt es in drei Stärken. Stärke eins für Flügelbreiten bis 80 cm, Stärke zwei für Flügelbreiten von 80 bis 110 cm und Stärke drei für Flügelbreiten von 110 bis 140 cm. In die Oberkante der Tür wird ein Zapfenband eingelassen, in die Unterkante die Türschiene. Die Auskragung der Schienen beträgt 48 mm, bei dickeren Türen 55 mm (Ge, Hä).
B 2.1.–16a Mit dem Rahmen beiderseitig bündig abschließende Türen, die in der Fuge überfälzt sind. Links: mit einem Sonderband angeschlagen, das einen Einstemmlappen und einen gekröpften Aufschraublappen mit Tragzapfen aufweist, Kröpfung 13 mm (Wen). Rechts: mit einem Aufsatz- oder Paumellesband mit geraden Lappen angeschlagen (BSW, On).

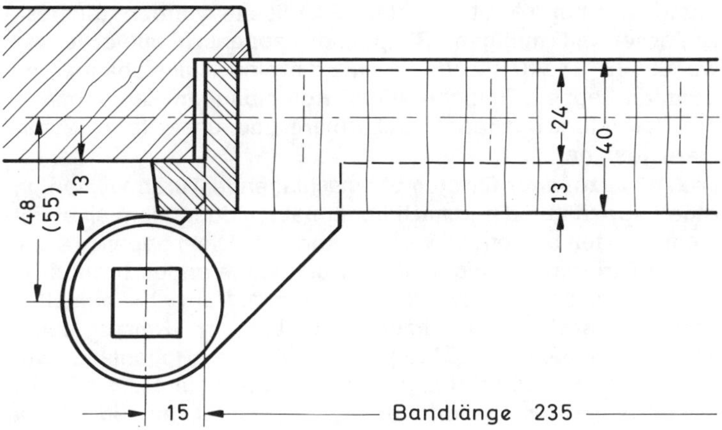

B 2.1.–16

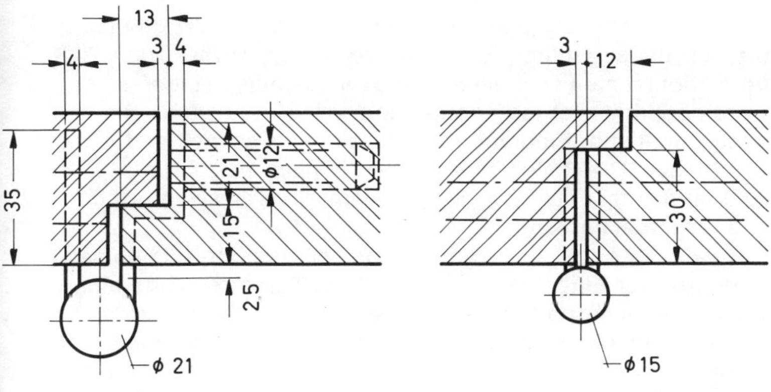

B 2.1.–16a

mung sichtbar bleibt. An der Schloßseite werden Einsteckschlösser mit mittigem Stulp und Lappenschließbleche verwendet (B 2.1.–37). Zum Anschlagen sind Aufsatzbänder mit geraden Lappen, Einbohrbänder, Kombibänder, Zapfenbänder mit Bodentürschließer, Türscharniere und unsichtbare Scharniere geeignet.

Die *Aufsatzbänder* für stumpf einschlagende Türen weisen gerade Lappen auf, die je nach Lappenausbildung manuell eingestemmt oder eingefräst werden können. Die Lappen werden an die Türrahmung und an die Türblattkante angeschraubt. Die Rollenlänge beträgt 120, 140, 160, 180 mm. Nur bei »Paumelles-Bändern« ist die Rolle kürzer als die Lappen. »Knirpsbänder« sind Aufsatzbänder mit Tragzapfen, die eine Rollenlänge von 80 mm haben. Aufsatzbänder sind in Stahl, in Messing, vernickelt, verchromt, gefärbt oder in Edelstahl, mit oder ohne Zwischenring erhältlich. Nur bei Bändern mit festen Stiften ist auf die Drehrichtung DIN links oder rechts Rücksicht zu nehmen.

Einbohrbänder für stumpf einschlagende Türen müssen kurze Einbohrzapfen aufweisen, die unter 30° in das Türblatt und die Türrahmung mittels Einbohrlehren eingebohrt werden. Beide Einbohrzapfen sind mit einem Gewinde ausgestattet, so daß sie eingedreht werden können und keine zusätzliche Befestigung benötigen. Einbohrbänder lassen sich schnell und exakt anschlagen. Die Rollenlänge beträgt je nach Ausführung 40 bis 80 mm. In Stahl sind sie blank, verzinkt, vermessingt, gefärbt und vergoldet im Handel.

Kombibänder sind eine Kombination von Einbohr- und Aufsatzbändern. Der Einbohrzapfen wird in die Türumrahmung eingebohrt, der Aufsatzlappen wird in das Türblatt eingelassen.

Zapfenbänder mit Bodentürschließer werden meistens für schwere Türen eingesetzt. Die Zapfenbänder sitzen an den äußeren Ecken der Tür. Ein im Boden eingelassener Schließkasten regelt die Schließbewegung des Türflügels. Die Drehrichtung DIN links oder rechts ist bei der Bestellung anzugeben.

Türscharniere haben wie Aufsatzbänder gerade Lappen und sind wie diese einzulassen und zu befestigen. Sie können sowohl links als auch rechts verwendet werden. Türscharniere

sind nicht aushängbar. Die Türblätter können durch Lösen des Stiftes herausgenommen werden. Die Scharniere sind ohne und mit Kugellager-Zwischenringen lieferbar. Die Ausführungen sind Stahl-blank, Messing-poliert, gebürstet, vernickelt, verchromt und brüniert.
Unsichtbare Scharniere werden in den Falz zwischen Türumrahmung und Türblattkante eingefräst. Sie sind bei geschlossener Tür völlig unsichtbar.
Stumpf einschlagende Türen siehe B 2.1.–17 bis 30.

Springt das Türblatt gegenüber der Türumrahmung zurück, müssen Aufsatzbänder bzw. -scharniere mit Kröpfung »B« oder Zapfenbänder mit Bodentürschließer verwendet werden. An der Schloßseite sind ebenfalls Lappenschließbleche und Einsteckschlösser mit mittigem Stulp einzubauen (B 2.1.–29 und 30).

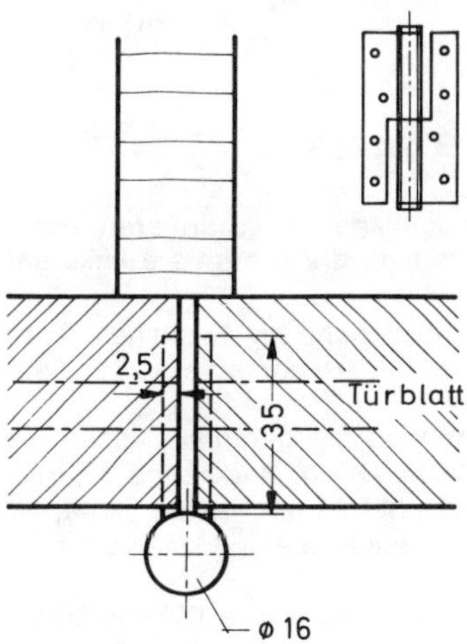

B 2.1.–17

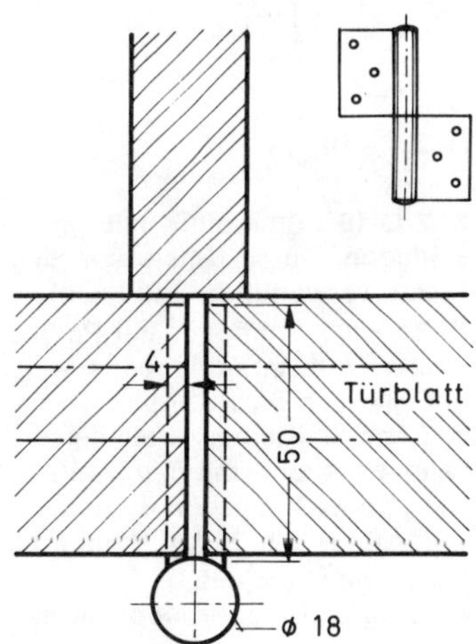

B 2.1.–18

B 2.1.–17 Stumpf einschlagende Tür mit geraden Aufsatzbändern angeschlagen, Hamburger Art – Q, hier DIN links (BSW, On, Hä).
B 2.1.–18 Stumpftür mit Aufsatzbändern angeschlagen, Stettiner Art – K, hier DIN links (BSW, On).

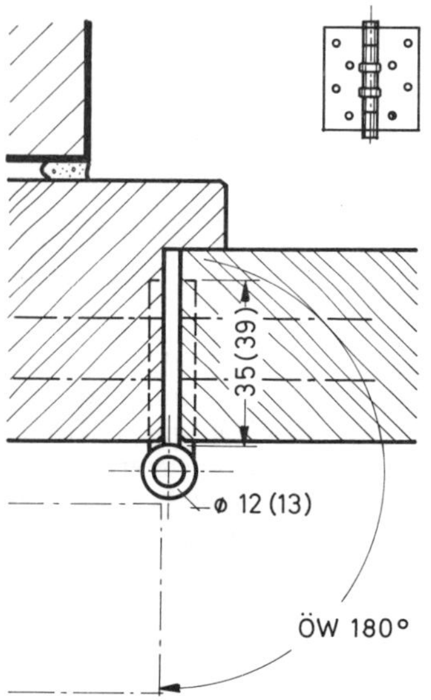

B 2.1.–19

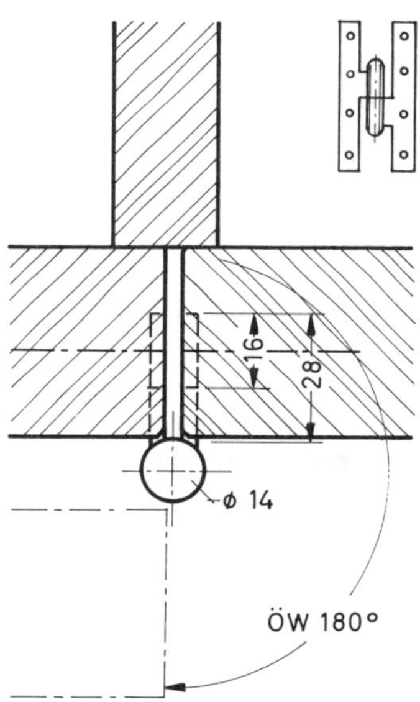

B 2.1.–20

B 2.1.–19 Stumpftür mit geraden Kugellager-Türscharnieren angeschlagen. Durch Umstecken des Stiftes sind die Scharniere links und rechts verwendbar (BSW, On).

B 2.1.–20 Stumpftür mit Paumelles-Aufsatzband angeschlagen. Trotz langen Aufschraublappens weist diese Bauart nur eine kurze Rolle auf, hier DIN links (On).

B 2.1.–21 Kleines dreiteiliges Lappenband mit geraden Lappen, es kann ohne und mit Tragzapfen geliefert werden. Bandlänge 80, 120, 160 und 180 mm. Zulässiges Türgewicht bei 80 mm langer Rolle mit Tragzapfen ca. 80 kp. Rollen mit Leichtmetall- oder Edelstahlüberzug (Wen, Vie sinngemäß).

B 2.1.–22 Einbohrband mit extrem kleiner Rolle. Die Einbohrzapfen sind konisch, sie garantieren durch das Feingewinde und die Dreistufenbohrung eine feste Verankerung im Holz. Da die Verstiftung entfällt, sind sie nachträglich verstellbar. Sie sind links und rechts zu verwenden.

B 2.1.–23 Stumpftür mit dreiteiligem Einbohrband angeschlagen. Alle Einbohrzapfen sind kurz und mit Gewinde ausgestattet. Nachstellmöglichkeit. Links und rechts verwendbar (An, Si, BSW).

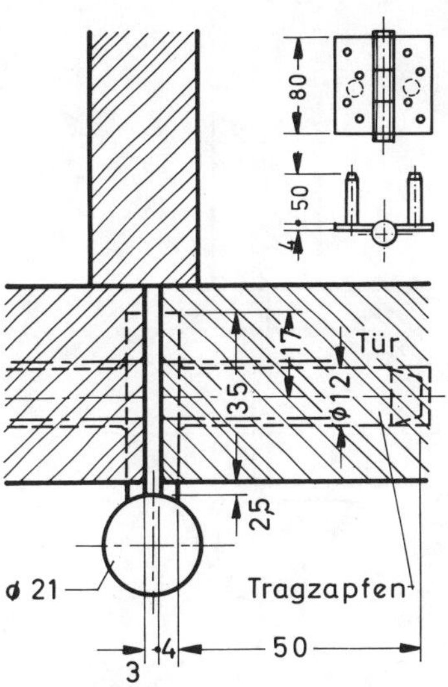

B 2.1.–21

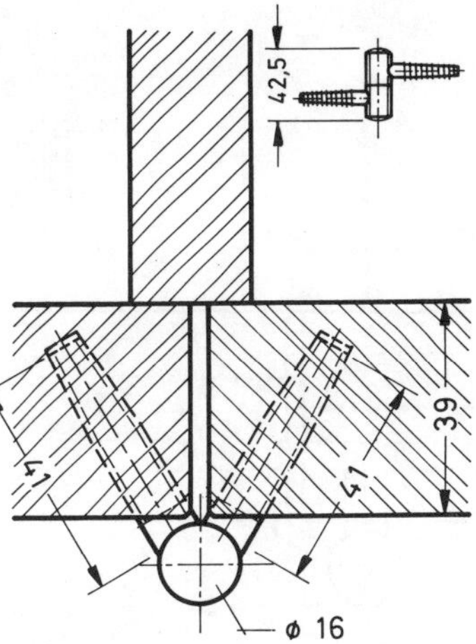

B 2.1.–22

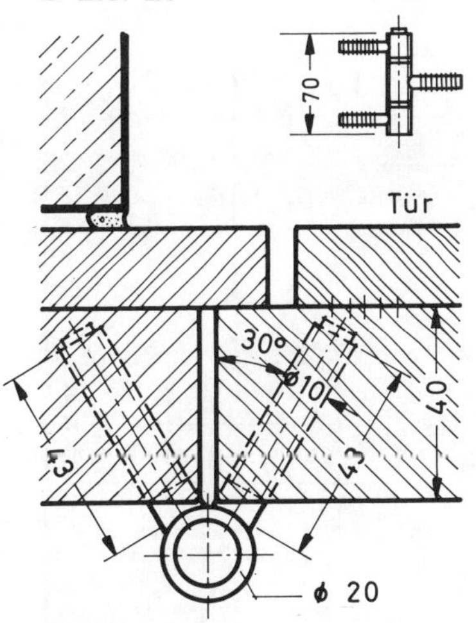

B 2.1.–23

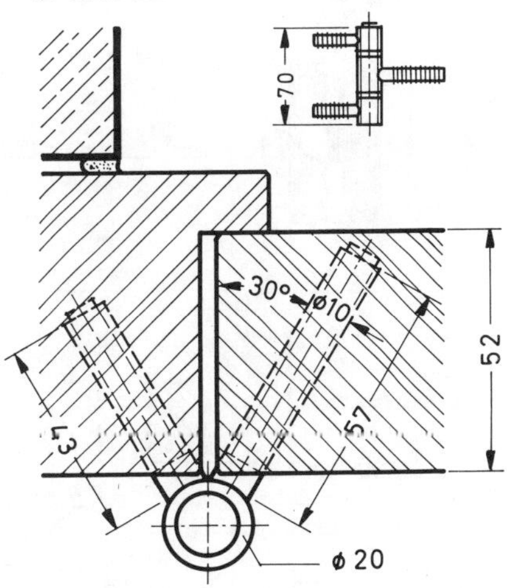

B 2.1.–24

B 2.1.–24 Bei einer dicken, stumpf einschlagenden Tür kann der Türzapfen länger sein. Dreiteiliges Einbohrband mit Gewindezapfen, rechts und links verwendbar (An, Si, BSW, On, Hä, Gr, Wi).

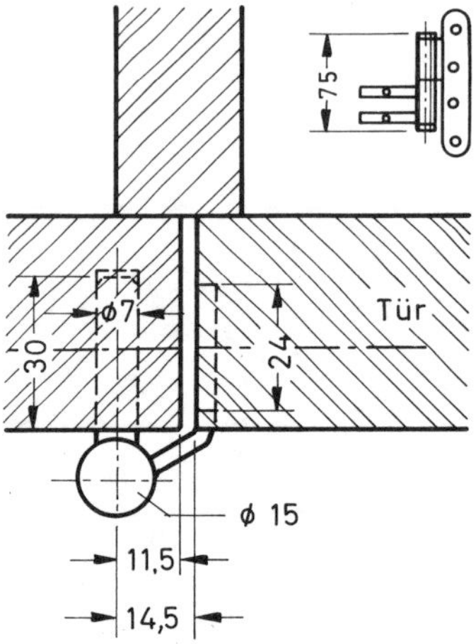

B 2.1.–25

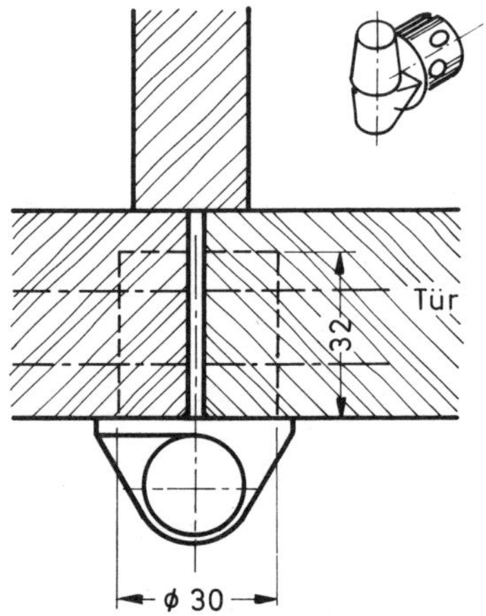

B 2.1.–26

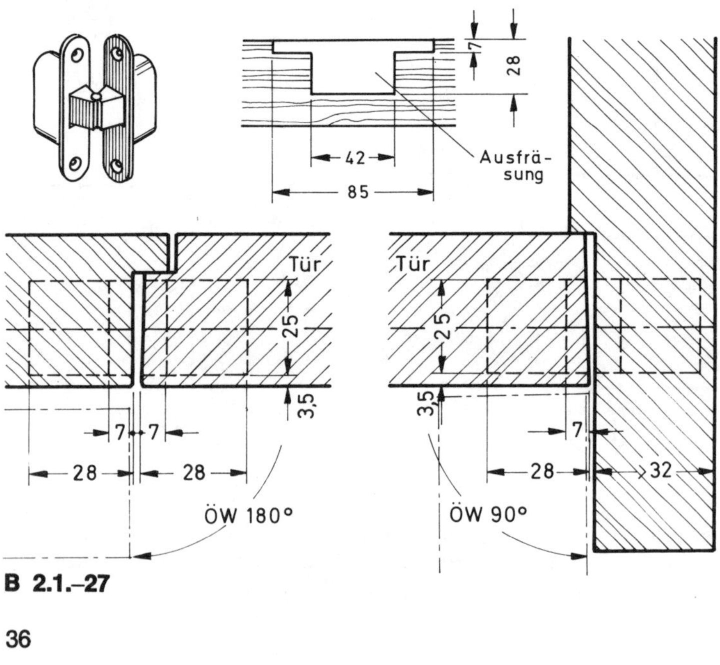

B 2.1.–27

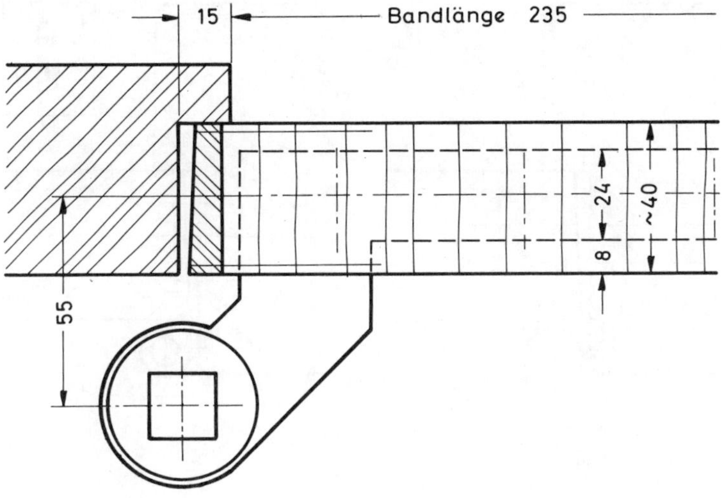

B 2.1.–28

B 2.1.–25 Kombiband für Stumpftüren. Rahmenteil mit Einbohrzapfen zum Verstiften bzw. Verschrauben, Türteil als Aufschraublappen. Hier DIN links (An, Si).
B 2.1.–26 Stumpf einschlagende Tür mit frontal eingebohrtem Band angeschlagen. Stahl, vermessingt, vernickelt. Hier DIN links (Gr, Hä).
B 2.1.–27 Stumpf einschlagende Türen mit unsichtbaren Scharnieren angeschlagen. Links: Rahmen und Tür bündig, rechts: Tür im Zargenrahmen. Die Bänder können maschinell eingelassen werden, sie sind links und rechts verwendbar. Material Nylon-Gehäuse, Sichtfläche Chromnickelstahl (NIRO-Scharnier, On, VICI-Scharnier, Hä sinngemäß).
B 2.1.–28 Stumpf einschlagende Tür mit Bodenschließer angeschlagen (siehe B 2.1.–16).

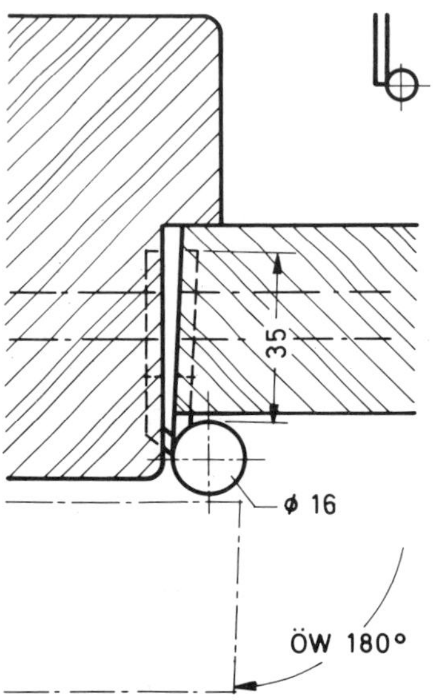

B 2.1.–29

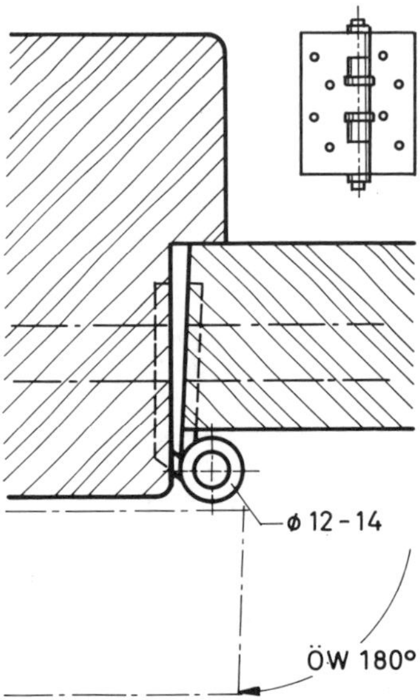

B 2.1.–30

B 2.1.–29 Stumpf einschlagende, zurückspringende Tür mit Aufsatzbändern angeschlagen. Kröpfung »B« als Berliner Band – H oder Aufsatzband, Rollenlänge 120, 140, 160 und 180 mm. Ausführung: Stahl, Messing, Messing vernickelt, hier DIN links dargestellt (BSW, On).
B 2.1.–30 Zurückspringende Tür mit schweren Kugellager-Türscharnieren Kröpfung »B« angeschlagen. Ausführung: Eisen, Eisen vernikkelt, vermessingt, bronziert, altverkupfert, durch Umstecken links und rechts verwendbar (BSW).

2.1.2 Verschlußmöglichkeiten von Drehtüren

Zum Verschluß der Innentüren gehören im allgemeinen Einsteckschlösser mit den unterschiedlichsten Sicherungsarten, Schließbleche und Drückergarnituren. Nur selten werden aufschraubbare Kastenschlösser verwendet.

2.1.2.1 Einsteckschlösser

Einsteckschlösser sind in der DIN 18251 genormt. Die im Handel befindlichen Schlösser können geringfügige Abweichungen aufweisen. Bei den Einsteckschlössern ist zwischen Schlössern für Haustüren, Wohnungsabschlußtüren, Zimmertüren, Badezellen- und Klosettüren zu unterscheiden. Sie sind in leichter, mittelschwerer und schwerer Qualität erhältlich. Auch die Schlösser für Behördenbauten weisen bestimmte Qualitätsmerkmale auf. Für schalldämmende und feuerhemmende Türen, Strahlenschutztüren, Hoteltüren, Krankenhaustüren, Notausgangstüren und schmale Rahmentüren sind besondere Schlösser im Handel.

Die Schlösser bestehen im wesentlichen aus dem *Schloßkasten,* in dem die *Schließmechanik* untergebracht ist, der *Falle,* die durch den Drücker oder bei eingebautem *Wechsel* auch mit dem Schlüssel zurückgenommen werden kann, der *Nuß,* die mit einem Vierkantloch für den Drückerstift versehen ist, dem *Riegel,* der mit dem Schlüssel eintourig oder zweitourig zu schließen ist, dem *Schlüsselloch* oder der Aussparung für die Schließzylinder, dem *Stulp,* der für Falztüren einseitig und bei Stumpftüren mittig an den Kasten angebracht wird, der aber auch gerade oder schräg sein kann. Das *Dornmaß* ist das Maß von Vorderkante Stulp bis Mitte Nuß bzw. Schlüssel. Die *Entfernung* ist das Maß zwischen Mitte Nuß und Mitte Dorn des Schlüssels bzw. Schließzylinders (B 2.1.–31).

Die Schlösser können unterschiedliche *Sicherungsarten* aufweisen, wie Buntbart, Zuhaltungen, Besatzungen, Profilzylinder (PZ), Rund- oder Ovalzylinder (RZ).

Die einfachste Schloßkonstruktion ist das *Buntbartschloß (BB).* Nur die jeweilige Form des Schlüssels bietet einen Schutz gegen unbefugtes Öffnen. Diese Sicherungsart ist wegen der begrenzten Sicherheit nur an Zimmertüren in abgeschlossenen Wohnungen bzw. Gebäuden zu empfehlen. *Schlösser mit Besatzung* sind dem Buntbartschloß ähnlich, weisen aber eine eingerichtete Besatzung auf, die in der Schloßmitte um das Schlüsselloch gelagert ist. Der Schlüsselbart ist in der Mitte eingeschlitzt und weist außerdem seitlich Kerben auf, die zu den Reifen auf der Besatzung passen müssen. Der Schlüssel muß also nicht nur in die Schlüssellochform, sondern auch auf die Reifen der Besatzung passen. Es ist ein besserer Schutz gegen unbefugtes Öffnen gegeben, und es läßt sich eine Schließanlage einrichten. Diese Schlösser kommen bei Innentüren in öffentlichen Gebäuden und Büros zur Anwendung.

Schlösser mit Zuhaltungen (ZH) weisen Schlüssel mit verzahntem Bart auf. Der Schlüsselbart muß einmal zu der Schlüssellochform und mit der Verzahnung zu den vier bis neun eingebauten Zuhaltungen passen. Die Schlösser können bei Wohnungsabschlußtüren und gut zu sichernden Innentüren sowie in Schließanlagen eingebaut werden.

Schlösser mit Schließzylindern. Die Schließzylinder können rund oder oval sein oder eine Profilform haben. Sie sind ein am Schloßkasten zu befestigender und austauschbarer Bestandteil des Schlosses. Schließzylinder gewährleisten durch die starke Differenzierung der Schlüseleinschnitte sowie durch die Stufensprünge ein hohes Maß an Sicherheit. Die Zahl der Schließungsverschiedenheiten sind außerordentlich hoch. Schließzylinder werden besonders in Wohnungsabschlußtüren, Gebäudeeingangstüren, Außentüren und großen Schließanlagen eingesetzt.

Schlösser für Zimmer- und Wohnungsabschlußtüren

Die Ausführung ist mittelschwer (Klasse 2, für Wohnungsabschlußtüren Klasse 3), mit oder ohne eingebauten Wechsel (W), der Riegel ist zweitourig schließbar. Die Nuß ist für einen 9 mm oder 8 mm Vierkantstift vorgesehen. Das Dornmaß beträgt normal 55 mm, ist aber auch mit 40, 45, 50, 60, 65, 70, 80, 90 und 100 mm erhältlich. Sie können durch Zuhaltungsschlüssel, Rund-, Oval- oder Profilzylinder verschlossen werden. Der Stulp ist für Stumpftüren mittig und für Falztüren einseitig angeordnet. Sonderausführungen wie Messingstulp, blank oder vernickelt, geräuscharme Falle, hochliegender Riegel bei Verwendung von Schließblechen mit ungleichen Schenkeln, Drückerhochhaltefedern bei extra schweren Drückern, verschleißfeste Nußführungen sind möglich (B 2.1.–31 und 32).

Schlösser für Wohnungsinnentüren

Sie werden in mittelschwerer (Klasse 2) und leichter (Klasse 1) Ausführung meistens als Buntbartschlösser ohne Wechsel hergestellt. Der Riegel läßt sich bei den leichten Ausführungen nur eintourig schließen. Die Nuß ist für einen 8 mm bzw. 9 mm Vierkantstift vorgesehen. Das Dornmaß beträgt 55 mm. Mittelschwere Ausführungen haben die erweiterte Dornmaßreihe 40 bis 100 mm und sind in den Sonderausführungen wie die Wohnungsabschlußtüren erhältlich. Die Schlösser können für Falztüren mit einseitigem Stulp und für Stumpftüren mit mittigem Stulp ausgestattet sein. Für Schließbleche mit schmalem Schenkel sind Schlösser mit hochliegendem Riegel im Handel (B 2.1.–31 und 32).

Schlösser für Badezellen- und Klosettüren (BAD)

Badezellen- und Klosettüren werden nicht gern mit Schlüsseln, sondern von innen mit Griffoliven verriegelt. Darum weisen diese Schlösser für die Fallenbetätigung und für die Riegelbetätigung eine Nuß für einen 8 mm Vierkantstift auf. Die Entfernung der beiden Vierkantlöcher beträgt 78 oder 55 mm, das Dornmaß 55 mm. Schlösser mit 50, 60, 65, 70 mm Dornmaß sind erhältlich. Der Stulp kann für Stumpftüren mittig und für Falztüren einseitig angeordnet sein. Für Schließbleche mit schmalem Schenkel sind Schlösser mit hochliegendem Riegel zu verwenden.

Behörden-Einsteckschlösser

Sie sind für besonders stark beanspruchte Türen konstruiert. Die Ausführung ist schwer bis mittelschwer, normal ohne Wechsel, auf Wunsch mit Wechsel lieferbar. Die Nuß ist für einen 8 mm Vierkantstift vorgesehen. Der Stulp kann mittig oder einseitig, der Riegel auch hochliegend angeordnet sein. Die Sicherungsarten sind Besatzungen, Zuhaltungen, Profil-, Oval- oder Rundzylinder. Das Dornmaß beträgt 55 mm, bei schweren Schloßausführungen 60 mm. Bei schweren Behördenschlössern sind die Dornmaßabstufungen von 45 bis 100 mm möglich (B 2.1.–31 und 32).

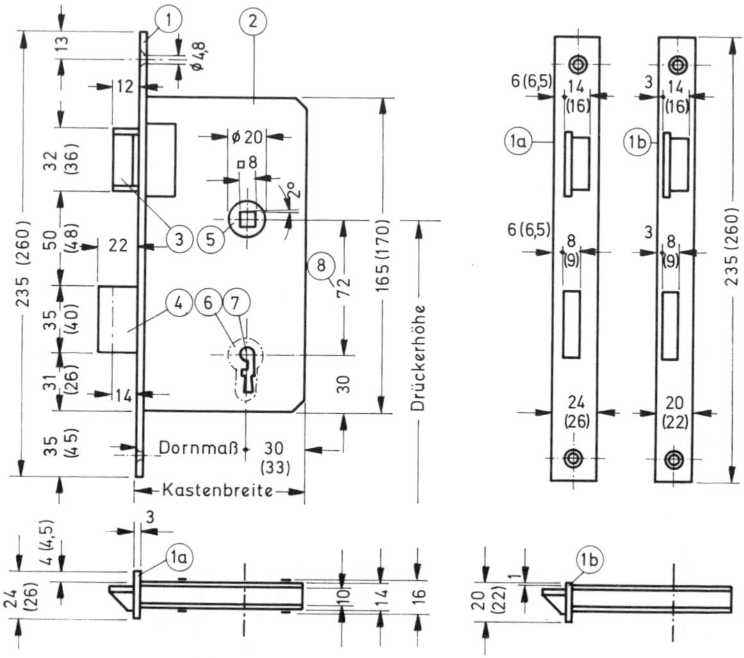

Dornmaßtabelle

a) mittelschwere Schloßausführung

40	45	50	55	60	65	70	80	90	100

b) schwere Behördenschlösser (Maße in Klammern)

40	45	50	55	60	65	70	80	90	100

c) Schlösser für schmale Rahmen

25	30	35	40	45

B 2.1.–31 Einsteck-Zimmertürschloß nach Din 18251, Klasse 2, für Zuhaltungs-, Buntbart-Schlüssel und Profilzylinder, mit eingebautem Wechsel auch für Wohnungsabschlußtüren, Klasse 3, hier DIN links. (1) Stulp, (1a) Stulp für Stumpftüren, (1b) Stulp bei Falztüren, (2) Schloßkasten, (3) Falle, (4) Riegel, für überfälzte Türen bei Schließblechen mit schmalem Schenkel auch mit hochliegendem Riegel, (5) Nuß, (6) Profilzylinder, (7) Schlüsselloch, (8) Entfernung (BKS).

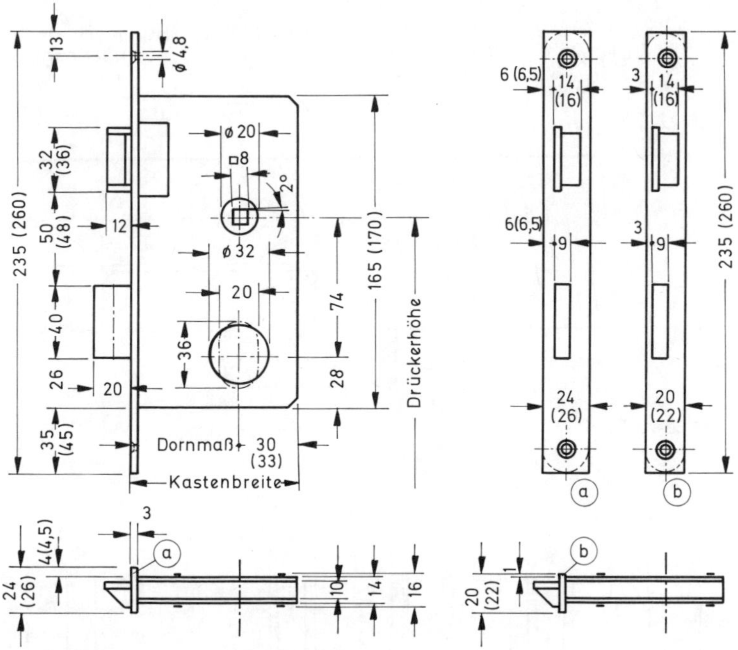

Dornmaßtabelle

a) mittelschwere Schloßausführung

50	55	60	65	70	80	90	100

b) schwere Behördenschlösser (Maße in Klammern)

45	50	55	60	65	70	80	90	100

c) Schlösser mit Ovalzylinder für schmale Rahmen

22	25	30	35	40

d) Schlösser mit Rundzylinder für schmale Rahmen

30	35	40	45

B 2.1.–32 Einsteck-Zimmertürschloß nach DIN 18251, Klasse 2, für Oval- und Rundzylinder, mit eingebautem Wechsel auch für Wohnungsabschlußtüren, Klasse 3. (a) Stulp mittig, für Stumpftüren, (b) Stulp einseitig, für Falztüren. Hier DIN-links-Schloß (BKS).

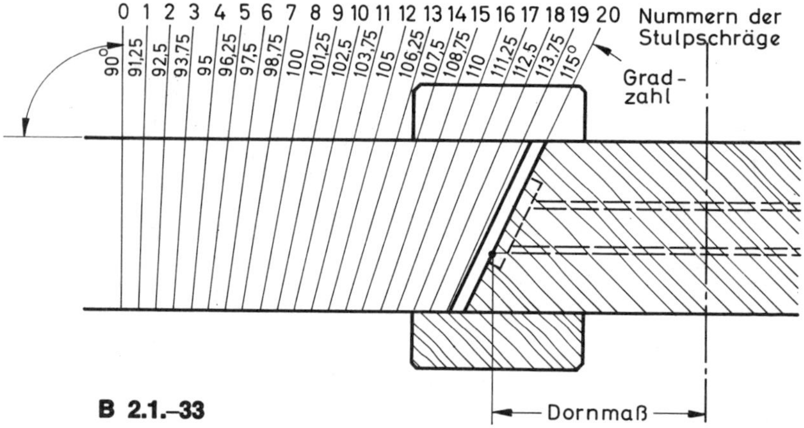
0 1 2 3 4 5 6 7 8 9 10 11 12 13 14 15 16 17 18 19 20
Nummern der Stulpschräge
90°
91,25
92,5
93,75
95
96,25
97,5
98,75
100
101,25
102,5
103,75
105
106,25
107,5
108,75
110
111,25
112,5
113,75
115°
Grad-zahl
Dornmaß

B 2.1.–33

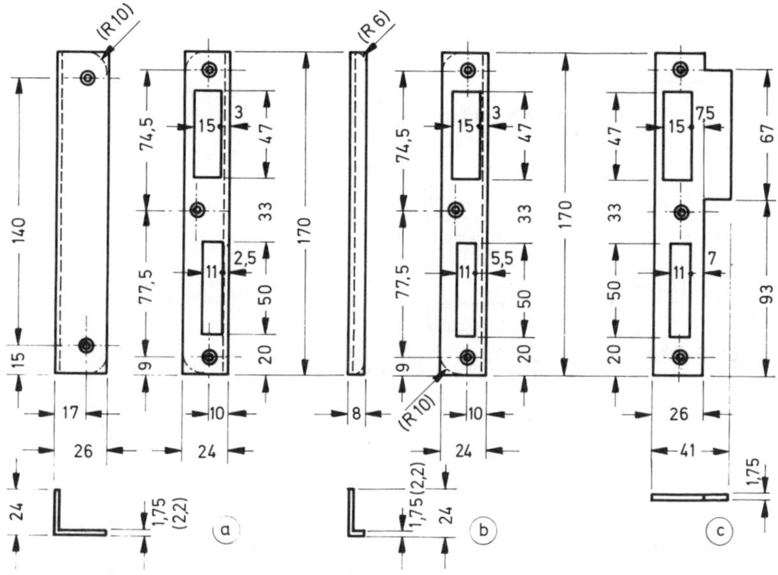
(R10)
(R6)
(R10)
140
15
17
26
74,5
77,5
9
15
3
47
33
11
2,5
50
20
170
10
24
8
5,5
7,5
67
93
7
41
1,75
(2,2)
1,75(2,2)
a
b
c

B 2.1.–34

Einsteck-Riegelschlösser
Für leichte Türen zu Abstellräumen oder für Tapetentüren sind einfache Einsteckschlösser konstruiert, die nur einen Riegel aufweisen. Die Türen lassen sich nur mit dem Schlüssel öffnen oder verschließen. Dornmaße: normal 55 mm, Sonderausführungen: 40, 45, 50, 60, 65, 70, 80 mm.
Einsteck-Fallenschlösser
Sie weisen nur eine Falle auf und sind wie die Riegelschlösser für leichte Türen gedacht, die aber nicht verschlossen werden müssen. Die Türen lassen sich durch Drehknopf oder Drückerbetätigung öffnen. Dornmaß: 55 mm.
Schlösser für schmale Rahmentüren
Sie weisen einen schmalen Schloßkasten und ein kleines Dornmaß auf. Dornmaße: 25, 30, 35, 40, 45 mm.
Schlösser für Sonderzwecke
In schalldichten Türen können *Keiltreiberschlösser* eingebaut werden, die neben Falle und Riegel noch Keiltreiber besitzen, die die Türen fest gegen die Dichtung der Türrahmung pressen. Dornmaß: 65 mm. Verwendung in Türen zu Konferenzräumen, Direktionszimmern und Studios.
In Strahlenschutztüren und auch in Schalldämmtüren können *Schlösser mit versetzten Dornmaßen* verwendet werden, Schlüssel und Drückervierkant können an der Außenseite ge-

B 2.1.–33 Stulpschrägen Tabelle. Die Normalschräge ist bei zweiflügeligen Zimmer- und Wohnungsabschlußtüren NR 3, bei zweiflügeligen dicken Windfangtüren NR 5. Bei der Bestimmung des Dornmaßes ist hier von dem Punkt auszugehen, der auf der Sichtfläche des Stulpes und in der Flucht des Schloßbleches liegt.

B 2.1.–34 Schließbleche. (a) Winkelschließblech für Falztüren, (b) Winkelschließblech mit schmalem Schenkel für Falztürschlösser mit hochliegendem Riegel. Der schmale Schenkel wird durch den Türüberschlag verdeckt, (c) Lappenschließblech für Stumpftüren. Alle Schließbleche sind auch zum Einfräsen mit abgerundeten Ecken im Handel.

genüber der Innenseite um 40 mm versetzt werden. Dadurch gehen die Schlüssellöcher nicht durch. Dornmaße: 40 bzw. 80 mm.

Krankenhausschlösser weisen neben Drückernuß und Schlüsselloch noch eine zweite Nuß auf. Hier läßt sich die Tür durch eine Olive von innen verriegeln. Eine von innen verriegelte Tür läßt sich von außen nur mit Schlüssel entriegeln und dann durch normale Drückerbetätigung öffnen.

Hoteltürschlösser haben eine ähnliche Funktion wie die Krankenhausschlösser, jedoch sind diese außen nur mit einem Notschlüssel zu entriegeln.

Einsteckschlösser mit geteilter Schließfunktion sind mit einem Chefschlüssel und zwei Personalschlüsseln versehen. Ist das Schloß eintourig verschlossen, können Personalschlüssel öffnen, ist das Schloß mit einem Chefschlüssel zweitourig verschlossen, können die Personalschlüssel nicht öffnen, sondern nur der Chefschlüssel.

Panikschlösser werden in Türen zu Sitzungs- und Vortragsräumen eingebaut. Selbst verschlossene Türen lassen sich von innen entriegeln und öffnen. Paniktüren müssen stets nach außen aufgehen, damit sie auch beim Druck einer von Panik erfaßten Menge zu öffnen sind. Dornmaße: 65 mm, bei Rohrrahmen 35 mm.

Treibriegelschlösser werden bei zweiflügeligen Türen in den feststehenden Flügel eingebaut. Es sind Schlösser, die durch Drückerbetätigung die Treibriegelstangen betätigen und den feststehenden Flügel oben und unten verriegeln oder entriegeln. Ist der Gangflügel verschlossen, ist eine Betätigung des Treibriegels nicht möglich. Dornmaß: 60 mm.

Schlösser für Feuerschutztüren sind in der Regel als Panikschlösser ausgebildet. Sie bestehen meistens aus dem Hauptschloß und zwei Fallenschlössern für eine zusätzliche obere und untere Verriegelung der Tür, die miteinander durch eine feuerbeständige Kette verbunden sind. So können durch die Drückerbetätigung alle drei Fallen zurückgenommen werden. Von innen sind die Türen durch Panikverschlüsse zu öffnen. Dornmaß: 65 mm.

Bei allen Schlössern ist bei der Bestellung neben den genannten Einzelheiten auch die Drehrichtung der Tür – DIN rechts (R) oder DIN links (L) – anzugeben.

Einbaumöglichkeiten der Schlösser

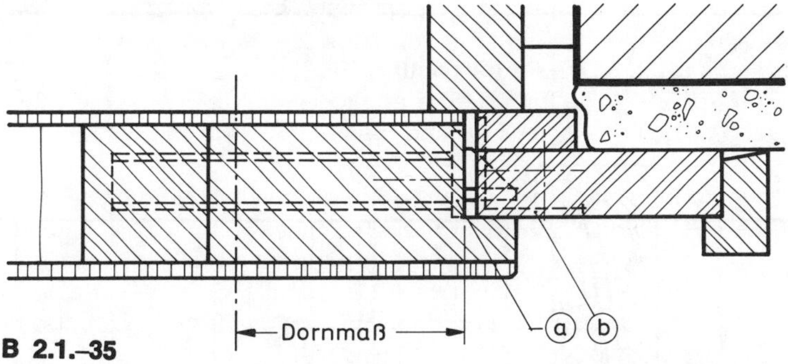

B 2.1.–35

B 2.1.–35 Verschluß einer überfälzten Tür DIN links, (a) Falztür-Einsteckschloß mit einseitigem Stulp, (b) Winkelschließblech-Normalausführung.

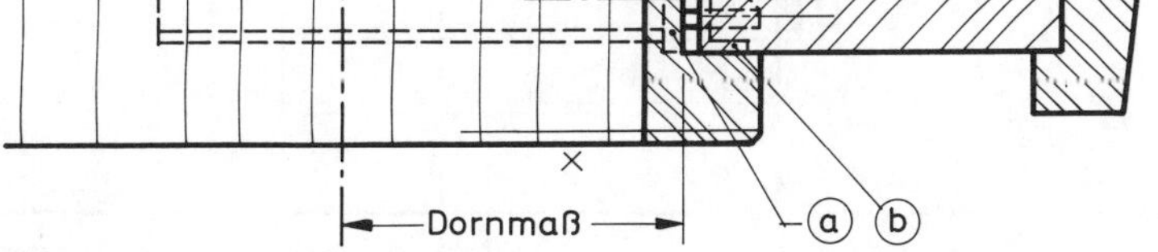

B 2.1.–36

B 2.1.–36 Verschluß einer überfälzten Tür DIN links, (a) Falztür-Einsteckschloß mit hochliegendem Riegel, (b) Winkelschließblech mit schmalem Schenkel. Ausführung bei Naturholztüren. Das Schließblech ist unsichtbar.

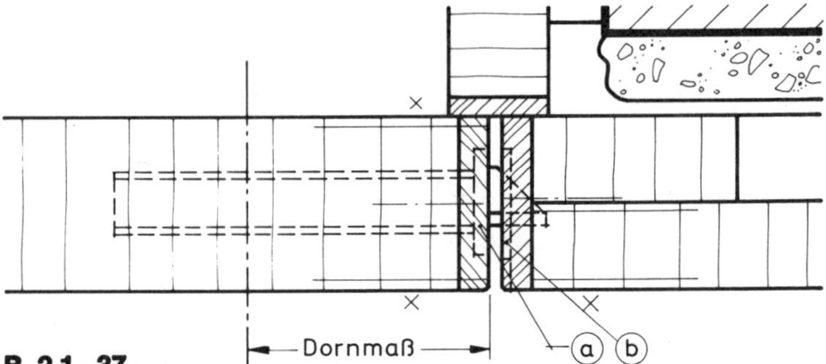

B 2.1.–37

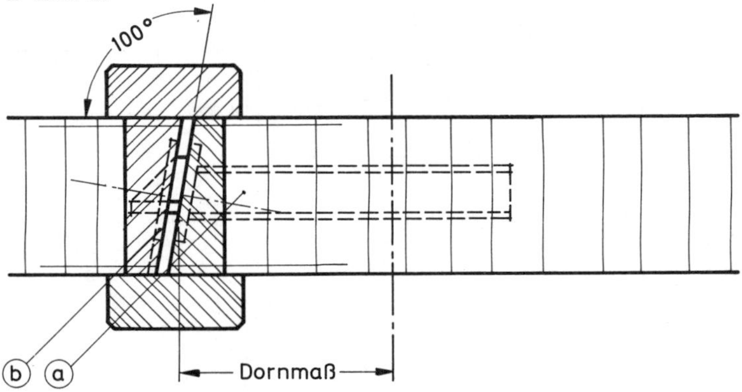

B 2.1.–38

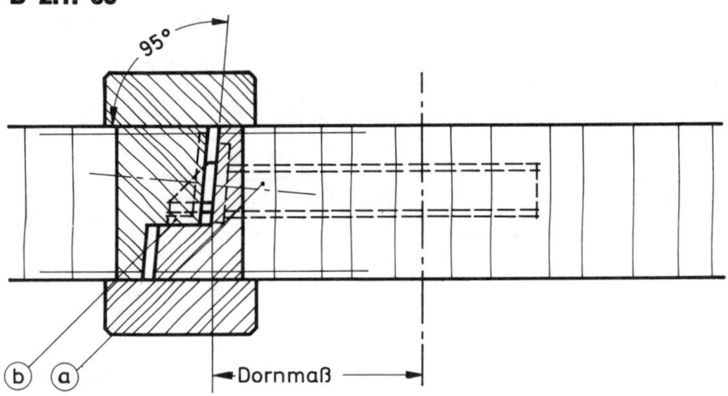

B 2.1.–39

2.1.2.2 Drückergarnituren

Zur Schließbetätigung von Innentüren gehört im allgemeinen die Drückergarnitur. Sie besteht aus den *Drückern* und den *Türschildern.* Die beiden Türdrücker – Stiftteil und Lochteil – werden durch den *Drückerhaltestift* sichtbar oder durch eine innenliegende Keilverbindung unsichtbar miteinander verbunden. Der *Vierkantstift* wird dabei durch die Nuß des Schlosses gesteckt. Die Drücker laufen in runden Aussparungen der Türschilder, die bei stark benutzten Türen mit Kunststoffringen ausgelegt sind. Die Türschilder können als Langschild oder Kurzschild ausgebildet sein. Im Türschild ist noch das Schlüsselloch oder eine Aussparung für den Schließzylinder eingearbeitet. Werden *Rosetten* verwendet, sind für Drücker und Schlüssel bzw. Schließzylinder getrennte Rosetten erforderlich, die unsichtbar auf dem Türblatt befestigt werden können.

Auf Wunsch kann statt eines Drückers auf einer Türseite oder auch auf beiden Seiten ein *Drehknopf* vorgesehen werden. Die Öffnung der Tür ist mit einem Knopf umständlicher als mit einem Drücker.

Bei Wohnungsabschlußtüren, in die Schlösser mit Wechseln eingebaut sind, kommen *Wechselgarnituren* zur Anwendung. Sie bestehen außen aus dem Knopfschild bzw. Einzelknopf und innen aus dem Drücker. Der Knopf ist nicht drehbar, so daß die Tür von außen mit dem Schlüssel geöffnet werden muß. Für diese Garnituren sind *Wechselstifte* zu verwenden. Die Tür-

B 2.1.–37 Verschluß einer stumpf einschlagenden Tür, DIN links. (a) Stumpftür-Einsteckschloß mit Stulp auf Mitte, (b) Lappenschließblech.

B 2.1.–38 Verschluß einer zweiflügeligen Tür, Überschlag nicht überfälzt. (a) Stumpftür-Einsteckschloß mit schrägem Stulp auf Mitte, DIN rechts. (b) Lappenschließblech.

B 2.1.–39 Verschluß einer zweiflügeligen Tür, Überschlag gefälzt. (a) Falztür-Einsteckschloß mit einseitigem, schrägem Stulp und hochliegendem Riegel. (b) Winkelschließblech mit schmalem Schenkel. Auf Schlagleisten kann man hier verzichten.

blätter werden für die Wechselstiftmontage durchgebohrt. Kann die Bohrung auf der Türaußenseite durch die Verwendung besonderer Zier-Türgriffe nicht abgedeckt werden, darf man die Tür nicht ganz durchbohren. Es ist dann ein *Gelenk-Wechselstift* zu verwenden, der von der Drückerseite her durch die Nuß des Schlosses geschoben werden kann.
Für Badezellen- und Klosettüren sind besondere *Badezellenschilder* im Handel, die von innen durch eine Olive die Türen verriegeln und von außen in einem Fenster besetzt oder frei signalisieren.
Ein besonderer Beschlag ist die *Einknopfbedienung.* Hier kann mit einem Drehknopf die Tür geöffnet und außen durch Schließung im Knopf und innen durch eine Druckknopfbetätigung verschlossen werden. Diese Garnitur ist nur komplett mit dem runden Schloßkasten zu montieren.
Die Ausführungen der Drückergarnituren reichen von modernen bis zu antiken Formen, das Material kann Aluminium-natur oder eloxiert, Edelstahl, Messing-poliert oder gefärbt, Kupfer oder Kunststoff sein.
Arten der Drückergarnituren siehe B 2.1.–40 bis 43.

B 2.1.–40 Ansicht der Drückergarnituren und Schlüsselschilder. (1) Langschild mit Türdrücker, (2) Kurzschild mit Türdrücker, (3) Drückerrosette und Schlüsselschild, (4) Knopflangschild, (5) Knopfkurzschild, (6) Türknopf und rundes Schlüsselschild, (7) Badezellen-Garnituren als Kurzschilder.
B 2.1.–41 Schlüsselloch- und Zylinderlochformen. (a) Buntbartschlüssel, (b) Zuhaltungsschlüssel, (c) Profilzylinder, (d) Ovalzylinder, (e) Rundzylinder. Bei (a) bis (c) beträgt die Entfernung meistens 72 bei (d) und (e) 74 mm.

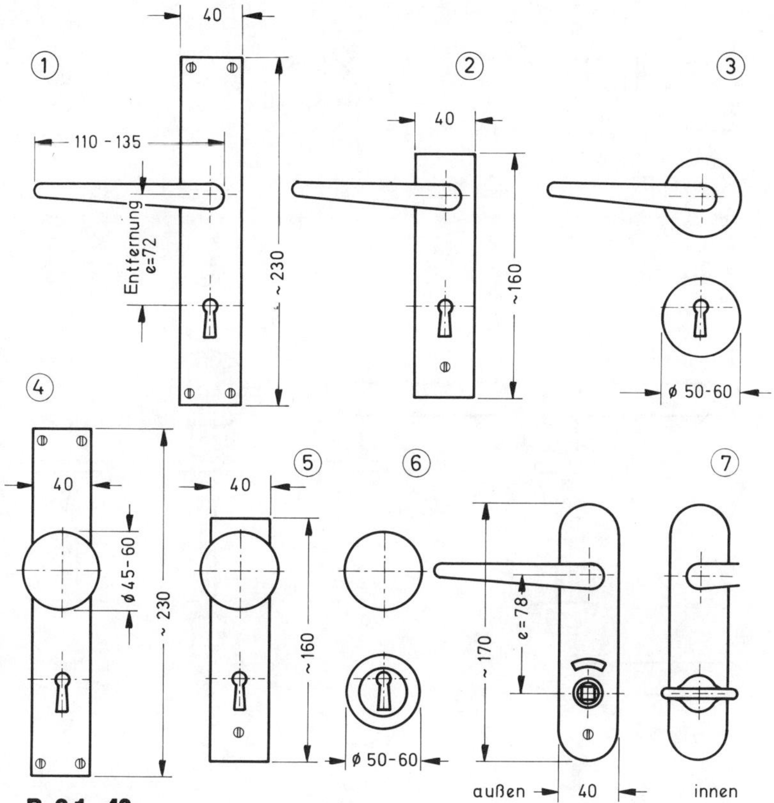
40
1
2
3
110 - 135
Entfernung
e=72
~ 230
40
~160
ø 50-60
4
40
ø 45-60
~ 230
5
6
7
40
~ 160
ø 50-60
~ 170
e=78
außen
40
innen

B 2.1.–40

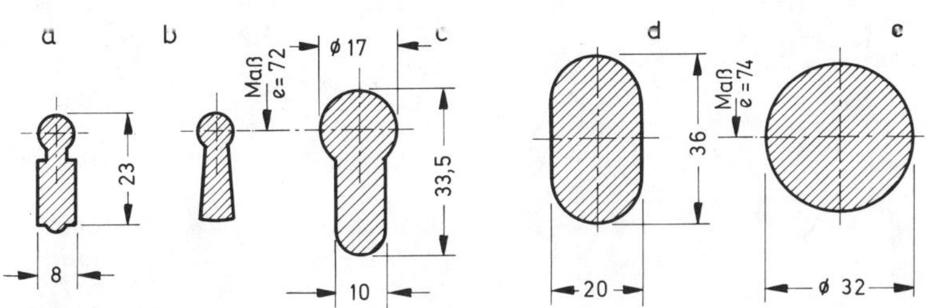
a
b
c
d
e
23
8
Maß
e= 72
ø 17
33,5
10
36
20
Maß
e =74
ø 32

B 2.1.–41

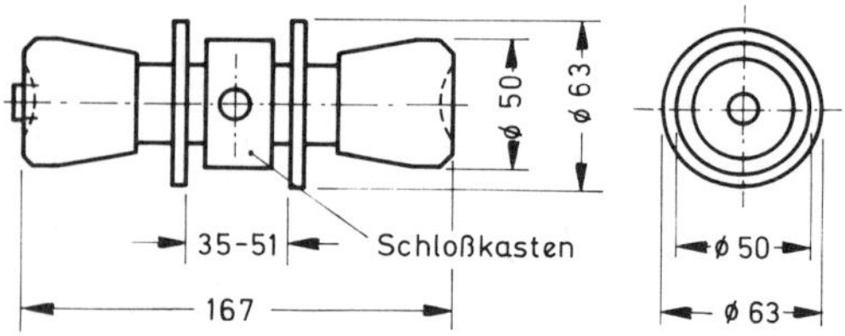

B 2.1.–42

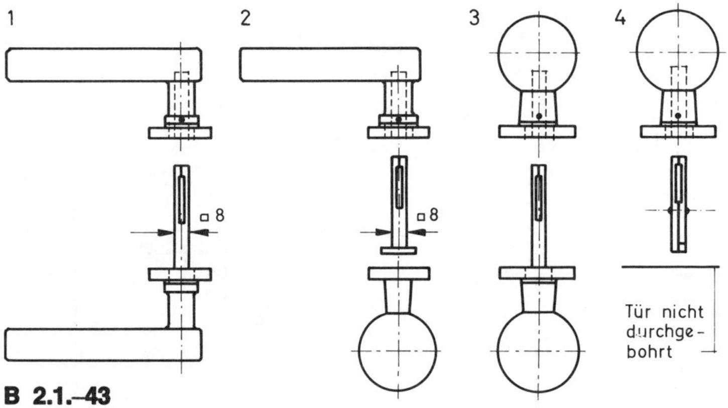

B 2.1.–43

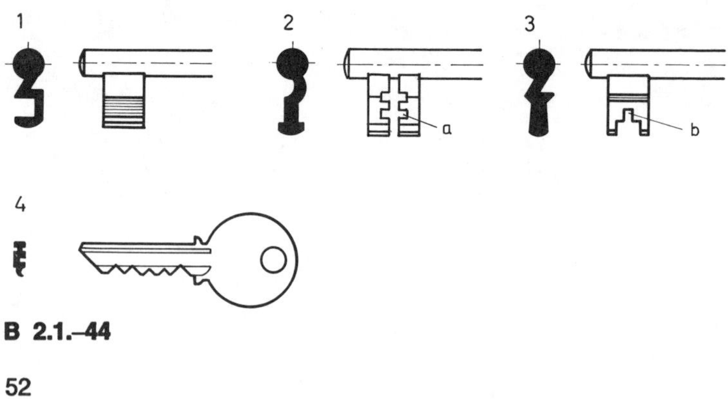

B 2.1.–44

2.1.3 Schließanlagen

Schließanlagen ermöglichen ein Öffnen und Verschließen zahlreicher Türen mit einem Schlüssel oder das Öffnen und Verschließen einer zentralen Tür mit verschiedenen Einzelschlüsseln. Es sind Hauptschlüsselanlagen, Generalhauptschlüsselanlagen, Zentralschloßanlagen und die Kombination von Hauptschlüssel- und Zentralschloßanlagen zu unterscheiden.

2.1.3.1 Hauptschlüsselanlagen

Hauptschlüsselanlagen werden in Einfamilienhäusern, Wohnheimen, Schulen sowie kleineren Büro- und Fabrikgebäuden eingesetzt. An allen Türen befinden sich Schlösser mit unterschiedlichen Einzelschlüsseln, die immer nur das dazugehörige Schloß öffnen und schließen können. Die Schlösser sind aber so eingerichtet, daß der sogenannte Hauptschlüssel alle Türen der Anlage öffnet und schließt (B 2.1.–45).

B 2.1.–42 Knopftürschloß. Öffnung durch Knopfdrehung. Verschluß durch Eindrücken eines Druckknopfes auf der Innenseite und Schlüssel auf der Außenseite. Das Knopftürschloß gibt es auch als Fallenschloß ohne Schließmechanismus (Sp, Hä).

B 2.1.–43 Kombination der Drücker. (1) Drückergarnitur bestehend aus Druckstiftteil und Drückerlochteil, beide werden mit dem Drückerhaltestift verbunden. (2) Drückergarnitur, bestehend aus einem festen Knopf, dem Türdrückerlochteil und dem Wechsel-Spaltstift. Verwendung bei Schlössern mit eingebautem Wechsel, die von außen nur mit dem Schlüssel geöffnet werden sollen. (3) Knopfgarnitur bestehend aus einem Drehknopf-Stiftteil und einem Drehknopf-Lochteil. (4) Für nur einseitig durchbohrte Türen wird ein Gelenk-Wechsel-Spaltstift verwendet, er läßt sich von der Drücker- oder Drehknopfseite her in die Vierkantnuß des Schlosses einführen.

B 2.1.–44 Schlüsselbartformen. (1) Buntbartschlüssel. (2) Besatzungsschlüssel, (a) Einschnitt für Besatzungsreifen. (3) Zuhaltungsschlüssel, (b) Einschnitte für die Zuhaltungen. (4) Schlüssel für Zylinderschlösser.

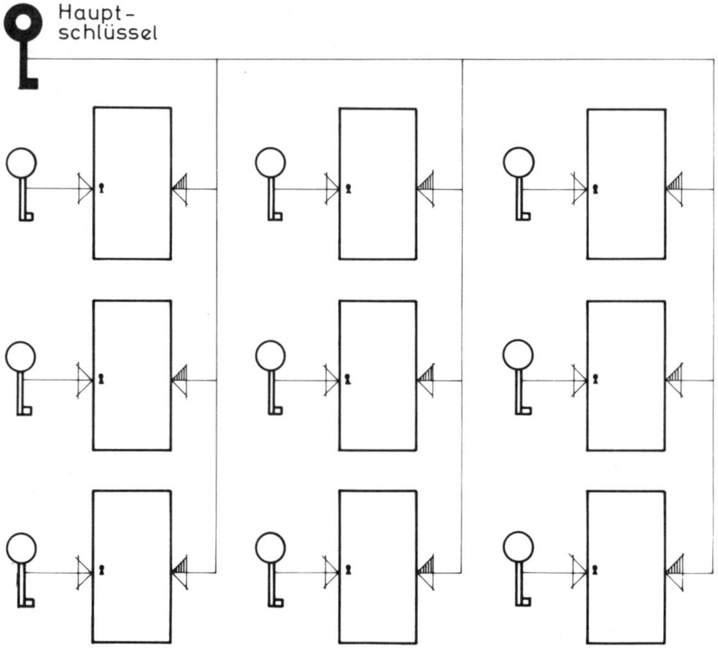

B 2.1.–45

B 2.1.–45 Hauptschlüsselanlage
B 2.1.–46 Generalhauptschlüsselanlage
B 2.1.–47 Zentralschloßanlage

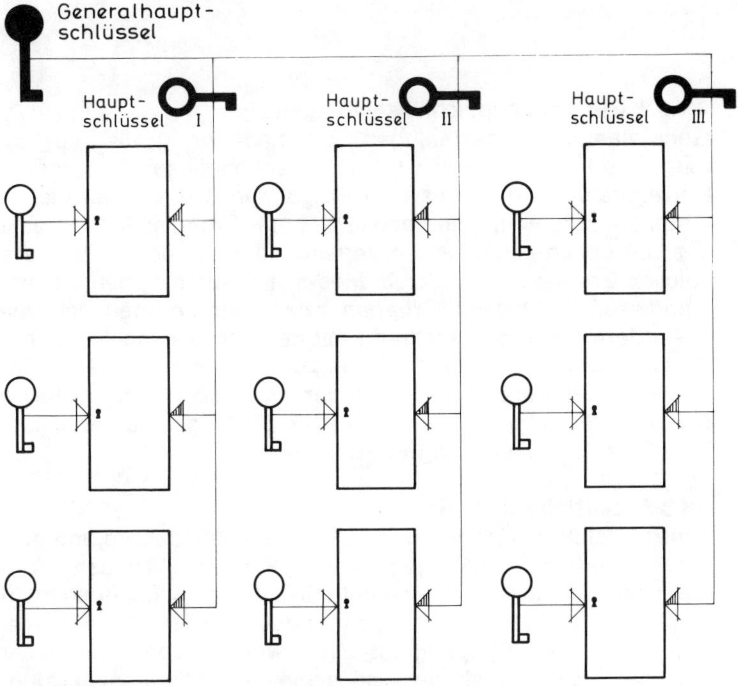
Generalhaupt-
schlüssel
Haupt-
schlüssel I
Haupt-
schlüssel II
Haupt-
schlüssel III

B 2.1.–46

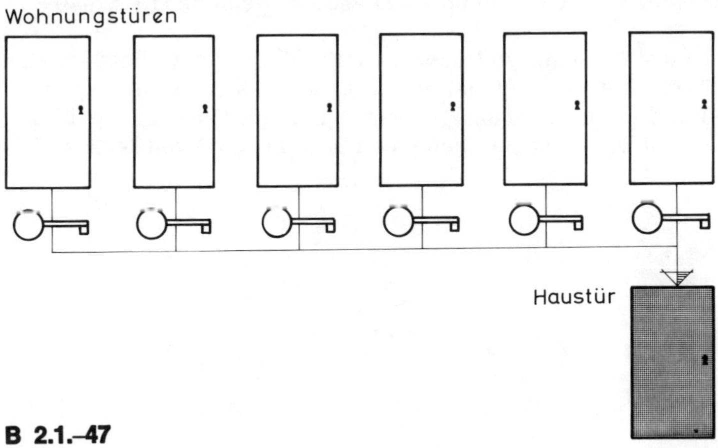
Wohnungstüren
Haustür

B 2.1.–47

2.1.3.2 Generalhauptschlüsselanlagen

Generalhauptschlüsselanlagen kommen für große Verwaltungs- und Werkgebäude, Hotels, Krankenhäuser, Sanatorien, Universitäten, Banken usw. in Frage. Die Schloßanlage ist in Gruppen aufgeteilt, die meistens dem Organisationsschema des Unternehmens oder der Verwaltung entsprechen. Mehrere solcher Gruppen lassen sich wieder in Hauptgruppen zusammenfassen. Zu diesen Gruppen bzw. Hauptgruppen gehören besondere Schlüssel. Während mit dem Gruppenschlüssel nur für eine Gruppe bestimmte Türen zu öffnen oder zu verschließen sind, kann man mit dem Generalhauptschlüssel sämtliche Schlösser betätigen, obwohl zu allen Schlössern unterschiedliche Einzelschlüssel gehören (B 2.1.—46).

2.1.3.3 Zentralschloßanlagen

Zentralschloßanlagen werden in Mehrfamilienhäusern und größeren Wohnanlagen eingebaut. Alle Schlösser an den Wohnungsabschlußtüren erhalten unterschiedliche Schließungen. In den von allen Mietern gemeinsam benutzten Türen, wie Haustür, Hoftür, Kellereingangstür usw., werden Zentralschlösser eingesetzt, die sich mit den Schlüsseln der Wohnungsabschlußtüren öffnen lassen. Jedoch kann ein Mieter mit seinem Schlüssel nicht in die Wohnung eines anderen gelangen (B 2.1.—47).

2.1.3.4 Kombinierte Hauptschlüssel- und Zentralschloßanlagen

Diese Schließanlage ist eine Kombination der Hauptschlüssel- und Zentralschloßanlage, die für große Wohnanlagen und Wohnhäuser mit Geschäfts- und Büroräumen eingesetzt wird.

2.1.4 Türdichtungen

Die Aufgabe der Türdichtungen ist es, ein geräuscharmes Schließen der Türen zu gewährleisten und die Türblätter an den Kanten abzudichten. Bei schalldämmenden Türen sind solche Dichtungen unerläßlich, denn sie sollen den Luftdurchgang und somit auch den Schalldurchgang an dem Anschluß Türblatt/Türumrahmung und Türblatt/Fußboden verhindern. Falzdichtungen und Fußbodendichtungen sind zu unterscheiden. Falzdichtungen können aus Moosgummi mit rechteckigen oder profilierten Querschnitten, Hohlgummi mit runden oder profilierten Querschnitten, PVC- und Gummihohlprofilen mit gerippten Stegen zum Einnuten, PVC- und Gummilippendichtungen mit gerippten Stegen zum Einnuten oder aus PVC- und Gummihohlprofilen in Leichtmetallschienen bestehen. Eine gute Dichtung soll selbst bei geringem Anpreßdruck gut abdichten. Bei schalldämmenden Türen sollten doppelte Falzdichtungen vorgesehen werden.

Am Boden können bei einem unterschiedlichen Niveau des Fußbodens oder bei einer eingebauten Türschwelle ebenfalls Falzdichtungen verwendet werden. Bei allen anderen Fußböden lassen sich entweder Höckerschwellen nachträglich bzw. beim Verlegen des Fußbodens einbauen, auf die sich beim Schließen der Türen die in ihren Unterkanten eingelassenen Hohlprofile, Lippen- oder Lamellendichtungen aus Gummi aufsetzen, oder es werden automatische Dichtungen verwendet. Bei automatischen Dichtungen wird beim Schließvorgang der Tür ein Filzstreifen oder Gummihohlprofil mechanisch auf den Boden gedrückt. Für schalldämmende Türen ist eine Schwellendichtung am wirkungsvollsten.

Beide Dichtungsarten, die Falz- und die Bodendichtungen, können je nach Ausführung schon bei der Fertigung der Tür oder auch nachträglich eingebaut werden. Selbstverständlich ist die bei der Fertigung geplante und eingebaute Dichtung sauberer, meistens auch wirkungsvoller und deshalb der nachträglich eingebauten meist sichtbaren Dichtung vorzuziehen (B 2.1.–48 und 49).

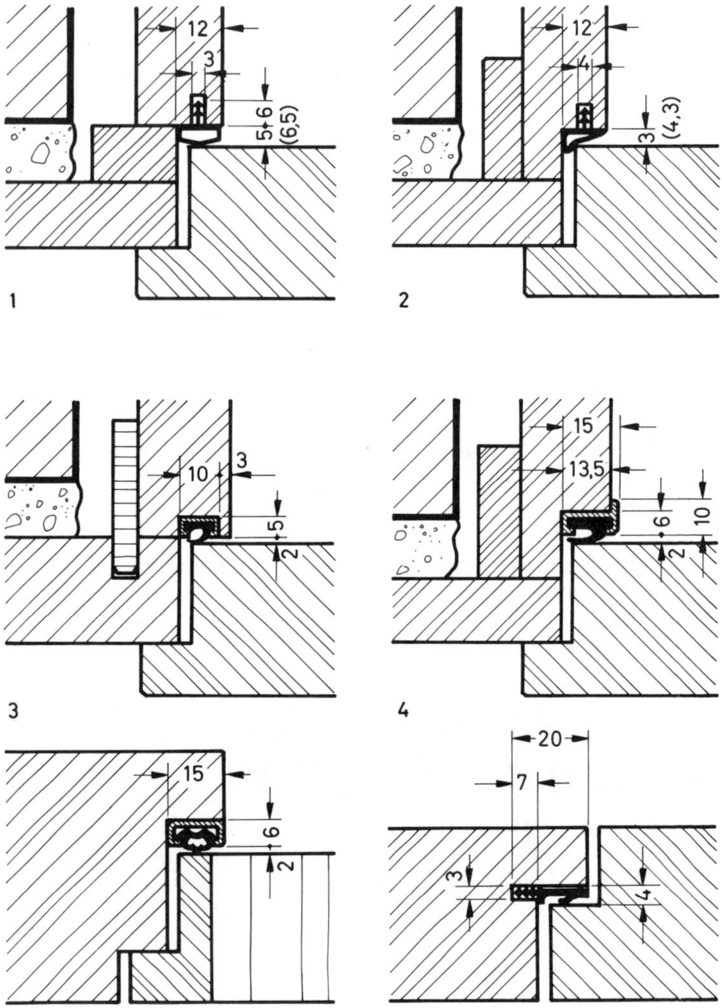

B 2.1.–48

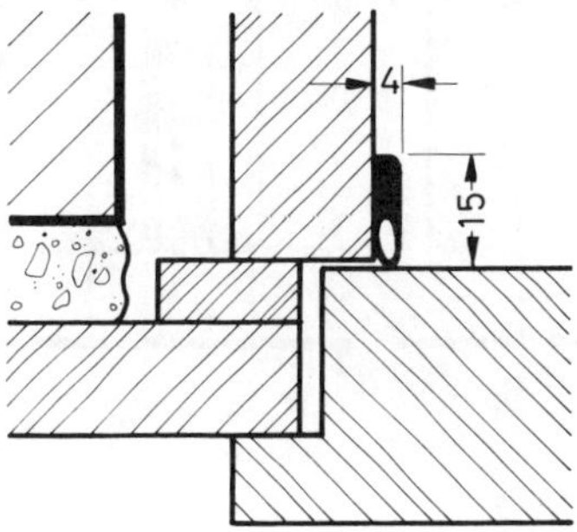

7

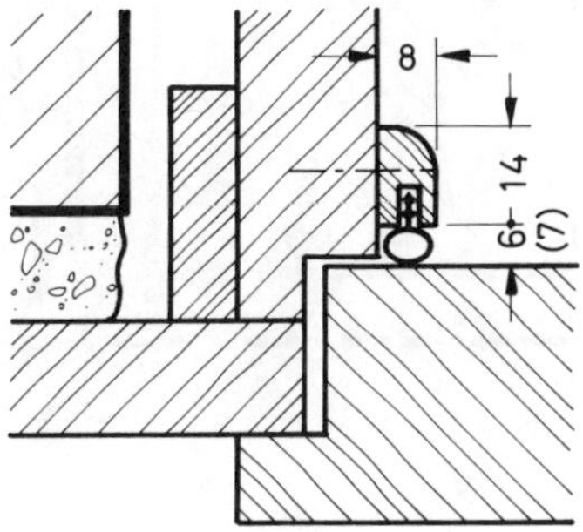

8

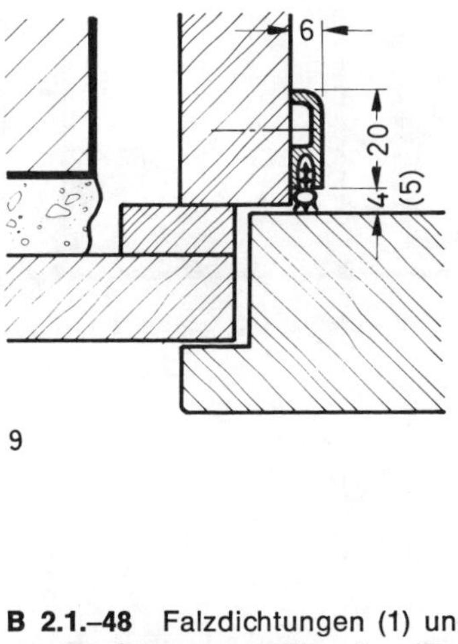

9

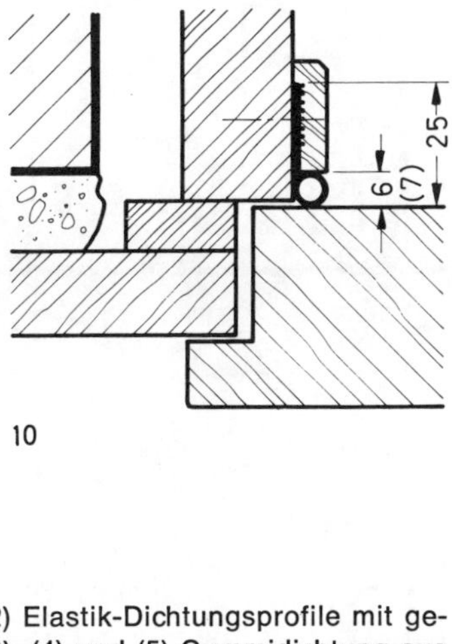

10

B 2.1.–48 Falzdichtungen (1) und (2) Elastik-Dichtungsprofile mit gerippten Stegen zum Einnuten (De); (3), (4) und (5) Gummidichtung aus Neoprene in LM-Schienen (Heb); (6) Falzdichtung, Steg aus Hart-PVC, Lippe in Weich-PVC (Jo); (7) Falzdichtung für den nachträglichen Einbau, Hart-Weich-PVC-Profil (Ath); (8) Falzdichtung für den nachträglichen Einbau, Leiste aus gedämpftem Buchenholz mit eingenutetem KU-Dichtungsprofil (Ath); (9) LM-Schiene mit Gummidichtung aus Neoprene (Heb); (10) Dichtungsprofil mit Hartholzleiste am Futter befestigt (De).

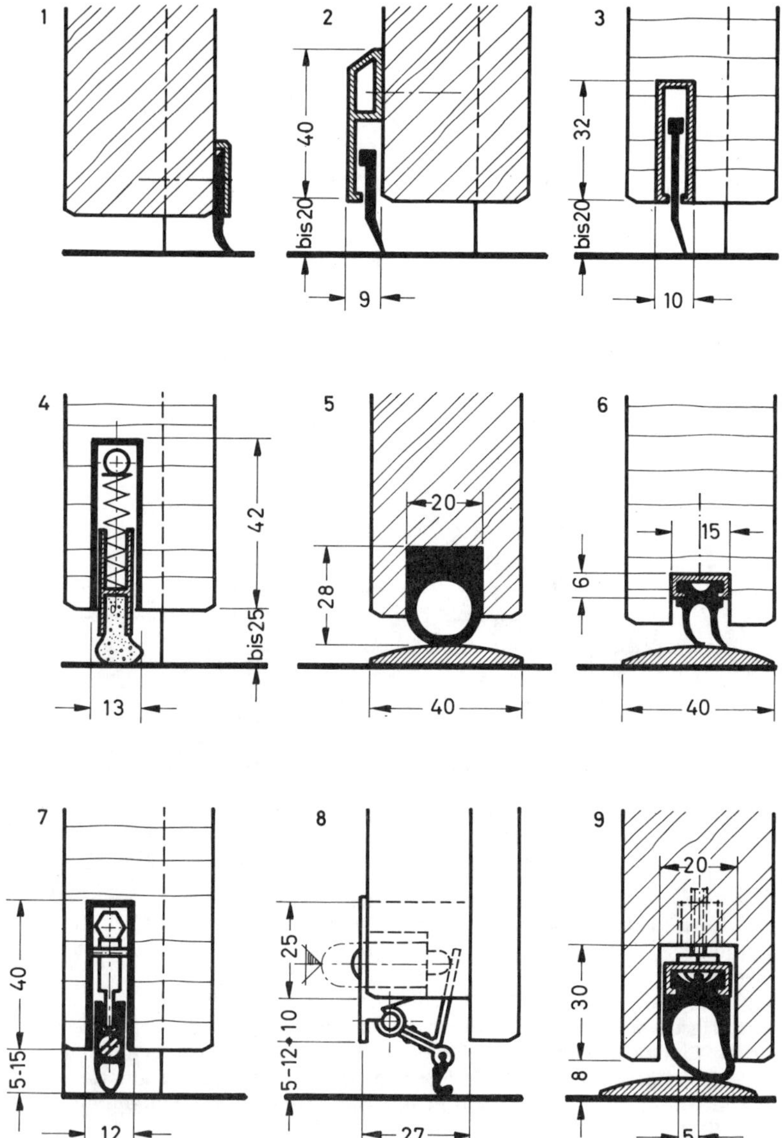
1
2
40
bis 20
9
3
32
bis 20
10
4
42
bis 25
13
5
20
28
40
6
15
6
40
7
40
5-15
12
8
25
10
5-12
27
9
20
30
8
5

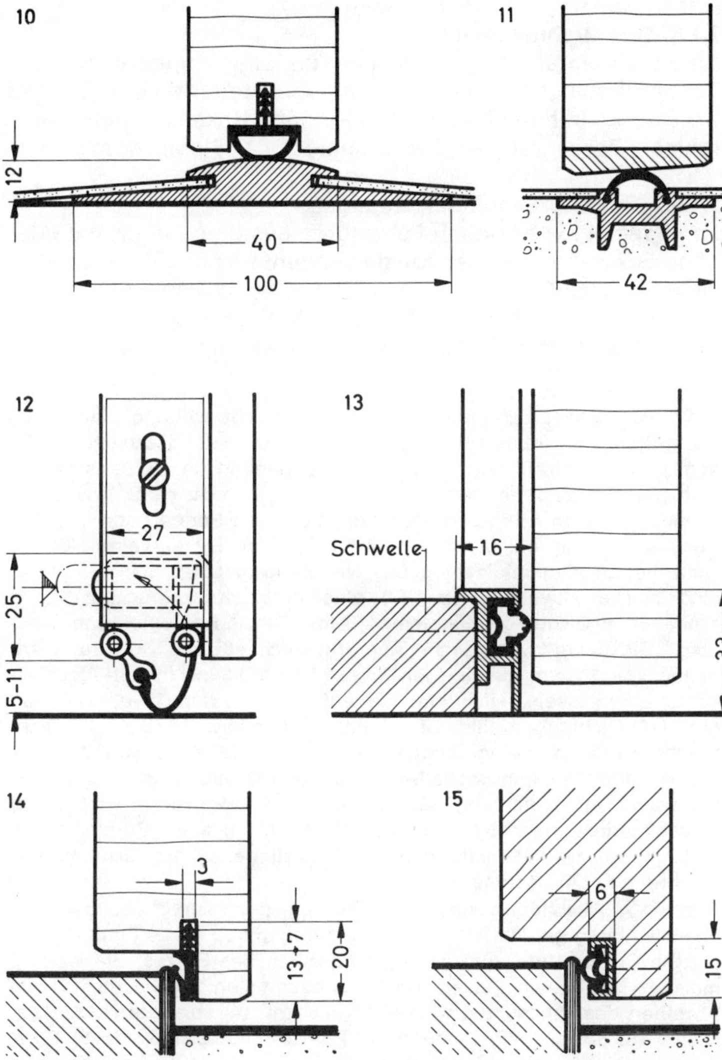

B 2.1.–49

2.1.5 Türumrahmungen

An die Türumrahmungen sind die Türblätter angeschlagen. Die Türumrahmungen müssen fest mit dem Mauerwerk verbunden werden. Es können Futter mit oder ohne Bekleidungen, Blockrahmen, Zargenrahmen, Blendrahmen oder Stahlzargen sein.

2.1.5.1 Futtertüren mit Bekleidungen

Im allgemeinen bestehen Futtertüren aus dem Futter, mit oder ohne Schwelle, und den Bekleidungen, der Falz- und Zierbekleidung. Das Futter ist etwa so tief, wie die Wand dick ist. Die Luft zwischen dem Futter und der Mauerlaibung wird auf der Anschlagseite der Tür mit der Falzbekleidung und auf der an-

B 2.1.–49 Bodendichtungen (1) und (2) einfache Bodendichtung zum nachträglichen Einbau (Ath); (3) Eingenutete Dichtungsschiene mit losem Dichtungsprofil, das sich den Unebenheiten des Bodens anpaßt (Ath); (4) Eingenutete Dichtungsschiene „Innendicht", das Dichtungsprofil wird durch Knopfbetätigung dicht auf den Boden gedrückt (Bu); (5) Moosgummiprofil läuft beim Schließen der Tür auf eine Höckerschwelle; (6) Gummidichtung aus Neoprene in LM-Schiene läuft auf eine Höckerschwelle (Heb); (7) eine durch Knopfdruckbetätigung schließende Dichtung „Kältefeind" (Ath); (8) eine automatische Dichtung „Dichtomat", die durch Knopfdruck schließt und Bodenunebenheiten von 10 mm ausgleichen kann (Ath); (9) eine in die Türunterkante eingelassene Dichtung, die auf eine Höckerschwelle aufläuft (Jo); (10) Dichtungsprofil läuft auf eine Höckerschwelle (Bo); (11) Dichtungsschwelle mit eingebautem Gummiprofil (Scha)"; (12) automatische Bodendichtung „Schallex" (Ath); (13) Dichtung an eingebauter Schwelle, Gummidichtung aus Neoprene in LM-Schiene (Heb); (14) Schwellendichtung mit Hart-Weich-PVC-Profil an einer Bodenschiene (Jo); (15) Schwellendichtung an Bodenschiene, Gummidichtung aus Neoprene in LM-Schiene (Heb).

B 2.1.–50 Ausbildung und Vorbereitung der Mauerlaibungen. (1) oben: Laibung geputzt, unten: Laibung ungeputzt; (2) Laibung mit gesetzten Putzbrettern zum genauen Abreiben des Putzes. Sie werden meistens nach dem Putzen wieder abgenommen; (3) Putzleiste zum Abreiben des Putzes, sie wird nicht entfernt; (4) vor dem Putzen gesetzte Alu-Schiene; (5) Laibung mit Putzabschlußleisten, Pt; (6) Putzanschlußleisten mit aufgesetztem KU-Schenkel; er erspart bei verbleibender Sichtfuge den Anstrich, Pt.

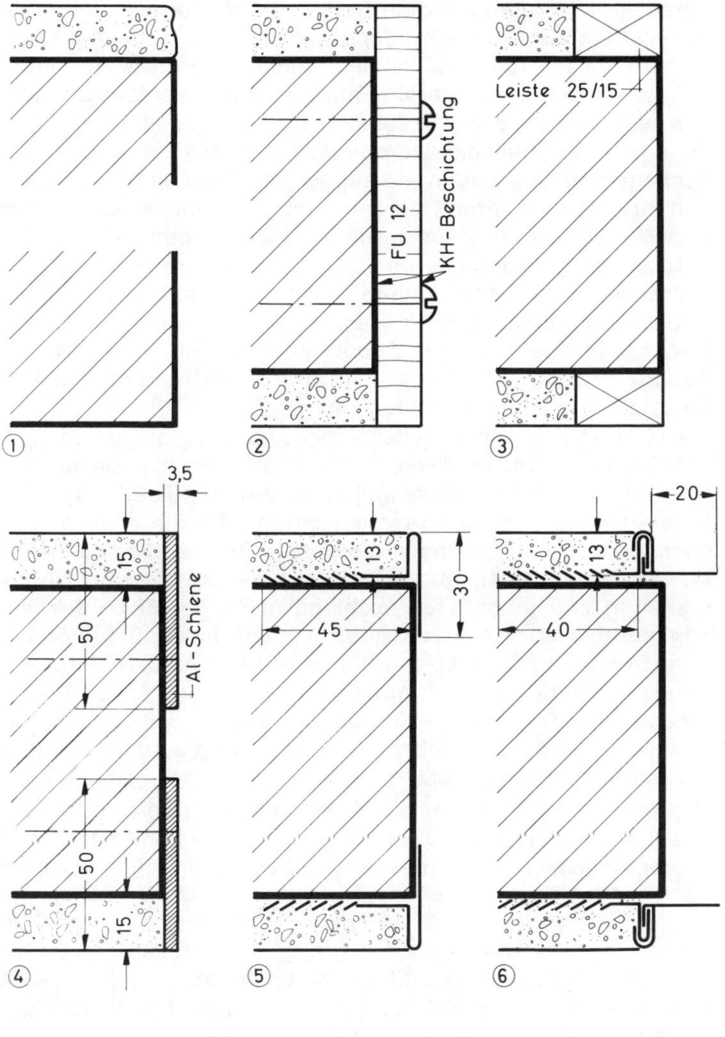
Leiste 25/15
KH-Beschichtung
FU 12
①
②
③
3,5
15
50
Al-Schiene
50
15
④
13
30
45
⑤
20
13
40
⑥

B 2.1.–50

deren, der Tür abgewandten Seite mit der Zierbekleidung abgedeckt. In die Falzbekleidungen sind die Türbänder oder -scharniere und das Schließblech eingelassen. Die Türblätter können stumpf oder überfälzt angeschlagen werden. Sie können verschieden ausgebildet und in unterschiedlicher Weise auf dem Futter befestigt werden (B 2.1.–52 bis 59). An den Außenkanten der Bekleidungen angebrachte Putzdeckleisten sorgen für einen sauberen Übergang und Anschluß zwischen Holz und Wandputz bzw. Mauerwerk. Die Mauerlaibung kann ungeputzt bleiben; denn diese wird durch das Futter abgedeckt. Damit die Mauerlaibungen genau zur Futterbreite passen und im Lot sind, können auch Putzleisten oder Putzbretter an die Laibung genagelt bzw. geschraubt werden, auf die der Maurer den Putz genau abziehen kann. Die Putzbretter sind vor dem Einsetzen der Tür wieder abzunehmen (B 2.1.—50).
Die Türumrahmung wird in der Regel an der Laibung der Maueröffnung befestigt. Zu diesem Zweck können hier besondere Nagelsteine oder Dübel eingelassen werden (B 2.1.–51). Die Befestigung durch das Futter ist sichtbar. Bei Türen, die gestrichen werden sollen, können die Befestigungsstellen ausgekittet werden. Für unsichtbare Türfutterbefestigungen bei Naturholztüren sind besondere Beschläge im Handel (Ei, Es, Na), sie können aber auch eingeschäumt werden. Futtertüren können ohne Schwelle oder mit Schwelle angefertigt werden. Durch die Schwelle hat das Türblatt auch am Boden einen Anschlag. Da sie aber beim Durchgang störend wirken und durch die vollkommene Beheizung der Wohnungen nicht nötig sind, wird heute auf Schwellen verzichtet.

Türfutter mit Schwellen werden auf den Fertigfußboden gesetzt. Bei einem Türfutter ohne Schwellen kann das Futter länger gelassen und in den Estrichboden eingegossen oder auch auf den Fertigfußboden gesetzt werden. Der Vorteil, der im Estrich eingegossenen Türrahmung liegt darin, daß sie einen zusätzlichen Halt bekommt. Nachteilig ist dann, daß der Fußbodenbelag nicht immer exakt an der Türumrahmung anschließt und bereits gesetzte Türfutter durch die nachfolgenden Bauarbeiten verschmutzt und beschädigt werden.
Futtertüren sind in der DIN 18101 genormt und können deshalb

auch als Fertigtüren bezogen werden. Für Holztüren mit Futter und Bekleidung können folgende Größen angegeben werden:

Einflügelige Holztüren mit Futter und Bekleidung:

Kenn-nummer	Bau-Richtmaße nach DIN 18100 in mm		lichte Durchgangsmaße in mm		Türblattaußenmaße in mm ± 1	
	b1	h1	b2	h2	b3	h3
7 × 15	875	1875	818	1846	860	1860
5 × 16	625	2000	568	1971	610	1985
6 × 16	750	2000	693	1971	735	1985
7 × 16	875	2000	818	1971	860	1985
8 × 16	1000	2000	943	1971	985	1985
9 × 16	1125	2000	1068	1971	1110	1985
6 × 17	750	2125	693	2096	735	2110
7 × 17	875	2125	818	2096	860	2110
8 × 17	1000	2125	943	2096	985	2110

Zweiflügelige Holztüren mit Futter und Bekleidung:

Kenn-nummer	Bau-Richtmaße in mm		lichte Durchgangsmaße in mm		Türblattaußenmaße in mm ± 1	
	b1	h1	b2	h2	b3	h3
12 × 16	1500	2000	1442	1971	2 × 740	1985
20 × 16	2500	2000	2442	1971	2 × 1240	1985
16 × 17	2000	2125	1942	2096	2 × 990	2110
20 × 17	2500	2125	2442	2096	2 × 1240	2110
12 × 18	1500	2250	1442	2221	2 × 740	2235
14 × 18	1750	2250	1692	2221	2 × 865	2235
16 × 18	2000	2250	1942	2221	2 × 990	2235
18 × 18	2250	2250	2192	2221	2 × 1115	2235
16 × 20	2000	2500	1942	2471	2 × 990	2485
18 × 20	2250	2500	2192	2471	2 × 1115	2485

b = Breite, h = Höhe, die Kennummer = Rohbaurichtmaße : 12,5.
Die Holztüren können wie folgt bezeichnet werden.

Beispiele:

Holztür 1 F 875 × 2000 (7 × 16) DIN 18101 – links

Bezeichnung einer einflügeligen Holztür mit Futter und Bekleidung (1 F) für die Wandöffnung mit den Bau-Richtmaßen b1 = 875 mm und h1 = 2000 mm (Kennummer 7 × 16) als Linkstür (links).

Holztür 2 F 2000 × 2125 (16 × 17) DIN 18101

Bezeichnung einer zweiflügeligen Holztür mit Futter und Bekleidung (2 F) für Wandöffnung mit den Bau-Richtmaßen b1 = 2000 mm und h1 = 2125 mm (Kennummer 16 × 17). Gewöhnlich öffnet man bei einer zweiflügeligen Tür den rechten Flügel zuerst. Soll der linke Flügel zuerst geöffnet werden, ist das besonders anzugeben (DIN-Türen B 2.1.–61 und 62).

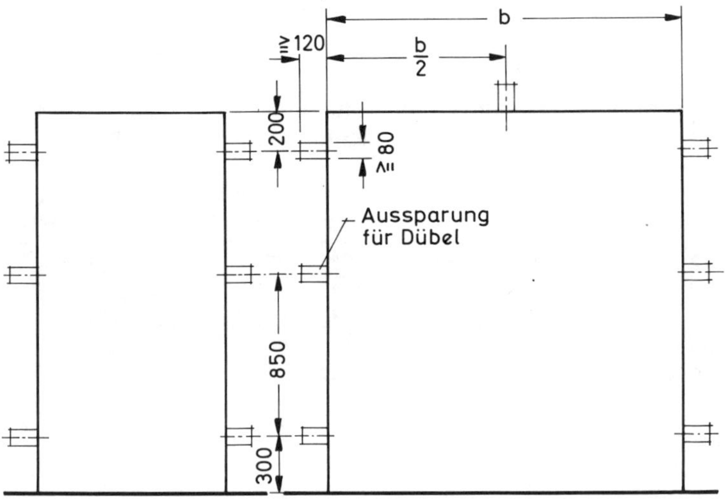

B 2.1.–51

B 2.1.–51 Dübel- bzw. Dübellochsitz.

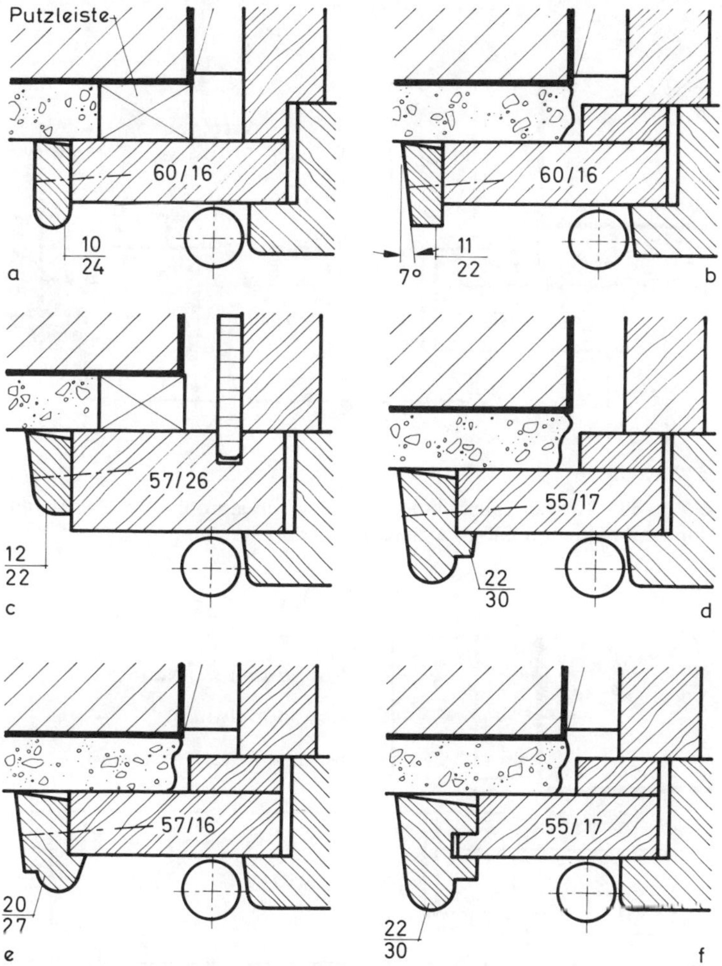

B 2.1.–52 Ausbildungsmöglichkeiten der Falzbekleidung; (a) Falzbekleidung auf ausgefälztem Futter, vorspringende Putzdeckleiste; (b) Falzbekleidung durch Leiste aufgedoppelt, vorspringende Putzleiste; (c) dicke Falzbekleidung, die auf das Futter aufgefedert ist. Zurückspringende Putzdeckleiste; (d und e) überfälzte Putzdeckleisten; (f) Putzdeckleiste aufgenutet; sie ist für eine unsichtbare Befestigung geeignet.

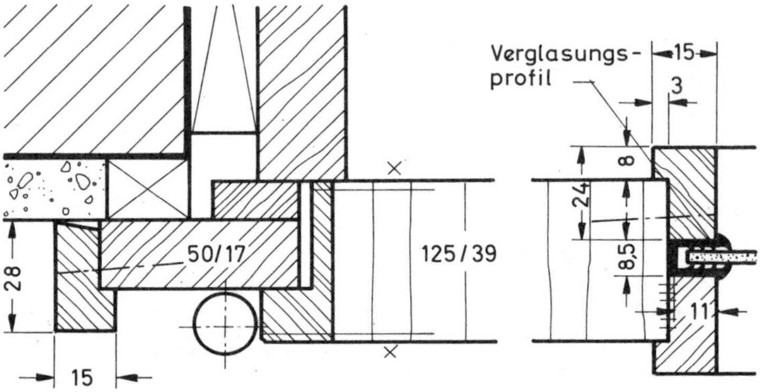

B 2.1.–53

B 2.1.–53 Tür mit Glasfüllung im Verglasungsprofil (De), Falzbekleidung mit aufgedoppelter Falzleiste, Putzdeckstab überfälzt.

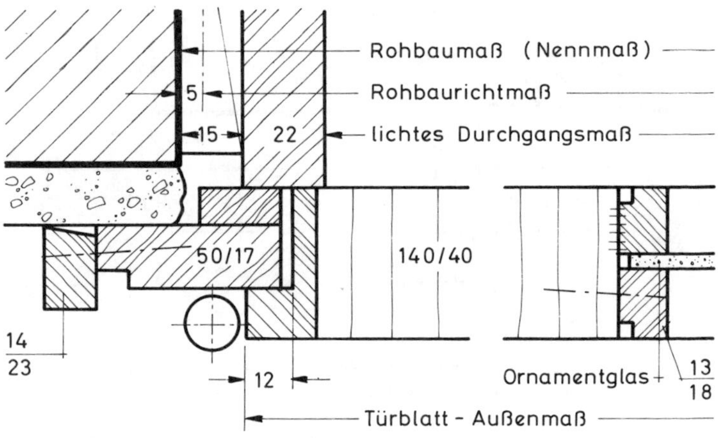

B 2.1.–54

B 2.1.–54 Tür mit Glasfüllung, bündige Glashalteleisten, Bekleidung mit aufgedoppelter Falzleiste, Außenkante abgefälzt, mit Deckstab.

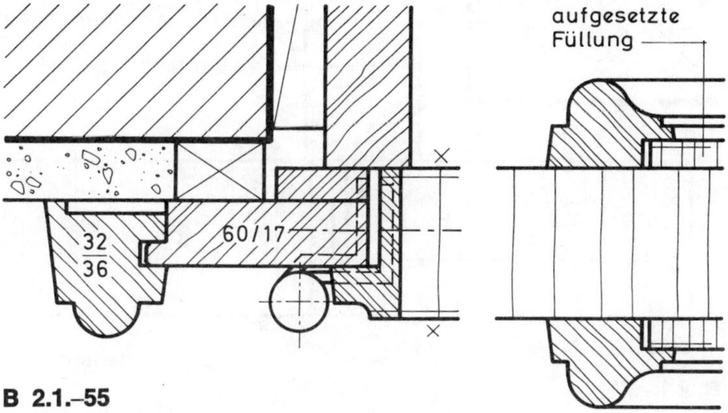

B 2.1.–55

B 2.1.–55 Stark profilierte Tür mit aufgesetzten Füllungen, durch profilierte Leisten eingefaßt. Profilierte Putzdeckleiste an Bekleidung angenutet.

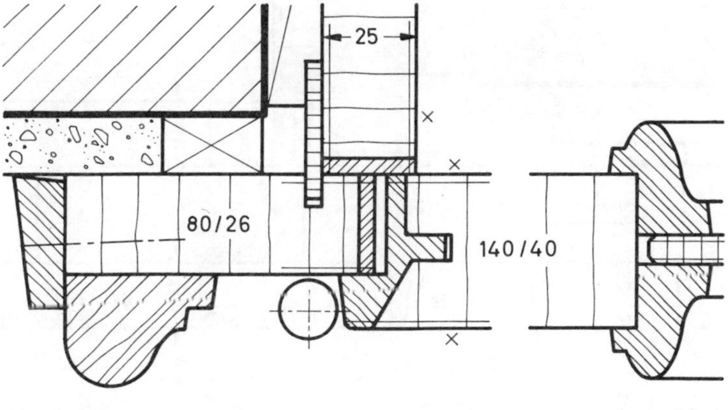

B 2.1.–56

B 2.1.–56 Stark profilierte Tür mit eingelegter Sperrholzfüllung. Türanleimer mit besonderem Leimfugen-Fräser gefräst, er zeichnet sich dadurch weniger ab. Stark profilierte Bekleidung.

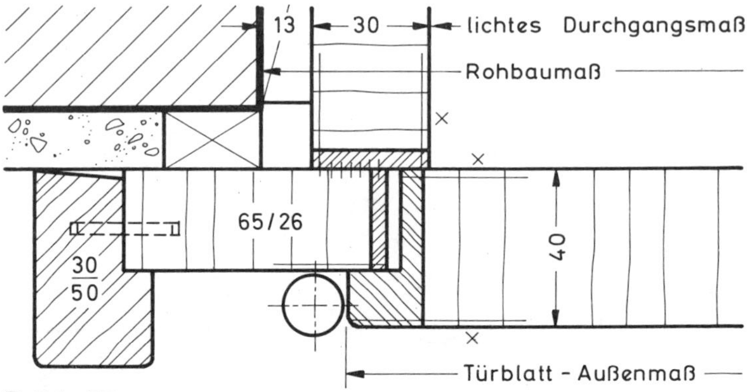

B 2.1.–57

B 2.1.–57 Überfälzte Tür mit starker Rahmenwirkung. Die hohe Putzdeckleiste ist an die Bekleidung angefedert.

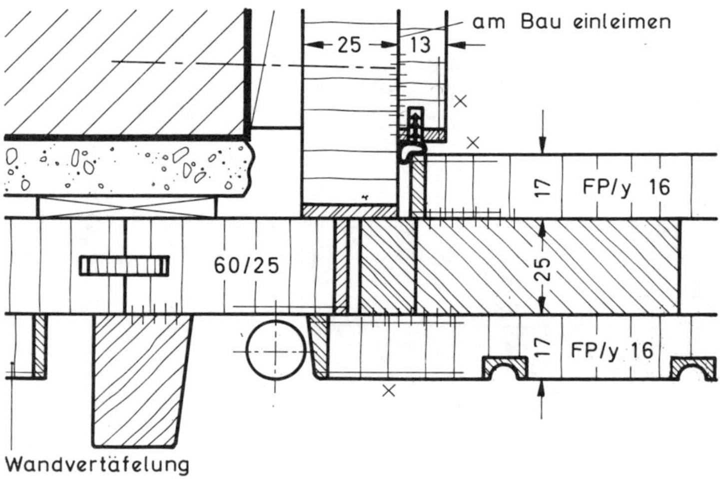

B 2.1.–58

B 2.1.–58 Überfälzte Tür im Anschluß an eine Wandvertäfelung. Die Tür ist durch die tiefe Leiste bewußt von der Vertäfelung getrennt.

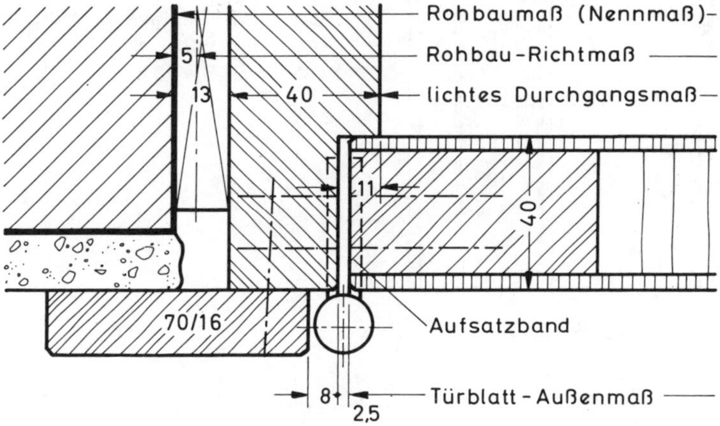

B 2.1.–59

B 2.1.–59 Stumpf einschlagende Tür mit Bekleidung, sogenannte Hamburger Tür.

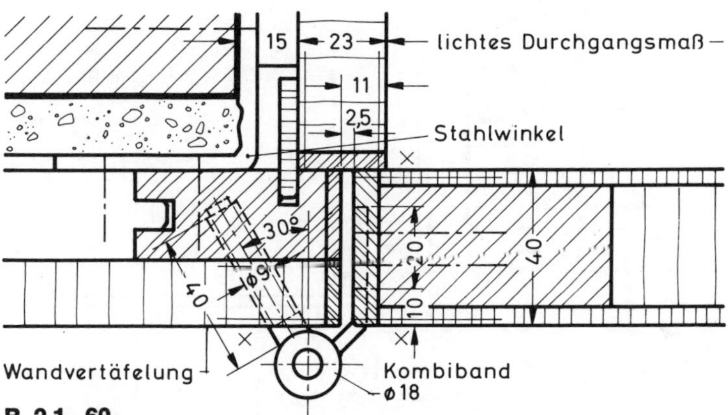

B 2.1.–60

B 2.1.–60 Stumpf einschlagende Tür ist unauffällig in eine Vertäfelung eingebaut (Kombiband = An).

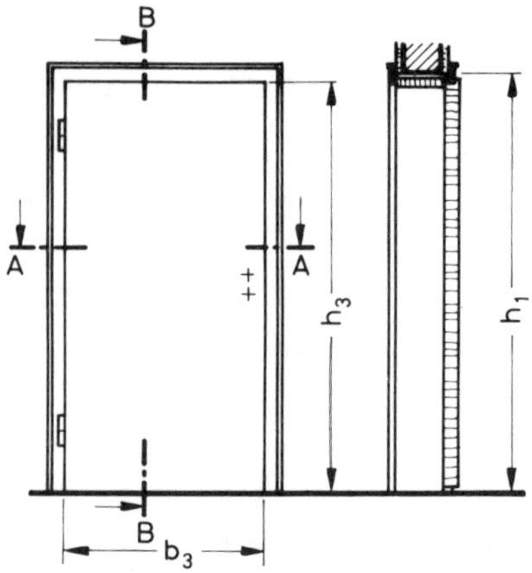

B 2.1.–61 Einflügelige Holztür mit Futter und Bekleidung nach DIN 18101 Blatt 3.

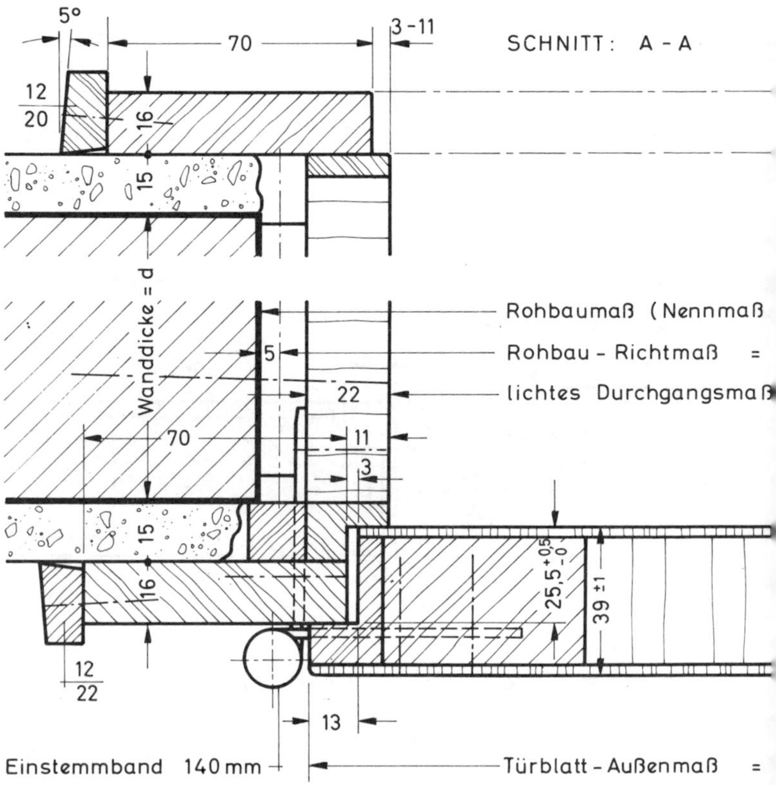

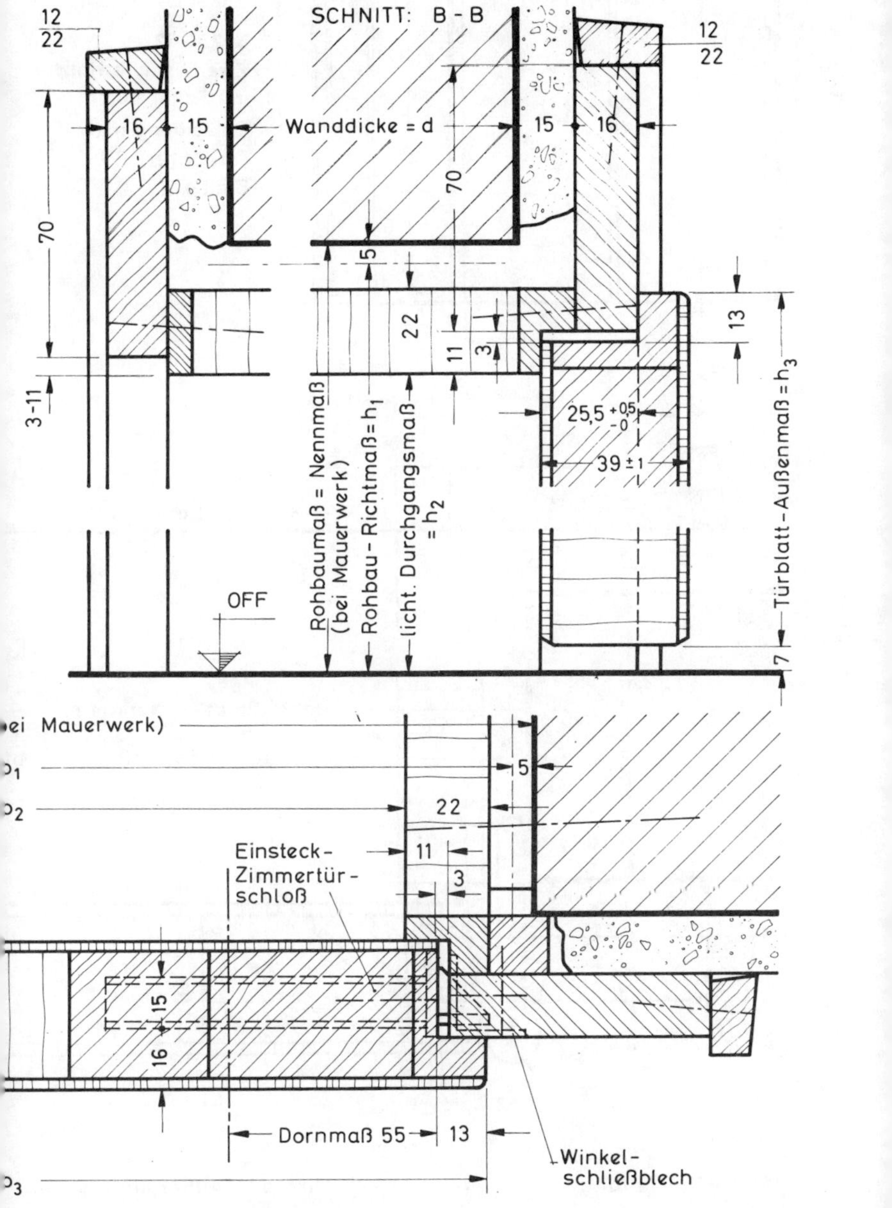

SCHNITT: B - B
12
22
16
15
Wanddicke = d
70
5
22
11
3
13
3-11
25,5 +0,5 -0
39 ±1
Rohbaumaß = Nennmaß (bei Mauerwerk)
Rohbau-Richtmaß = h1
licht. Durchgangsmaß = h2
Türblatt-Außenmaß = h3
OFF
7
bei Mauerwerk)
b1
b2
b3
Einsteck-Zimmertürschloß
Dornmaß 55
Winkel-schließblech

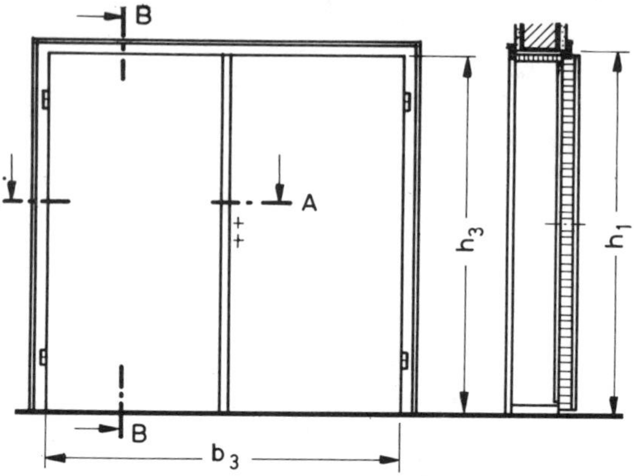

B 2.1.–62
Zweiflügelige Holztür mit Futter und Bekleidung nach DIN 18101, Blatt 4.

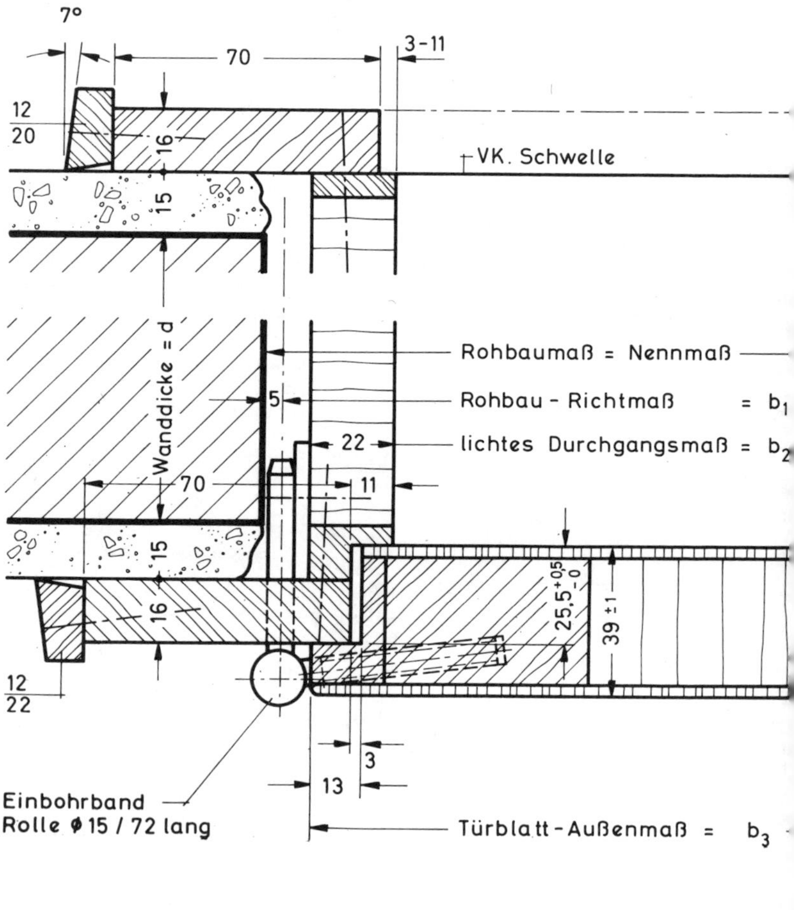

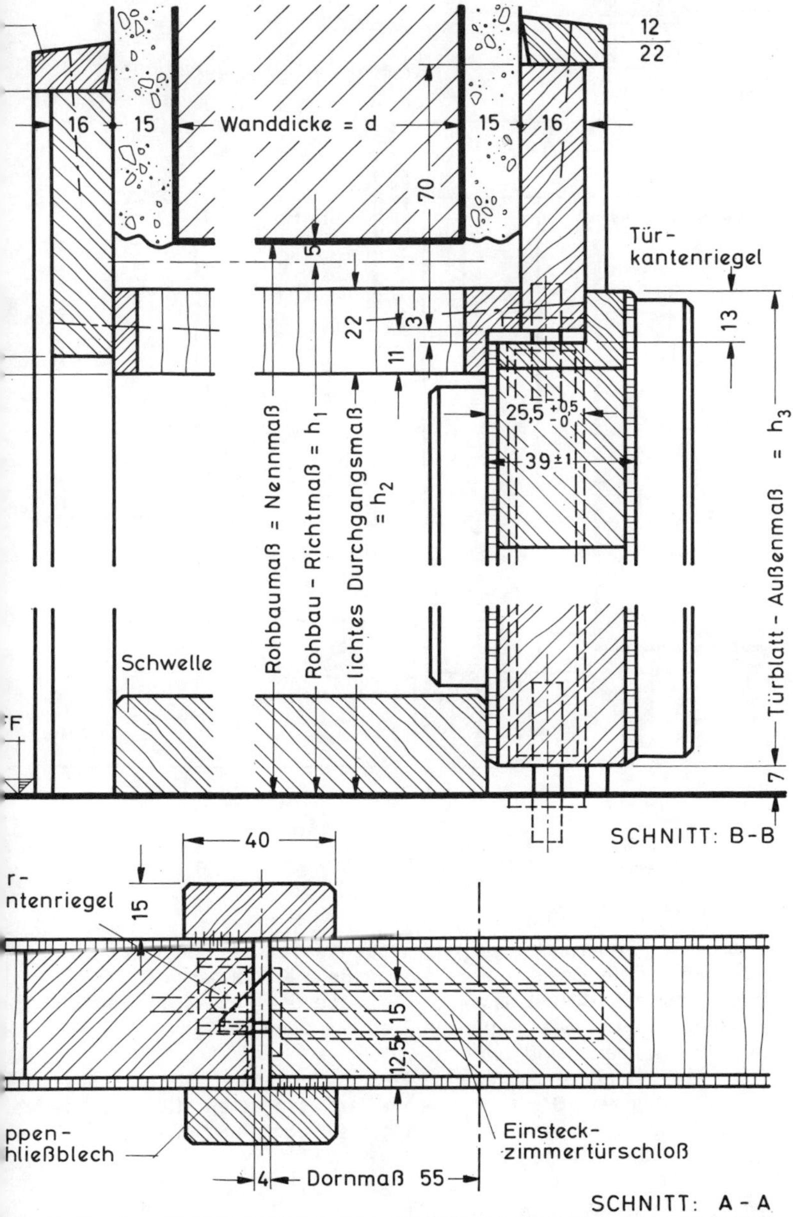
12/22
16
15
Wanddicke = d
15
16
70
5
Tür-
kantenriegel
22
3
11
13
25,5 +0,5 −0
39 ±1
Rohbaumaß = Nennmaß
Rohbau - Richtmaß = h_1
lichtes Durchgangsmaß = h_2
Türblatt - Außenmaß = h_3
Schwelle
FF
7
SCHNITT: B-B
40
15
Tür-
kantenriegel
15
12,5
Lappen-
schließblech
Einsteck-
zimmertürschloß
4
Dornmaß 55
SCHNITT: A-A

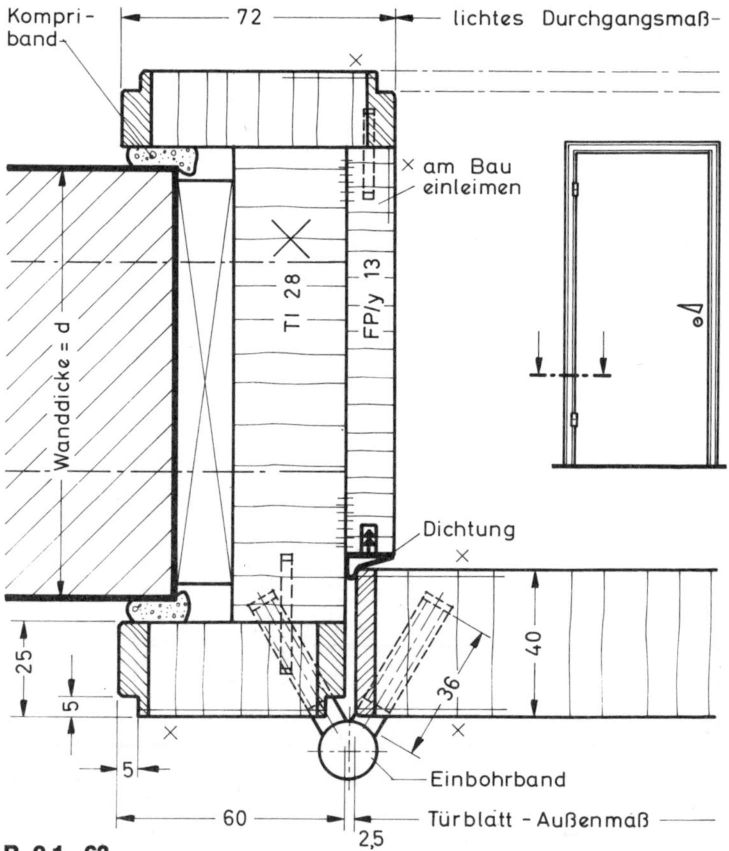

B 2.1.–63

B 2.1.–63 Furnierte, stumpf einschlagende Tür mit Futter und Bekleidungen. Die Bekleidungen sind mittels Kompriband am Sichtmauerwerk abgedichtet. Nach der Montage des Futters mit Falzbekleidung wird das Blendfutter mit Zierbekleidung eingeleimt. Die Befestigungselemente sind dann unsichtbar.

B 2.1.–64 Stumpf einschlagende Tür mit Glasfüllung. Die Glashalteleisten stehen vor. Das Glas liegt im Verglasungsprofil (De). Die besondere Bekleidungsform läßt sich gut auf dem Putz anpassen und unsichtbar am Futter befestigen.

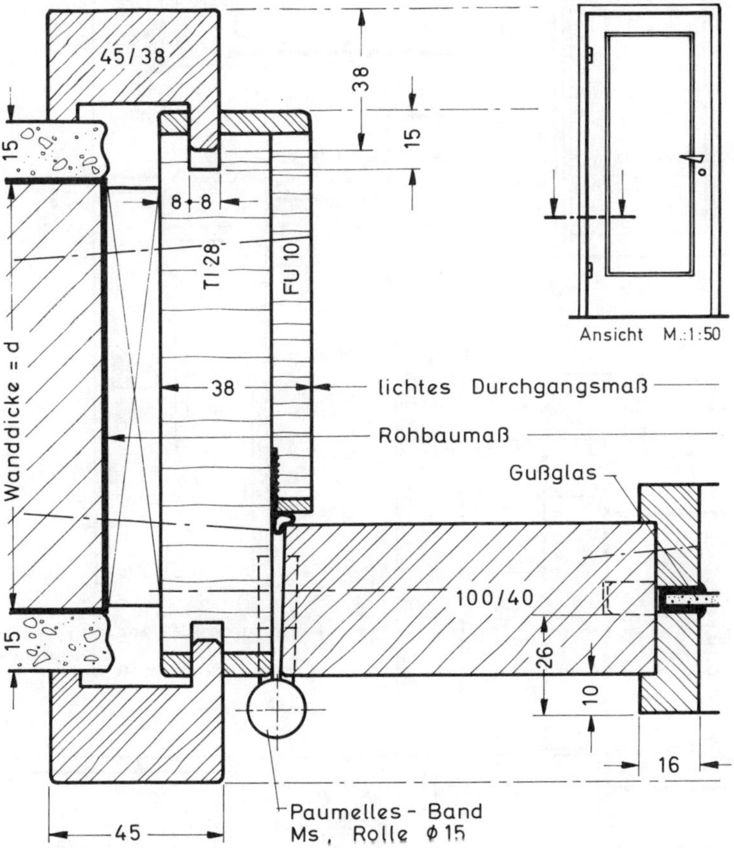

B 2.1.–64

B 2.1.–65 Besondere Türkonstruktion. Das Türblatt ist mit Randleisten versehen, die mit der Falzbekleidung überfälzt sind. Ein Blendfutter macht die Befestigungselemente unsichtbar. Achtung: Das lichte Durchgangsmaß verringert sich wesentlich durch die dicke Futterkonstruktion.

B 2.1.–66 Ganzglastür im Futter mit Bekleidung (Glastür = IB).

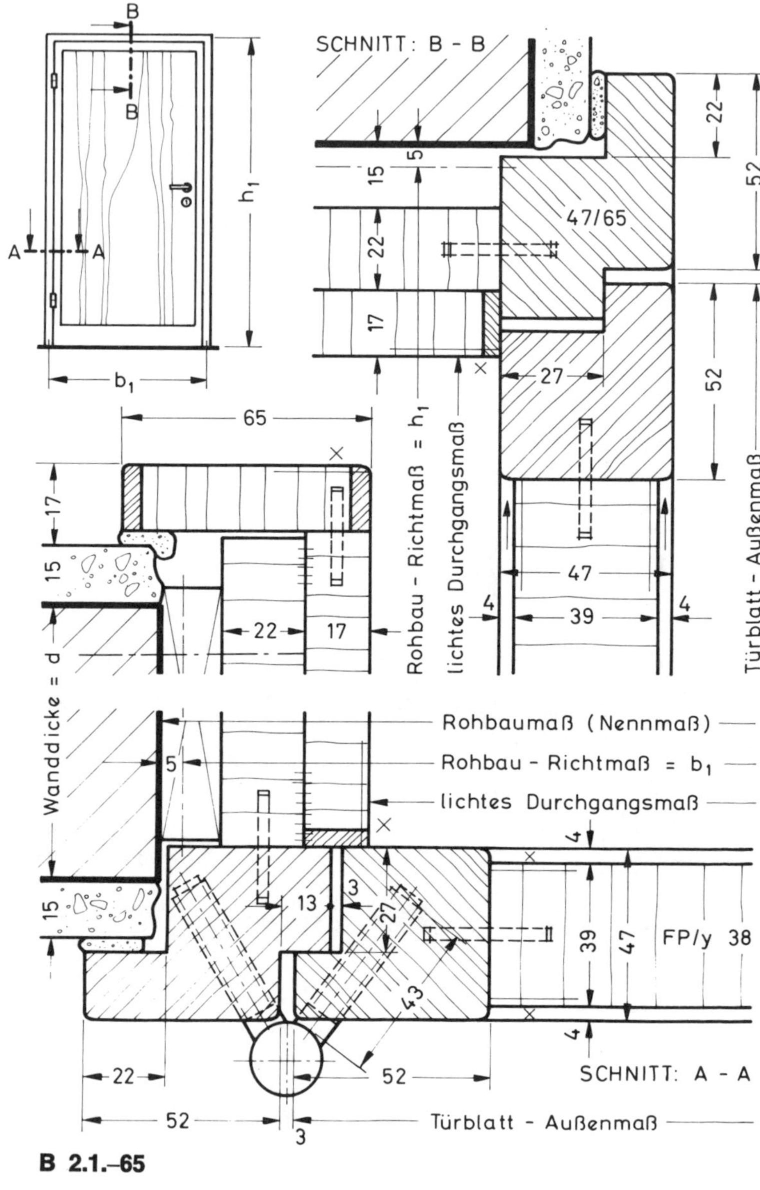

SCHNITT: B - B
47/65
Rohbau - Richtmaß = h_1
lichtes Durchgangsmaß
Türblatt - Außenmaß
Wanddicke = d
Rohbaumaß (Nennmaß)
Rohbau - Richtmaß = b_1
lichtes Durchgangsmaß
FP/y 38
SCHNITT: A - A
Türblatt - Außenmaß

B 2.1.–65

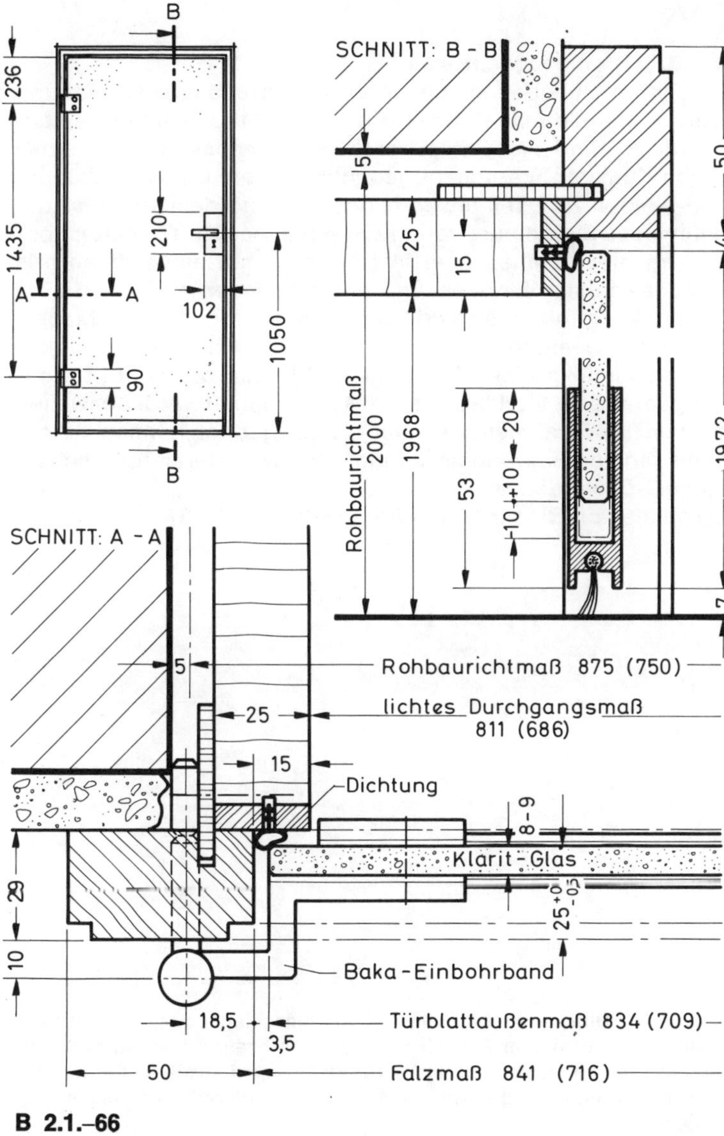
B
236
1435
210
A
A
102
1050
90
B
SCHNITT: B - B
5
25
15
50
4
Rohbaurichtmaß
2000
1968
53
20
10
10
10
1972
1983
7
SCHNITT: A - A
5
Rohbaurichtmaß 875 (750)
25
lichtes Durchgangsmaß
811 (686)
15
Dichtung
8-9
Klarit-Glas
29
25
10
Baka-Einbohrband
18,5
Türblattaußenmaß 834 (709)
3,5
50
Falzmaß 841 (716)

B 2.1.–66

2.1.5.2 Blockrahmentüren

Blockrahmen haben ein annähernd quadratisches Format und werden mittels Eisen oder Dübel in die Mauerlaibung festgeschraubt. Sind die Schraubenlöcher sichtbar, können diese durch Kunststoffkappen abgedeckt werden. Die Mauerlaibungen bleiben zum Teil unverkleidet und sind deshalb, mit Ausnahme des Sichtmauerwerks, zu verputzen. Die Türblätter können im Blockrahmen überfälzt oder stumpf einschlagen. Als Bänder kommen Einbohr- und Aufsatzbänder in Frage. Blockrahmenkonstruktionen sind besonders gut für sturzlose Maueröffnungen geeignet. Es ist darauf zu achten, daß durch die verhältnismäßig dicke Rahmenkonstruktion das lichte Durchgangsmaß sehr viel kleiner als das Rohbaumaß wird. Schwellen sind bei Blockrahmentüren nicht üblich, jedoch können Metallschienen zur Fußbodentrennung oder als unterer Türanschlag eingebaut werden.
Beispiele von Blockrahmentüren siehe B 2.1.–67 bis 70.

B 2.1.–67 Blockrahmentür mit stumpf einschlagendem Türblatt; (a) Grundleiste, wird zuerst in die Laibung geschraubt. Ihre Vorderkante ist dabei ins Lot zu setzen. (b) Blockrahmen, wird ausgerichtet und gegen die Grundleiste geschraubt. (c) Zierbekleidung, wird zuletzt aufgeleimt.

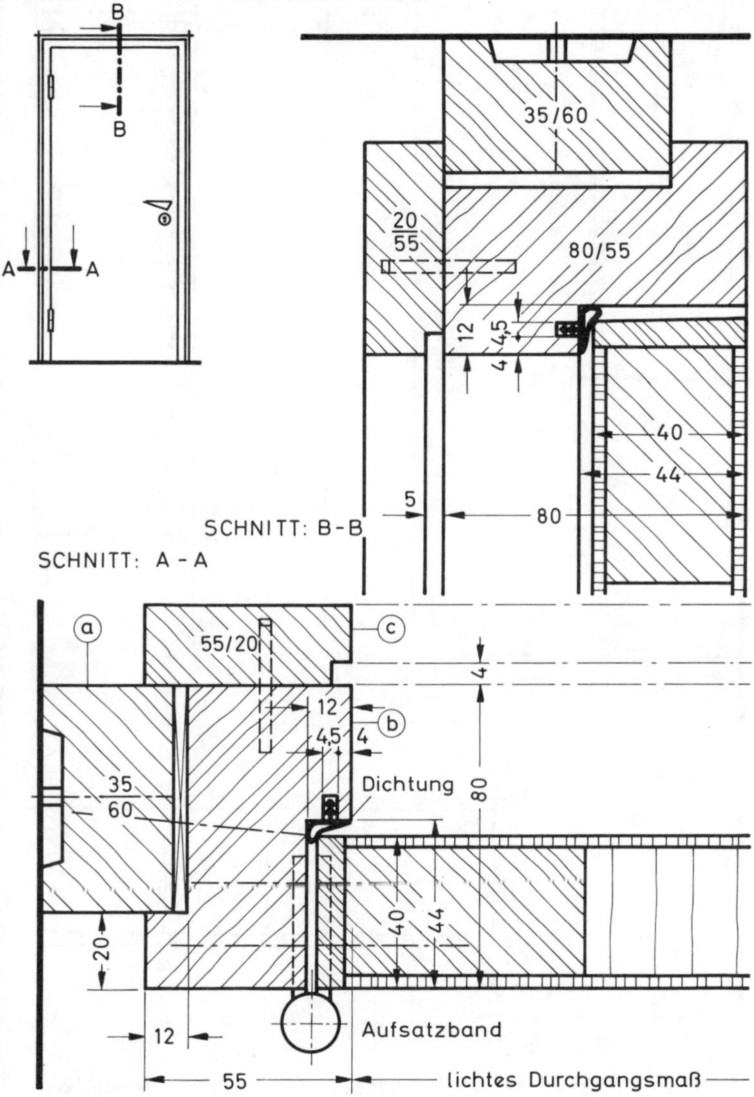
B
B
A
A
35/60
20
55
80/55
12
4,5
4
40
44
5
80
SCHNITT: B-B
SCHNITT: A-A
a
c
55/20
4
12
b
4,5
4
Dichtung
35
60
80
40
44
20
12
Aufsatzband
55
lichtes Durchgangsmaß

B 2.1.–67

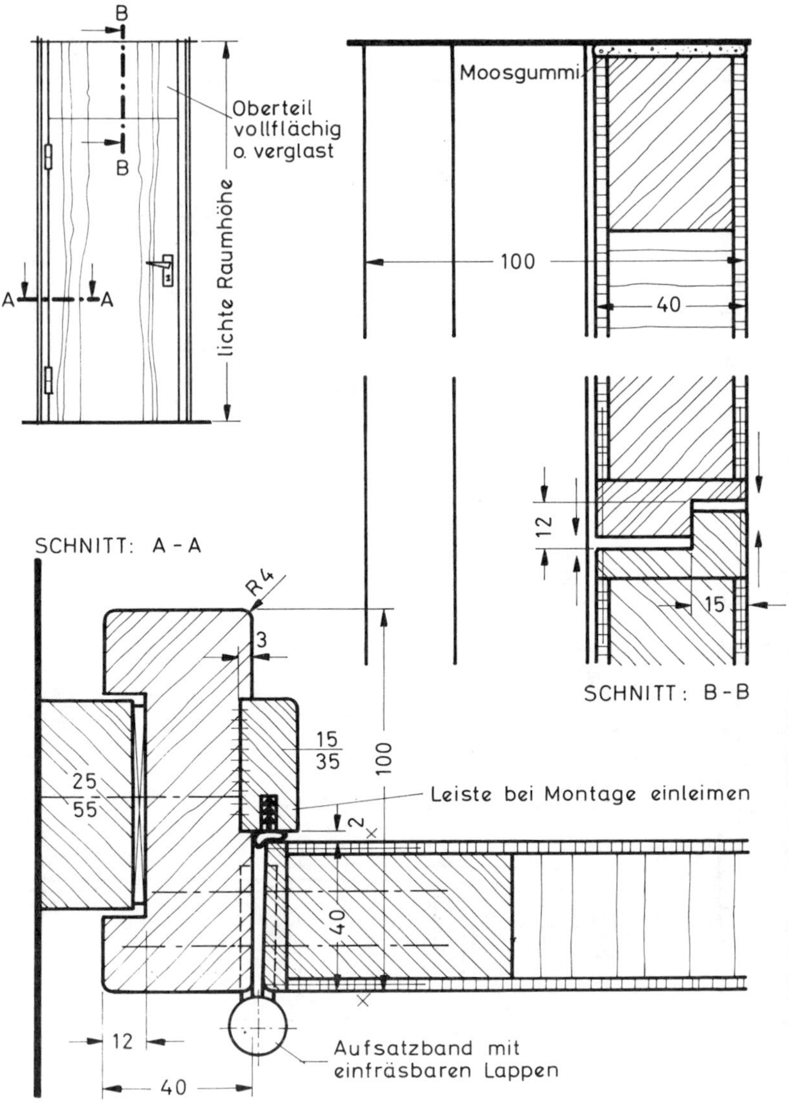

B 2.1.–68 Sturzlose Blockrahmentür mit stumpf einschlagendem Türblatt.

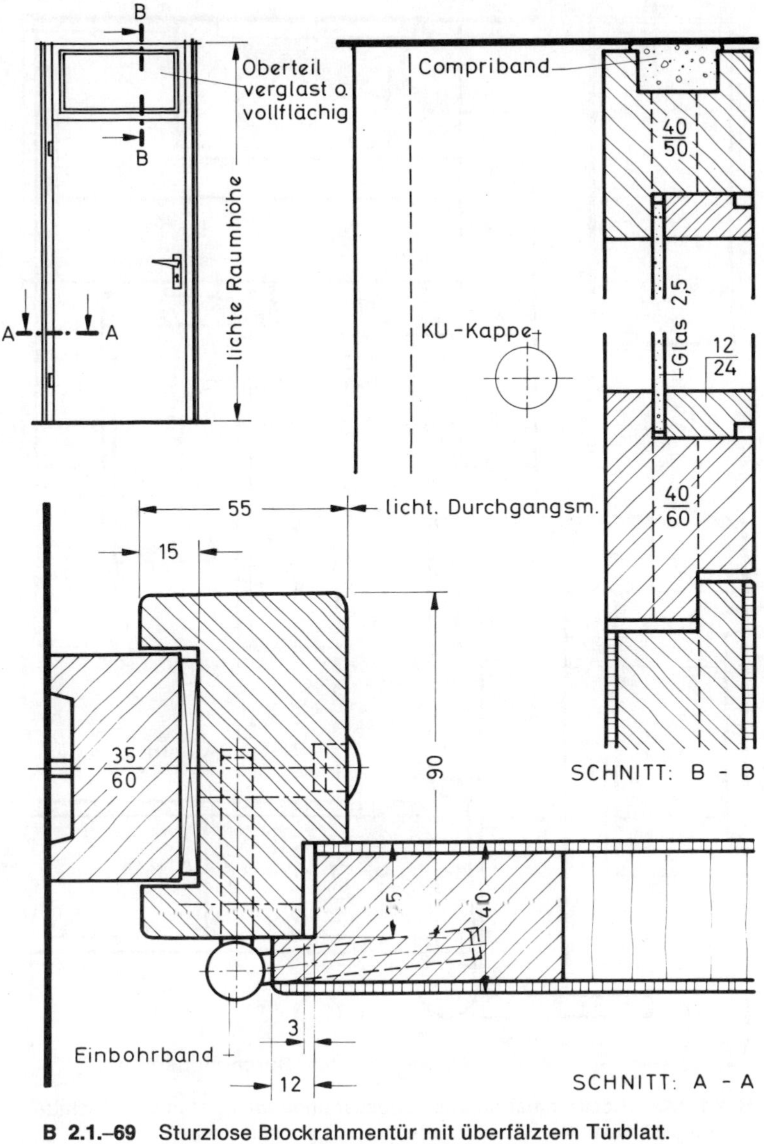

B 2.1.–69 Sturzlose Blockrahmentür mit überfälztem Türblatt.

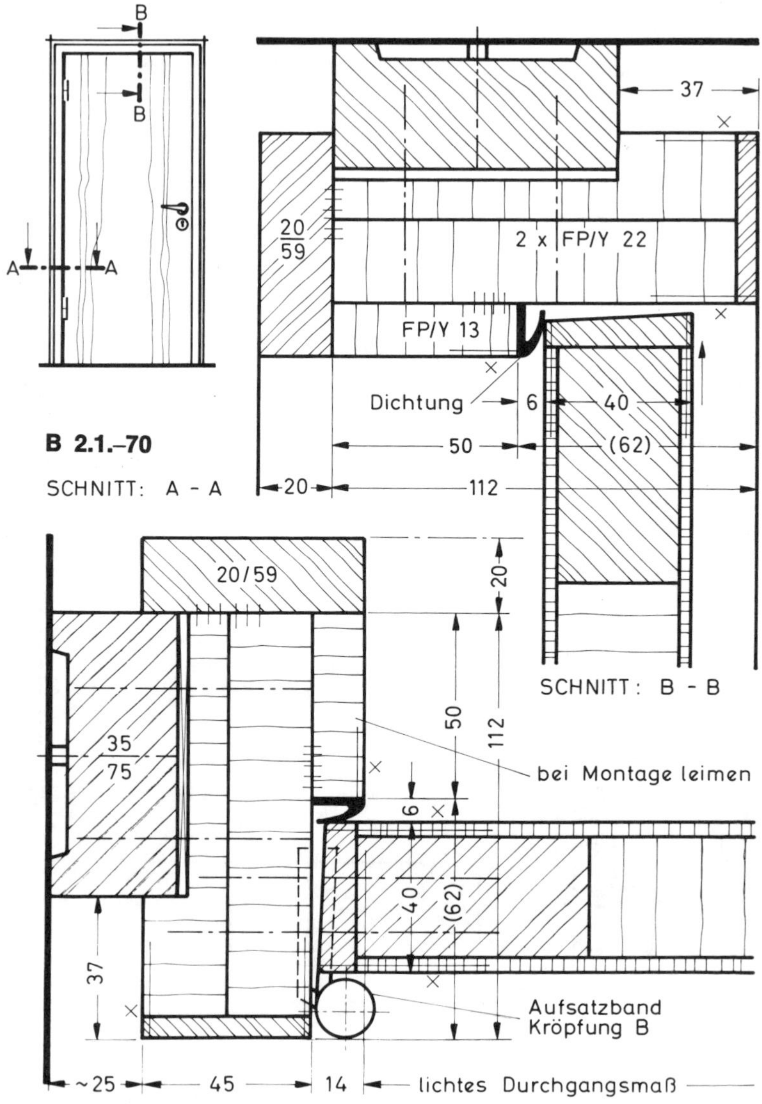

B 2.1.–70 Blockrahmentür mit zurückspringendem, stumpf einschlagendem Türblatt. Keine sichtbaren Befestigungselemente.

2.1.5.3 Zargenrahmentüren

Zargenrahmentüren haben eine dicke Futterzarge, die in der Regel so tief wie die Mauerwerksdicke einschließlich Verputz ist, so daß die Futterkanten mit der Wandfläche bündig liegen. Um die Türen besser einsetzen und Unebenheiten der Wand ausgleichen zu können, ist ein geringer Vorsprung der Futterkanten gegenüber den Wandflächen zu empfehlen. Die Zargenrahmen erhalten keine Bekleidung, so daß die schmale Futterkante in der Türansicht den Rahmen bildet. Der Anschluß zwischen Mauerwerk und Futter wird durch Deckleisten, Metallschienen oder Metallwinkel erreicht. Zargenrahmen werden entweder sichtbar gegen die Mauerlaibung geschraubt, mit Sonderbeschlägen unsichtbar an der Laibung befestigt oder eingeschäumt. Da Futterbreite und Wanddicke aufeinander abgestimmt sein müssen, empfiehlt es sich bei verputzten Wänden Putzhilfen anzubringen. Es können Putzbretter mit dünner Abreibkante, Aluschienen oder Putzschienen aus verzinktem Streckmetall sein. Die Putzbretter werden vor der Türmontage wieder entfernt. Die Metallschienen bleiben als Kantenschutz.

Beispiele von Zargenrahmentüren siehe B 2.1.–71 bis 75.

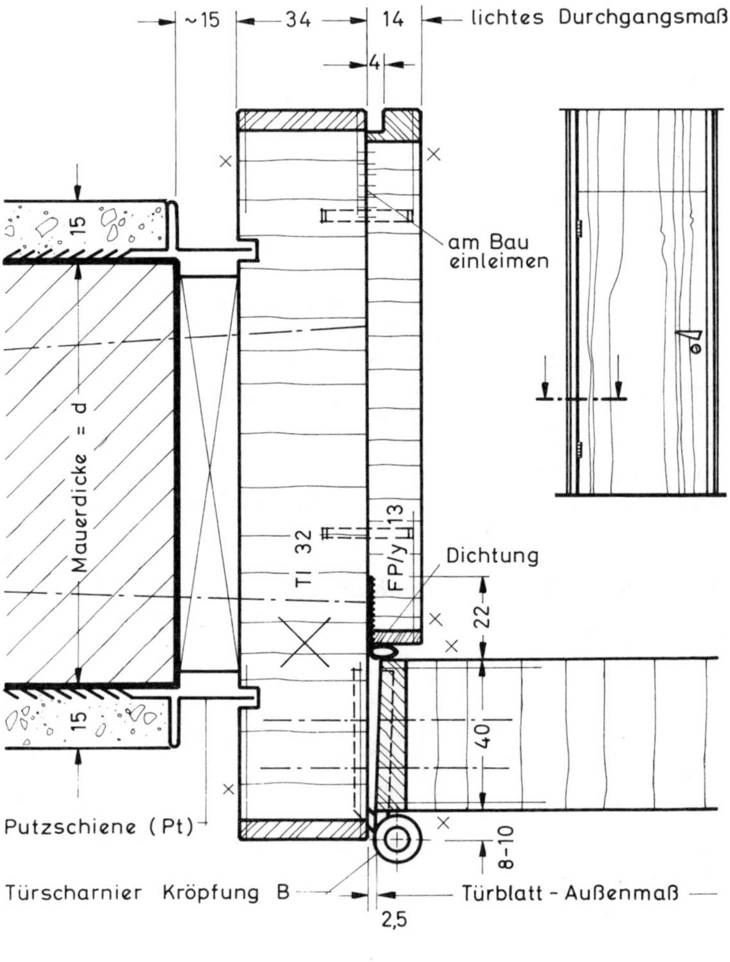

B 2.1.–71 Sturzlose Zargentür mit stumpf einschlagendem Türblatt. Das Futter ist breiter, als die Wand dick ist. Dadurch lassen sich Unebenheiten der Mauer besser vertuschen. Durch ein bauseits eingeleimtes Blendfutter ist die Befestigung unsichtbar.

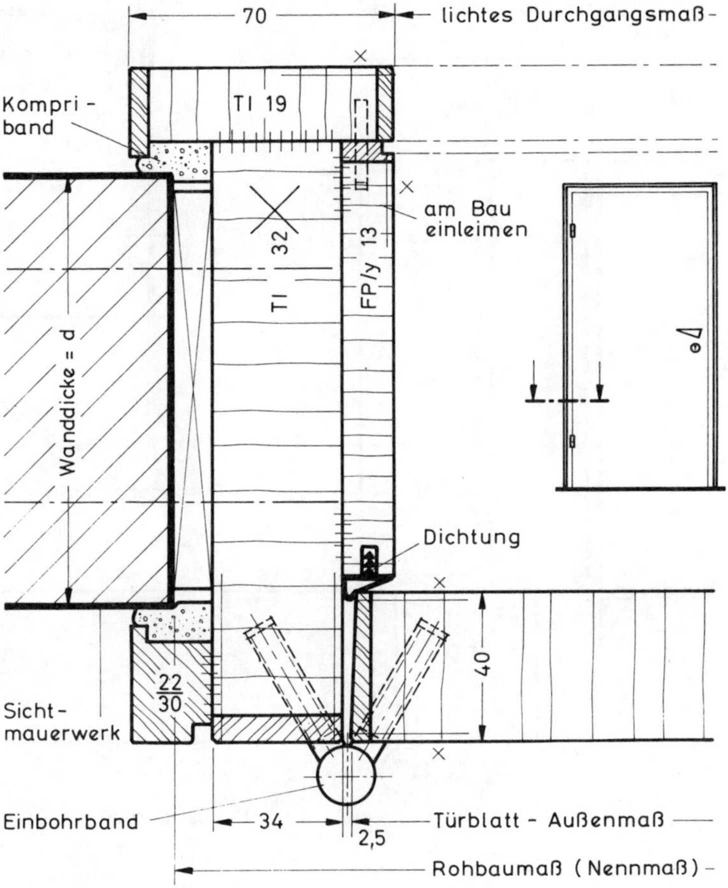

B 2.1.–72

B 2.1.–72 Zargenrahmentür mit bündig stumpf einschlagendem Türblatt. Ein bauseits eingeleimtes Blendfutter mit Bekleidung verdeckt die Befestigungselemente.

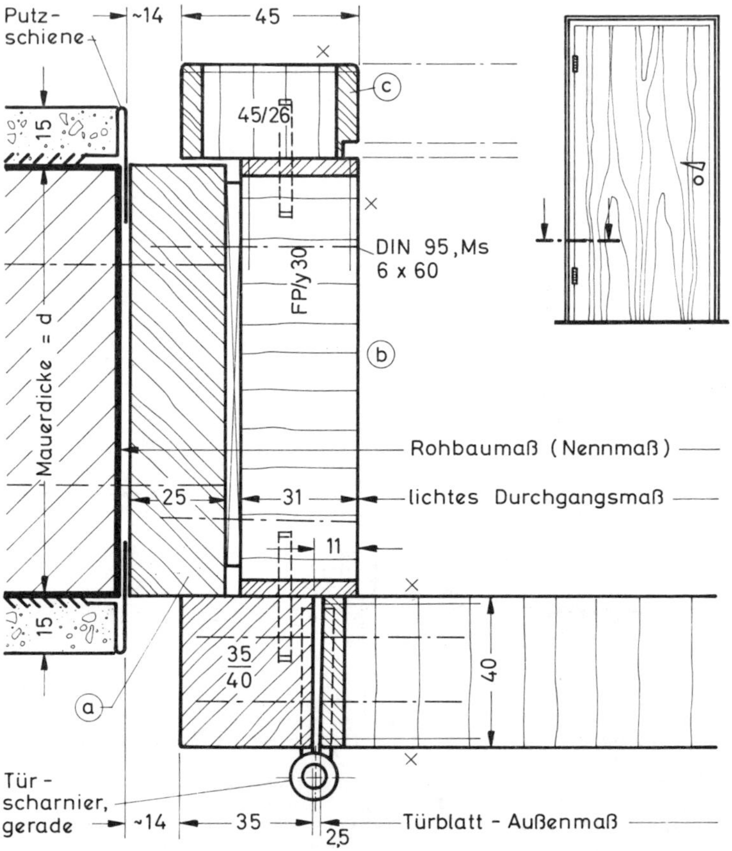

B 2.1.–73

B 2.1.–73 Zargenrahmentür mit bündig stumpf einschlagendem Türblatt. (a) Blindfutter, wird zuerst in die Mauerlaibung geschraubt. Die Vorderkante ist dabei ins Lot zu setzen. (b) Futterzarge, wird sichtbar gegen das Blindfutter geschraubt. (c) Schmale Zierbekleidung, sie wird auf die Futterzarge geleimt.

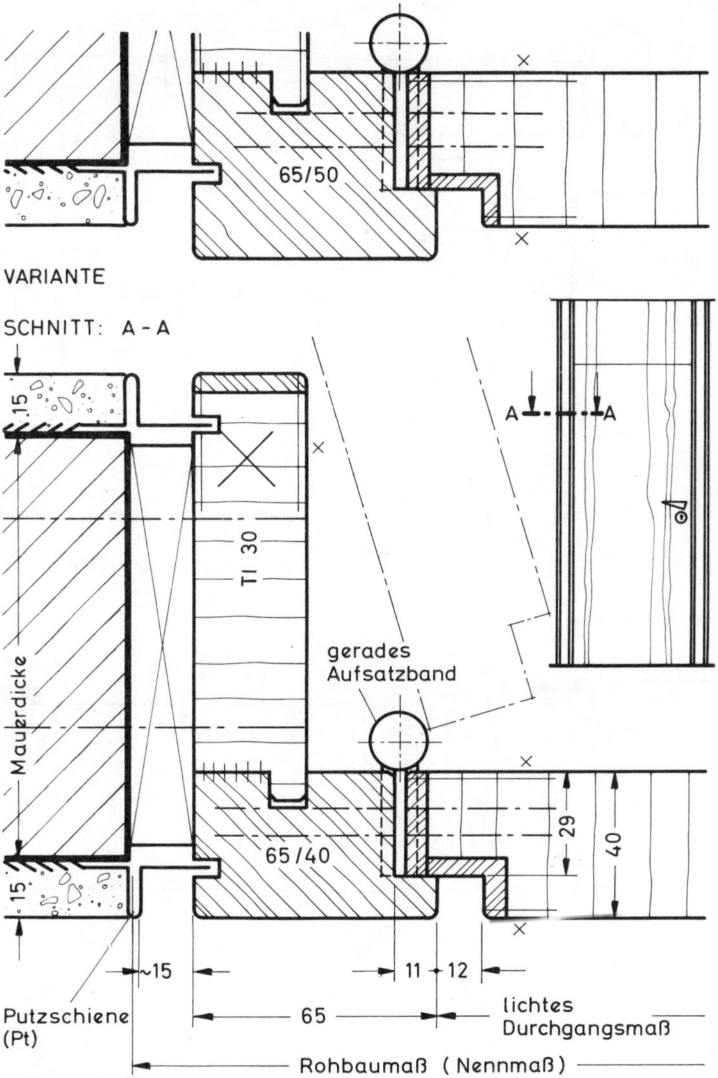

B 2.1.–74 Sturzlose Zargenrahmentüren mit nach innen einschlagender Tür, ÖW ~ 100°.

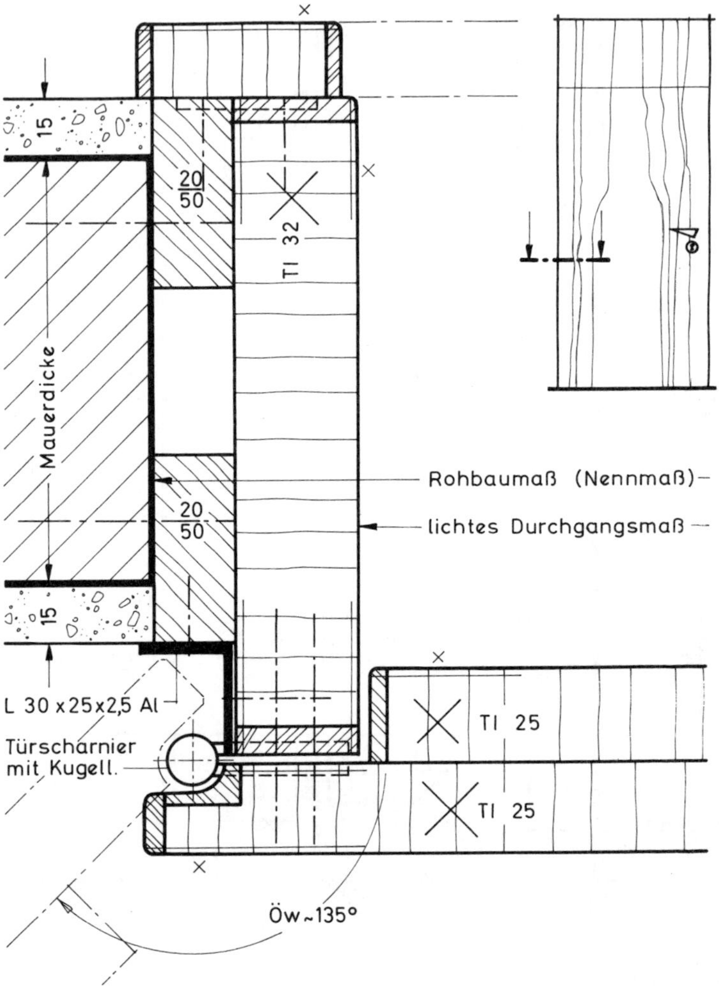

B 2.1.–75

B 2.1.–75 Besondere Türform. Hier ist in der Front keine Rahmenkonstruktion sichtbar. Das Türblatt wird aus zwei 25 mm dicken Tischlerplatten aufgebaut.

2.1.5.4 Blendrahmentüren

Blendrahmen haben einen liegenden, rechteckigen Querschnitt und werden entweder auf die Wand oder in einen Mauerfalz gesetzt. Bei Innentüren sind Blendrahmen selten. Sie kommen vor, wenn eine Tür auf die Wand gesetzt werden soll oder bei Windfangtüren, Wohnungsabschlußtüren und Kellertüren. Blendrahmentüren können mit Fitschen mit kurzem Stiftlappen, Einbohrbändern mit kurzem Einbohrzapfen und Aufsatzbändern angeschlagen werden. Der Türanschlag ist sowohl stumpf als auch überfälzt möglich. Blendrahmen werden mit Mauereisen, mit Schrauben und Mauerdübeln oder mit Blendrahmenschrauben auf der Wand, im Mauerfalz oder auch zwischen einer Maueröffnung befestigt.

Beispiele von Blendrahmentüren siehe B 2.1.–76 bis 79.

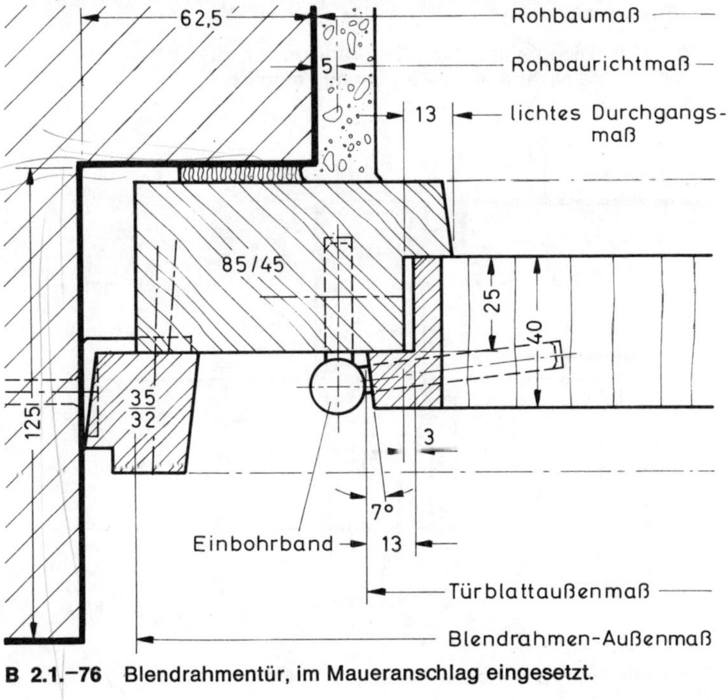

B 2.1.–76 Blendrahmentür, im Maueranschlag eingesetzt.

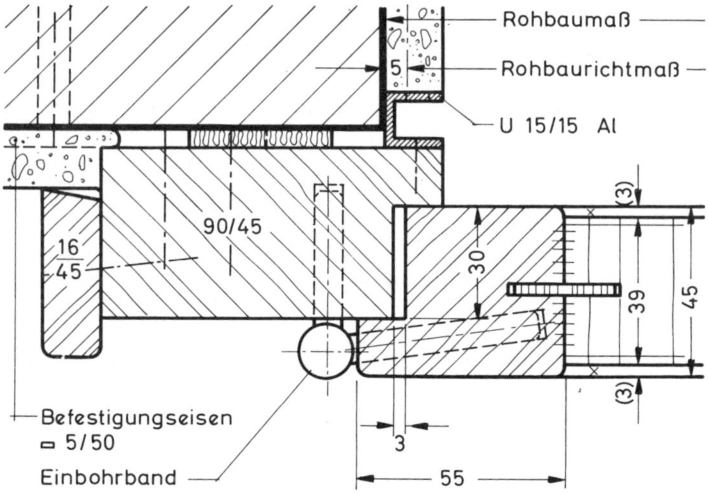

B 2.1.–77 Blendrahmentür. Blendrahmen auf die Wand gesetzt, dadurch ist eine nachträgliche Türmontage möglich.

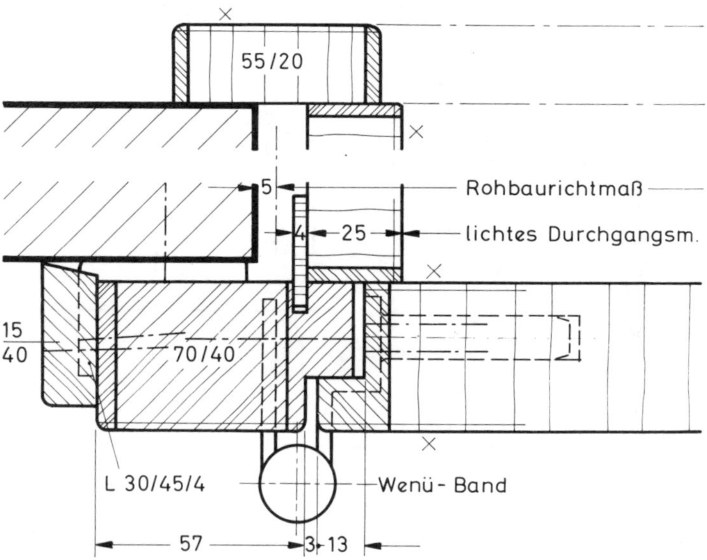

B 2.1.–78 Blendrahmentür mit angesetztem Futter.

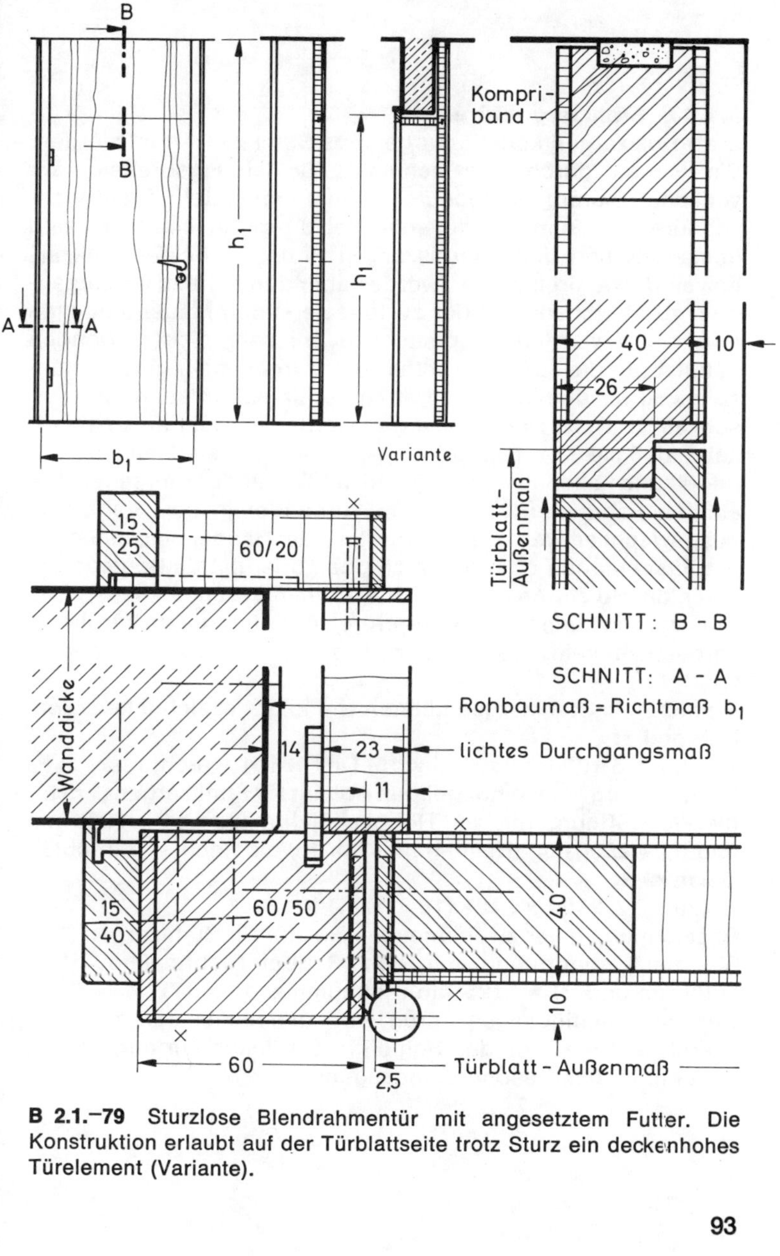

B 2.1.–79 Sturzlose Blendrahmentür mit angesetztem Futter. Die Konstruktion erlaubt auf der Türblattseite trotz Sturz ein deckenhohes Türelement (Variante).

2.1.5.5 Stahlzargentüren

Statt Holzzargen können Zargen aus Stahl verwendet werden. Sie wirken durch ihre schmale »Bekleidungsbreite« sehr schlicht. Durch eingebaute Dämpfungsmittel, Dichtungsschnüre oder Gummipuffer schließen sie geräuscharm. Es sind Eckzargen und Umfassungszargen zu unterscheiden. Eckzargen sind zwar preiswerter, werden aber durch die zu verputzenden, zu streichenden oder zu tapezierenden Mauerlaibungen teurer. Sie werden hauptsächlich bei sehr dicken Wänden benutzt, für die es keine Umfassungszargen mehr gibt. Umfassungszargen umfassen in ihrer Zargentiefe die Mauerdicke einschließlich Putz. Die Stahlzargen werden im Rohbau so eingesetzt, daß sie 30 mm im Boden einstehen. Sie sind mit Schließriegel- und Fallenaussparung und mit Türbändern versehen. Bei einigen Fabrikaten können die Türbänder in der Stahlzarge ausgewechselt werden. Die Oberteile der Bänder sind meistens mit Fitschlappen oder Aufsatzlappen oder mit Einbohrzapfen, die in die Holztüren eingebohrt werden müssen, versehen. Die Stahlzargen können für Stumpftüren oder überfälzte Türblätter vorgesehen sein. Die Stahlzargen sind in DIN 1811 genormt.

Holztüren in Stahlzargen können wie folgt bezeichnet werden:

Beispiel 1:

Holztür 1 Z 1000 × 2000 (8 × 16) DIN 18101 – rechts

Bezeichnung einer einflügeligen Holztür für Stahlzargen (1 Z) für die Wandöffnung mit den Rohbau-Richtmaßen b1 = 1000 mm und h1 = 2000 mm (Kennummer 8 × 16) als Rechtstür (rechts).

Beispiel 2:

Holztür 2 Z 2000 × 2125 (16 × 17) DIN 18101

Bezeichnung einer zweiflügeligen Holztür für Stahlzargen (2 Z) für die Wandöffnung mit den Rohbau-Richtmaßen b1 = 2000 mm und h1 = 2125 mm (Kennummer 16 × 17).

Bei den zweiflügeligen Türen wird die rechte Tür meistens zuerst geöffnet. Soll das Schloß in der linken Tür angebracht werden, ist das besonders anzugeben.

Für Holztüren in Stahlzargen sind folgende Maße gebräuchlich:

Für einflügelige Holztüren mit Stahlzargen:

Kennnummer	Bau-Richtmaße nach DIN 18100 in mm		Lichte Durchgangsmaße in mm		Türblattaußenmaße in mm ± 1	
	b1	h1	b2	h2	b3	h3
7 × 15	875	1875	810	1842	860	1860
5 × 16	625	2000	560	1967	610	1985
6 × 16	750	2000	685	1967	735	1985
7 × 16	875	2000	810	1967	860	1985
8 × 16	1000	2000	935	1967	985	1985
9 × 16	1125	2000	1060	1967	1110	1985
7 × 17	875	2125	810	2092	860	2110
8 × 17	1000	2125	935	2092	985	2110
9 × 17	1125	2125	1060	2092	1110	2110
10 × 17	1250	2125	1185	2092	1235	2110

Für Zweiflügelige Holztüren mit Stahlzargen:

Kennnummer	Bau-Richtmaße in mm		Lichte Durchgangsmaße in mm		Türblattaußenmaße in mm ± 1	
	b1	h1	b2	h2	b3	h3
12 x 16	1500	2000	1434	1967	2 x 740	1985
20 x 16	2500	2000	2434	1967	2 x 1240	1985
16 x 17	2000	2125	1934	2092	2 x 990	2110
20 x 17	2500	2125	2434	2092	2 x 1240	2110
12 x 18	1500	2250	1434	2217	2 x 740	2235
14 x 18	1750	2250	1684	2217	2 x 865	2235
16 x 18	2000	2250	1934	2217	2 x 990	2235
18 x 18	2250	2250	2184	2217	2 x 1115	2235
16 x 20	2000	2500	1934	2467	2 x 990	2485
18 x 20	2250	2500	2184	2467	2 x 1115	2485
20 x 20	2500	2500	2434	2467	2 x 1240	2485

b = Breite, h = Höhe, Kennummer = Rohbau-Richtmaß : 12,5.

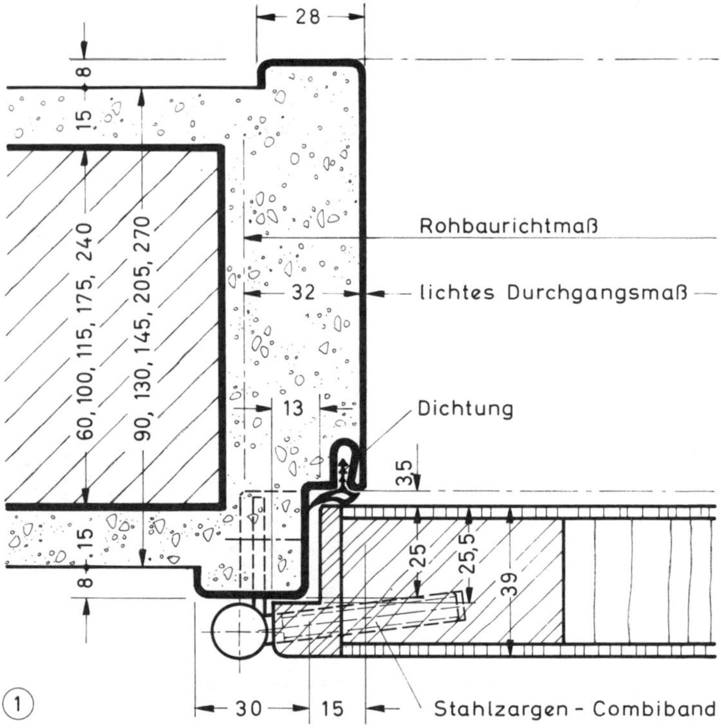

(1)

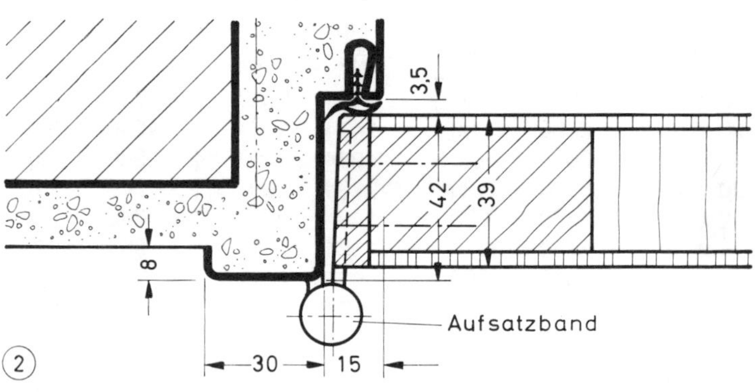

(2)

B 2.1.–80b Stahlzargen als Umfassungszargen, (1) für überfälzte Türen, (2) für stumpf einschlagende Türen (Br, Scha).

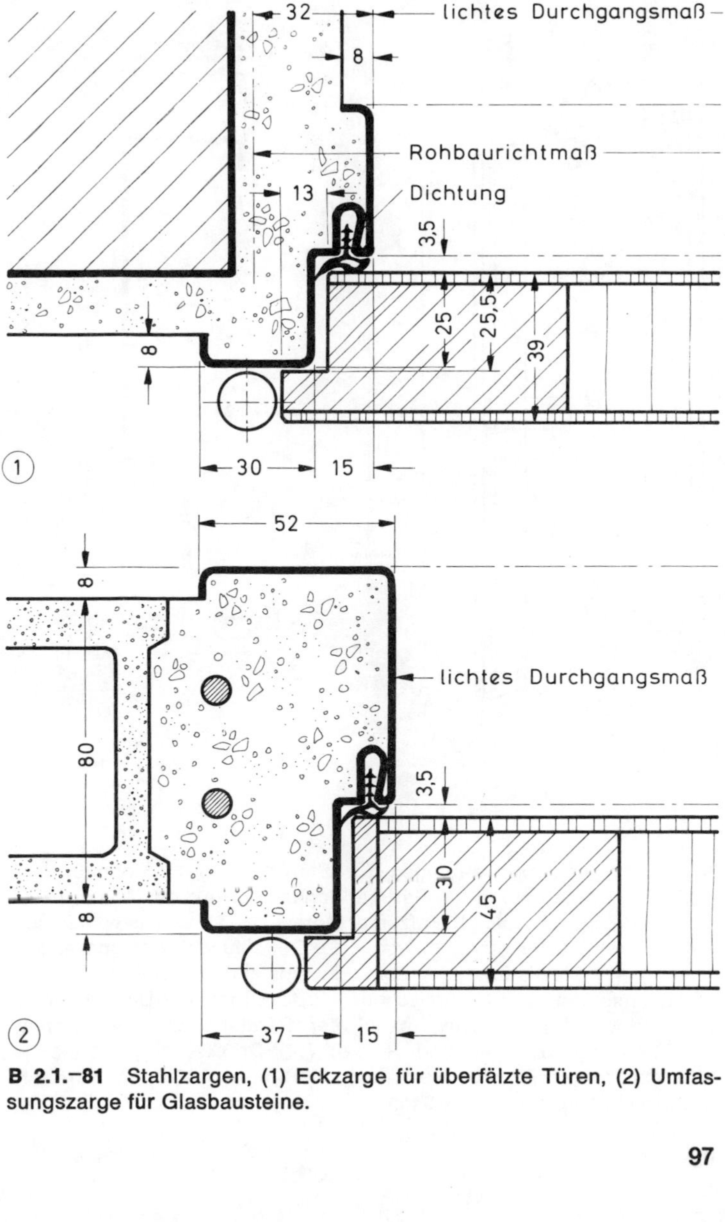

B 2.1.–81 Stahlzargen, (1) Eckzarge für überfälzte Türen, (2) Umfassungszarge für Glasbausteine.

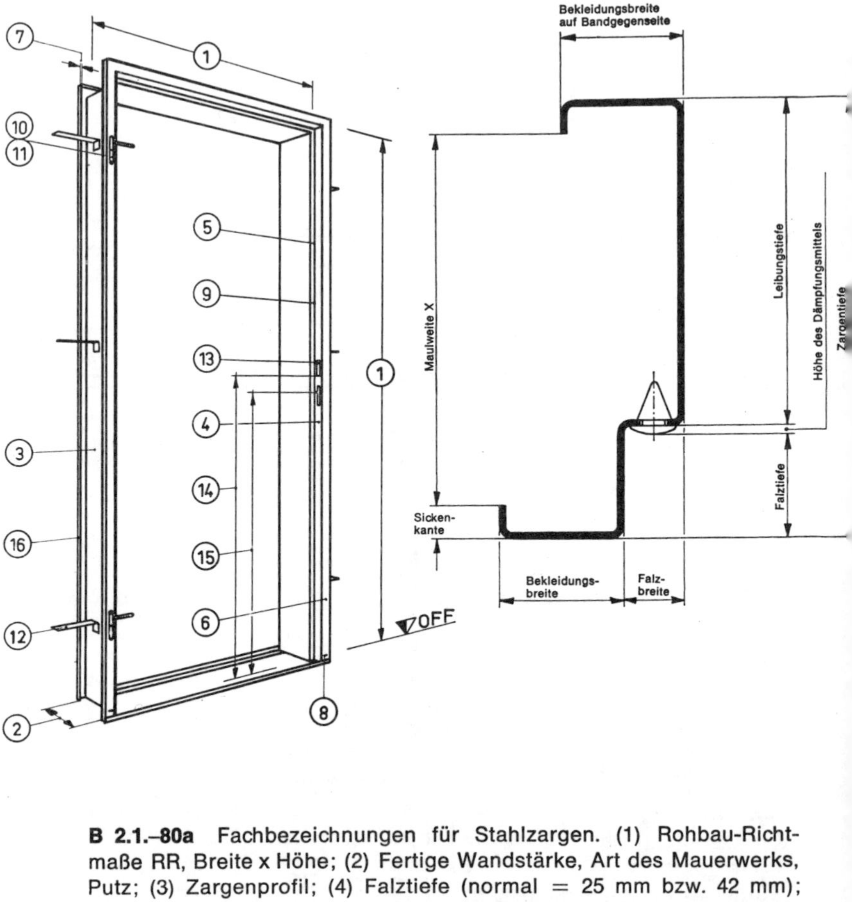

B 2.1.–80a Fachbezeichnungen für Stahlzargen. (1) Rohbau-Richtmaße RR, Breite x Höhe; (2) Fertige Wandstärke, Art des Mauerwerks, Putz; (3) Zargenprofil; (4) Falztiefe (normal = 25 mm bzw. 42 mm); (5) Falzbreite (normal = 15 mm); (6) Bekleidungsbreite (normal = 30 mm); (7) Blechstärke; (8) Fußbodeneinstand (normal = 30 mm); (9) Gummipuffer oder Gummischnur; (10) Drehrichtung DIN links oder DIN rechts; (11) Art und Anzahl der Bänder; (12) Verankerung; (13) Stanzung für Falle und Riegel; (14) Drückerhöhe (normal = 1050 mm von OFF); (15) Meterrißmarkierung = 1000 mm von OFF; (16) Sickenkante (normal = 8 mm).

Die Maulweiten der Umfassungszargen haben folgende Abmessungen:

Maulweite in mm	Verwendung für
80	Glasbausteinwände, Trennwände
90, 100	Plattenwände, Trennwände
130	100 mm Wände, beidseitig 15 mm Putz
145	115 mm Wände, beidseitig 15 mm Putz
205	175 mm Wände, beidseitig 15 mm Putz
270	240 mm Wände, beidseitig 15 mm Putz

Alle Zargen, sowohl Eckzargen als auch Umfassungszargen, sind für überfälzte Türen mit einer Falztiefe von 25 mm und für Stumpftüren mit einer Falztiefe von 42 mm zu bekommen.
Stahlzargen siehe B 2.1.–80 und 81.

2.1.6 Windfangtüren

Zwischen Hauseingang und Garderobe oder Diele werden oft trennende Türen eingebaut, die zwischen die Wände gesetzt werden müssen. Es sind häufig mehrflügelige verglaste Blendrahmentüren. Ihre Besonderheit liegt darin, daß sie vom Fußboden bis zur Decke reichen und die ganze Öffnungsbreite ausfüllen. Für Windfangtüren lassen sich auch Ganzglastüren einflügelig oder zweiflügelig einbauen. Sie bestehen aus »Sekurit«-Kristallspiegelglas, ca. 12 mm dick, und werden mit Bodentürschließern angeschlagen (IB).
Beispiele von Windfangtüren siehe B 2.1.–82 bis 84.

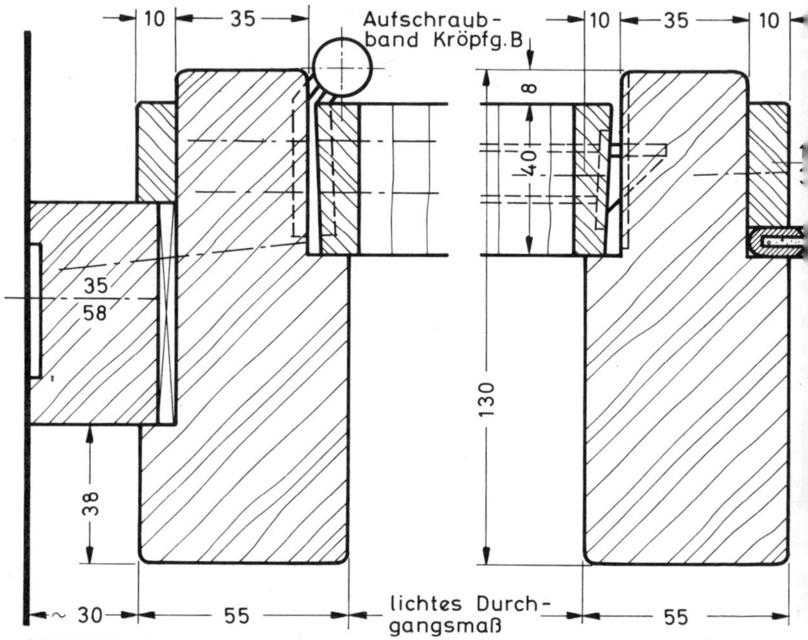
10
35
Aufschraub-
band Kröpfg. B
10
35
10
8
40
35
58
130
38
~ 30
55
lichtes Durch-
gangsmaß
55

SCHNITT A - A

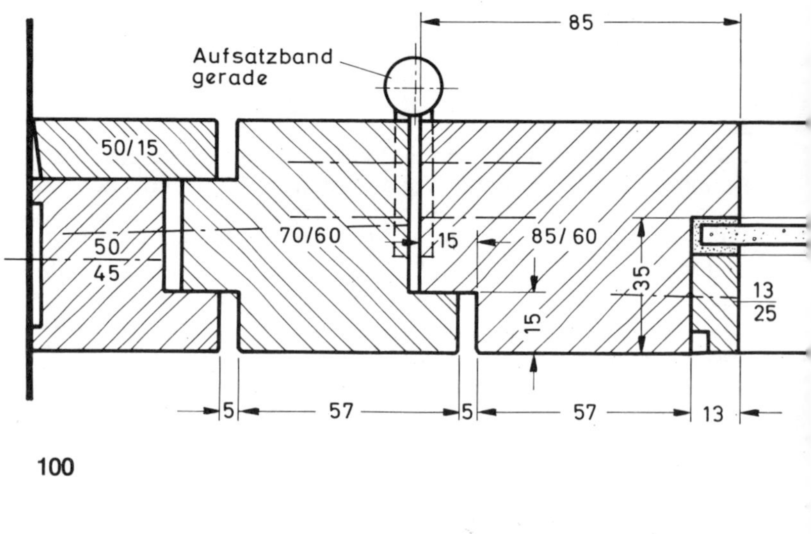
85
Aufsatzband
gerade
50/15
50
45
70/60
15
85/60
35
13
25
15
5
57
5
57
13

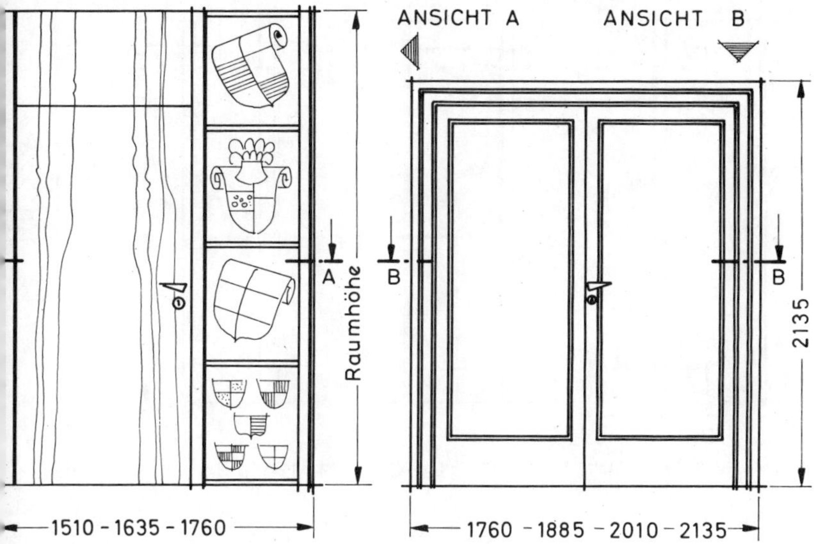

B 2.1.–82 Windfangtüren, (A) Tür im tiefstehenden Blockrahmen mit festverglastem Seitenflügel; (B) zweiflügelige Rahmentür mit Glasfüllungen.

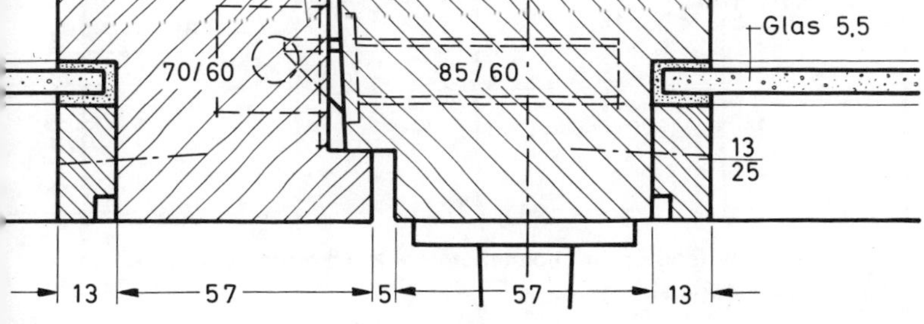

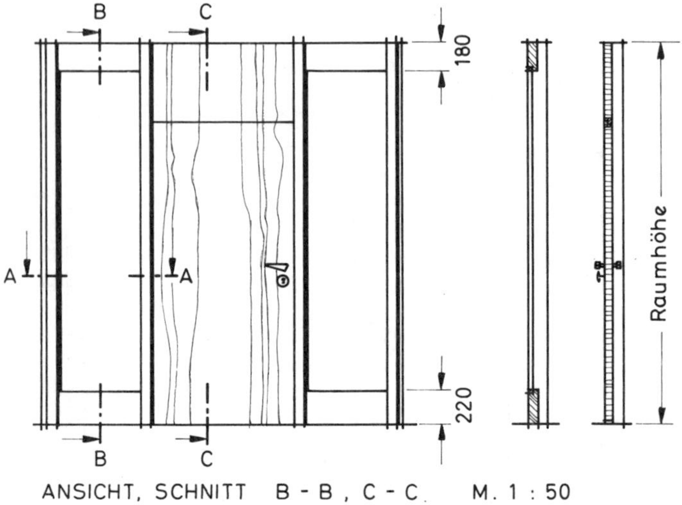

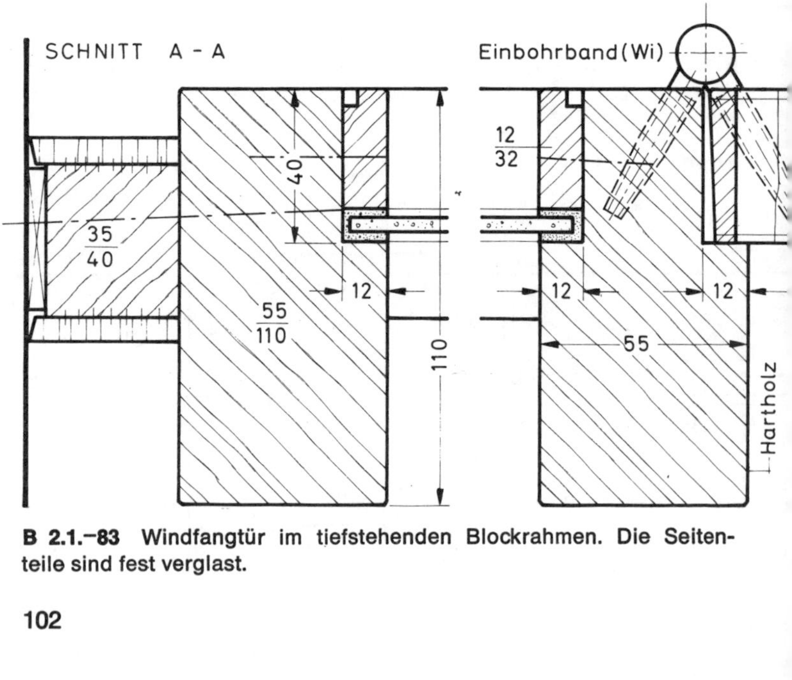

B 2.1.–83 Windfangtür im tiefstehenden Blockrahmen. Die Seitenteile sind fest verglast.

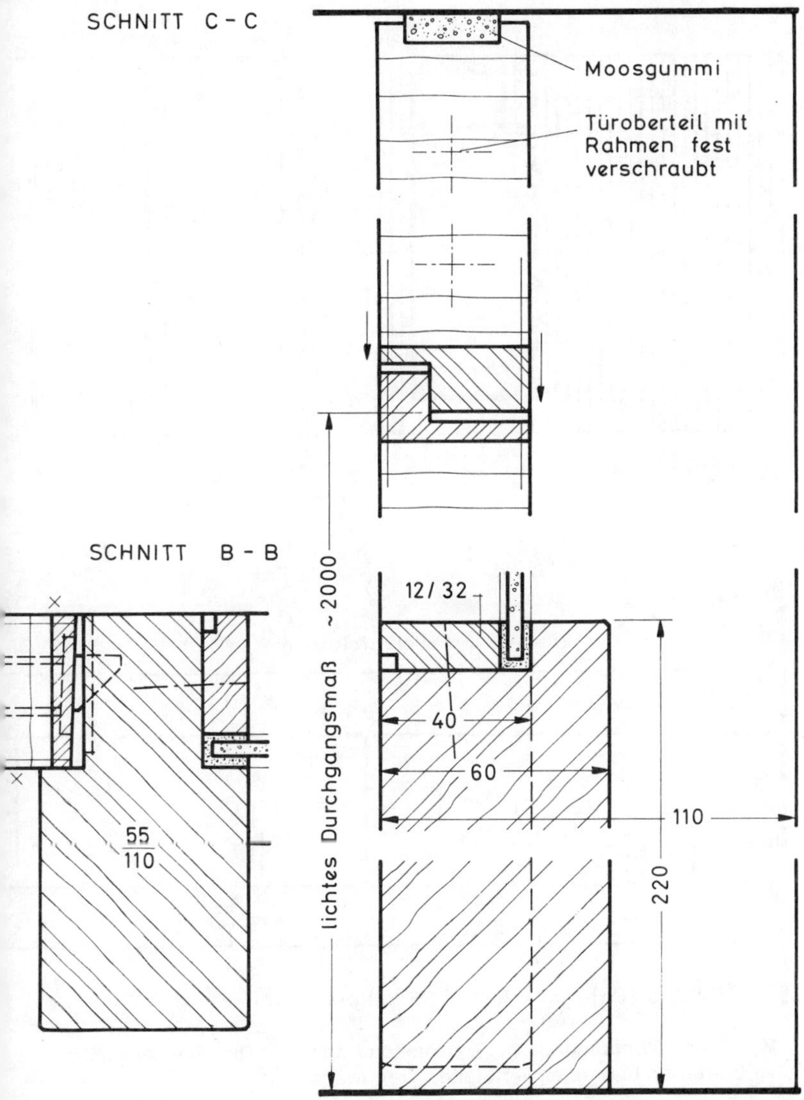
SCHNITT C-C
Moosgummi
Türoberteil mit
Rahmen fest
verschraubt
SCHNITT B-B
12/32
40
60
110
220
55
110
lichtes Durchgangsmaß ~2000

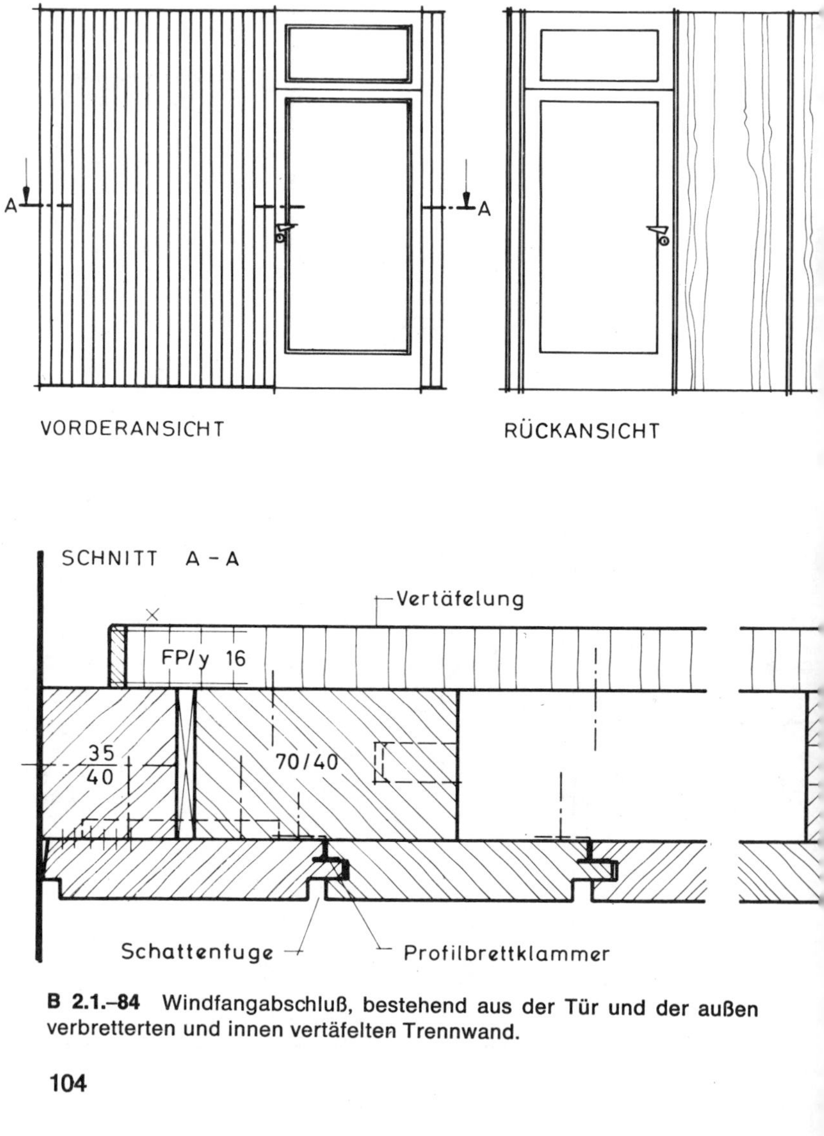

B 2.1.–84 Windfangabschluß, bestehend aus der Tür und der außen verbretterten und innen vertäfelten Trennwand.

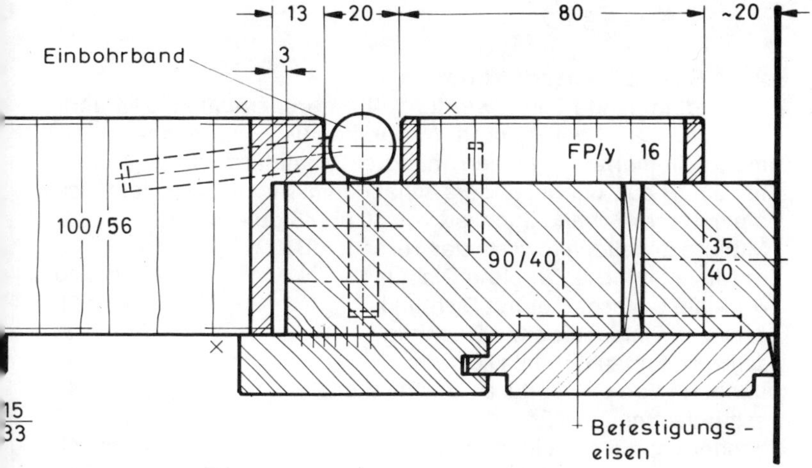
13
20
80
~20
Einbohrband
3
FP/y 16
100/56
90/40
35
40
15
33
Befestigungs-
eisen

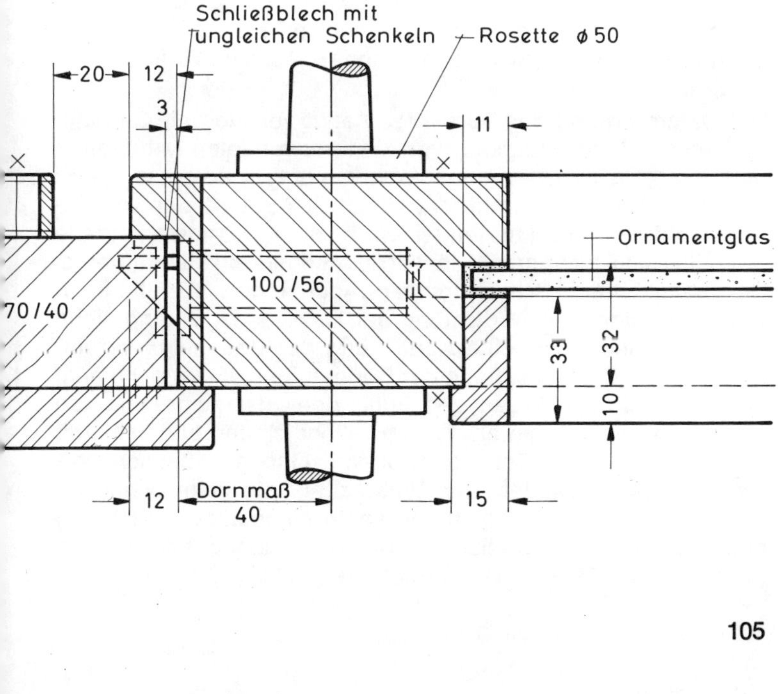
Schließblech mit
ungleichen Schenkeln
Rosette ø 50
20
12
3
11
Ornamentglas
100/56
70/40
33
32
10
12
Dornmaß
40
15

2.1.7 Schalldämmende Türen

Schalldämmende Türen werden in Konferenzräumen, Verhandlungsräumen, Chefzimmern, Arztpraxen usw. vorgesehen. Normale Zimmertüren weisen mittlere Schalldämmwerte von 15 bis 20 dB auf, bei besonders schalldämmenden Türen läßt sich ein mittlerer Schalldämmwert von 40 bis 45 dB erreichen.

Mittlere Schalldämmwerte der Türen in dB:

normale einfache Tür ohne Dichtung	15 bis 20
normale einfache Tür mit Dichtung	20 bis 25
schwere Einfachtür ohne Dichtung	20 bis 25
schwere Einfachtür mit Dichtung	25 bis 30
unabhängige Doppeltüren mit Dichtung	35 bis 45
schalldämmende Tür	30 bis 40
besonders gut schalldämmende Tür	40 bis 45

Soll eine gute Schalldämmung bei Türen erreicht werden, sind folgende Faktoren zu beachten:

a) Gute Dämmwirkung des Türblattes

b) Vermeidung des unmittelbaren Schalldurchgangs durch die Türfälze, die Bodenfuge und Öffnungen im Türblatt.

c) Vermeidung des Schalldurchgangs zwischen Türfutter und Mauerlaibung.

Die Dämmwirkung des Türblattes hängt von dessen Gewicht, von seiner Biegesteifigkeit, von den verwendeten Materialien und dem konstruktiven Aufbau ab. Man unterscheidet u. a. einschalige Türblätter, Türblätter in Sandwich-Bauart, doppelschalige Türblätter, die im Handel unter einer Dämmwertangabe erhältlich und fachgerecht in Türrahmungen einzubauen sind. Der unmittelbare Schalldurchgang durch den Türfalz kann durch eine doppelte Abdichtung der Fälze (Falzdichtung siehe B 2.1.–48) und durch eine Abdichtung der Bodenfuge verhindert werden. Die Abdichtung der Bodenfuge läßt sich bei einem unterschiedlichen Niveau des Fußbodens der zu trennenden Räume von 1 bis 3 cm als Türschwellendichtung ebenfalls mit Falzdichtung lösen. Bei gleichhohen Fußböden kommen entweder Höckerschwellen zum Einsatz, auf die beim Schließen der Tür eine in der Türblattunterkante eingelassene Dichtung aufläuft, oder automatisch wirkende Fußbodendichtungen (siehe B 2.1.–49). Am wirkungsvollsten ist die Schwellendich-

tung. Durch den Einbau von Schallschluckkammern kann der Schalldurchgang ebenfalls vermindert werden (B 2.1.–85). Der Schalldurchgang durch andere Öffnungen in der Tür, wie Briefeinwurfschlitze und Schlüssellöcher, ist ebenfalls zu verhindern. Briefeinwurfschlitze sind in schalldämmenden Türen zu vermeiden, Schlüssellöcher sind abzudecken. Selbst relativ kleine Öffnungen lassen verhältnismäßig viel Schallenergie durch, die auf der Gegenseite wiederum wie neue Schallquellen wirken. Es hat keinen Zweck, nur die Tür selbst und ihre Anschlüsse im Falz und zum Boden sorgfältig schalldämmend zu konstruieren, es müssen auch die Hohlräume zwischen der Türumrahmung und der Mauerlaibung gedämmt werden. Um eine Schallübertragung von einem Raum zum anderen zu vermeiden, sind die Hohlräume mit Mineralwolle auszustopfen und auf beiden Seiten mit dauerelastischem Kitt oder mit fest eingepreßtem Kompriband abzudichten. Außerdem ist es empfehlenswert, die Befestigungseisen auf Filzunterlagen zu schrauben, um mögliche Schallbrücken auszuschalten.
Bei der Auswahl der Beschläge ist davon auszugehen, daß schalldämmende Türblätter ein verhältnismäßig hohes Gewicht aufweisen und durch die Dichtungen im Falz einer gewissen Spannung ausgesetzt werden müssen. Darum sind nur schwere Einbohrbänder, Fitschen oder Bodentürschließer und Zapfenbänder zu verwenden. Als Schlösser kommen Einsteckschlösser mit versetzten Dornmaßen in Frage, bei denen die Schlüssellöcher oder Schließzylinder nicht durchgehen, oder Keiltreiber-Einsteckschlösser, die einen zusätzlichen Keiltreiberriegel aufweisen, der in eine konische Aussparung des Schließbleches drückt und das Türblatt fest gegen die Falzdichtung preßt.

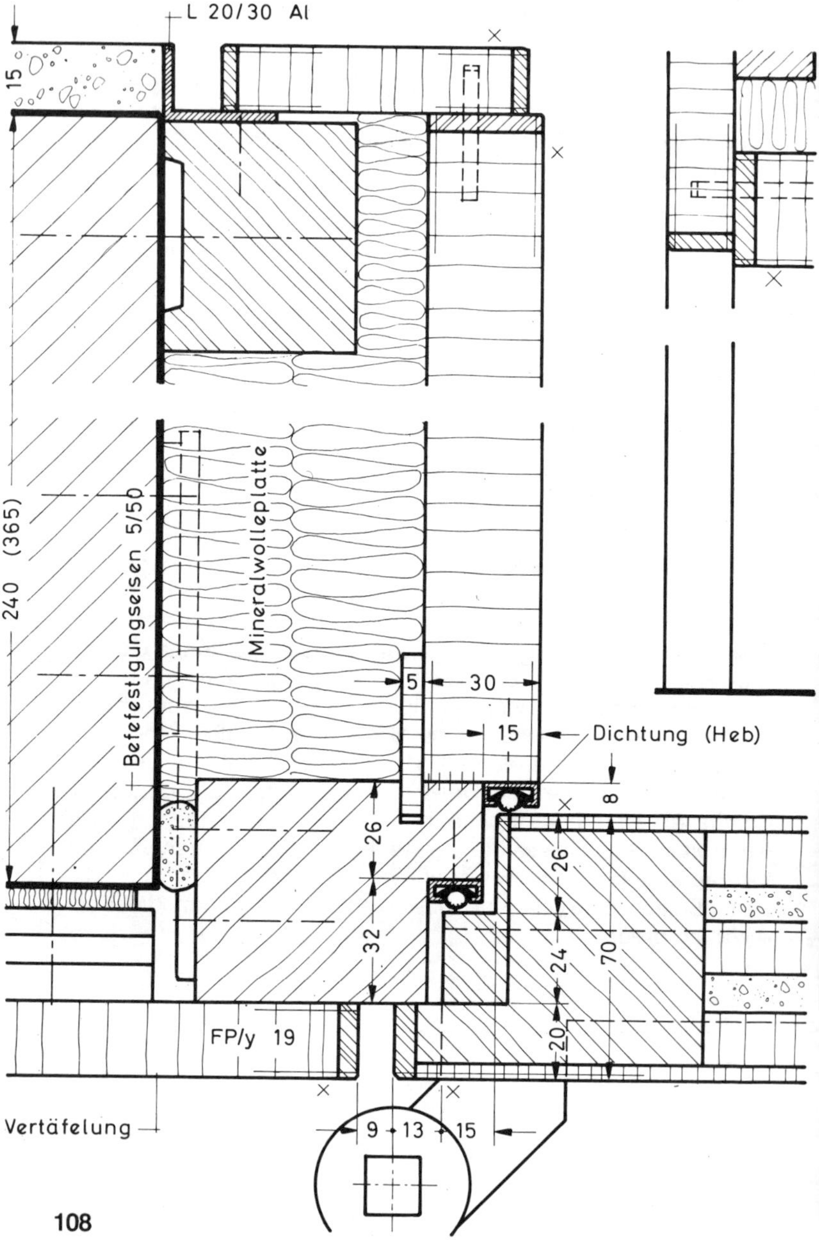
L 20/30 Al
15
240 (365)
Befefestigungseisen 5/50
Mineralwolleplatte
5
30
15
Dichtung (Heb)
8
26
32
26
24
70
20
FP/y 19
Vertäfelung
9
13
15

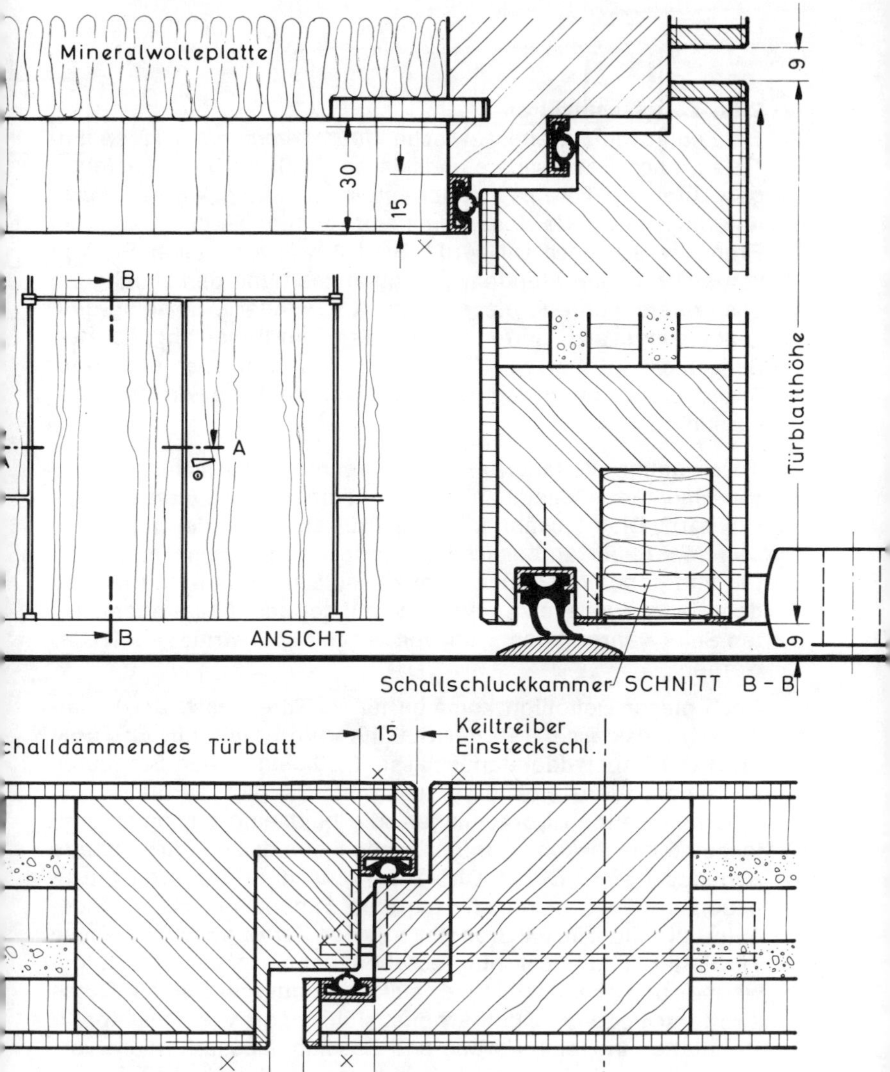

B 2.1.–85 Schwere schalldämmende Tür mit einem mittleren Dämmwert von ca. 35 dB.

2.1.8 Feuerschutztüren

Bei Feuerschutztüren ist zwischen *feuerhemmenden* Türen, Fh-Türen, nach Feuerwiderstandsklasse T 30 und *feuerbeständigen* Türen, Fb-Türen, nach der Feuerwiderstandsklasse T 90 zu unterscheiden. Als *feuerhemmend* gelten Türen, die beim Brandversuch nach DIN 4102, Blatt 3, während einer Prüfzeit von einer halben Stunde nicht entflammen und den Durchgang des Feuers während dieser Prüfzeit verhindern. Einseitig dem Feuer ausgesetzt, dürfen sie auf der dem Feuer abgekehrten Seite nicht wärmer als 130° C werden und müssen nach dem Brandversuch durchweg noch eine Materialdicke von 1 cm aufweisen.

Türen gelten als *feuerbeständig,* wenn sie aus nicht brennbaren Baustoffen bestehen, die bei einem Brandversuch nach DIN 4102, Blatt 3, während einer Prüfzeit von anderthalb Stunden dem Feuer und anschließend dem Löschwasser standhalten und dabei ihr Gefüge nicht wesentlich verändern. Einseitig dem Feuer ausgesetzt, dürfen sie auf der dem Feuer abgekehrten Seite während des Brandversuches nicht wärmer als 130° C werden.

Nach dieser Definition kommen für Fb-Türen nach der Feuerwiderstandsklasse T 90 nur Stahltüren in Frage. Für Fh-Türen nach der Feuerwiderstandsklasse T 30 sind neben Stahltüren auch besondere Holztüren geeignet. Es gibt Türblätter mit feuerhemmenden Korkeinlagen, die beidseitig mit einer dreifachen 5 mm dicken oder fünffachen 8 mm dicken Furnierplatte abgedeckt sind. Diese Türblätter sind in Stahlzargen einzubauen. Im Falz ist ringsherum eine Expansionsmasse eingenutet, die die Tür im Brandfalle in der Zarge abdichtet. Diese Türblätter sind nicht nur feuerhemmend, sondern auch gut wärme- und schalldämmend, äußerst robust und stabil. Durch ihre verschiedenen Oberflächenausführungen, wie Schichtpreßstoffplatten in vielen Farben und Dessins, Messerfurniere verschiedener Holzarten, sind sie sehr dekorativ (We, Wr). Neben den fertig im Handel zu beziehenden feuerhemmenden Türblättern halten auch 40 mm dicke Vollholztüren aus Eiche diesem Brandversuch stand.

Fh-Türen werden bei Abschlüssen von Garagen oder Kellerräumen zum Wohnbereich eingesetzt.
Beispiel einer Fh-Tür aus Holz siehe B 2.1.–86.

2.1.9 Strahlenschutztüren

Für Strahlenschutztüren kommen Türblätter mit Vollholz- oder Vollspanmittellage mit zusätzlicher Strahlenschutzeinlage aus Blei zur Verwendung (Ke, We, Wr). Je nach Strahlenschutzklasse ist die Bleieinlage 1 mm oder 12 mm dick. Türblätter mit einer 12 mm dicken Bleieinlage sind 56 mm dick und werden in Therapieräumen eingesetzt. Als Türumrahmung sind am besten Stahlzargen geeignet, die ebenfalls mit Bleistreifen hinterlegt werden müssen. Die Türblätter sind in den Fälzen abzudichten.
Für Diagnostikräume genügen Türblätter mit 1 mm Bleieinlage. Sie sind 40 bis 46 mm dick. Die Türbekleidung ist ebenfalls mit Bleiblech zu hinterlegen. Das Türblatt ist im Falz und am Boden durch besondere Falzdichtungen abzudichten.

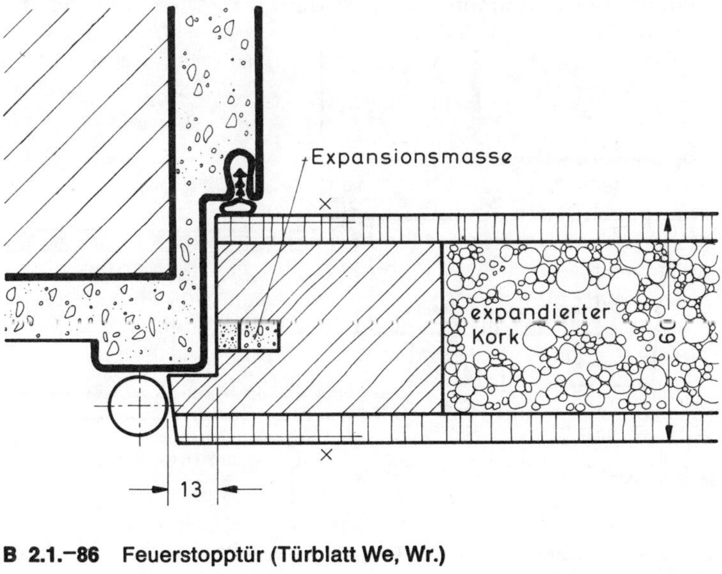

B 2.1.–86 Feuerstopptür (Türblatt We, Wr.)

Für den Verschluß der Strahlenschutztüren sind Einsteckschlösser mit versetzten Dornmaßen geeignet. Bei diesen Schlössern gehen die Schlüssellöcher bzw. Schließzylinder nicht durch. Die Türdrücker sind nicht miteinander verbunden. Beispiel einer Strahlenschutztür für Diagnostikräume siehe B 2.1–87.

2.2 Pendeltüren

Pendeltüren schlagen durch die Türumrahmung nach beiden Seiten hin auf. Sie können einflügelig oder zweiflügelig hergestellt werden. Die *Türumrahmung* besteht entweder aus Blockrahmen, die in der Türlaibung befestigt werden, oder aus Blendrahmen mit oder ohne angearbeitetem Futter.
Die *Türblätter* sind vorwiegend mit Glasfüllungen versehen, damit man eine Person, die sich hinter der Tür befindet, auch erkennt. Volle Türblätter sollte man bei Pendeltüren vermeiden. Pendeltüren benötigen zwischen den Türblattkanten und der

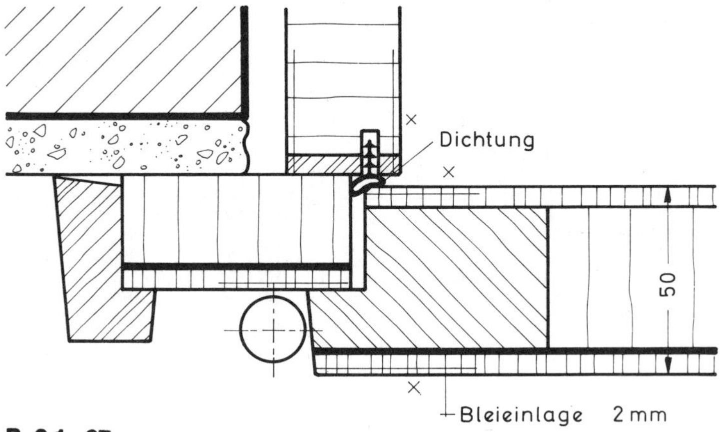

B 2.1.–87

B 2.1.–87 Strahlenschutztür (Türblatt Ke, We, Wr)

Türumrahmung Luft und lassen sich meistens nicht exakt abdichten. Darum werden Pendeltüren vorwiegend für Flurabschlüsse oder -trennungen, Windfangabschlüsse usw. und weniger als Raumabschlüsse eingesetzt.

2.2.1 Anschlagsmöglichkeiten

Zum Anschlagen der Pendeltüren stehen verschiedene Beschläge zur Verfügung. Sie können mit Pendeltürbändern, Bommerbändern, Hawgoodbändern, Pendulo Pendeltürbeschlägen und Bodentürschließern mit Zapfbändern angeschlagen werden. Sind in die Beschläge keine Arretierungspunkte eingebaut, um die Tür bei ≧ 90° offenzuhalten, wird man besondere Türfeststeller montieren müssen, um die hierdurch abgetrennten Räume ausreichend belüften zu können.
Bommer-Pendeltürbänder weisen zwei Rollen auf, die durch einen Lappen fest verbunden sind, und zwei bewegliche Aufsatzlappen, den Tür- und den Rahmenlappen. In die Rollen sind Torsionsfedern eingebaut, die so gespannt werden, daß das Türblatt federnd zuschlägt. Das Spannen der Federn geschieht durch die Spannringe im Kopf der Rollen. Ein Spannstift, der in die Bohrungen des Spannringes gesteckt wird, verhindert das Zurückschnellen der Feder. Die Bänder werden an den Längskanten angeschlagen. Die Rollen sind beidseitig sichtbar. Das Spannen kann erst nach der Montage der Bänder geschehen. Mit Bommerbändern angeschlagene Türen schlagen hart federnd durch. Je nach Türflügelgröße und Türgewicht sind entsprechend große Bommerbänder zu wählen. Sie sind in Stahl, Stahl vermessingt und Stahl matt vermessingt erhältlich. Die mit der Zeit erschlaffende oder auch gebrochene Torsionsfeder kann ausgewechselt werden (B 2.2.–1).
Bei *Hawgood-Pendeltürbändern* liegt die Federkraft in einem runden Zapfen, der in den Blockrahmen bzw. in die Stahlumfassungszarge eingebohrt wird. Die gesamte Federmechanik ist unsichtbar. Da ein Nachstellen der Feder nicht möglich und auch nicht nötig ist, ist für das betreffende Türgewicht das passende Band auszuwählen. Sie sind für die Gewichtsklasse bis 30 kp und bis 60 kp pro Türblatt konstruiert. Die Türblätter werden in einen U-förmigen Schuh des Bandes geschoben, der

für Türblattstärken von 38 mm eingerichtet ist. Bei stärkeren Türen ist der Schuh einzulassen. Die Türen lassen sich ohne besonderen Feststeller in einer Offenstellung von 90° arretieren (B 2.2.–5).

Bei *Pendulo-Pendeltürbeschlägen* laufen die Türblätter in Zapfenbändern. Der eigentliche Pendelmechanismus kann im Boden oder in die Unterkante der Tür eingelassen werden. Der in der Tür eingelassene Beschlag ist am unteren Fries sichtbar. Er wird mit Abdeckplatten verkleidet. Bei dem im Boden eingelassenen Beschlag werden an der Tür keine Beschlagteile sichtbar. Die Schließmechanik liegt im Fußboden und wird durch ein Abdeckblech verdeckt. Sie läßt sich im Zementkasten noch exakt auf Mitte einstellen. Beide Beschläge sind in zwei verschiedenen Stärken erhältlich. Stärke I bis 100 kg Türgewicht und einer Flügelbreite bis 900 mm, Stärke II bis 175 kg Türgewicht und einer Flügelbreite bis 1000 mm. Die Pendeltüren werden durch diese Beschläge unverändert im Lot gehalten und können am Boden nicht schleifen. Bei zweiflügeligen Türen ist ein Gegeneinanderschlagen der beiden Flügel unmöglich. Die Luft zwischen Türumrahmung und Türblattkanten kann sehr gering gehalten werden. Dadurch wird ein guter Abschluß gegen Zugluft erreicht. Die Türen bewegen sich geräuschlos und stehen nach wenigen Pendelbewegungen still. Der Schließbereich liegt zwischen 0 bis 115° Öffnungswinkel. Der Schließdruck kann mittels Spannschraube geregelt werden. Die Türen sind durch Hochschrauben des Bandzapfens am oberen Zapfenband auszuhängen. Wichtig ist, daß die Mittelachsen des oberen und unteren Zapfens lotrecht übereinander sitzen (Ge).

Bodentürschließer werden im Boden eingelassen. Die Türblätter werden an der Unterkante durch eine auf den Bodentürschließer aufgesteckte Türschiene und an der Oberkante durch ein Zapfenband gehalten. Der Beschlag ist an den Türblättern nicht sichtbar. Die Zapfenbänder an der Oberkante der Tür weisen Kunststofflagerbuchsen auf und gewährleisten somit einen geräuschlosen Lauf. Die Zapfen können durch eine Stellschraube in ihrer Lage verstellt werden. Somit läßt sich die Mittelachse des Zapfens genau lotrecht über die Drehachse des Schließers stellen. Der Zapfen wird dann durch eine Schraube arretiert. Der Verstellbereich des Zapfenbandes ist bei der Kon-

struktion der Pendeltüren, besonders bei der Lage des Bodentürschließers, zu berücksichtigen. Der Bodentürschließer wird durch eine Deckplatte verkleidet, der Schließapparat läßt sich im Zementkasten justieren. Bodentürschließer für Pendeltüren gibt es für 110° und 180° Öffnungswinkel in beiden Drehrichtungen und in sechs verschiedenen Stärken für alle Türgrößen und -gewichte. Der Vorteil der Bodentürschließer liegt darin, daß die Türen nicht mehr federnd zuschlagen, sondern sich mit gebremster, sinnvoll abgestufter Schließgeschwindigkeit schließen. Dadurch ist ein gefahrloses Gehen durch diese Tür möglich. Dieser Beschlag wird für Pendeltüren aus Holz, Metall oder Ganzglas eingesetzt (B 2.2.—2).
Türfeststeller werden montiert, wenn man Pendeltüren bei starkem Durchgangsverkehr oder zum Durchlüften der Räume länger offenstellen möchte. Sie werden teils so auf den Fußboden und an das Türblatt geschraubt, daß sie beim Weitöffnen ineinanderrasten.

2.2.2 Verschlußmöglichkeiten

Pendeltüren werden im allgemeinen nicht abgeschlossen. Wird ein Verschließen gewünscht, sind hierfür besondere Pendeltür-Einsteckschlösser zu verwenden. Sie weisen neben der normalen Falle eine federnd gelagerte Rollenfalle auf, die beim Durchschlagen der Tür über die Lappen des Schließbleches rollt und bei Nullstellung ins Fallenloch eingreift und die Tür arretiert. Die Rollenfalle bewirkt, daß die Pendeltür bei Zugluft geschlossen gehalten wird, hat aber den Nachteil, daß sie ein starkes Schließgeräusch verursacht. Deshalb läßt sich bei den meisten Schlössern die Falle durch eine Schraube im Stulp zurücknehmen. Die Schlösser können für alle Schließungsarten, mit Ausnahme von Besatzungsschlüsseln, geliefert werden. Die Schlösser für normale Pendeltüren weisen ein Dornmaß von 55 mm auf, sie sind aber auch mit 45, 50 und 60 mm Dornmaß erhältlich. Für Pendeltüren mit schmalen Rahmen sind Dornmaße von 22, 25 bis 45 mm im Handel. Als Sonderausführungen können Pendeltürschlösser einen gewölbten Stulp, R = 70 mm aufweisen (B 2.2.—3). Für kleinere Türen können leichtere Pendeltür-Einsteckschlösser mit Fallenriegel verwen-

B 2.2.-1

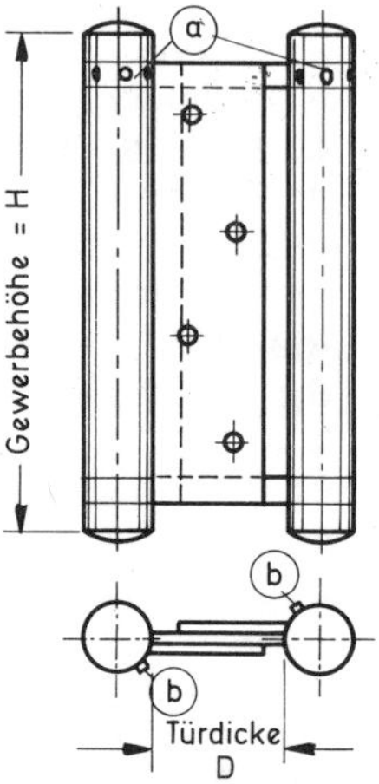

a
Gewerbehöhe = H
b
b
Türdicke
D

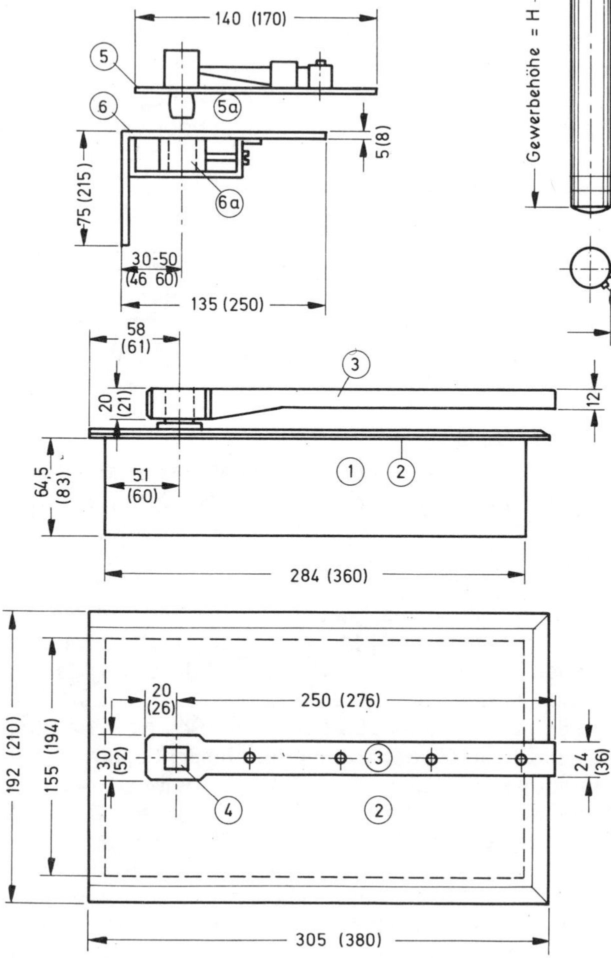

140 (170)
5
5a
6
6a
5(8)
75 (215)
30-50
(46 60)
135 (250)
58
(61)
3
20
(21)
12
64,5
(83)
51
(60)
1
2
284 (360)
20
(26)
250 (276)
192 (210)
155 (194)
30
(52)
3
24
(36)
4
2
305 (380)

B 2.2.-2

det werden. Hier sind beide Funktionen – Falle und Riegel – in einem enthalten. Durch Herausschließen der Rollenfalle um eine weitere Tour wird die Pendeltür verschlossen. Bei Pendeltüren aus Ganzglas sind meistens Riegelschlösser in der unteren Türschiene oder Türecke eingebaut, die die Tür im Boden verriegeln.
Pendeltüren mit Bodentürschließern werden ebenfalls nur mit Riegelschlössern verschlossen. Eine Rollenfalle ist hier entbehrlich.
Beispiele von Pendeltüren siehe B 2.2.–4 bis 8.

2.3 Schiebetüren

Schiebetüren werden an Laufwerken aufgehängt und seitlich, parallel zur Wandfläche verschoben. Sie benötigen dadurch keinen Drehraum, sind also platzsparend, müssen aber seitlich in ihrer Breite verschiebbar sein. Schiebetüren eignen sich zur Abtrennung von Räumen und weniger für stark begangene Durchgangstüren. Ihre Öffnungs- oder Schließbewegungen sind für Durchgangstüren ungeeignet.

2.3.1 Arten der Schiebetüren

Je nach *Anzahl der Türblätter* sind einflügelige und mehrflügelige Schiebetüren zu unterscheiden. Einflügelige Schiebetüren

B 2.2.–1 Bommerband. (a) Stellring; (b) Arretierungsstift. D x H = 18 bis 25 x 75; 25 bis 30 x 100; 30 bis 35 x 125; 35 bis 40 x 150; 40 bis 45 x 175; 45 bis 50 x 200; 50 bis 60 x 250; 60 bis 75 x 300 mm (Do, Hä).

B 2.2.–2 Bodentürschließer und Zapfenband für Pendeltüren. (1) Bodentürschließkasten; (2) Deckplatte; (3) Türschiene; (4) Achse mit Vierkantstift; (5) Zapfenband-Oberteil; (5a) zurücknehmbarer Zapfen; (6) Zapfenband-Unterteil; (6a) verstellbares Zapfenlager; Maße gelten für die Stärke eins bis vier, Maße in Klammern für die Stärken fünf und sechs (Do, Ge, Hä).

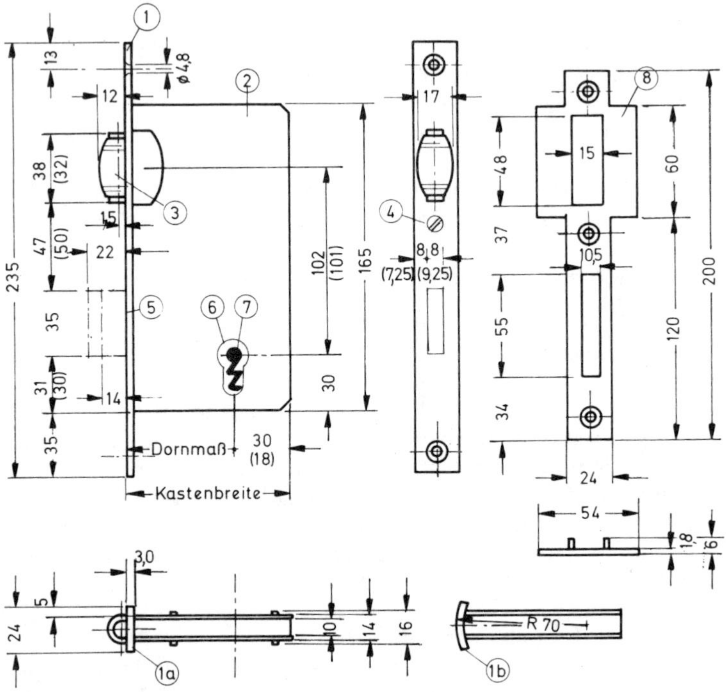

Dornmaßtabelle

a) Pendeltür - Einsteckschloß, mittelschwer

45	50	55	60

b) Pendeltür - Einsteckschlösser für schmale Rahmen (Maße in Klammern)

25	30	35	40	45

B 2.2.–3

B 2.2.–3 Einsteckschlösser für Pendeltüren. (1) Stulp, (a) gerade, (b) gewölbt; (2) Schloßkasten; (3) Rollenfalle; (4) Stellschraube zum Zurücknehmen der Falle; (5) Riegel; (6) Loch für Profilzylinder; (7) Schlüsselloch; (8) Lappenschließblech (BKS).

B 2.2.–4 Pendeltür mit Futter, mit Bommerbändern angeschlagen, hierzu Ansicht (a).

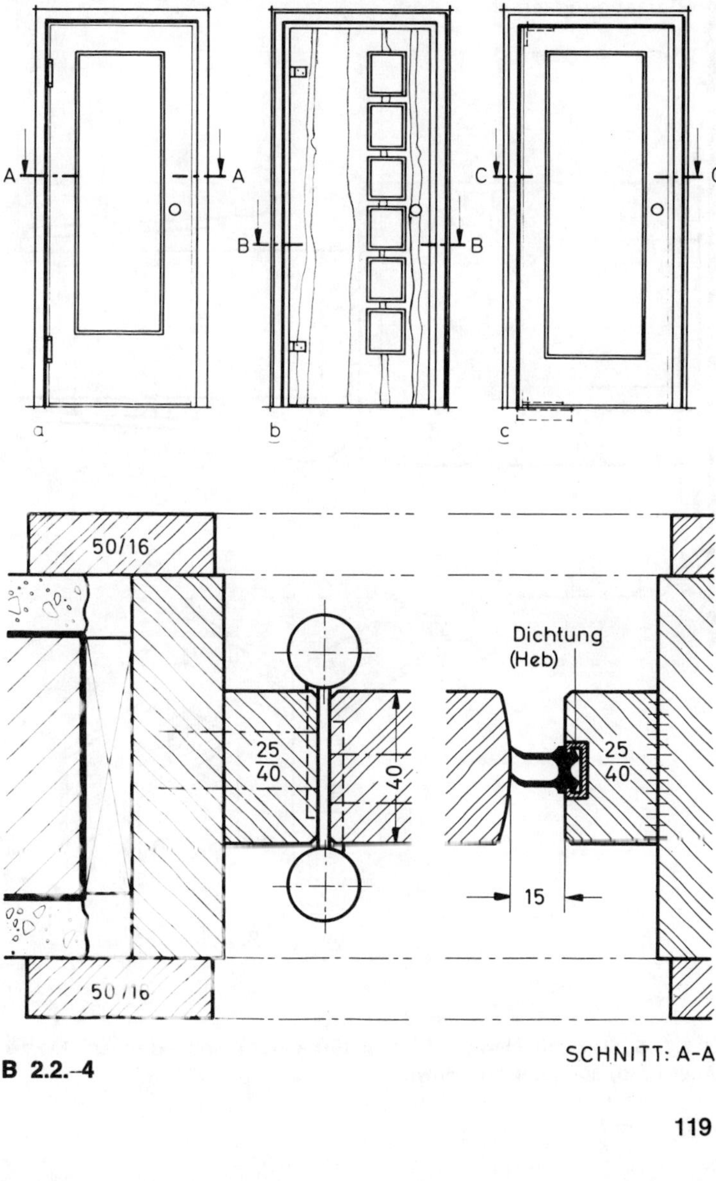

B 2.2.–4

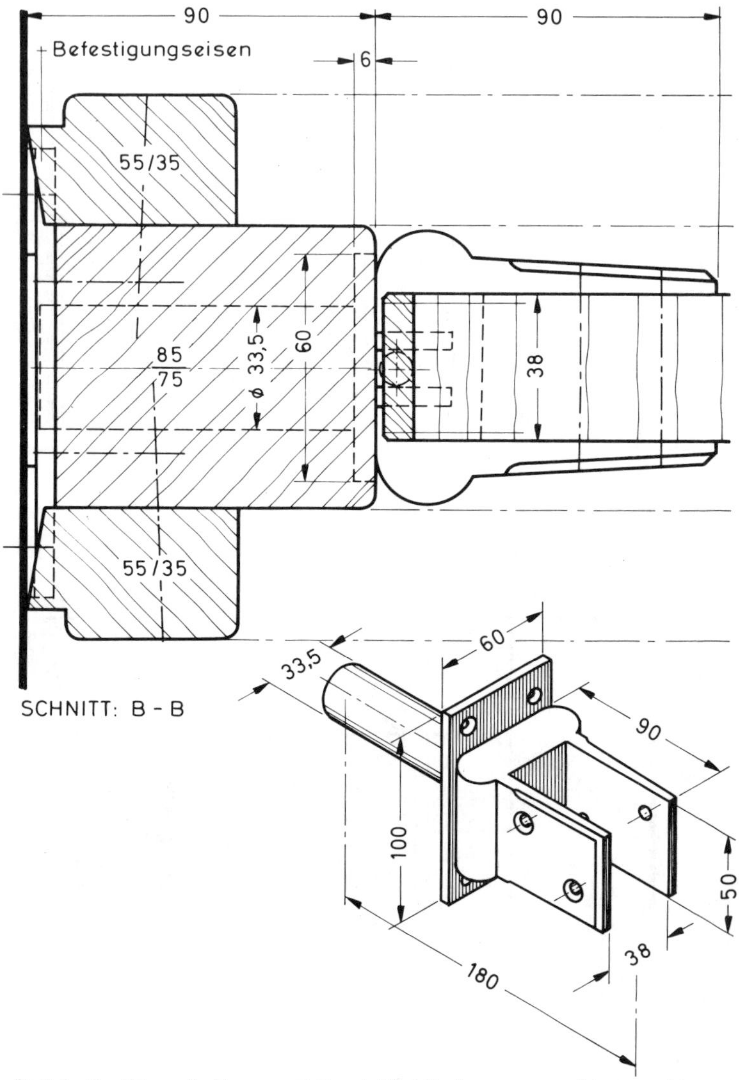

B 2.2.–5 Tür mit Hawgood-Pendeltürbändern angeschlagen, hierzu Ansicht (b) auf Seite 119 (Haw).

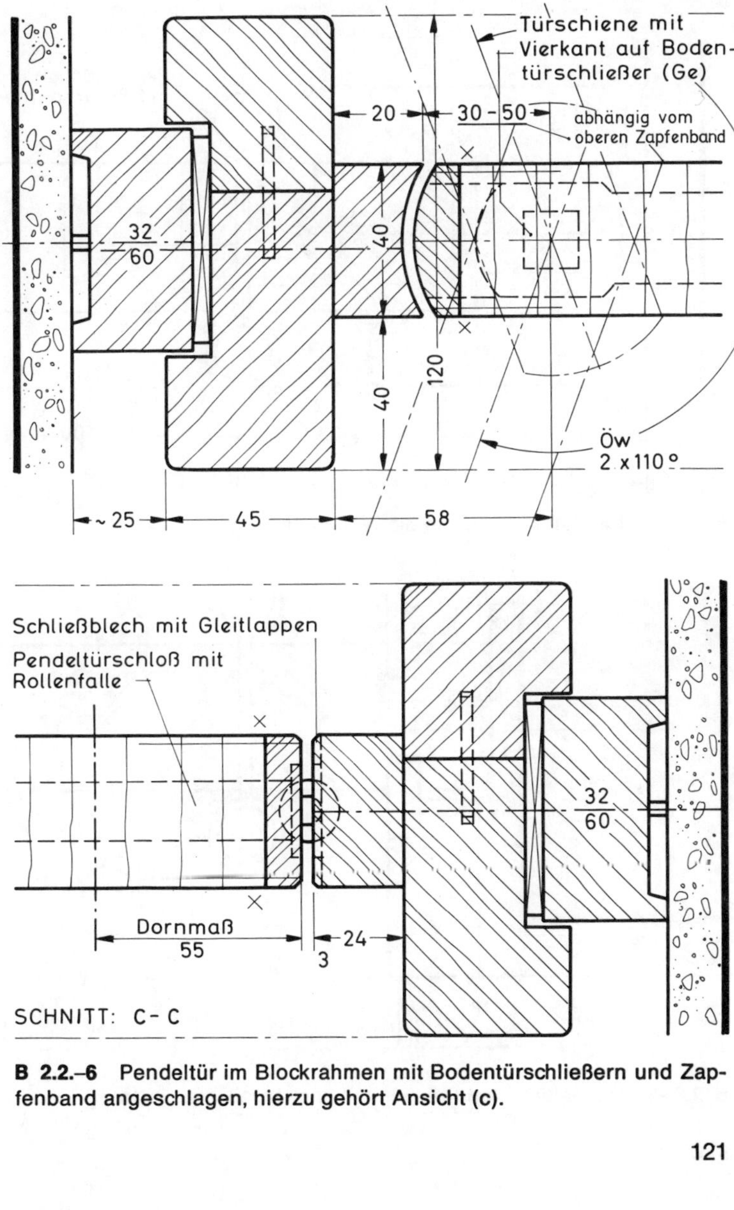

B 2.2.–6 Pendeltür im Blockrahmen mit Bodentürschließern und Zapfenband angeschlagen, hierzu gehört Ansicht (c).

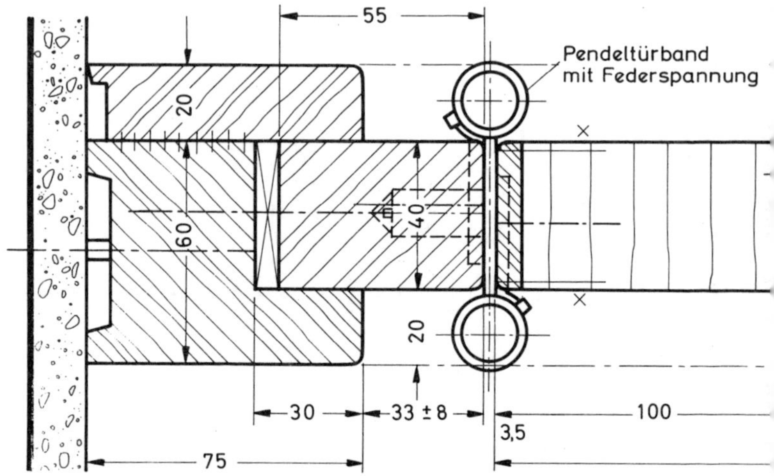

B 2.2.–7 Pendeltür, zwischen die Wände eingebaut.

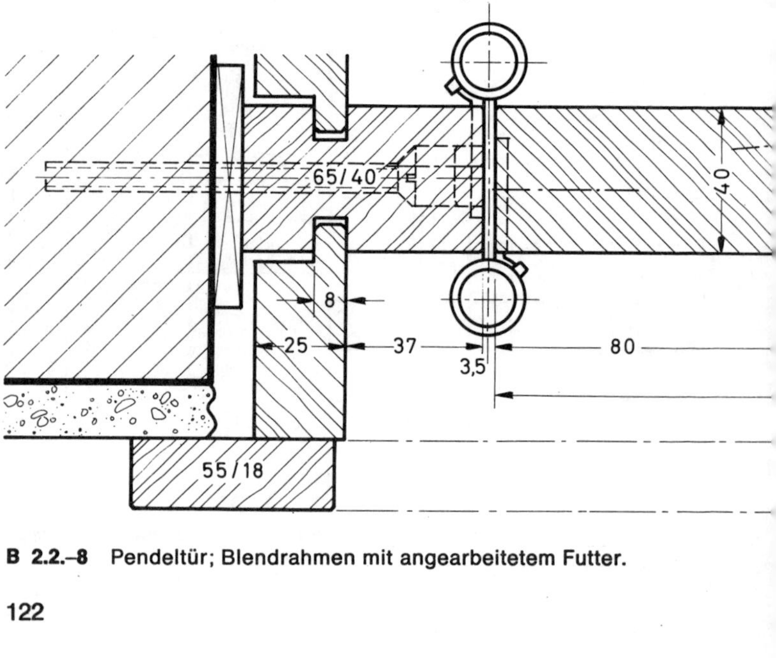

B 2.2.–8 Pendeltür; Blendrahmen mit angearbeitetem Futter.

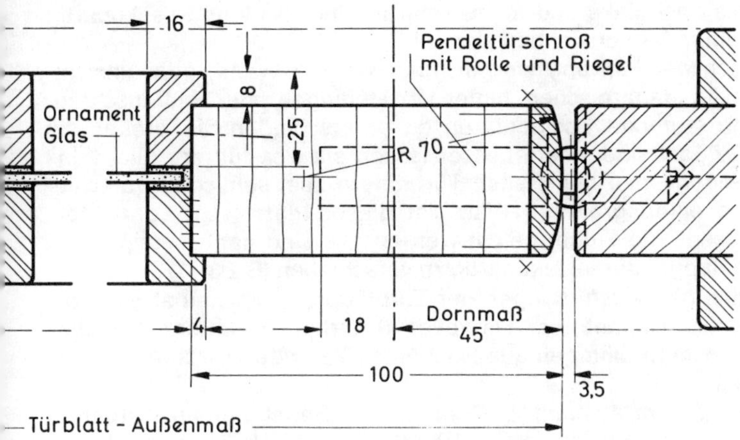
16
Pendeltürschloß
mit Rolle und Riegel
8
25
Ornament
Glas
R 70
4
18
Dornmaß
45
100
3,5
Türblatt - Außenmaß

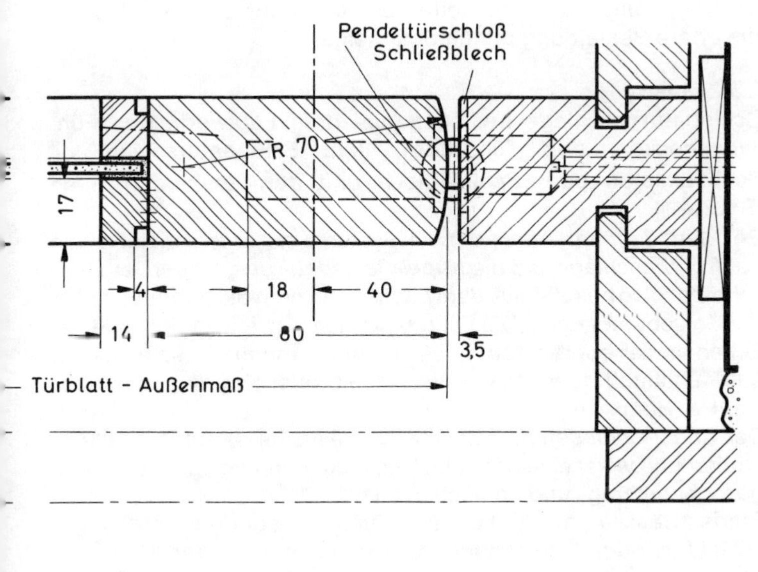
Pendeltürschloß
Schließblech
R 70
17
4
18
40
14
80
3,5
Türblatt - Außenmaß

können nach rechts oder links und mehrflügelige Schiebetüren teils nach links und rechts oder in eine Richtung teleskopartig ineinander verschoben werden.
Nach der *Führung* sind sichtbar vor der Wand, oder unsichtbar in Mauernischen, hinter Vertäfelungen oder Einbauschränken laufende Schiebetüren zu unterscheiden. Je breiter die Türflügel sind, desto besser lassen sie sich führen. Allerdings benötigt man bei breiten Türblättern zum seitlichen Verschieben einen größeren Platz. Ist dieser Platz nicht vorhanden, müssen die Flügel geteilt werden. Sie sind dann aufeinandergeklappt oder teleskopartig zu verschieben (B 2.3.–1).
Nach den *Ausführungen* der Türblätter unterscheidet man furnierte Schiebetüren aus vollen Sperrholztürblättern, Schiebetüren mit Füllungen aus Holz oder Glas oder Türen aus Ganzglas.
Die *Türumrahmung* besteht in der Regel bei unsichtbar in Mauernischen laufenden Türen aus zwei Halbfuttern. Um an den Beschlag noch herankommen und die Türen justieren zu können, sollte auf einer Seite das Halbfutter oder wenigstens die obere Bekleidung abnehmbar sein.

2.3.2 Beschläge

Schiebetürbeschläge bestehen aus dem Laufwerk, den Führungsnocken, den Türpuffern, dem Schiebetürschloß mit Schließkasten oder Schließblech und den Schiebetürgriffen (B 2.3.–1).
Bei den *Laufwerken* sind zwei Systeme zu unterscheiden, die *Laufrohrbeschläge* und die *Kugel-Schiebetürbeschläge.* Der *Laufrohrbeschlag* besteht aus dem Laufrohr, in dem die Führungsrollen der Schiebetür laufen. Die Führungsrollen werden an den äußeren Ecken an der oberen Kante des Türblattes montiert. Sie bestehen aus Kunststoff oder Stahl, weisen Gleit- oder Kugellager auf (Do, Ge, Ha, Hem).
Der *Kugel-Schiebetürbeschlag* ist wie eine Teleskopführung konstruiert und weist eine doppelte Stahlkugelführung auf, die in einer gezogenen Trag- und Laufschiene läuft (Ge).
Beide Beschlagarten können durch besondere Aufhängeschlaufen oder Befestigungsmuffen sowohl an der Wand als

auch an der Decke bzw. am oder unter dem Sturz befestigt werden. Bei der Montage sind Laufschienenmitte und Schwerpunkt der Tür lotrecht untereinander zu setzen. Je nach Schiebetürgewicht sind unterschiedliche Laufwerkstärken zu wählen (B 2.3.–2).

Sonderlaufwerke

Für spezielle Schiebetüren sind Sonderlaufwerke im Handel.

Schiebetürbeschläge mit angehängtem Drehflügel werden verwendet, wenn kein Platz zum Zurückschieben der Türflügel in ganzer Breite vorhanden ist oder bei mehrflügeligen Schiebetüren. Ein Flügel kann auf den zweiten geklappt werden. Beide Flügel sind dann zusammen in die Tasche zu schieben (Ge).

Schiebetürbeschläge für Teleskoptüren bestehen aus zwei parallel liegenden Laufwerken, die ein kulissenartiges Zusammenschieben der Tür ermöglichen. Mit einer Zahnstangenkupplung ausgestattet, wird bei diesem Beschlag der Flügel mit längerem Türweg mit der doppelten Geschwindigkeit geführt als der Flügel mit dem kürzeren Türweg (Ge, Hem).

Schiebetürbeschläge für Segmenttüren sind in einem bestimmten Radius gebogen (R > 500 mm). Die Segmentschiebetüren können vor oder hinter einer gewölbten Wand laufen. Anzugeben sind der Radius, der Türweg, die Flügelbreite, das Türgewicht und ob die Tür auf oder in der Krümmung läuft (Ge, Hem).

Freitragender Schiebetürbeschlag für einflügelige oder zweiflügelige in Wandtaschen laufende Schiebetüren. Er erlaubt eine Montage nach dem Abschluß der Bauarbeiten, da dieser Beschlag nur im Bereich der Türöffnung montiert wird (Ge).

Schiebetürbeschlag für Ganzglastüren. Durch besondere Aufhängevorrichtungen können Schiebetüren aus 8 bis 15 mm dickem Glas am Laufwerk befestigt werden (Ge, Hem).

Schiebetürbeschlag mit Drahtseilkupplung. Er ist für zweiflügelige Schiebetüren konstruiert und wird eingebaut, wenn beide Schiebetüren gleichzeitig geöffnet und geschlossen werden sollen (Ge).

Schiebetürbeschlag mit motorischer Betätigung. Die Schiebetüren können durch Begehen einer Kontaktschwelle oder einer Lichtschranke motorisch geöffnet werden.

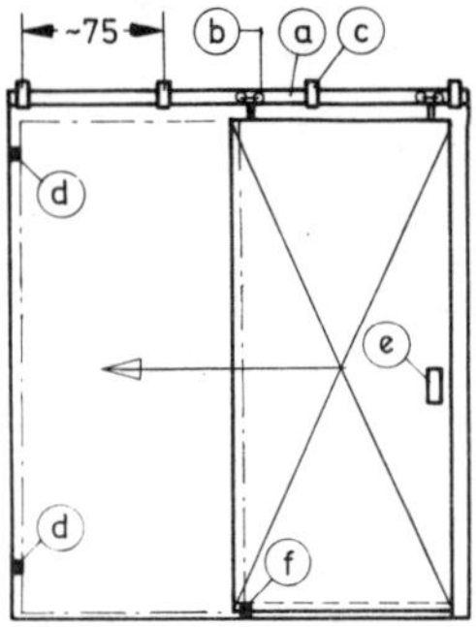

1

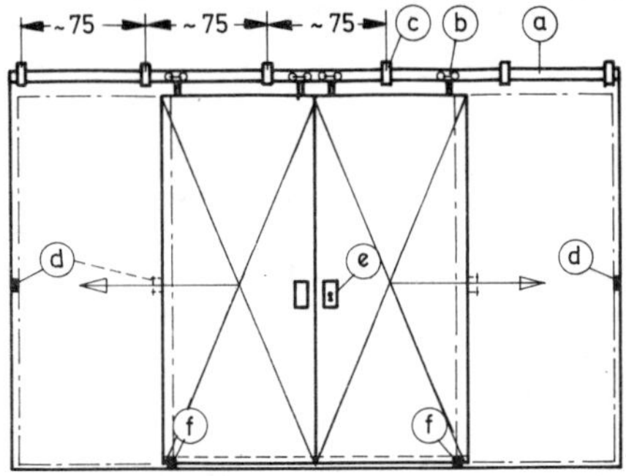

2

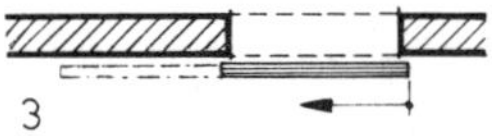

3

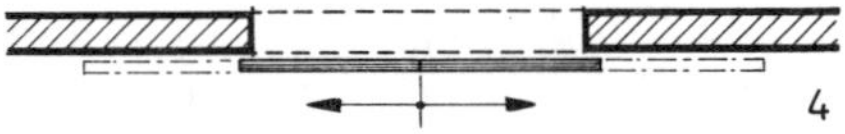

4

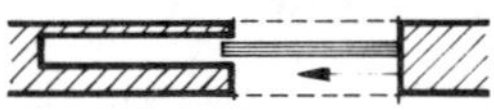

5

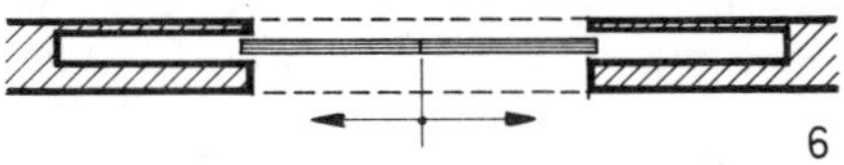

6

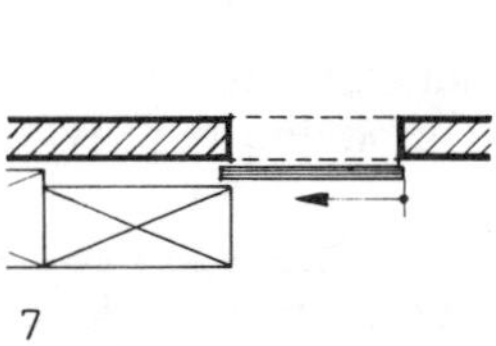

7

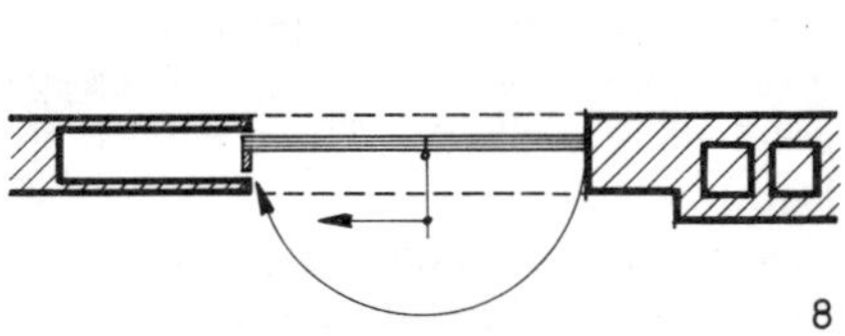

8

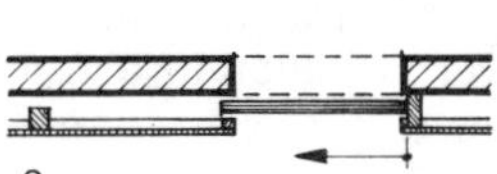

9

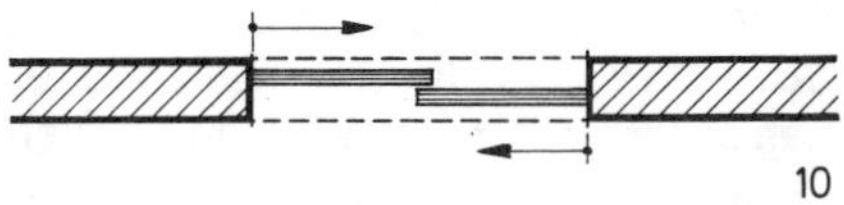

10

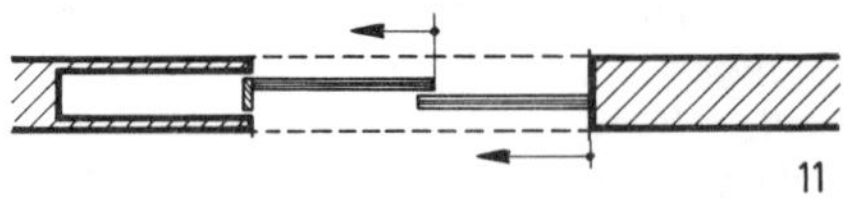

11

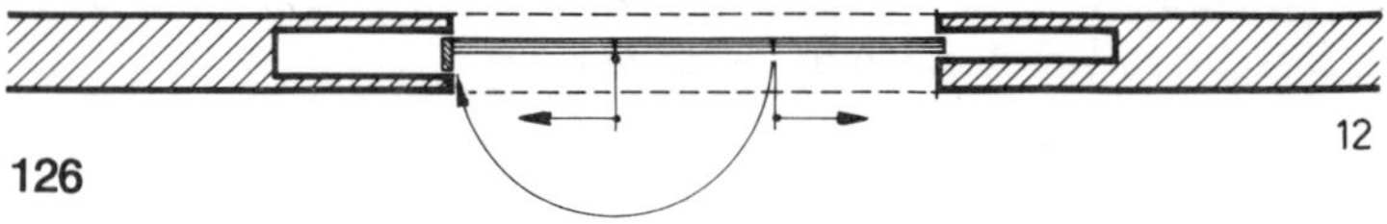

12

B 2.3.–1 Schiebetürbeschläge und Führungsmöglichkeiten. (1) Einflügelige Schiebetür; (2) zweiflügelige Schiebetür, (a) Laufrohr, (b) Führungsrollen, (c) Befestigungsmuffen oder Aufhängelaschen, (d) Puffer, entweder an der Türkante oder in der Tasche, (e) Schiebetürgriff, (f) Führungsnocke; (3) Einflügelige Schiebetür vor der Wand geführt; (4) zweiflügelige Schiebetür vor der Wand geführt; (5) einflügelige Schiebetür läuft in eine Mauertasche; (6) zweiflügelige Schiebetür läuft in eine Mauertasche; (7) einflügelige Schiebetür läuft hinter einen Einbauschrank; (8) zweiflügelige Schiebetür einseitig verschiebbar, Türen werden aufeinandergeklappt; (9) einflügelige Schiebetür läuft hinter einer Vertäfelung; (10) zweiflügelige Schiebetür gegeneinander zu verschieben, dadurch wird nur eine halbe Öffnungsbreite frei; (11) zweiflügelige Schiebetür, teleskopartig verschiebbar; (12) dreiflügelige Schiebetür, zwei Flügel sind aufeinandergeklappt nach links verschiebbar, ein Flügel nach rechts; (13) vierflügelige Schiebetür, je zwei Flügel sind aufeinandergeklappt in Taschen verschiebbar; (14) vierflügelige Schiebetür, je zwei Flügel teleskopartig ineinander und in Taschen verschiebbar; (15) Segmentschiebetür, außen laufend; (16) Segmentschiebetür, innen laufend.

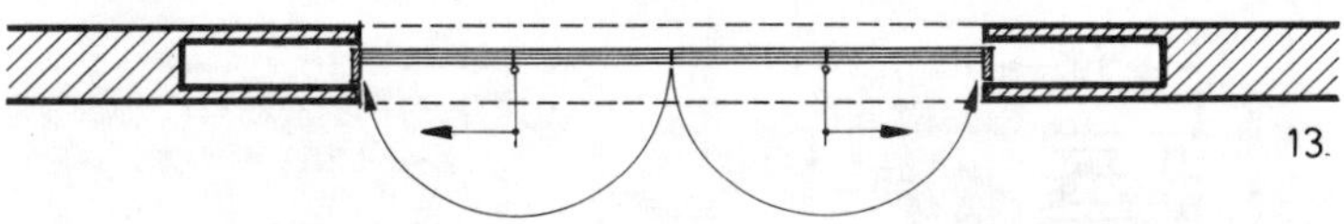

13.

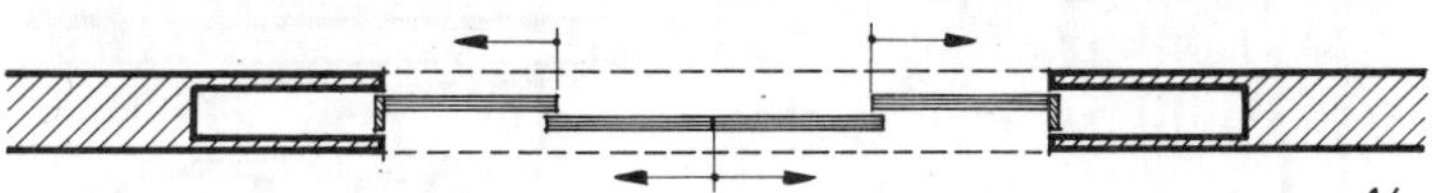

14

15

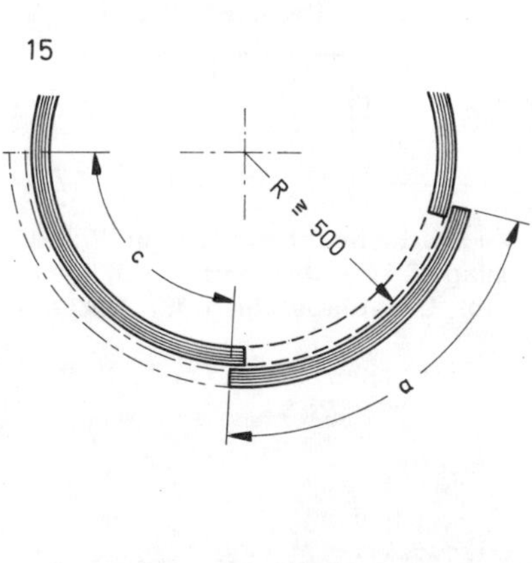

16

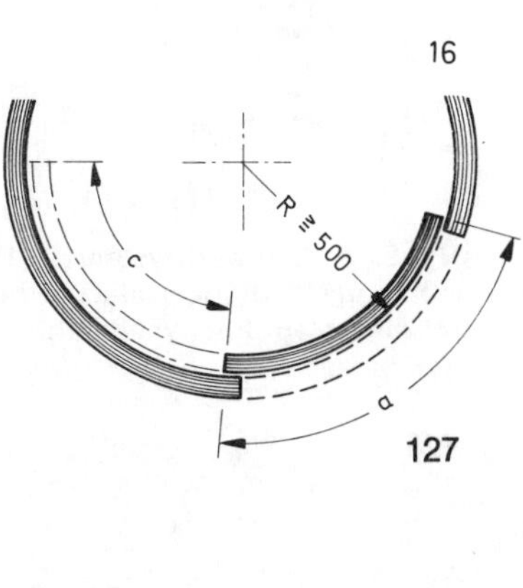

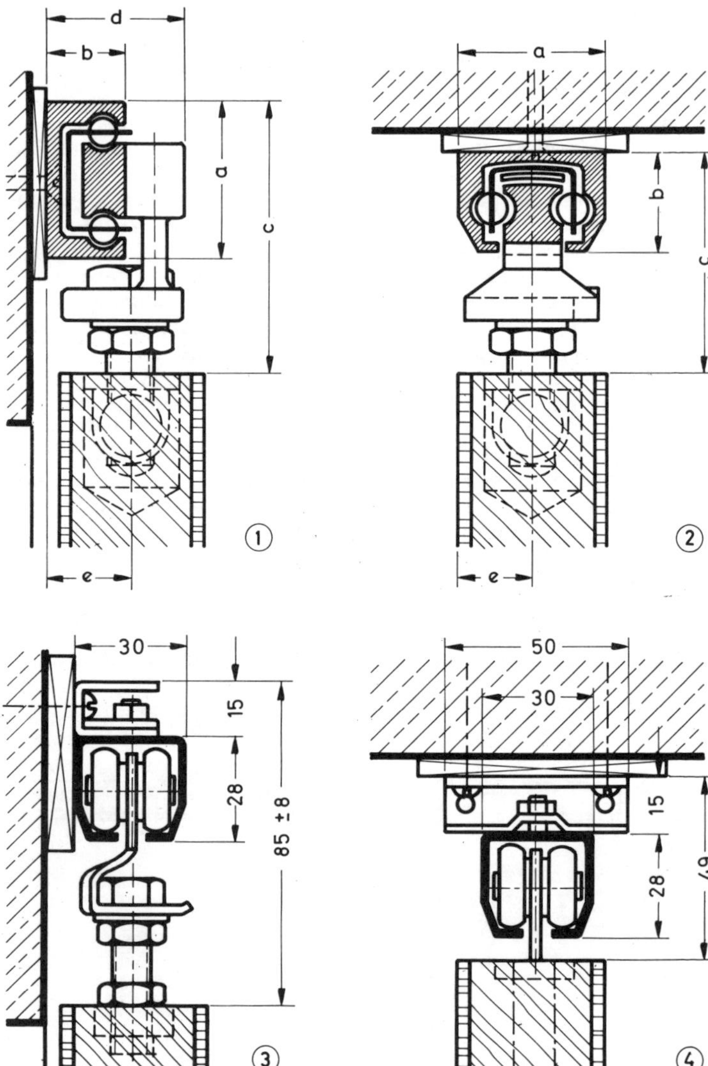

B 2.3.–2 Laufwerksysteme. (1) Kugelschiebetürbeschlag für Wandmontage; (2) Kugelschiebetürbeschlag für Deckenmontage; (3) Laufrohrbeschlag für Wandmontage; (4) Laufrohrbeschlag für Deckenmontage.

Führungsnocken

Die Schiebetüren hängen frei pendelnd an den Laufwerken und müssen durch die Führungsnocken in der richtigen Lage gehalten werden. Die Nocken können aus Gußeisen oder Kunststoffrollen bestehen. Sie werden so auf dem Boden befestigt, daß sie die Tür während des ganzen Öffnungsweges führen können. Die Türblätter sind für die Führung an ihrer Unterkante genutet. Bei stark benutzten Türen können die Nuten mit Kunststoff-U-Schienen ausgeleimt werden. Es ist auch ein umgekehrtes Führungssystem möglich, bei der die Führungsnocke in der Türunterkante sitzt und in einer im Fußboden eingelassenen U-Schiene läuft. Dieses Führungssystem ist unpraktisch, weil sich die Bodenschienen schnell mit Schmutz zusetzen. Bei Ganzglastüren werden zwei Führungsrollen auf dem Boden geschraubt, die das Türblatt an der Unterkante beidseitig führen. Bei zweiflügeligen Teleskoptüren, die nach einer Seite zu verschieben sind, werden die beiden Türblätter zusätzlich durch einen Führungswinkel miteinander verbunden (B 2.3.–3).

Türpuffer

Schiebetüren sind am Ende des Führungsweges mittels Türpuffer abzustoppen. In den Laufwerken sind die Endpuffer montiert, die ein Herausrollen der Führungsrollen aus dem Laufwerk verhindern. Zusätzlich sind die Türflügel noch auf ihrer Längskante abzustoppen. Die Türpuffer müssen richtig plaziert werden, damit die Laufwerke geschont bleiben. Bei leichteren Türen bis 2 m Höhe genügt ein Türpuffer, der in der Höhe des Schwerpunktes der Tür angebracht wird. Bei schweren und höheren Türen müssen zwei Türpuffer eingesetzt werden. Die Türpuffer kann man entweder in der Tasche oder an der in die Tasche laufenden Türkante montieren.

Schiebetürschlösser

Schiebetüren können verschlossen werden. Gebräuchlich sind Hakenfallen-, Flügelriegel- und Zirkelriegelschlösser. Als Schließungsarten kommen Buntbart, Zuhaltungen und Schließzylinder in Frage. Die Standard-Dornmaße betragen 55 oder 70 mm. Hakenfallenschlösser lassen sich mit einer Drückergarnitur, Drückergriff oder Drehknopf öffnen. Bei eingebautem Wechsel ist die Falle auch mit dem Schlüssel hochzustellen. Ihr

Nachteil liegt darin, daß diese Schiebetüren nur bis zur Drükkergarnitur in die Tasche eingeschoben werden können.
Flügelriegel- und Zirkelriegelschlösser weisen meistens keine Vierkantnuß auf, so daß sie nur mit dem Schlüssel bedient werden können. Wird ein spezieller Klappschlüssel verwendet,

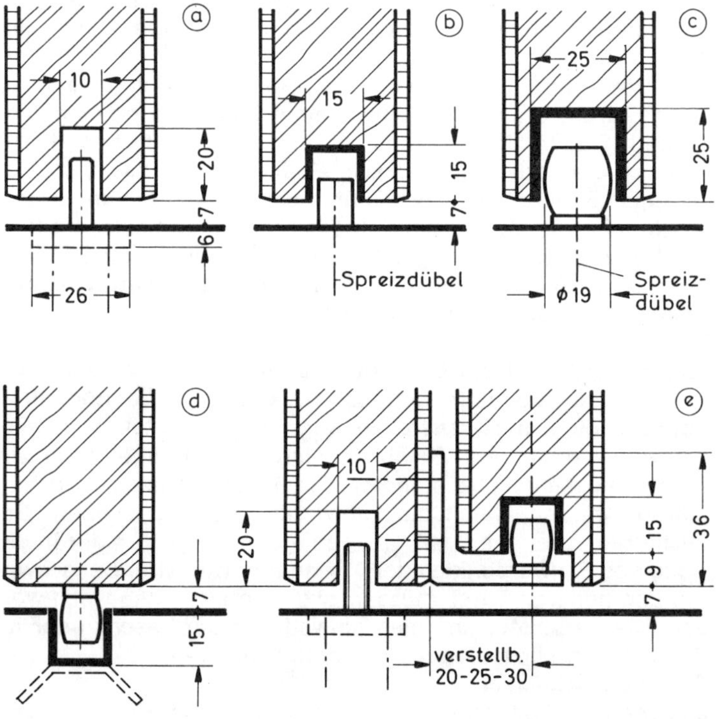

B 2.3.–3 Ausbildungsmöglichkeiten der unteren Führung. (a) Führungsnocke aus Gußeisen läuft in einer Türnut; (b) Führungsnocke aus Kunststoff läuft in einer in der Türunterkante eingeleimten U-Schiene; (c) Führungsrolle; (d) Führungsrolle in der Türunterkante, Führungsschiene im Boden eingelassen; (e) Führung bei Teleskoptüren.

kann man die Schiebetür mit solchen Schlössern ganz in die Futtertasche hineinschieben. Zum Herausziehen lassen sich durch einen Knopf im Stulp des Schlosses Ziehgriffe herausstellen, an denen man die Schiebetür wieder aus der Tasche ziehen kann. Bei zweiflügeligen Türen ist ein Schloßgegenkasten einzubauen, der ebenfalls einen herausstellbaren Ziehknopf aufweist und sonst im Stulp die Schließblechfunktion übernimmt. Schiebetüren, die ganz in die Futtertaschen hineingeschoben werden können, erhalten flache Griffmuscheln mit einem Schlüsselloch für den Klappschlüssel. Klappschlüssel gibt es nur für Buntbart- und Zuhaltungsschlüssel (B 2.3.–4).

2.3.3 Einbaumöglichkeiten

Schiebetüren können vor der Wand oder in Taschen laufen. Die Taschen können gemauert sein oder durch Leichtbauwände, Vertäfelungen, vorgestellte Schränke oder Regale gebildet werden. Laufen die Schiebetüren in Taschen, ist vor der Errichtung der zweiten Schale das Laufwerk zu montieren, oder es sind zur Montage Aussparungen vorzusehen. Es sind allerdings starke Kugelschiebetürbeschläge im Handel, die freitragend in die Mauernische laufen und somit nachträglich montiert werden können. Sie lassen eine maximale Flügelbreite von 130 mm und ein Türgewicht von 60 kg zu. Die Laufwerke sind, mit Ausnahme der selbstschließenden Schiebetür, genau in Waage zu setzen. Der Fußboden sollte exakt plan und ebenfalls waagerecht sein. Damit Schiebetüren nicht über die Begrenzung hinauslaufen, sind sie an den Endpunkten, in den Laufwerken und an den Türkanten durch Puffer abzustoppen. Beim Einhängen der Türen sollte der Schwerpunkt der Schiebetür unter der Mittelachse der Laufwerke hängen. Damit die Türen in der richtigen Lage geführt werden, ist auf dem Boden eine Führungsnocke angebracht, die in einer Nute an der Unterkante des Türblattes läuft.

Die Türrahmung besteht in der Regel aus Futter und Bekleidungen. Das Futter ist so getrennt, daß zwischen ihnen die Tür bequem durchlaufen kann. Um das Laufwerk warten und die Türen gegebenenfalls einjustieren zu können (Teppichboden), ist ein Halbfutter meistens abnehmbar. Zumindest muß

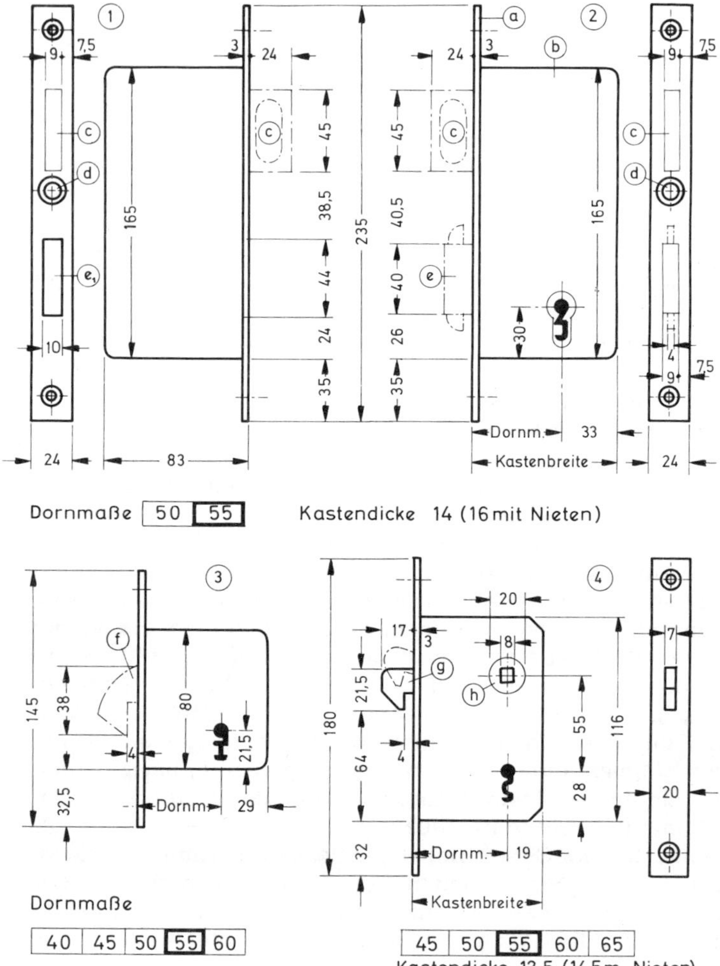

B 2.3.–4 Einsteckschlösser für Schiebetüren. (1) Gegenkasten mit Ziehgriff; (2) Schiebetürschloß mit Flügelriegel und Ziehgriff; (a) Stulp; (b) Schloßkasten; (c) Ziehgriff; (d) Knopf für Freigabe des Ziehgriffes; (e) Flügelriegel; (e1) Riegelschließloch; (3) Zirkelriegelschloß; (f) Zirkelriegel. (4) Hakenfallenschloß; (g) Hakenfalle; (h) Drückernuß (BKS).

für diesen Zweck auf einer Seite die obere Bekleidung abnehmbar sein. Bei Schiebetüren hinter Vertäfelungen, kann man die Vertäfelungsplatten in diesem Bereich abnehmen. Auch bei Türblättern aus Sperrholz ist damit zu rechnen, daß sie sich durch Temperatur- und Feuchtigkeitsunterschiede in den durch sie abgetrennten Räumen verziehen. Damit die Flächen verzogener Türblätter nicht an den Futterkanten entlangschaben, werden die Türblätter an den Kanten durch Leisten aufgedoppelt.
Beispiele von Schiebetüren siehe B 2.3.–5 bis 7.

2.4 Falt- und Harmonikatüren

Für größere Türöffnungen oder Raumabschlüsse können Falttüren aus Holz oder Harmonikatüren aus Holz oder Kunststoff eingebaut werden.
Falttüren haben alle die gleiche Flügelbreite, nur die Außenflügel sind durch die Überfälzung etwas schmaler. Die Flügelbreite liegt zweckmäßig zwischen 600 und 900 mm. Jeder zweite Flügel wird im Laufrohr aufgehängt und erhält deshalb an der oberen Türecke einen Einlaßwinkel mit aufgesetzter Laufrolle. Das Laufrohr kann unter dem Sturz oder an der Wand über der Türöffnung angebracht werden. In der Mittelachsenverlängerung der Laufrolle ist an der Unterkante des Türflügels eine Führungsrolle anzubringen, die in einer im Boden eingelassenen U-Schiene läuft. Jeder rollenlose Flügel erhält an der Unterkante einen Einlaßriegel. Falttüren müssen mindestens zwei Flügel und können unbegrenzt viele (3, 4, 5, 6, 7, 8 usw.) Türflügel aufweisen. Die einzelnen Türflügel sind an den Türkanten durch Scharniere verbunden. Zum Öffnen werden sie seitlich verschoben, wobei die Flügel aufeinandergefaltet werden. Die Öffnung kann sowohl nur nach einer Seite hin, als auch nach beiden Seiten hin teilweise nach links oder rechts geschehen. Der erste Öffnungsflügel kann häufig als Schlupftür allein geöffnet werden.
Das System einer Falttür siehe B 2.4.–1.

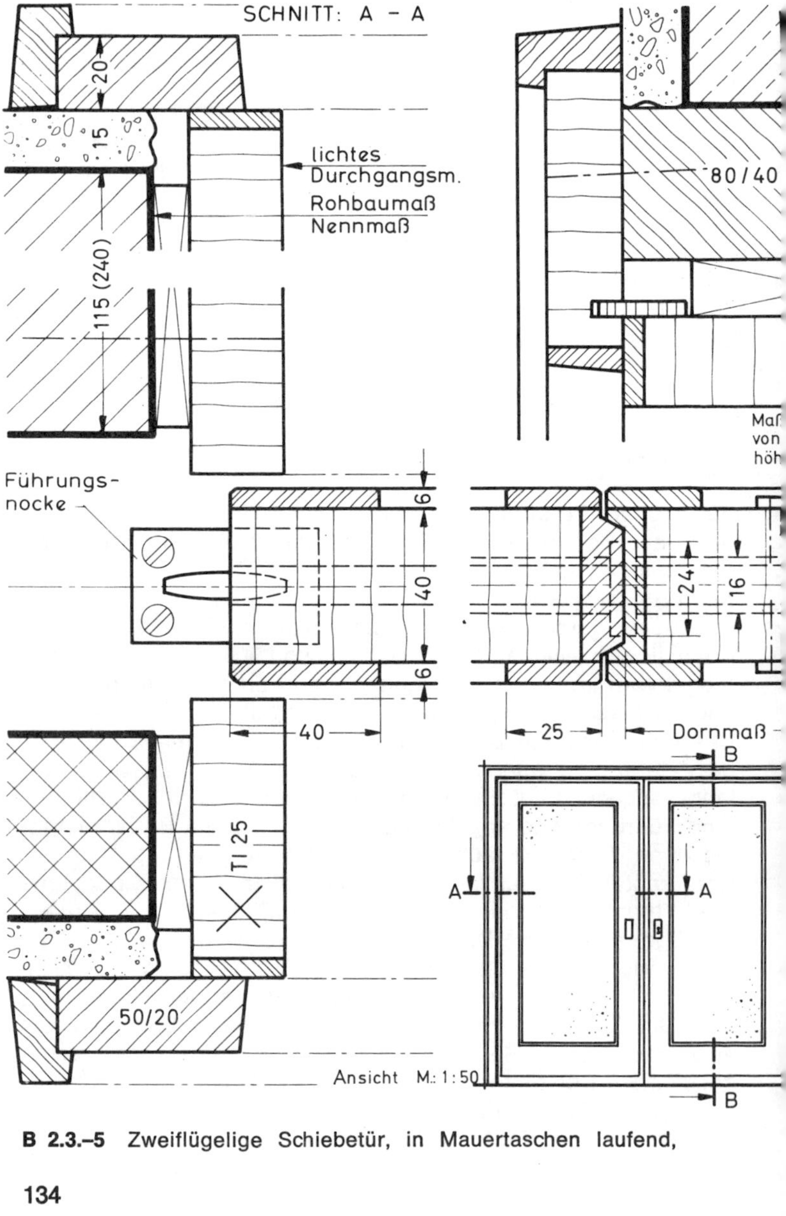

B 2.3.–5 Zweiflügelige Schiebetür, in Mauertaschen laufend,

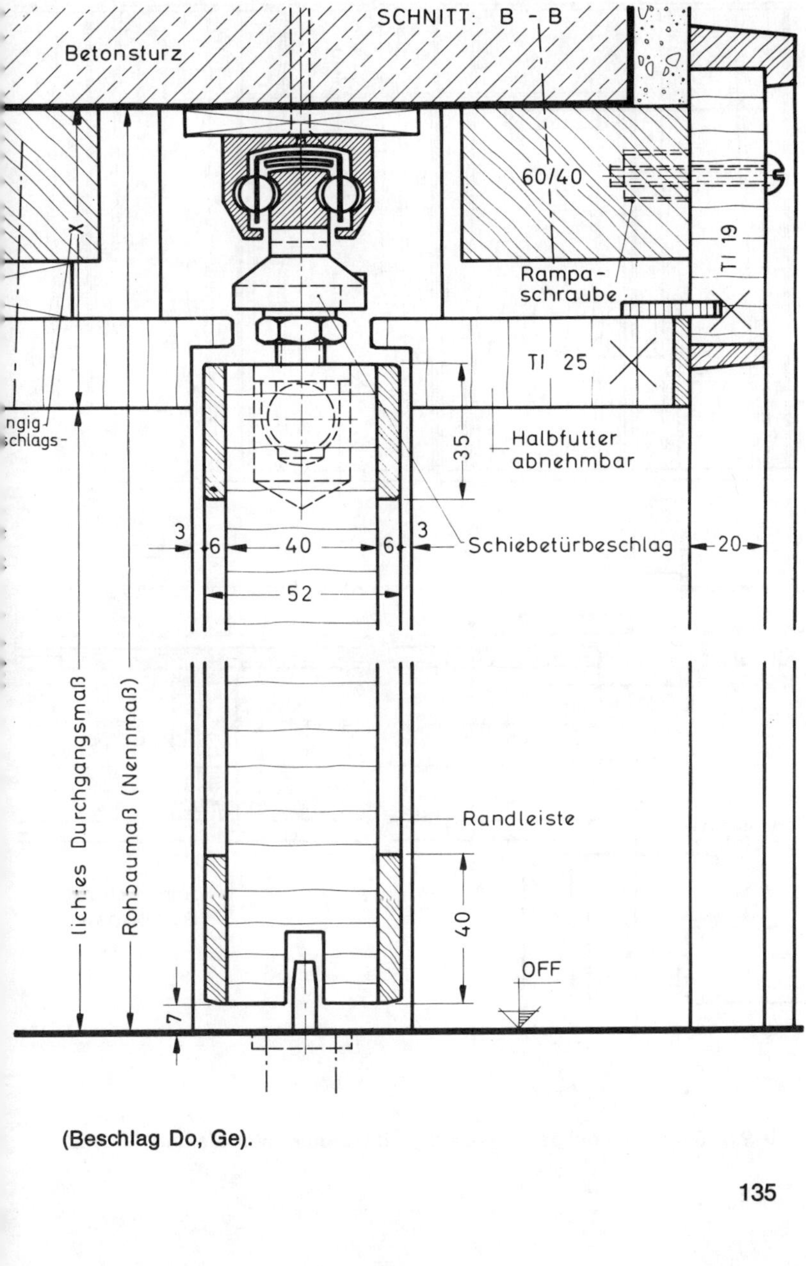

(Beschlag Do, Ge).

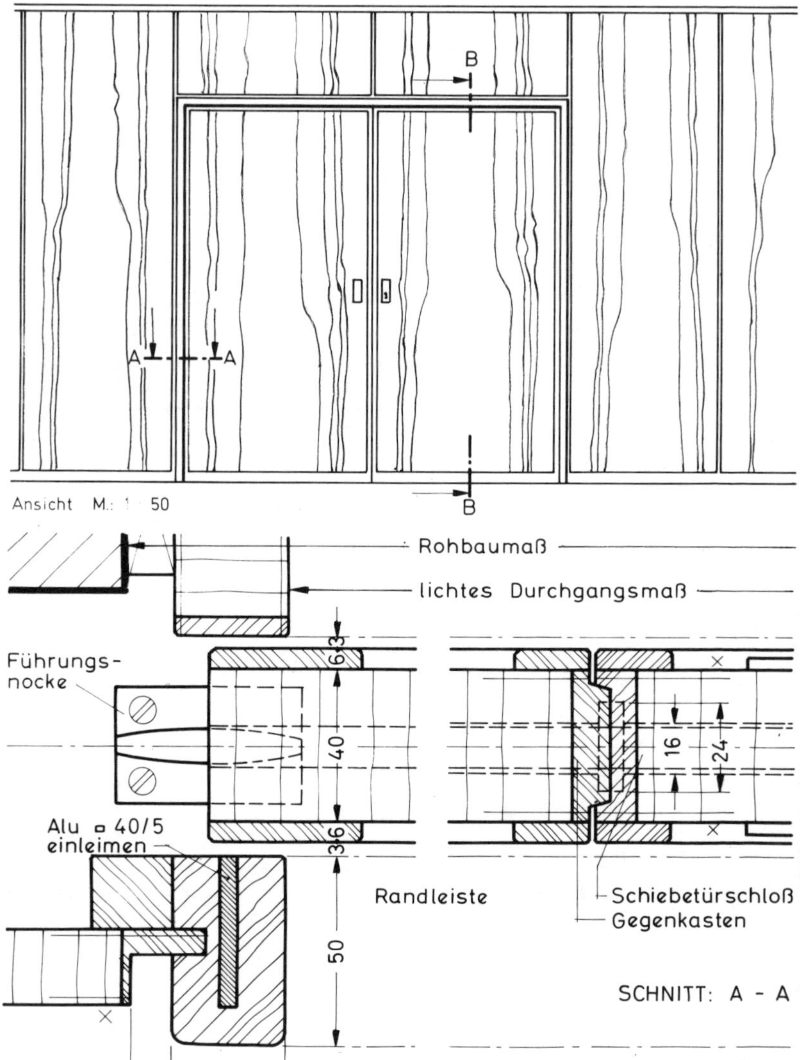

B 2.3.–6 Zweiflügelige Schiebetür, hinter einer Vertäfelung laufend

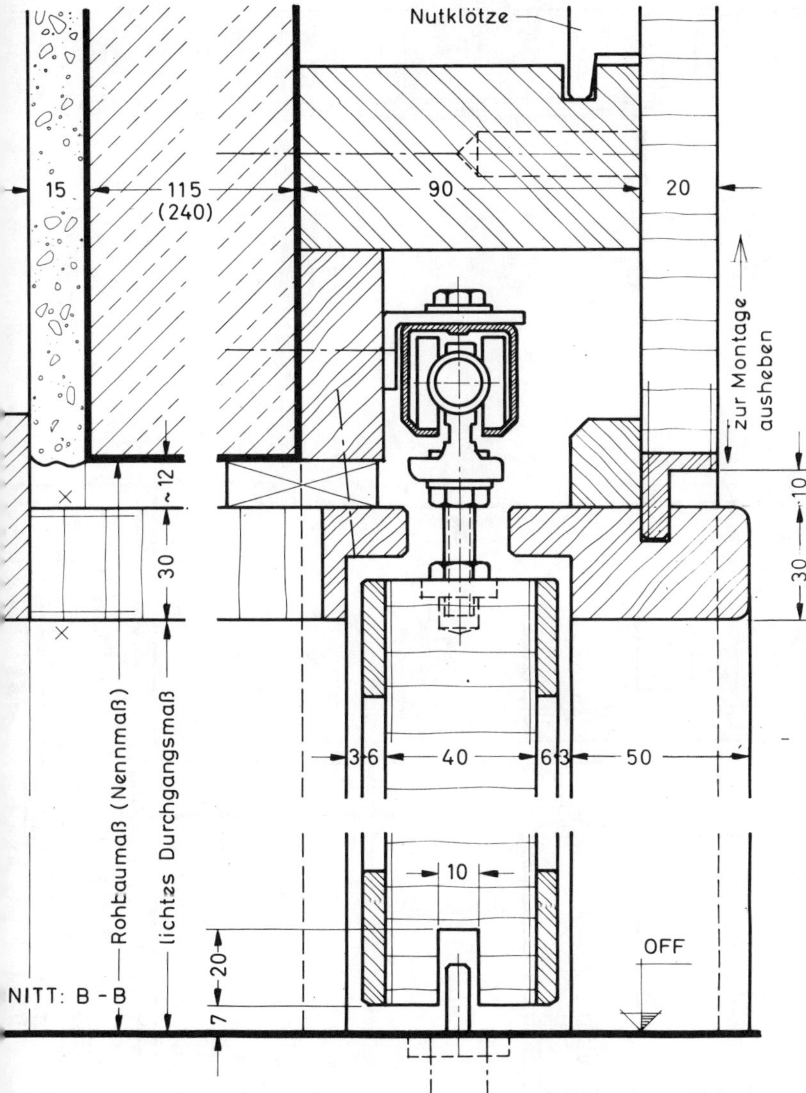

(Beschlag Do, Ge, Hem, GU).

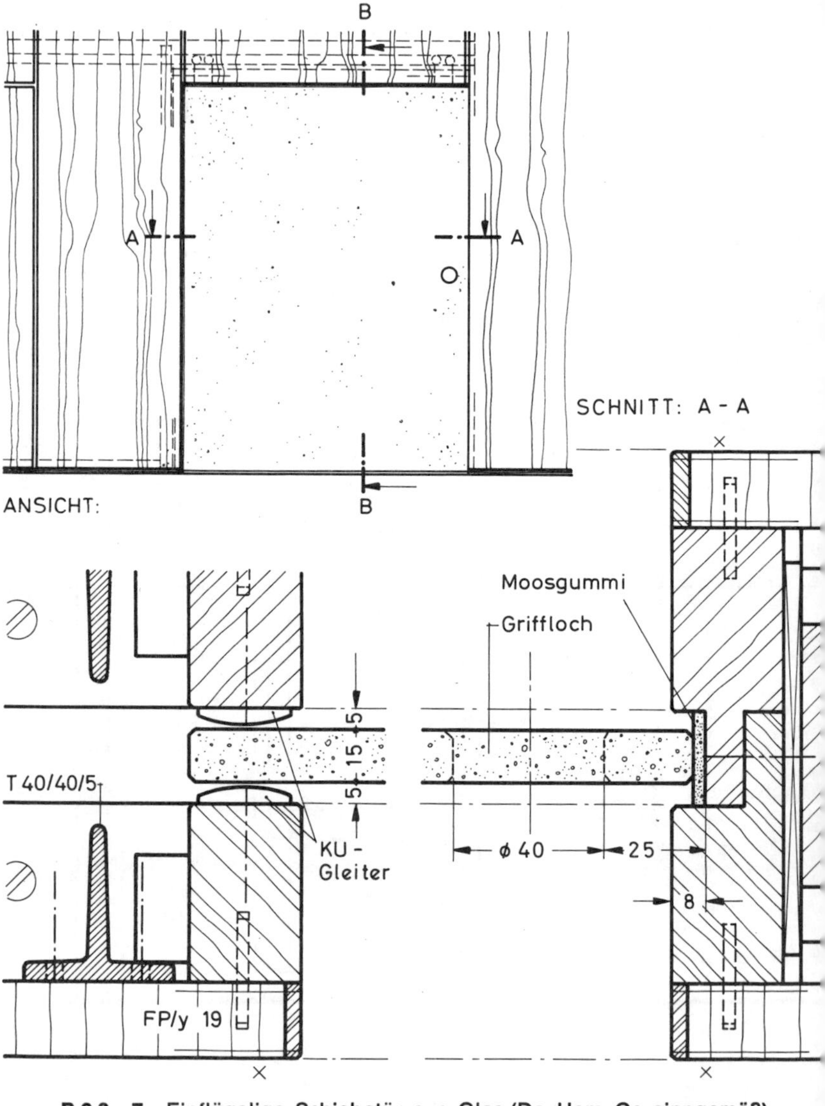

B 2.3.–7 Einflügelige Schiebetür aus Glas (Do, Hem, Ge sinngemäß).

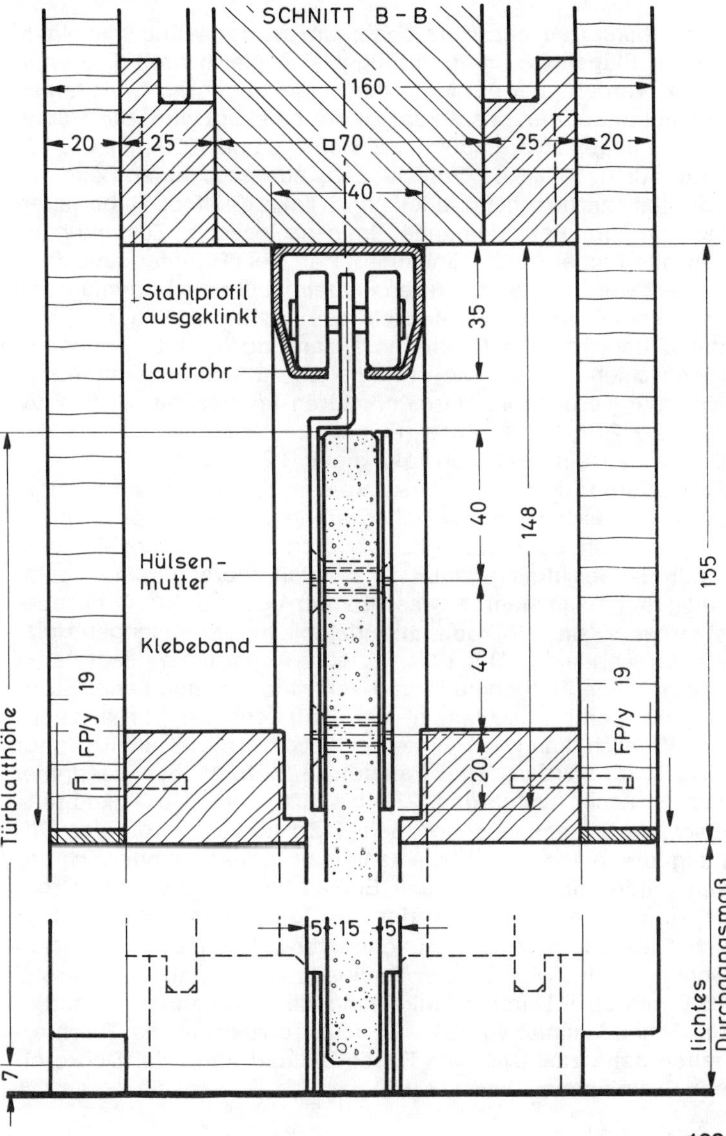
SCHNITT B-B
160
20
25
□70
25
20
40
Stahlprofil ausgeklinkt
Laufrohr
35
40
148
155
Hülsen-mutter
Klebeband
40
19
FP/y
20
19
FP/y
Türblatthöhe
5
15
5
lichtes Durchgangsmaß
7

Harmonikatüren aus Holz beginnen an der Wand mit einem halben Flügel. Die übrigen Flügel sind gleich breit. Die Laufrollen werden über der Mitte der Flügel angebracht. Sie laufen in einem Laufrohr, das an der Decke befestigt wird. Die Flügelbreiten liegen zweckmäßig zwischen 700 und 1000 mm. Die Tür wird durch seitliches Verschieben, nur nach einer Seite hin oder teils nach rechts und teils nach links, geöffnet. Dabei falten sich die Türflügel aufeinander. Im geschlossenen Zustand müssen alle Flügel durch Einlaßriegel an der Türunterkante festgestellt werden. Bei mehreren Flügeln muß eine Bodenführung vorgesehen werden. Sie besteht aus Führungsrollen, die unter der Mittelachse der Laufrollen sitzen und in einer Bodenführungsschiene laufen. Die Türflügel sind durch Scharniere miteinander verbunden. Harmonikatüren können aus 2 1/2, 3 1/2, 4 1/2, 2 x 2 1/2, 2 x 3 1/2 usw. Flügeln bestehen.
Das System einer Harmonikatür siehe B 2.4.–2.
Einbaufertige Harmonikatüren weisen im Inneren ein verzinktes und geschweißtes Metallscherengerüst auf, das in einer eingenuteten oder untergeschraubten Deckenschiene mittels Laufrollen leichtgängig läuft. Das Metallscherengerüst ist beidseitig mit reißfestem, abwaschbarem und bis 80° C hitzebeständigem Kunststoff oder mit Edelholz furnierten langen Holzstreifen verkleidet. Der Vorteil dieser Konstruktion liegt darin, daß auf eine Fußbodenführung verzichtet werden kann. Einziger sichtbarer Beschlag ist der Griff, der die Tür arretiert. Auf Wunsch kann ein Zirkelriegelschloß mit Schließzylinder eingebaut werden. Die Paketdicke beträgt bei geöffneter Tür je nach Ausführung 270 bis 320 mm. Die Paketbreite macht im zusammengeschobenen Zustand ca. 13% der Öffnungsbreite aus. Die Pakete kann man in Nischen oder Schränken unterbringen. Durch den Einbau von Weichen und Drehscheiben ist ein Versetzen der Pakete in jeder Richtung möglich. Diese Harmonikatüren können sowohl gerade als auch in Bogen geführt werden. Der Radius muß dann aber größer als 1200 mm sein. Durch schalldämmende Einlagen ist ein mittleres Schalldämmaß von 23 – 28 dB zu erreichen. Die Türen erhalten dann zusätzlich am Fußboden und unter der Decke einen Schleifgummiabschluß (Hü).

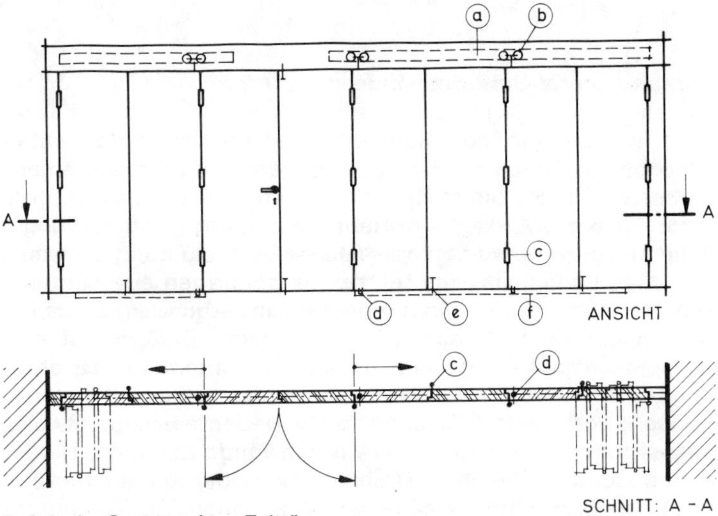

B 2.4.–1 System einer Falttür.

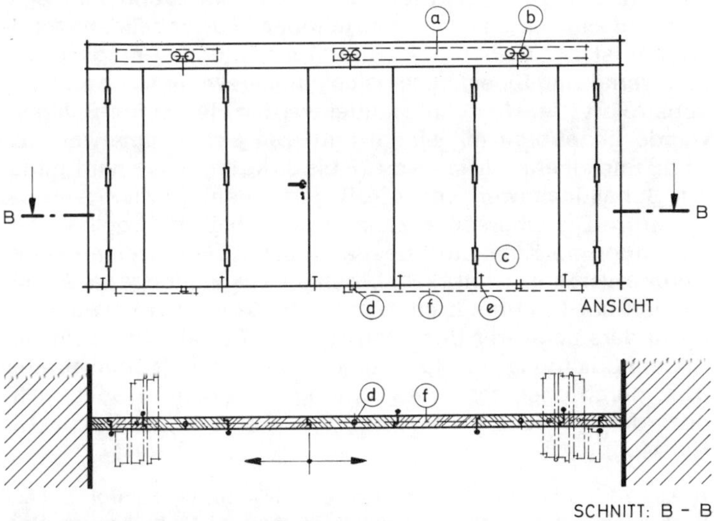

B 2.4.–2 System einer Harmonikatür.

(a) Laufrohr, (b) Laufrollen, (c) Scharniere, (d) Führungsrolle, (e) Einlaßriegel, (f) Boden-Führungsschiene.

2.5 Horizontal-Schiebewände

Zum Aufteilen größerer Räume können raumhohe Horizontal-Schiebewände aus Holz eingebaut werden. Sie bestehen aus einzelnen Tafeln, die mittels Laufrollen in Laufrohre gehängt sind. An der Unterkante werden sie in einer Bodenführungsschiene aus Messing geführt. Auf eine Bodenführung kann man verzichten, wenn die Flügel einzeln im Boden verriegelt werden. Die Tafeln sind sonst nicht miteinander verbunden, so daß in den Flächen kein Beschlag sichtbar wird. Dadurch ist eine schlichte, großflächige und flexible Raumtrennung zu erreichen. Zum Öffnen werden die einzelnen Tafeln entweder in bauseits vorbereitete Taschen oder in Nebenräume paketweise eingeschoben oder vor andere Raumwände gefahren. Hierfür sind besondere Weichen, Drehscheiben oder Kurvenstücke in die Lauf- und Führungsschienen einzubauen. Zur Raumtrennung werden die Tafeln wieder aus ihrer Parkstation herausgeholt und einzeln zusammengeschoben. Für schalldämmende Wände ist der Einbau bekannter Türdichtungen möglich. Die Laufwerke sind für ein maximales Flügelgewicht von ca. 200 kg konstruiert (Ge, Hem). Im Handel werden Horizontal-Schiebewände angeboten mit einem mittleren Schalldämmwert von 31 dB und einem Gewicht von 26 bis 30 kg/m^2 und einem mittleren Schalldämmwert von 45 dB und einem Gewicht von ca. 50 kg/m^2. Die Oberfläche kann streichfähig, mit Edelholz furniert oder mit Kunststoff bespannt sein. Die einzelnen Tafeln werden vertikal durch Magnetbänder zusammengehalten, sie können bis 1250 mm breit und bis 4000 mm, bei Verwendung besonders schwerer Beschläge bis 16 000 mm hoch sein. Die Bodenabdichtung erfolgt durch zwei Schleifgummistreifen (Hü), durch pneumatische Dichtungsschienen im Boden (Ha) oder durch mechanisch ausfahrbare Dichtungskullissen (Hü, Nü, Mon).

B 2.5.–1 System einer Horizontal-Schiebewand. (a) Laufrohre, Laufbahnradius bei Krümmungsbögen > 75 mm; (b) Laufrollen mit Doppelaxial-Kugellager; (c) Bodenführungsschiene in Messing, bei Riegelverschluß an den Flügeln nicht nötig; (d) untere Führungsrolle, verstellbar (Beschläge: Ge Hem; Wände: Hü).

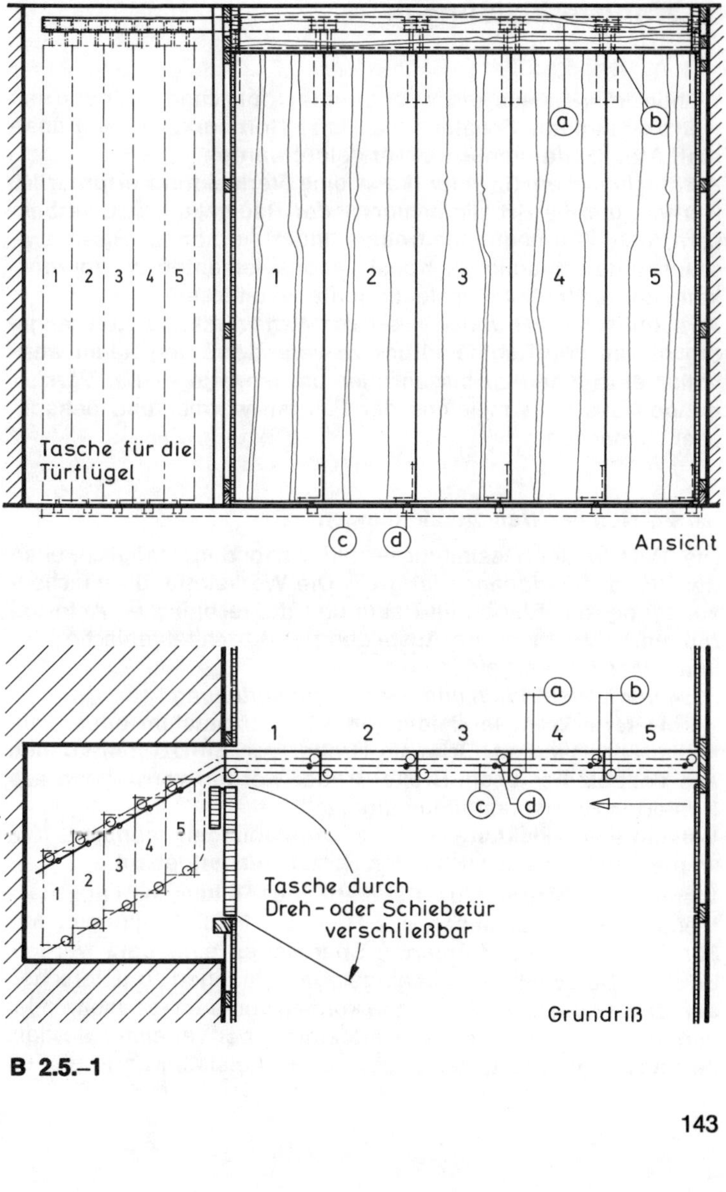
1 2 3 4 5
Tasche für die Türflügel
1 2 3 4 5
a
b
c
d
Ansicht
1 2 3 4 5
a
b
c
d
Tasche durch Dreh- oder Schiebetür verschließbar
Grundriß

B 2.5.–1

3. Wandverkleidungen

Wände können aus technischen oder optischen Gründen mit wertbeständigen Schalen aus Holz, Holzwerkstoffen, Kunststoff, Metall oder ähnlichem verkleidet werden.
Aus *technischen Gründen* kann eine Verkleidung erforderlich werden, um die Schalldämmung oder Raumakustik zu verbessern, den Wärmedurchlaßwiderstand zu erhöhen, Risse zwischen unterschiedlichen Konstruktionselementen zu überdekken oder um Installationsleitungen zu verstecken.
Aus *optischen Gründen* werden Wandverkleidungen angebracht, um den Raumeindruck zu verändern, den Raum wertvoller erscheinen zu lassen oder um ihn, wie es bei Verkleidungen aus Holz meistens der Fall ist, wärmer und behaglicher zu machen.

3.0.1 Arten der Wandverkleidungen

Die Palette der Gestaltungs- und Ausbildungsmöglichkeiten der Wandverkleidungen ist groß. Die Werkstoffe, die Flächenaufteilung, der Einbau im Raum und die technischen Anforderungen bestimmen ihre Ausbildung und architektonische Wirkung. Man unterscheidet
nach der Konstruktion und der Flächenaufteilung:
Verbretterte Wandverkleidungen mit horizontalem oder vertikalem Fugenverlauf. Schmale Bretter von $\leqq$ 120 mm können aus Vollholz bestehen. Breite Bretter werden vorwiegend aus furnierten Holzwerkstoffen hergestellt.
Verstäbte Verkleidungen, kurz Verstäbungen genannt. Sie werden meistens aus schmalen Holzstäben aufgebaut.
Wandverkleidungen aus Rahmen und Füllungen, kurz Rahmentäfelungen, bestehen aus Rahmen, in die Füllungen aus Furnierplatten oder furnierten Spanplatten eingebaut werden. Es sind überschobene und eingelegte Füllungen zu unterscheiden. Die eingelegten Füllungen können von der Wandseite oder von der Sichtseite der Wandverkleidung her verleistet werden. Je nach Profilierung der sichtbaren Halteleisten und der Fül-

lungen, läßt sich die Gliederung von Rahmen und Füllungen mehr oder weniger stark betonen.

Plattentäfelungen bestehen meistens aus furnierten Span- oder Mittellagenplatten, die auf die Unterkonstruktion montiert werden. Mit ihnen lassen sich schlichte großflächige Wandverkleidungen herstellen. Plattentäfelungen können aber auch aus quadratischen oder rechteckigen vorgefertigten Plattenelementen bestehen. Die Größe der Einzelelemente ist dann meistens auf die Baunormzahlen 500 x 500 mm oder 625 x 625 mm abgestimmt.

Nach dem verwendeten Werkstoff:

Wandverkleidungen aus **Vollholz:** Hierzu gehören die Verbretterungen und zum Teil auch die Verkleidungen aus Rahmen und Füllungen. Bei allen Konstruktionen aus Vollholz ist es wichtig, daß die Schwundmaße des Holzes aufgefangen werden. Darum empfiehlt es sich, Vollholzbretter mit gefederter oder gespundeter Fuge nicht breiter als 120 mm und Vollholzfüllungen nicht breiter als 450 mm herzustellen sowie Nuten oder Fälze so tief anzufertigen, daß geschwundenes Holz noch gehalten bzw. überdeckt wird.

Holzwerkstoffe, wie Spanplatte, Tischlerplatte, Furnierplatte, werden vorzugsweise furniert oder auch mit Kunststoffen oder Metallblechen überzogen bei den Plattentäfelungen eingesetzt. Die Füllungen in Rahmentäfelungen oder breitere Bretter bei den Verbretterungen wird man ebenfalls aus Holzwerkstoffen anfertigen.

Statt Holz oder Holzwerkstoffen sind besonders für Plattentäfelungen aus vorgefertigten Elementen mehr oder weniger dekorativ geformte Platten aus **Kunststoff, Metall** wie Aluminium Edelstahl, Stahl emailliert und **Gips** im Handel.

Nach dem Einbau im Raum:

Die Raumwände können raumhoch, bis zur Brüstungshöhe oder bis zur Türhöhe verkleidet werden. Es besteht die Möglichkeit im Raum nur eine Wand oder zwei, drei oder alle vier Wände zu verkleiden. Wird nur eine Wand verkleidet, ist hierzu in der Regel die kleinere Stirnwand eines rechteckigen Raumes geeignet, bei zwei Wänden eignen sich die beiden gegenüberliegenden Stirnwände des Raumes.

Nach den technischen Anforderungen:
Fast alle Wandverkleidungen bewirken eine zusätzliche Wärmedämmung und eine Verbesserung der Schalldämmung der Wand.
Trotzdem kann durch besondere Konstruktion gezielt die Wärmedämmung, der Schallschutz oder die Raumakustik verbessert werden. Wärmedämmende Wandverkleidungen weisen zwischen Gebäudewand und Verkleidungsplatten Dämmaterialien auf, die den Wärmedurchgang verringern. Eine Alufolie oder Kunststoffolie zwischen Vertäfelung und Dämmschicht kann bei verkleideten Außenwänden als Dampfsperre zusätzlich eingebaut sein (siehe B 3.4.–1 und 2).

Schalldämmende Wandverkleidungen müssen besonders sorgfältig aufgebaut werden. Alle Schallbrücken, wie starre Befestigungen der Verkleidungsschale bzw. Unterkonstruktion mit dem Mauerwerk, durchgehende Rohrleitungen, feste Randeinspannungen an Fußboden und Decke sind zu vermeiden. Die Dämmschicht zwischen Schale und Gebäudewand muß weichfedernd sein, um die Schallenergie ausreichend abbauen zu können (Mineralwolleplatten). Dann dürfen die Vertäfelungsplatten nicht zu dünn und zu großformatig sein, um eine Eigenschwingung der Verkleidungsschale auszuschalten (siehe B 3.4.–3).

Akustische Wandverkleidungen können entweder eine schallreflektierende oder schallschluckende Aufgabe haben. Schallreflektierende Wandvertäfelungen bestehen vorwiegend aus großformatigen ebenen und glatten Platten, die die Aufgabe haben, auftretende Schallwellen weitgehend zu reflektieren. Sollen Wandverkleidungen die Schallwellen nicht oder gebrochen reflektieren, darf die Oberfläche der Verkleidung nicht glatt sein, sondern ist stark aufzugliedern oder aufzulösen. Schallschluckende Wandverkleidungen sind in ihrer Oberfläche durchbrochen und mit Schallschluckmaterialien hinterlegt (siehe B 3.4.–4 bis 7). Zur Konstruktion von akustisch wirkenden Wandverkleidungen für größere Einbauten in Theatern, Konzert-, Sitzungs- und Hörsälen sind fachkundige Berater einzuschalten.

3.0.2 Architektonische Regeln

Wandverkleidungen, egal ob aus Holz bzw. Holzwerkstoffen, Kunststoff-, Metall- oder Gipsplatten, haben die Aufgabe den Raumeindruck zu verändern und ihm ein wertvolleres, behaglicheres Aussehen zu geben. Der Raumeindruck kann durch die Anzahl der verkleideten Wände, die Höhe der Wandverkleidungen, die gewählte Materialart und durch die Aufgliederung der Vertäfelungsfläche entscheidend beeinflußt werden.
So können allseitig verkleidete Räume kleiner wirken. Durch die vollständige Verkleidung einer oder beider Stirnflächen in einem Raum mit rechteckigem Grundriß, werden die Raumbegrenzungen betont. Sehr schlecht ist es, nur zwei aneinanderliegende Wandflächen oder eine Wand in ihrer Länge nur teilweise zu verkleiden. Dadurch geht der Raumeindruck verloren und wird unklar.
Hohe Räume wirken niedriger, wenn man die Wände nicht ganz bis unter die Decke verkleidet, sondern nur bis zur Brüstungshöhe oder Türhöhe. Es ist gut, wenn man bei nicht raumhohen Wandverkleidungen Bezugshöhen, wie Brüstungshöhe oder Fenster- bzw. Bekleidungshöhe der Tür, aufnehmen kann. Eine Teilung in halber Raumhöhe ist zu vermeiden. Diese Verkleidungen wirken langweilig und spannungslos.
Die gewählten Materialien der Wandverkleidungen können den Raum von kalt bis warm, von unverbindlich bis behaglich, von modern sachlich bis ländlich romantisch erscheinen lassen. So haben Verkleidungen aus Holz oder furnierten Holzwerkstoffen durch die natürliche Schönheit dieses gewachsenen Werkstoffes meistens eine warme und behagliche Wirkung. Aber es lassen sich damit je nach Flächenaufteilung und Holzart sowohl ein modern sachlicher wie ländlicher Raumeindruck erzielen. Metallverkleidungen dagegen wirken kalt und unverbindlich und sind mehr für sachlich wirkende Verkleidungen geeignet. Darüber hinaus gilt folgende allgemeine Regel, daß helle Materialien, auch helle Hölzer, den Raum optisch vergrößern, dunkle Materialien das Gegenteil bewirken.
Ebenso kann die Flächenaufteilung der Wandverkleidungen den Raumeindruck verändern. Verbretterungen, vertikal ange-

bracht, strecken die Raumwand in der Höhe, horizontale Verbretterung dagegen verbreitern die Raumwand. Bei Plattentäfelungen und Verkleidungen aus Rahmen und Füllungen bewirken kleinformatige Platten- oder Rahmenaufteilungen eine Raumvergrößerung und großformatige Flächenaufteilungen eine Raumverkleinerung. Bei der Platten- oder Rahmenaufteilung sollte man nach Möglichkeit auf Bezugshöhen im Raum Rücksicht nehmen, d. h. daß Fensterbrüstungshöhen oder Türhöhen die Lage der horizontalen Teilungsfugen bestimmen.
Befinden sich in der Wandfläche Türen, dann hat man die Wahl die Tür gestalterisch in die Wandverkleidung mit einzubeziehen oder sie als gesondertes Element von dieser zu trennen. Die Tür sollte immer dann architektonisch klar von der Wandvertäfelung getrennt werden, wenn es nicht vollständig gelingt, die Flächeneinteilung der Verkleidung auf der Türfläche in gleichem Rhythmus fortzusetzen und aus optischen oder baupolizeilichen Gründen eine Betonung der Tür erwünscht ist (B 3.4.–13 und 14).

B 3.0.–1 Verbretterte Wandverkleidung mit vertikalem Fugenverlauf. Der Raum wirkt optisch höher.
B 3.0.–2 Verbretterte Wandverkleidung mit horizontalem Fugenverlauf. Der Raum wirkt optisch breiter.
B 3.0.–3 Verbretterte Wandverkleidung aus breiteren furnierten Holzwerkstoffstreifen. Die vertikalen Fugen strecken die Wand in der Höhe.
B 3.0.–4 Verbretterte Wandverkleidung aus breiteren furnierten Holzwerkstoffstreifen. Die horizontalen Fugen strecken die Wand in der Breite.
B 3.0.–5 Raumhohe Wandverkleidung aus Rahmen und Füllungen.
B 3.0.–6 Türhohe Wandverkleidung aus Rahmen und Füllungen. Der Raum wirkt dadurch niedriger.
B 3.0.–7 Wandverkleidung aus Rahmen und Füllungen in Brüstungshöhe.
B 3.0.–8 Plattentäfelung aus vorgefertigten Plattenelementen mit plastischer Oberfläche.

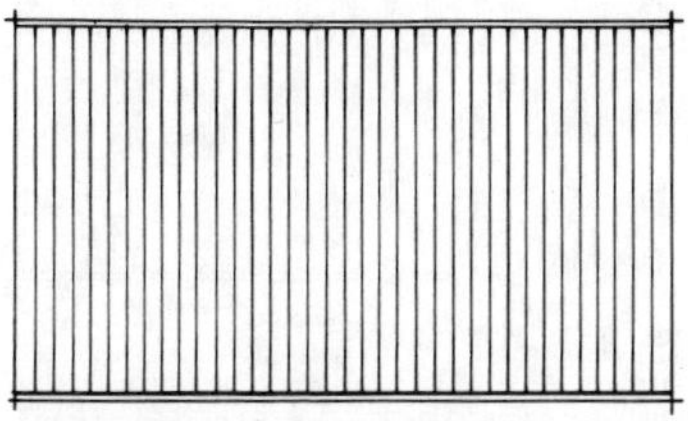

B 3.0.–1

B 3.0.–2

B 3.0.–3

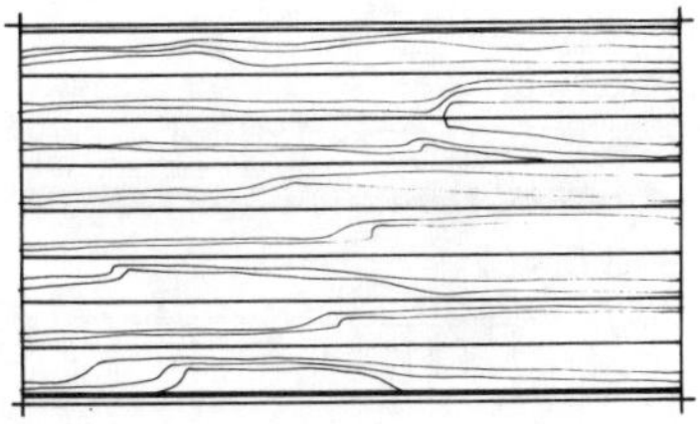

B 3.0.–4

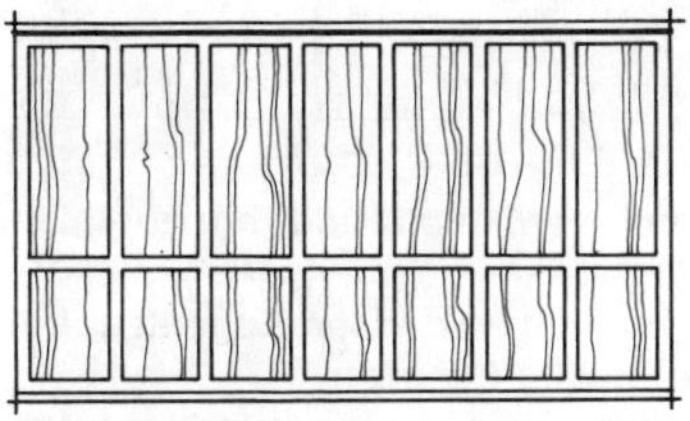

B 3.0.–5

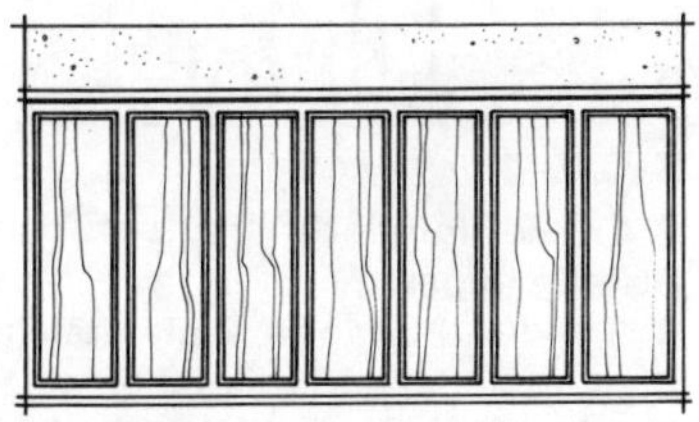

B 3.0.–6

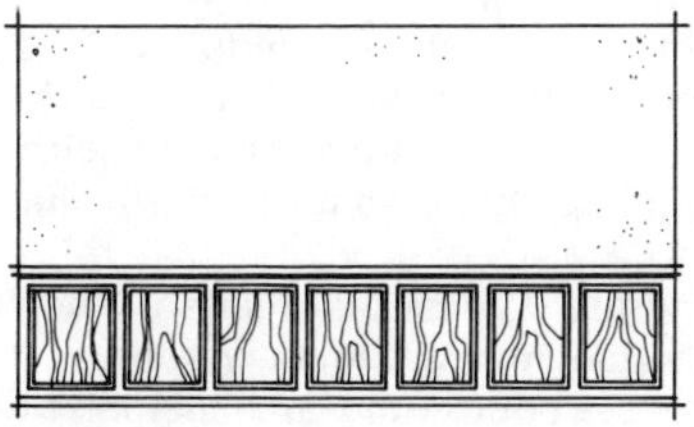

B 3.0.–7

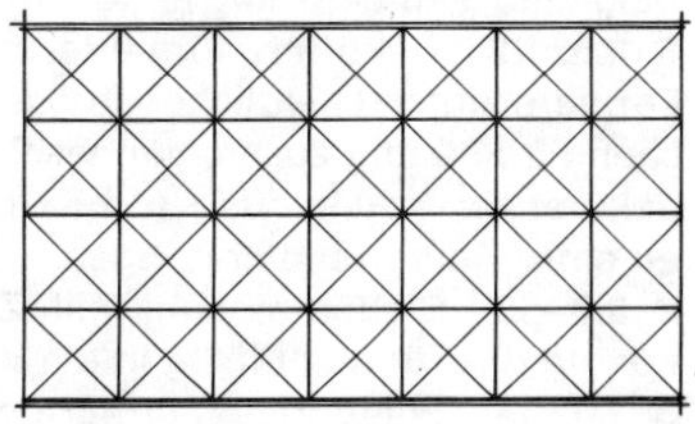

B 3.0.–8

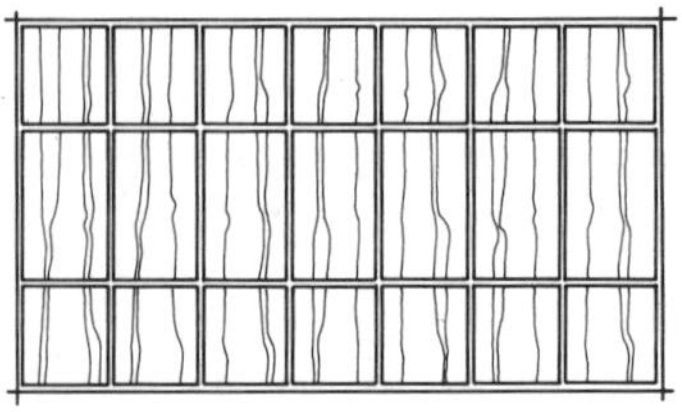

B 3.0.–9

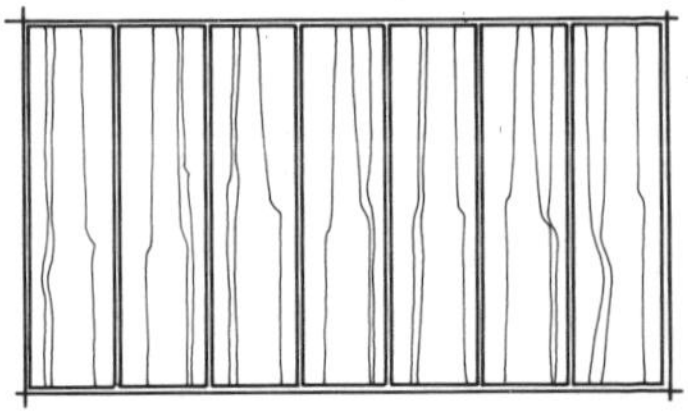

B 3.0.–10

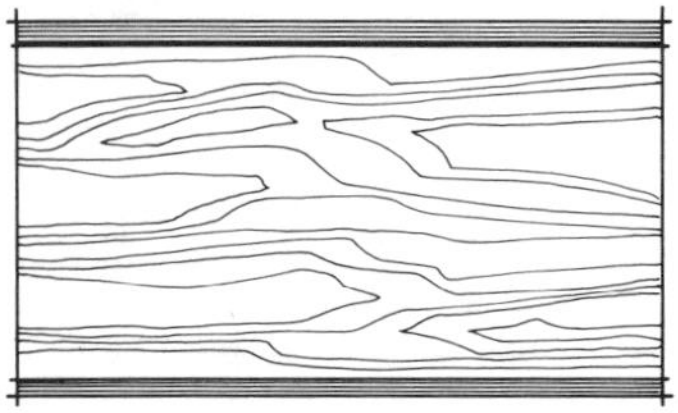

B 3.0.–11

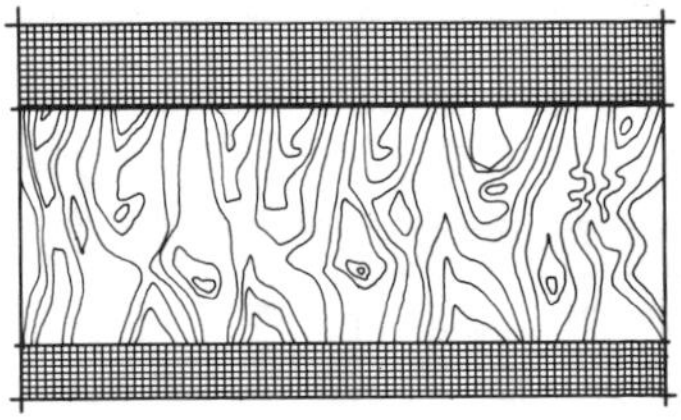

B 3.0.–12

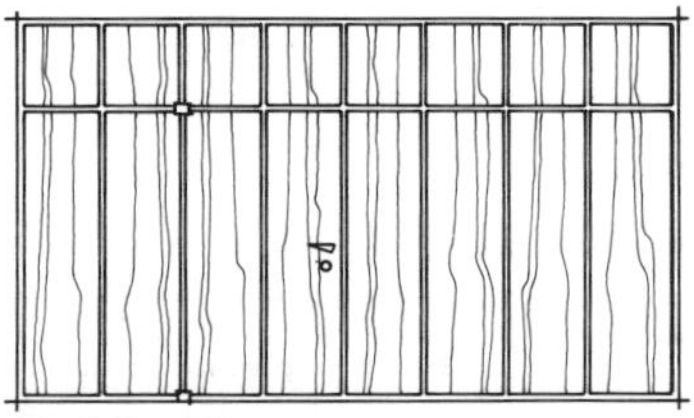

B 3.0.–13

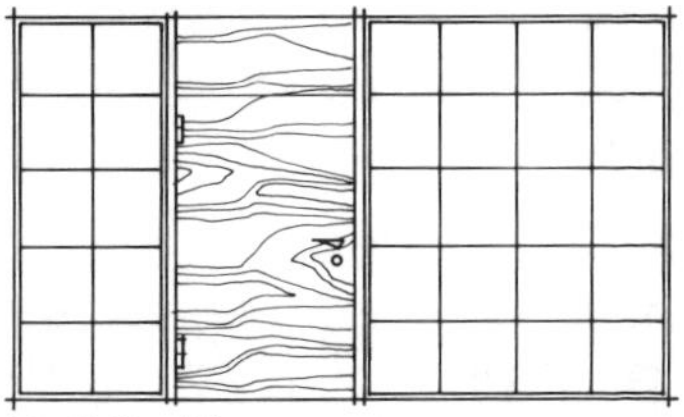

B 3.0.–14

B 3.0.–9 Furnierte Plattentäfelung mit vertikalen und horizontalen Schattenfugen.

B 3.0.–10 Furnierte Plattentäfelung nur mit vertikaler Fugenteilung. Die vorhandene Furnierlänge setzt hier häufig Grenzen.

B 3.0.–11 Quer furnierte Plattentäfelung fugenlos zusammengesetzt. Sie ergibt eine großzügige Raumwirkung. Die Wand- und Furnierlänge müssen eine solche Konstruktion zulassen.

B 3.0.–12 Dekorativ furnierte, fugenlos aufgebaute Wandplatte. Die Furniere unterschiedlicher Holzart können dem Faserverlauf entsprechend freihändig zusammengeschnitten werden. Um die Wirkung solch dekorativer Verkleidung nicht zu beeinträchtigen, sollte man sie nur an einer Raumwand anbringen.

B 3.0.–13 Plattentäfelung mit Zimmertür. Durch die Plattenteilung konnte die Tür unauffällig in die Verkleidung eingearbeitet werden.

B 3.0.–14 Plattentäfelung mit optisch getrennter und architektonisch besonders hervorgehobener Zimmertür.

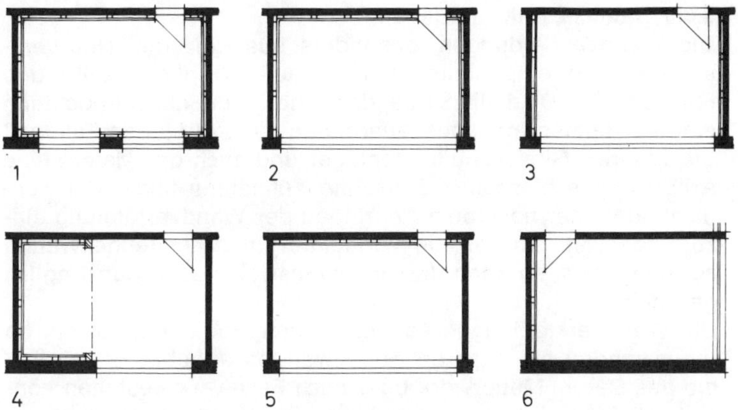

B 3.0.–15 Verschiedene Anordnungsmöglichkeiten der Wandverkleidungen im Raum. (1) Verkleidung aller vier Raumwände, der Raum wirkt dadurch optisch kleiner. (2) Verkleidung von drei Raumwänden. Die Fensterwand ist nicht verkleidet und wirkt durch die Fenster- bzw. Gardinenfront als besondere Fläche. (3) Verkleidung der beiden gegenüberliegenden Querwände. Bei vollständiger Flächenverkleidung ergibt sich dadurch eine markante Raumbegrenzung. (4) Wandverkleidung als imitierte Nische, die durch Pfosten seitlich abgegrenzt ist. (5) Verkleidung einer Längswand. (6) Verkleidung einer Querwand.

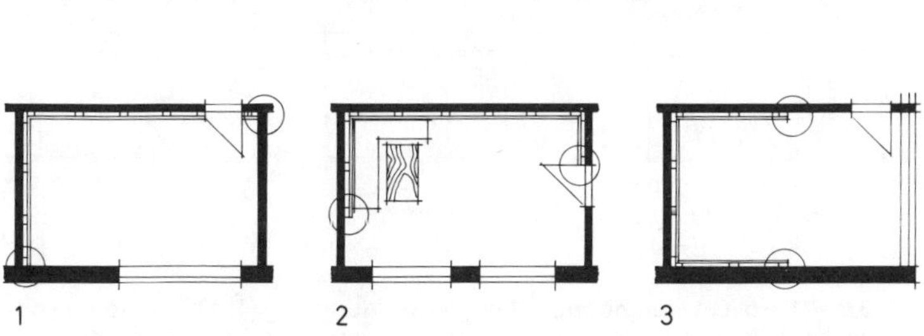

B 3.0.–16 Schlechte Anordnung der Wandverkleidung. (1) Verkleidung der beiden anliegenden Raumwände, dadurch wird der Raumeindruck verzerrt. (2) und (3) Unmotiviert in der Wandfläche aufhörende Wandverkleidungen. Sie wirken nicht schön, zerstören den Raumeindruck und sind deshalb zu vermeiden.

3.0.3 Bauliche Anforderungen

Die Wandverkleidungen, besonders aus Holz und Holzwerkstoffen, sind empfindlich gegen Baufeuchtigkeit, Kalk- und Farbspritzer. Deshalb sollte das Anbringen der Verkleidung eine der letzten Innenausbauarbeiten sein. Auf jeden Fall muß der Maurer, Gipser, Fußbodenleger und auch der Maler seine Arbeit abgeschlossen haben. Eine Ausnahme bildet der Teppichboden, der nach dem Anbringen der Wandvertäfelung einzubringen ist. Sind an die Verkleidung anschließende Wände zu tapezieren, so kann das ausnahmsweise auch nachträglich geschehen.

Die Wandverkleidungen können in den Gebäuden sowohl an Innenwänden als auch an Außenwänden angebracht werden, die aus Beton, Mauerwerk oder auch Fachwerk bestehen können. Hier an dieser Nahtstelle zwischen den anorganischen Baustoffen und dem organischen Werkstoff Holz, treffen nun

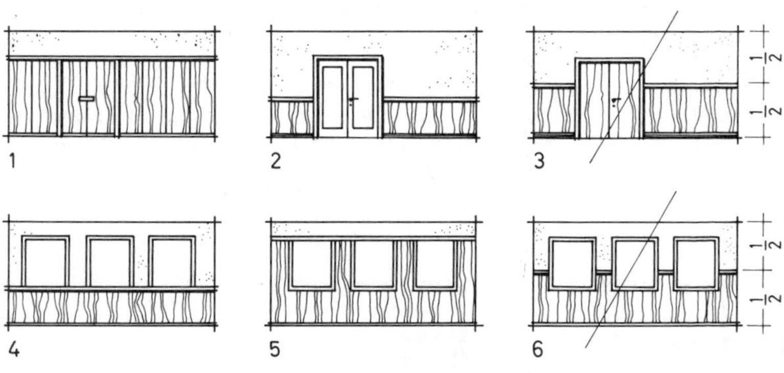

B 3.0.–17 Nicht raumhohe Wandverkleidungen. (1) Türhohe Wandverkleidung. (2) Brüstungshohe Wandverkleidung mit Tür. (3) Eine Halbierung der Raumhöhe durch die Wandvertäfelung ist zu vermeiden. (4) Brüstungshohe Wandverkleidung, die Fensterbankhöhe ist aufgenommen. (5) Wandverkleidung, bei der die obere Fensterlinie aufgenommen ist. (6) Auch hier ist die Halbierung der Raumhöhe durch die Wandverkleidung nicht schön.

die unterschiedlichen, fast gegensätzlichen Eigenschaften dieser Werkstoffe aufeinander. Nur durch geeignete Konstruktionen und richtige Behandlung des Holzes können Bauschäden vermieden werden.
So sind besonders Außenwände aus Mauerwerk vor dem Anbringen der Wandverkleidung zu verputzen. Der Putz hat die Aufgabe, die Mauerwerksfuge abzuschließen und für einen langsamen Feuchtigkeitsaustausch zwischen Wand und Raumluft zu sorgen. Verantwortlich für diesen langsamen Feuchtigkeitsaustausch zwischen Wand- und Raumluft ist die kapillare Saugfähigkeit des Putzes, der in der Lage ist, plötzlich vermehrt anfallende Feuchtigkeit zu binden und bei Trockenheit wieder langsam abzugeben. Die Schwitzwasserbildung, wie sie an nackten Wänden vorkommt, ist dadurch gemindert.
Weil sich aber Feuchtigkeit und Holz nicht gut vertragen, dürfen Verkleidungen niemals dicht auf der Raumwand befestigt werden. Es ist zwischen der Raumwand und der Verkleidungsschale ein Luftzwischenraum von 20 bis 25 mm einzuhalten. Die Luft sollte sich besonders bei verkleideten Außenwänden bewegen, so daß es immer zu einer ausreichenden Hinterlüftung der Wandverkleidung kommt. Zu diesem Zweck sind Lüftungsschlitze möglichst unsichtbar über dem Fußboden und kurz unter der Decke in der Verkleidung vorzusehen. Die Größe der Lüftungsschlitze kann als ausreichend angesehen werden, wenn sie einen Querschnitt von 20 cm^2 pro m^2 Verkleidung aufweisen. Hat eine Außenwand eine ungenügende Wärmedämmung, so daß in kalten Tagen mit erhöhter Schwitzwasserbildung auf der Innenseite dieser Wand zu rechnen ist, sollte die Wandvertäfelung zur Erhöhung des Wärmedurchlaßwiderstandes der gesamten Wand beitragen. Obwohl jede Wandverkleidung durch die Verkleidungsplatten und dem Luftpolster dahinter die Wärmedämmung verbessert, sollte in diesen Fällen zusätzlich zwischen die Unterkonstruktion ein Wärmedämmaterial eingebaut werden. Als Dampfsperre wird dieses noch durch wasserdichte Alu- oder Kunststoffolie abgedeckt. Darauf wird dann die Wandverkleidung befestigt (B 3.4.–1 und 2). Stets sollte man aber bei Wandverkleidungen aus Holz oder Holzwerkstoffen auf Außenwänden oder in Naßräumen die Verklei-

dungsplatten bzw. -bretter auf der Rückseite sowie die Unterkonstruktion mit geruchlosem Imprägniermittel fungizid schützen.
Auch das Anbringen der Holzverkleidung auf Innenwände kann Probleme bringen, wenn in diese Schornsteine eingebunden sind. Die baupolizeiliche Vorschrift schreibt im allgemeinen vor, daß von der Innenkante des Rauchrohrs ein Abstand zum Holz von 200 mm einzuhalten ist. Es empfiehlt sich bei geringerem Abstand die Holzverkleidung auf ihrer Rückseite mit Fiber-Silikatplatten auszuschlagen (B 5.2.–16).
Bestehen noch Ofenheizungen im Raum, dann ist zwischen dem in den Schornstein einführenden Rauchrohr oder der Feuerstelle ein Abstand zur Holzverkleidung von 400 mm einzuhalten. Ist das Rauchrohr bzw. die Feuerstelle strahlungsgeschützt, genügt ein Abstand von 200 mm (DIN 18160 Bl. 2).

3.0.4 Unterkonstruktion

Die Unterkonstruktion hat in der Regel folgende Aufgaben zu erfüllen:

1. Die Wandverkleidung zu tragen.
2. Die Unebenheiten in der Gebäudewand auszugleichen.
3. Für eine Hinterlüftung der Wandverkleidung zu sorgen.
4. Einen ausreichenden Luftraum zwischen Verkleidung und Raumwand zu schaffen.

Die Unterkonstruktion kann aus Latten oder Rahmen bestehen. Es sind auch vorgefertigte Unterkonstruktionssysteme im Handel. Die Latten sollten abgerichtet und gehobelt sein. Sie haben einen Querschnitt von 24/48 oder 30/50 mm. Ihr Abstand soll bei bis 12 mm dünnen Materialien nicht mehr als 600 mm und kann bei dickeren Materialien ab 13 mm bis 800 mm betragen. Je nach Art der Wandverkleidung werden die Unterkonstruktionen verschieden angebracht. Bei Verbretterungen verlaufen die Latten quer zu den Fugen, ihr Abstand beträgt je nach Materialdicke 500 bis 800 mm (B 3.0.–18 und 20). Bei Plattentäfelungen liegen die Latten meistens parallel zu den Stoßfugen und werden dann unter diesen angebracht. Sind die Platten breiter als 800 mm, ist – damit die Platten nicht hohl durchschlagen – zusätzlich in der Mitte eine Latte vorzusehen

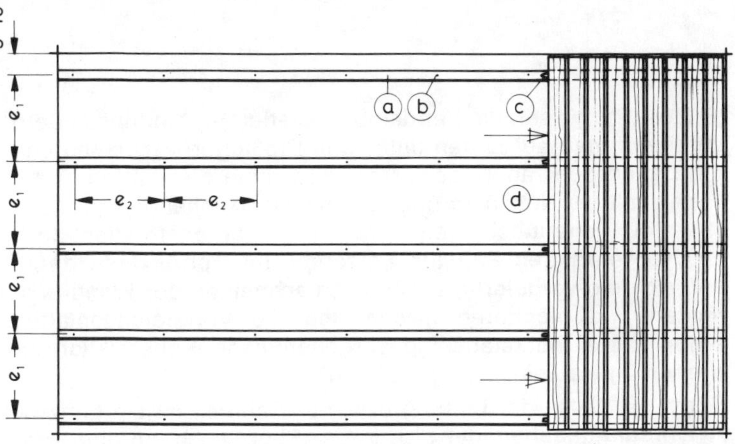

B 3.0.–18 Unterkonstruktion für aufrechte Verbretterung. (a) Latten, (b) Befestigungsschrauben, (c) Profilbrettklammern, (d) gespundete Bretter, e 1 = Lattenabstand 500 bis 800 mm, e 2 = Dübelabstand 500 bis 600 mm. Die Befestigung ist unsichtbar, nur das letzte Brett muß durch die Sichtfläche genagelt oder aufgeleimt werden.

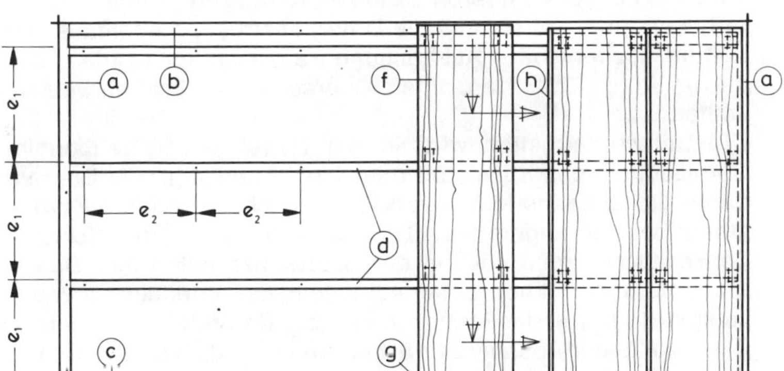

B 3.0.–19 Unterkonstruktion für eine Plattentäfelung zum Einhängen. (a) Wand-Randleisten, (b) Decken-Randleisten, (c) Fußboden-Randleisten, sie müssen angepaßt werden, (d) Querlatten, sie sind genau auszurichten, (f) Täferplatte, sie wird mittels Nutklötze (g) eingehängt und dann seitlich verschoben, bis die Feder (h) in die genutete Längskante faßt. e 1 = Lattenabstand < 800 mm; e 2 = Dübelabstand ca. 600 mm.

(B 3.0.–22). Weisen die Verkleidungsplatten Verbindungsfedern auf, kann man auf Latten unter den Stoßfugen verzichten und die Latten quer anbringen. Man wird dann die Platten in die Latten mittels Nutklötze oder Stahlwinkel einhängen (B 3.0.–19). Bei Plattentäfelungen kann die Unterkonstruktion auch aus vorgefertigten Rahmen bestehen. Ihr Vorteil liegt darin, daß sich die vorgefertigten Rahmen schnell an der Wand ausrichten und montieren lassen und die Vertäfelungsplatten schon durch werkstattseitig vorgenommene Konstruktion sicher und genau einzuhängen sind (B 3.0.–21).

Durch die Dicke der Lattung bzw. der Rahmen ist ein Luftzwischenraum gegeben, der sich in der Regel noch um die Dicke der Ausgleichshölzer vergrößert. Ausgleichshölzer sind erforderlich, um die Unterkonstruktion auf der häufig unebenen Gebäudewand genau auszurichten. In den meisten Fällen reicht der dadurch entstehende Abstand zwischen Latten und Mauerwerk bzw. Gebäudewand aus, um eine ausreichende Hinterlüftung auch bei einer queren Lattenanordnung zu gewährleisten. In besonderen Fällen muß die Unterkonstruktion ebenfalls mit Lüftungslöchern oder Ausfräsungen ausgestattet werden, die die im Punkt 3.0.3 genannten Querschnittsgrößen aufweisen sollten.

Die Unterkonstruktion wird in der Regel mit Schrauben in Spreizdübeln aus Kunststoff oder Metall befestigt. Ein Bohren durch die Latte ins Mauerwerk ist möglich. Besondere Kunststoffdübel mit langem Schaft füllen auch das für den Schraubenschaft zu große Loch in der Unterkonstruktion aus. Damit die Unterkonstruktion beim Aufnageln der Verkleidung nicht zu stark federt – das ist besonders bei Verbretterungen wichtig –, sollte der Abstand der Schrauben nur 500 bis 600 mm betragen. Der Endabstand der Befestigungselemente an den Latten sollte nicht weniger als 120 mm betragen, damit die Leisten nicht aufplatzen und ein einfacheres Montieren möglich ist. Neben Schrauben ist auch eine Befestigung der Unterkonstruktion mit Metall-Bolzen möglich, die mit Schlag- oder Schußgeräten eingetrieben werden. Allerdings kann ein so genauer Sitz der Lattung, wie er für einzuhängende Platten verlangt wird, nicht erreicht werden.

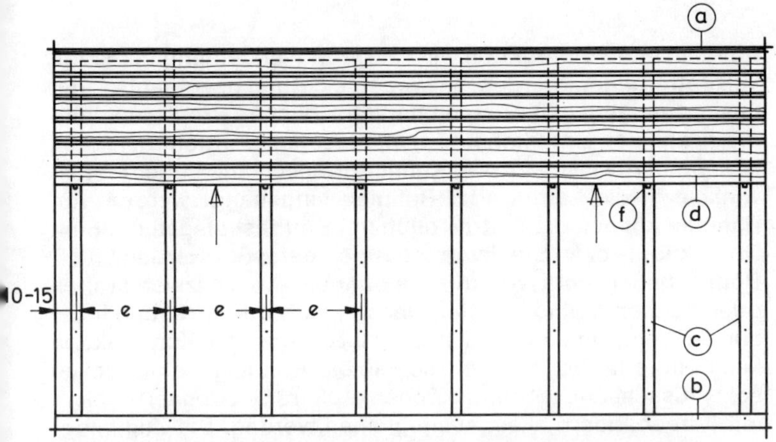

B 3.0.–20 Unterkonstruktion für horizontale Verbretterungen. (a) Decken-Randleisten, (b) Fußboden-Randleisten, (c) Lattenabstand 600 bis 800 mm. Am obersten Brett wird die Feder abgestoßen. Die Montage erfolgt von oben nach unten unsichtbar mit Profilbrettklammern.

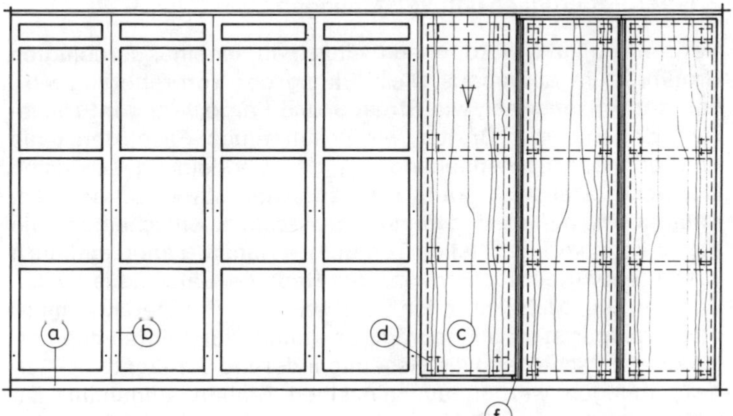

B 3.0.–21 Unterkonstruktion aus vorgefertigten Rahmen. (a) Fußboden-Randleisten, (b) Montagerahmen, (c) Täferplatte, sie wird seitlich auf die Feder (f) geschoben und dann nach unten geklopft und so in die Rahmen gehängt, (d) Nutklötze.

Auf der Unterkonstruktion wird die Wandverkleidung befestigt. Verbretterungen werden entweder sichtbar geschraubt oder unsichtbar genagelt oder mit handelsüblichen Profilbrettklammern auf der Unterkonstruktion befestigt. Plattentäfelungen können mittels Nutklötzen, Kunststoffbeschlägen oder Metallwinkeln in die Latten oder Rahmen eingehängt werden. Auf Rahmen können die Platten auch mit Bettbeschlägen oder mit Druckknopf- bzw. Steckverbindungen befestigt werden.
Dünne und leichte Wandverkleidungen aus Holzwerkstoffen oder dünnen Vollholzbrettern lassen sich durch Klebebänder auf die Wand aufkleben. Allerdings ist durch diese Konstruktion keine Hinterlüftung möglich, so daß die Wände absolut trocken sein müssen. Zum anderen können größere Unebenheiten nicht mit Klebebändern allein ausgeglichen werden. Die Zugfestigkeit des verklebten Bandes wird mit 30 N/cm^2 angegeben. Diese wird jedoch nur erreicht, wenn die Klebeflächen fest, trocken, fett- und staubfrei sind (B 3.0.–25 Bos.).

3.1 Verbretterungen und Verstäbungen

Verbretterungen werden aus einzelnen, aneinandergefügten Profilbrettern aufgebaut. Die Wirkung der Verbretterung wird von der Holzauswahl, wie Struktur und Farbe, von der Profilierung der einzelnen Bretter, wie Schattenfuge, Fase, Hohlkehle und der Oberflächenbehandlung der Verkleidung bestimmt. Bei der Holzauswahl kann man zwischen stark und schwach strukturiert, gefladert, streifig oder schlicht entscheiden. Die Farbe kann von den hellen Tönen, wie Ramin, Tanne und auch Kiefer, über die rötlichen Töne wie Redpine, Lärche, bis zu den dunkelroten Mahagoniarten reichen. Die Profilierung, mehr oder weniger stark ausgeprägt, beeinflußt durch ihre Schattenwirkung entscheidend die Gesamtgliederung der Wand.
Verstäbungen werden aus einzelnen Stäben aufgebaut. Sie weisen häufig tiefe Profile in dichter Reihenfolge auf, so daß sich hiermit eine noch stärkere Gliederung der Wand erreichen läßt. Verstäbungen sind durch die schmalen Profile besonders für Verkleidungen gewölbter Flächen und runder Säulen geeignet.

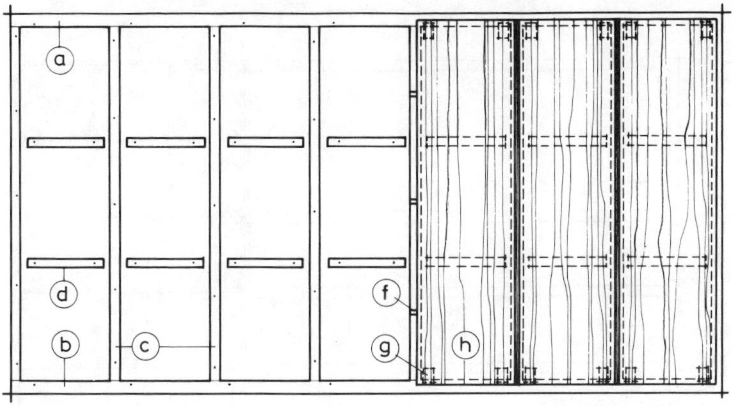

B 3.0.–22 Unterkonstruktion für großformatige Täferplatten. (a) Decken-Randleiste, (b) Fußboden-Randleiste, (c) aufrechte Latten unter den Stoßfugen, (d) mittlere Querlatten, sie sollen ein Durchschlagen der Täferplatten verhindern. Die Täferplatten (h) werden wie Schiebetüren mittels Nutklötze eingesetzt, seitlich gegen die Feder geschoben und auf der freien Seite durch Profilbrettklammern (f) auf der aufrechten Latte befestigt.

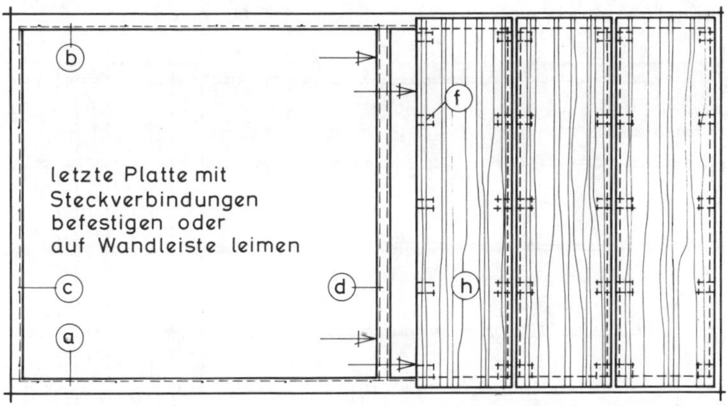

B 3.0.–23 Unterkonstruktion für schmale Täferplatten unter 800 mm. (a) Fußboden-Randleiste, ihre Oberkante muß in Waage liegen, (b) Decken-Randleiste, (c) Wand-Randleiste, (d) aufrechte Latte, sie wird so weit seitlich verschoben, bis sie in die an der Täferplatte (h) angebrachten Nutklötze (f) faßt. Dann wird sie unterfüttert und an der Raumwand festgeschraubt.

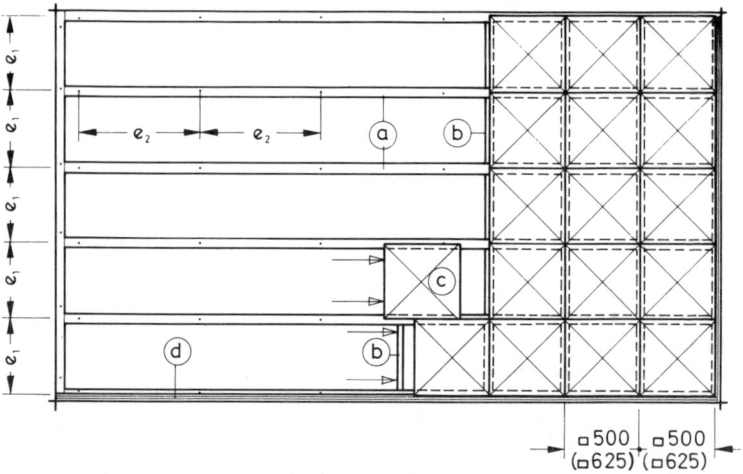

B 3.0.–24 Unterkonstruktion aus vorgefertigten Elementen für quadratische Täferplatten. (a) Wandträger, (b) Querprofil, (c) Wand- oder Deckenplatte, (d) Fußleiste. e 1 = Trägerabstand, je nach Plattenformat 500 bis 625 mm. e 2 = Dübelabstand ≦ 800 mm (Mo).

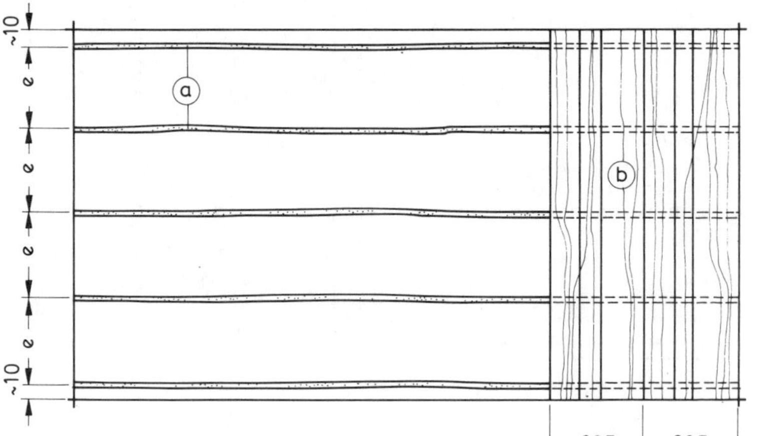

B 3.0.–25 Unterkonstruktion aus Klebstreifen. (a) Klebstreifen, (b) dünne Paneelen aus Furnierplatte (Da. Sl, We). e = Abstand der Klebstreifen 400 bis 500 mm (PAD-Streifen, Bos).

Vollholzverkleidungen, besonders aus Nadelholz, sollte man natur belassen. Sie können mit geruchsfreien, farblosen oder auch tönenden Imprägnierungen angestrichen oder transparent mattiert werden. Dichte transparente oder deckende Lackanstriche sind zu vermeiden, weil das Holz unter solchen Lackschichten nicht genügend »atmen« kann.

3.1.1 Profilarten

Natürlich kann jeder Konstrukteur sein eigenes Profil entwickeln. Es ist aber eine so große Auswahl von Profilbrettern im Handel, daß man nur in besonderen Fällen und für eine andere architektonische Wirkung einen eigenen Profilablauf entwickeln wird.

Grundsätzlich sind gespundete, gefederte, überschobene, überluckte und überfälzte Verbretterungen zu unterscheiden. Bei Verstäbungen können Stäbe und Bretter wechseln oder sie können nur aus Stäben aufgebaut sein.

Profilarten von Verbretterungen und Verstäbungen sind in B 3.1.–1 bis 3 dargestellt.

B 3.1.–1 Profilarten bei Verbretterungen. (1) Gespundetes Brett mit Schattenfuge x · b = Deckbreite (65) 70 und 90 mm, S_1 = Brettdicke (12,5); 13; (14); 15; 19,5; 21 mm, die Maße in Klammern gelten für nordische und überseeische Hölzer, S_2 = Federdicke 4 und 6 mm je nach Brettdicke. (2) Gespundetes Brett mit abgefaster Schattenfuge, Maße wie vor, DIN 68126 Blatt 1 und 2. (3) Gespundete Fasebretter nach DIN 68122 Blatt 1 und 2, links: Oberseite eben, rechts: Oberseite Hohlkehle, d = Deckenbreiten (65); 70; 90; 110 mm. S_1 = Brettdicke (12,5), 15; 17; 19,5; 21 mm, S_2 = Federdicke 4 und 6 mm je nach Brettdicke, t_1 = Dicke über der Feder (5), 7 mm bei S_1 = 15 und 17 mm, 8 mm bei S_1 = 19 und 9 mm bei S_1 = 21 mm, t_2 = obere Plattendicke 2, 3 und 4 mm je nach Brettdicke, f = Unterfügung (0,3); 0,5 mm. Die Maße in Klammern gelten für nordische und überseeische Hölzer. (4) Genutetes Profilbrett für Einschubfedern. (5) Wie vor, jedoch mit einer tieferen Nutwange. (6) Überschobene Schalung.

B 3.1.–2 Profilarten bei Verbretterungen. (1) Überluckte Bretter. (2) Überfälzte Bretter. (3) Glattkantbretter, mit Abständen verlegt. (4) und (5) frei gewählte Profilierungen.

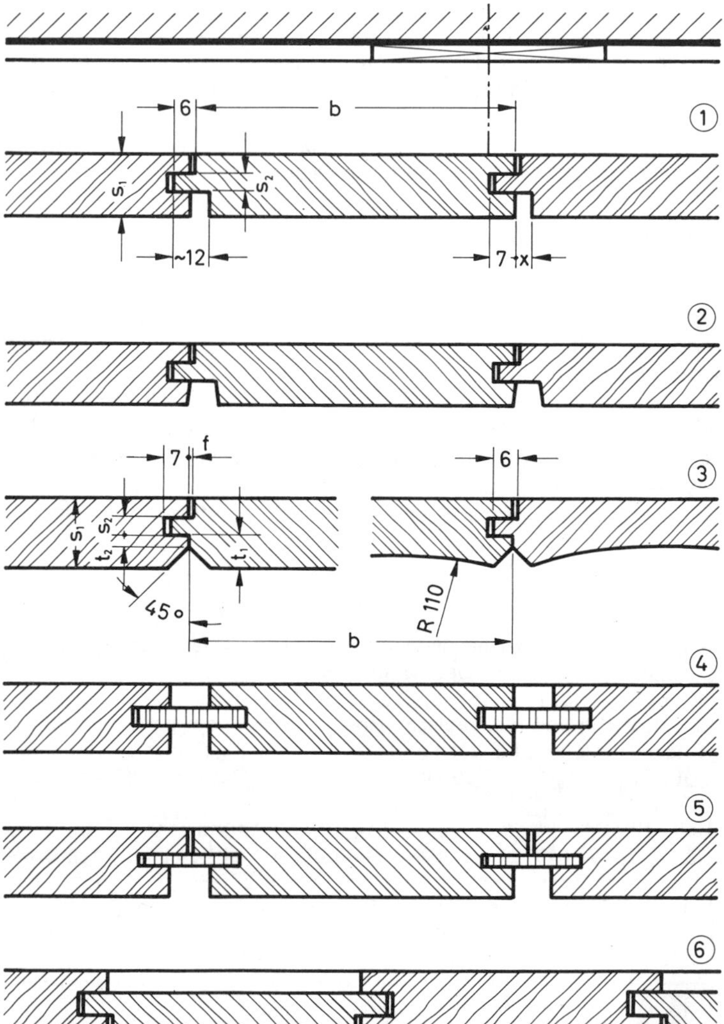

B 3.1.–1

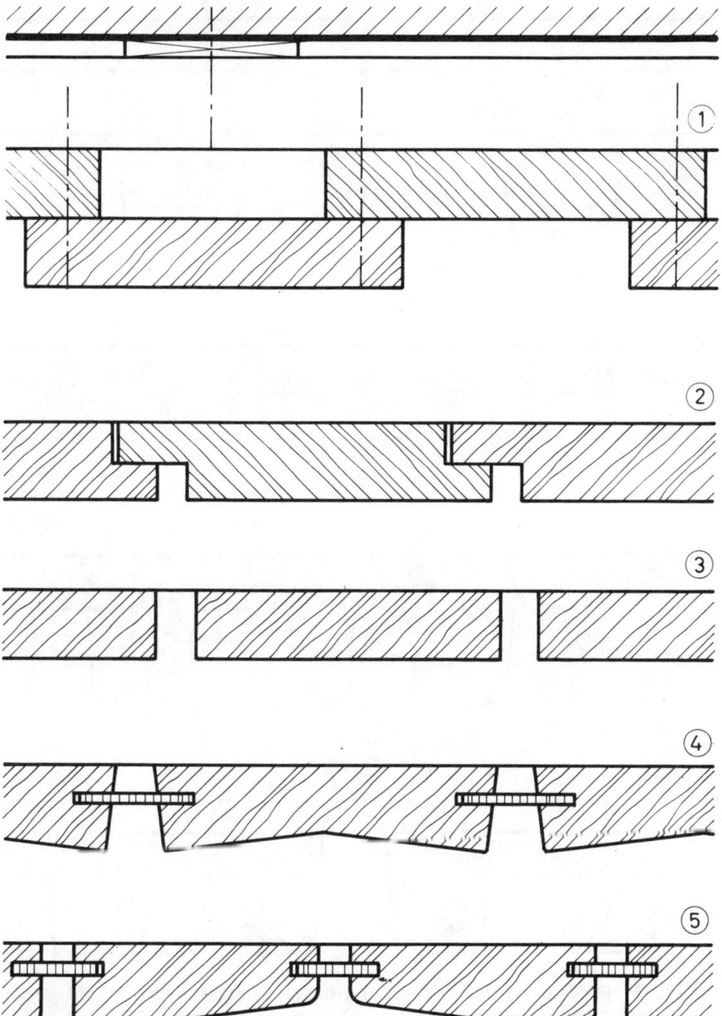

B 3.1.–2

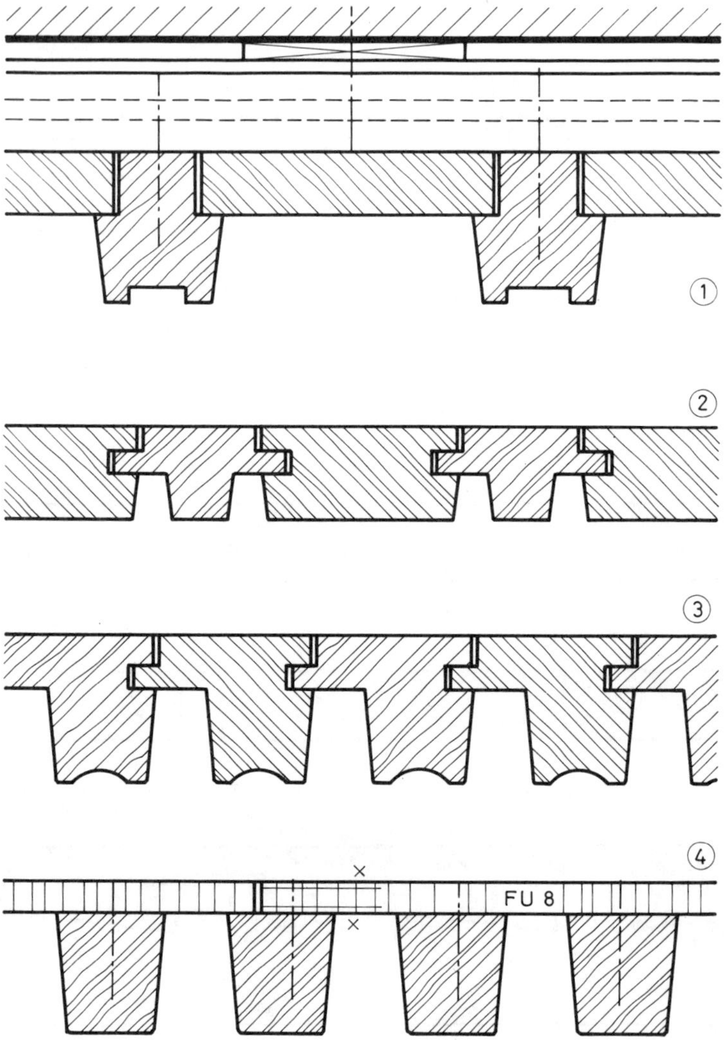

B 3.1.–3 Profilarten bei Verstäbungen. (1) Stäbe wechseln mit Brettern. (2) Stäbe in unterschiedlicher Breite. (3) Gleichbreite und -profilierte Stäbe mittels Nut und Feder verbunden. (4) Stäbe, auf einer Furnierplatte unsichtbar befestigt.

3.1.2 Befestigungsmöglichkeiten

Verbretterungen und Verstäbungen können sichtbar oder unsichtbar befestigt werden. Als sichtbare Befestigungsmittel kommen Nägel, Ziernägel und Schrauben aus Buntmetallen in Frage. Wenn schon eine sichtbare Befestigung gewählt wird, dann sollte diese bewußt durchgeführt, also die Befestigungsmittel betont werden. Darum sind hier gut ausgerichtete schmiedeeiserne Ziernägel bzw. Zierkappen oder Linsenkopfschrauben aus Buntmetallen zu verwenden.

Im allgemeinen werden nicht sichtbare Befestigungen bevorzugt. Man kann die Bretter verdeckt auf die Unterkonstruktion nageln, oder besondere Befestigungsmittel verwenden. Für die Montage von Profilbrettern sind je nach Profilierung unterschiedlich konstruierte Klammern auf dem Markt. Sie halten die Bretter in den Nuten und werden entweder auf die Unterkonstruktion genagelt oder mit Heftklammern auf dieser befestigt. Bei Verbretterungen in Feuchträumen sollte nichtrostendes Befestigungsmaterial verwendet werden.

Verstäbungen könnten ebenfalls sichtbar befestigt werden. Jedoch würde hier die Häufung von sichtbaren Befestigungsmit-

B 3.1.–4 Verdeckt durch die Nutwangen genagelte Verbretterung. (a) Mauerwerk, (b) Latte, (c) Profilbrett, (d) Schraube im Spreizdübel, zur Montage der Latte am Mauerwerk, (e) Nagel, (f) Ausgleichsholz.

B 3.1.–5 Wie vor, jedoch weist das Profilbrett eine verlängerte Nutwange auf, durch die bequem genagelt werden kann.

B 3.1.–6 Verbretterung sichtbar mit Ziernägeln befestigt. (a) Profilbrett, (b) Unterkonstruktion, Latten, (c) schmiedeeiserner Nagel oder Zierkappe.

B 3.1.–7 Verbretterung sichtbar mit Messing-Linsenkopfschrauben montiert.

B 3.1.–8 Genutete Profilbretter (b), mittels Einschubfeder (c) auf die Unterkonstruktion (a) montiert. Die Befestigungsmittel werden durch die Kunststoffstreifen (d) abgedeckt.

B 3.1.–9 Genutete Profilbretter (b) sind mit Profilbrettklammern (d) auf der Unterkonstruktion (a) befestigt. Die Klammern und der Brettzwischenraum sind durch Einschubfedern (c) verdeckt (Fr, Sta, Vi).

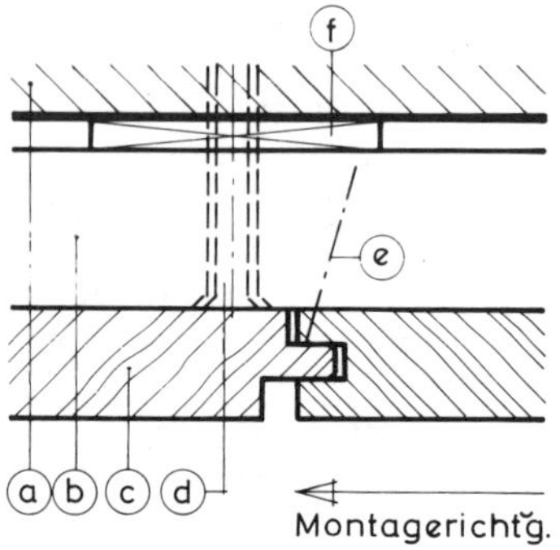

B 3.1.–4

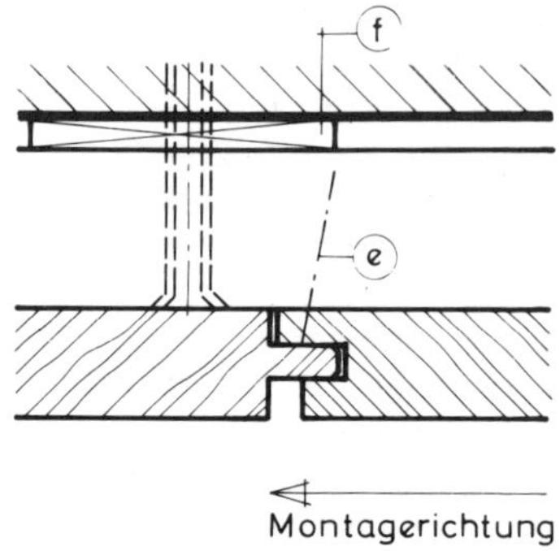

B 3.1.–5

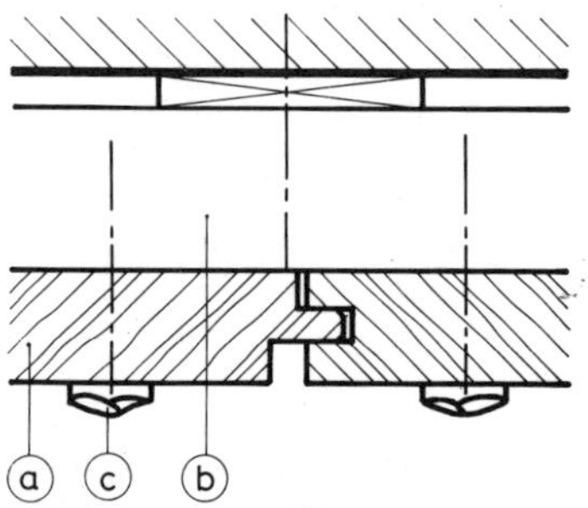

B 3.1.–6

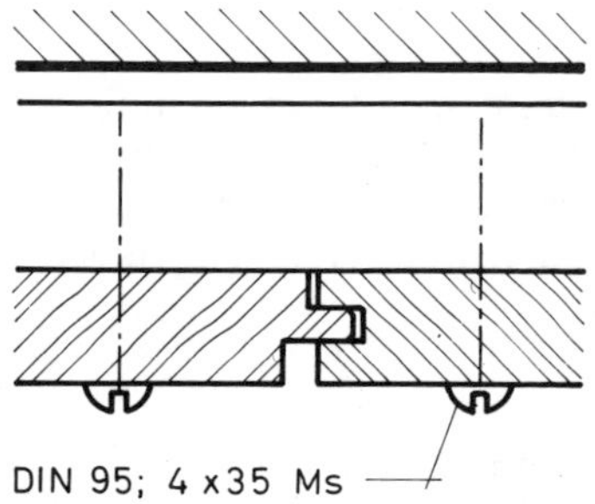

B 3.1.–7

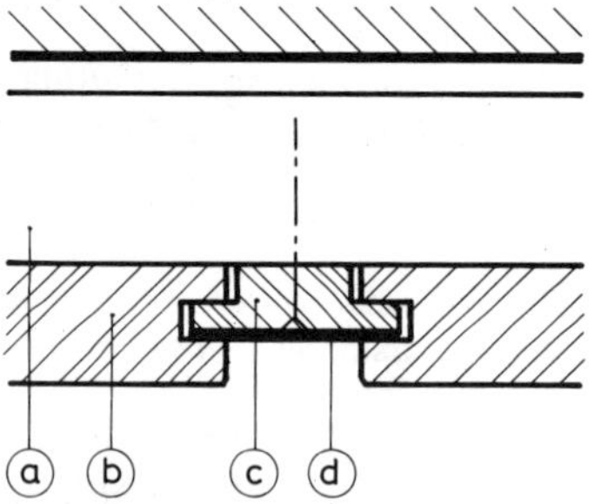

B 3.1.–8

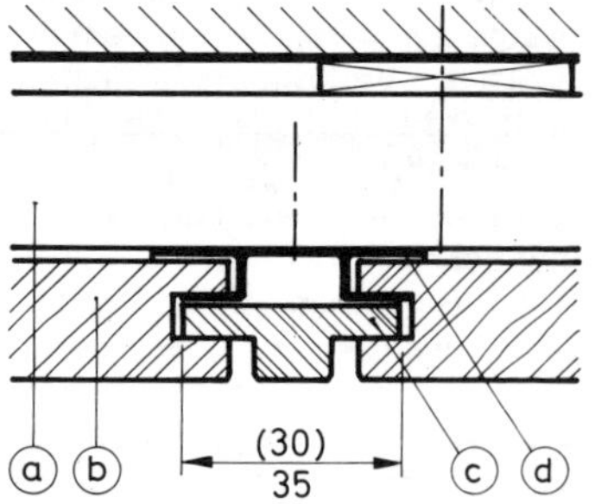

B 3.1.–9

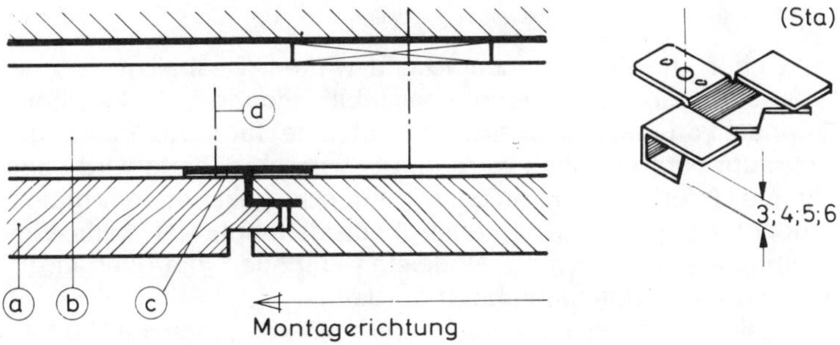

B 3.1–10 Handelsübliche gespundete Profilbretter (a) sind auf der Unterkonstruktion (b) mittels Profilbrettklammern (c) befestigt worden. (d) Nagel oder Heftklammern.

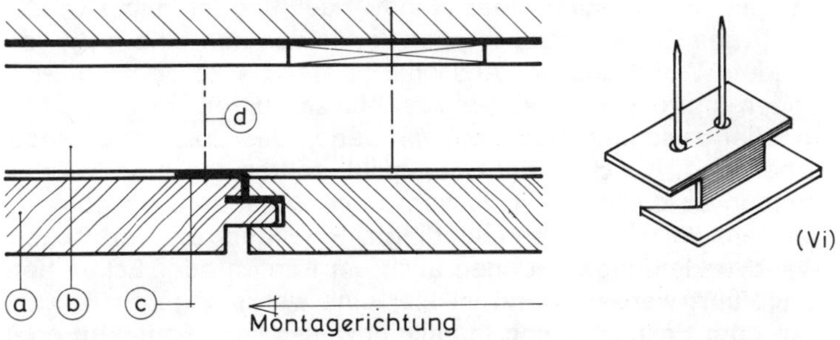

B 3.1.–11 Wie vor, jedoch mittels Vilin-Haken (c) und Heftklammern befestigt.

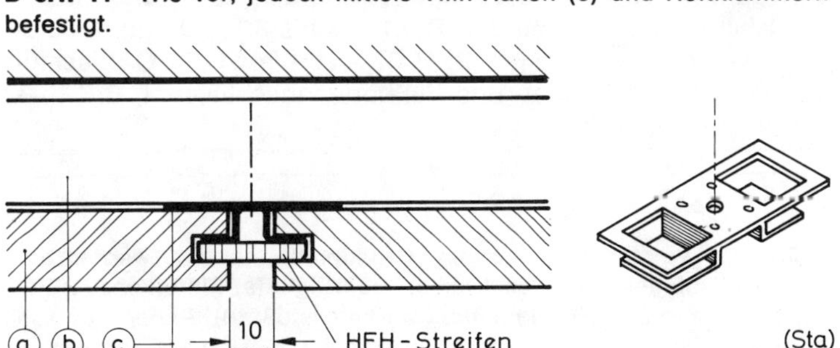

B 3.1.–12 Genutete Profilbretter (a) mit Fugenkralle auf der Unterkonstruktion (b) befestigt. (c) Fugenkrallen gibt es für Fugenbreiten von 10,15 und 20 mm (Sta).

teln eher störend als schmückend wirken. Deshalb wird man Verstäbungen vorwiegend unsichtbar montieren. Die Stäbe können von der Rückseite her auf eine furnierte Platte geschraubt oder genagelt werden. Die verstäbte Platte wird dann auf die Unterkonstruktion geschraubt bzw. gestiftet oder mittels Nutklötzen auf die Unterkonstruktion gehängt. Man kann Verstäbungen aber auch auf Nutleisten aufbauen, die dann in die Unterkonstruktion eingehängt werden.
Befestigungsmöglichkeiten von Verbretterungen siehe B 3.1.–4 bis 12 und von Verstäbungen B 3.1.–13 und 14.

3.1.3 Anschlüsse, Eckausbildungen

Bei der Konstruktion jeder Wandverkleidung ist immer wieder die Frage des Anschlusses der Verkleidung an eine nicht verkleidete Wand und der Anschluß an der Decke oder am Fußboden interessant. Weil bei Anschlüssen unterschiedliche Materialien zusammenkommen, von denen das Holz in der Regel arbeitet, d. h. schwindet oder quillt, sollten die Wandverkleidungen an diesen Anschlüssen durch Schattenfugen getrennt werden, um eine materialbedingte Rißbildung zu vertuschen. Wandverkleidungen können auch um Kanten oder Ecken herumgeführt werden. Dann ist hier eine werkstoffgerechte Kanten- oder Eckausbildung je nach gewünschter Architektur oder vertretbarem Arbeits- und Kostenaufwand zu konstruieren.
Die Wandanschlüsse sind in B 3.1.–15 bis 3.1.–20 und die Eck- bzw. Kantenausbildungen in B 3.1.–21 bis 31 im Querschnitt dargestellt, die Decken- und Fußbodenanschlüsse in B 3.1.–32 bis 39 im Höhenschnitt.

B 3.1.–13 Verstäbungen auf eine Grundplatte montiert, werden plattenweise auf der Unterkonstruktion befestigt. (a) Unterkonstruktion, Latten, (b) furnierte Grundplatte, (c) Plattenstoß, (d) Stäbe, (e) Nägel, (f) Ausgleichsholz.

B 3.1.–14 Verstäbung, die auf Nutleisten aufgebaut ist, links: Höhenschnitt, unten: Querschnitt. (a) Tragleiste an die Wand geschraubt. (b) Ausgleichsholz, (c) Nutleiste, (d) genutetes Profilbrett, (e) Stableiste.

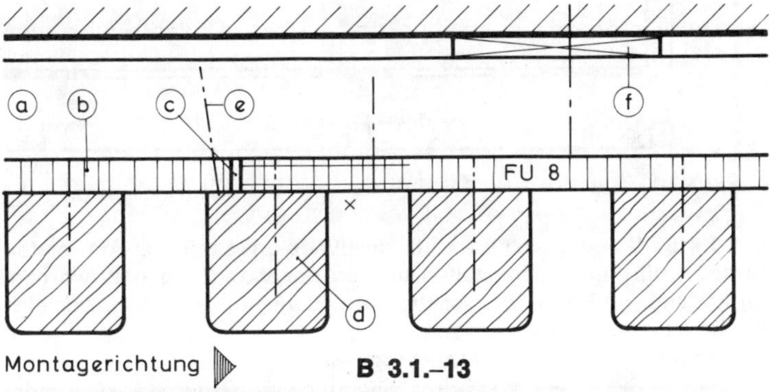

B 3.1.–13

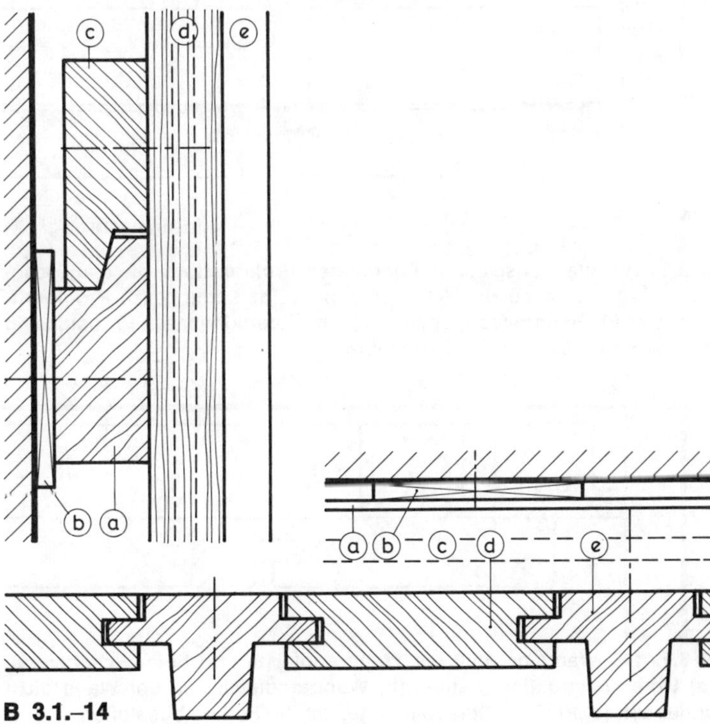

B 3.1.–14

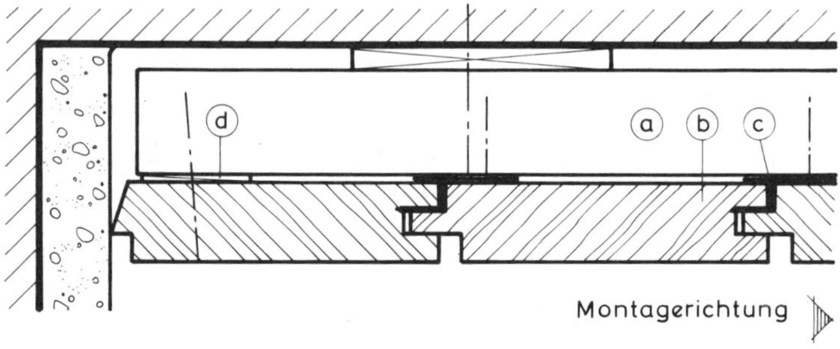

B 3.1.–15 Wandanschlüsse bei gespundeten Brettern. Am ersten Brett ist die Feder abgestoßen und an der Wand angepaßt worden. (a) Lattung, (b) Profilbrett, (c) Profilbrettklammer, (d) Dickenausgleich für die fehlende Klammer.

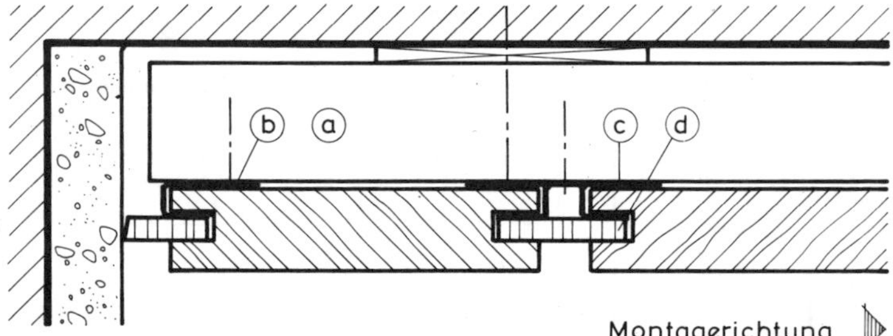

B 3.1.–16 Wandanschluß bei genuteten Profilbrettern, die eingeschobene Feder wird an der Wand angepaßt. (a) Lattung, (b) Profilbrettklammer für Randbefestigungen, (c) Profilbrettklammern für beidseitig genutete Profilbretter, (d) Einschubfeder.

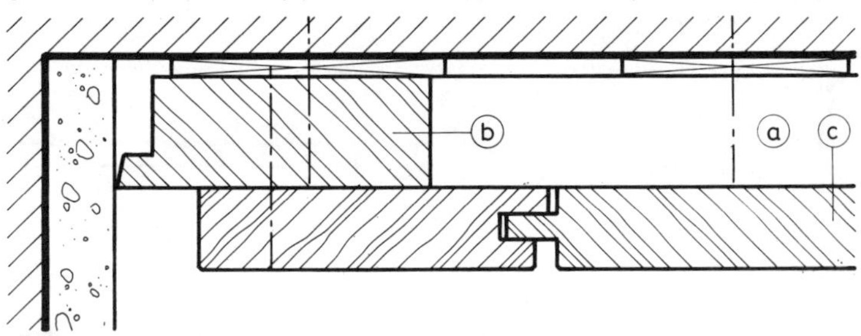

B 3.1.–17 Wandanschluß mit Wandrandleiste und tiefer Schattennut. (a) Unterkonstruktion, Latten, (b) Wandrandleiste, an der Wand dicht angepaßt, (c) Profilbretter, vom ersten ist die Feder abgestoßen.

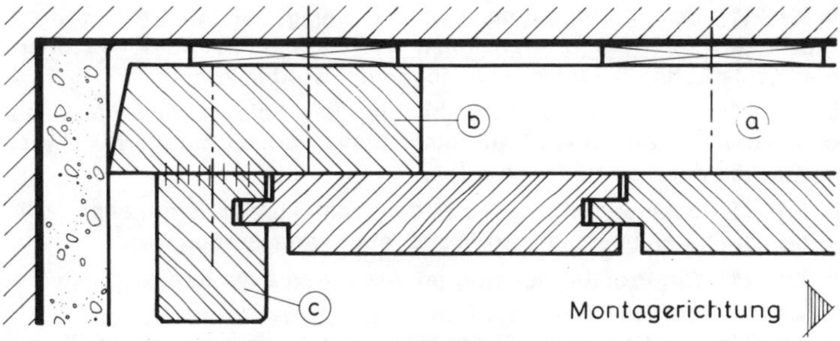

B 3.1.–18 Wandanschluß mit Anschlußprofil. (a) Latten, (b) Wandrandleiste mit Wandanschlußprofil (c), am Mauerwerk montiert.

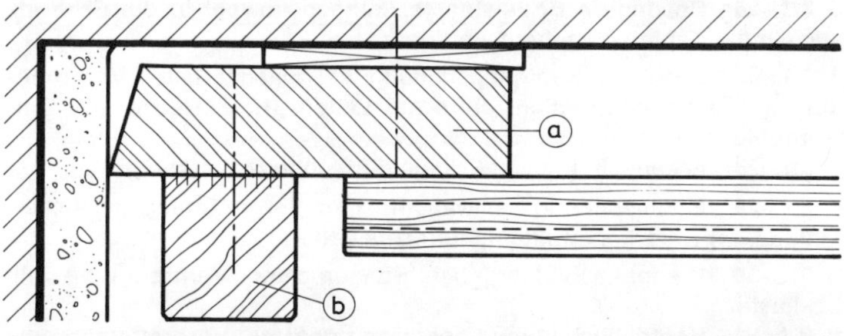

B 3.1.–19 Wandanschluß mit Abschlußprofil bei horizontaler Verbretterung. (a) Unterkonstruktion ist an der Wand angepaßt, (b) Abschlußprofil. Zwischen Abschlußprofil und Verbretterung wird eine Schattenfuge gelassen.

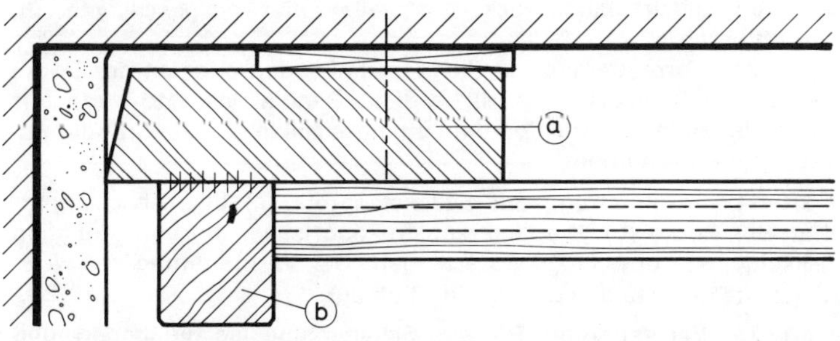

B 3.1.–20 Wandanschluß wie vor, jedoch ist hier die Verbretterung bis dicht an das Abschlußprofil geführt worden.

B 3.1.–21 Eck- und Kantenausbildung bei genuteten Profilbrettern. Die Federn (a) werden abgestoßen und angepaßt. An der vorstehenden Kante hätte die Feder auch eingenutet werden können.

B 3.1.–22 Eck- und Kantenausbildung mit tiefer Schattennut. Die Unterkonstruktion (b) wird an dieser Stelle vertikal montiert, sie wird im Grunde der Schattennut sichtbar.

B 3.1.–23 Eck- und Kantenausbildung mit kleiner Schattennut. Die Feder ist an den gespundeten Profilbrettern abgestoßen worden.

B 3.1.–24 Die Profilbretter sind an den Ecken bzw. Kanten durch Nut und Feder verbunden.

B 3.1.–25 Die Eck- bzw. Kantenbretter sind zu einem festen Winkel verleimt worden.

B 3.1.–26 Besondere Eckleisten (a) können sowohl in die Ecke als auch in die Kanten eingebaut werden.

B 3.1.–27 Eck- und Kantenausbildung bei waagerechter Verbretterung. (a) Unterkonstruktion, aufrechte Latten, (b) Eckleiste, (c) Kantenprofil.

B 3.1.–28 Eckausbildung mit Eckleiste (b) ohne Schattenfuge.

B 3.1.–29 Eckausbildung bei waagerechter Verbretterung mit Schattenfuge, (a) Unterkonstruktion, aufrechte Latten.

B 3.1.–30 Kantenausbildung bei waagerechter Verbretterung mit Eckleiste.

B 3.1.–31 Kantenausbildung bei waagerechter Verbretterung mit Schattennut. (a) Schattennut, (b) sichtbare Hirnholzkante.

B 3.1.–32 Höhenschnitt durch eine Verbretterung mit Schattenfuge an Fußboden und Decke. (a) Unterkonstruktion, Latten. Sie sind zur besseren Luftzirkulation rückseitig stellenweise ausgeschlagen. (b) Verbretterung.

B 3.1.–33 Verbretterung mit dicht am Fußboden oder an der Decke angepaßten Randleisten (c, d). In diese Randleisten sind wie in die Latten der Unterkonstruktion die Lüftungsschlitze eingebohrt oder gefräst. (b) Verbretterung.

B 3.1.–34 Verbretterung mit Fußleistenprofil (a) und Abschlußprofil an der Decke (b). Die Unterkonstruktion ist für die Luftzirkulation rückseitig, stellenweise ausgeschlagen. Die Verbretterung (c) weist zwischen Fußleiste und Deckensims Luft auf.

B 3.1.–35 Verbretterung (c) mit Schattenfuge an Fußboden und Decke. Weil die Raumwand verputzt ist, werden die Deckleisten an der Decke (a) und am Fußboden (b) erforderlich.

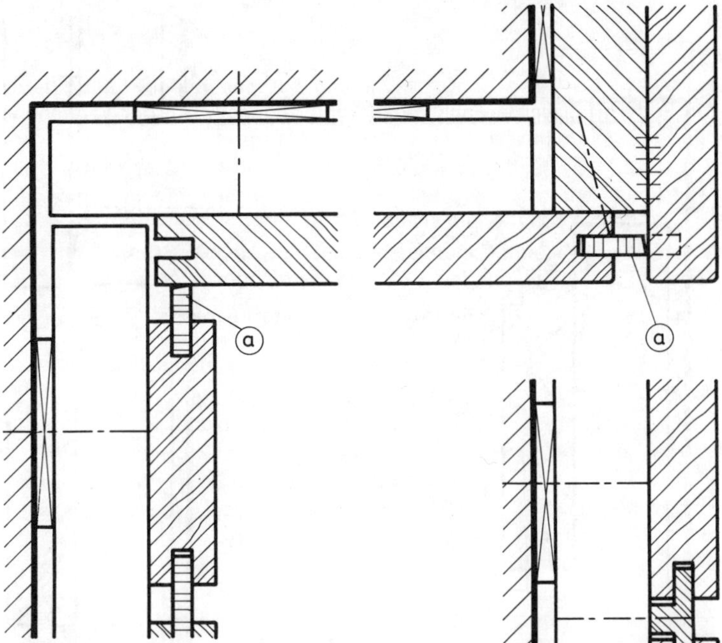

B 3.1.–21

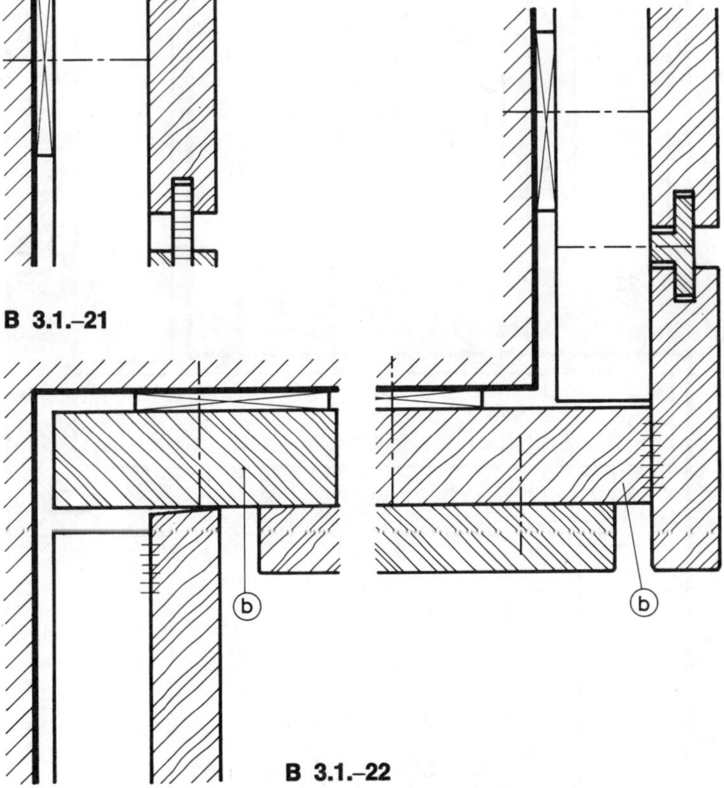

B 3.1.–22

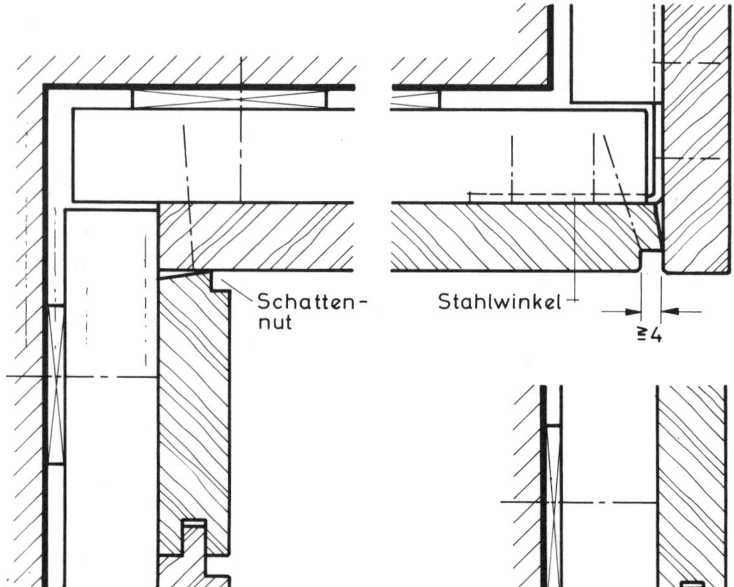

B 3.1.–23

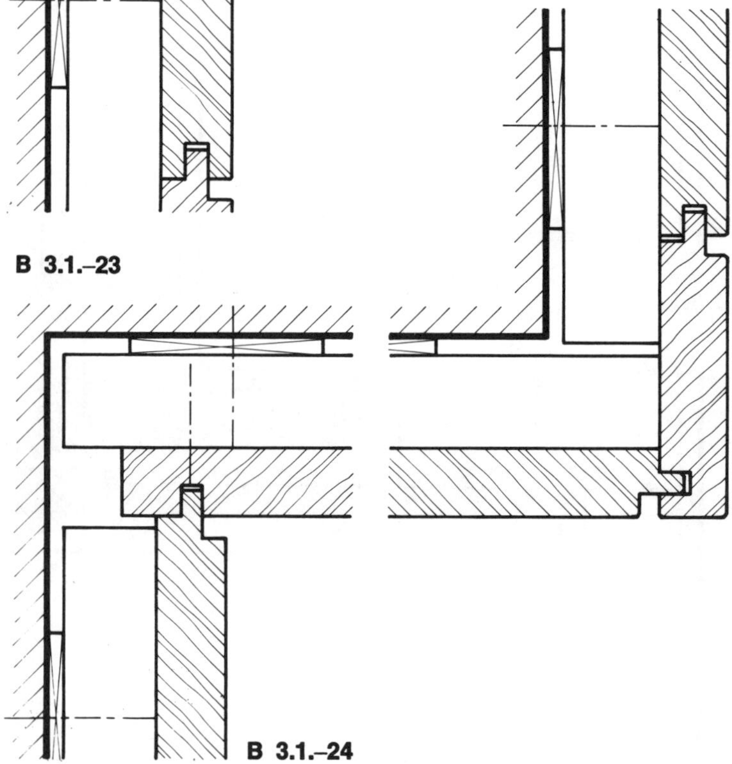

B 3.1.–24

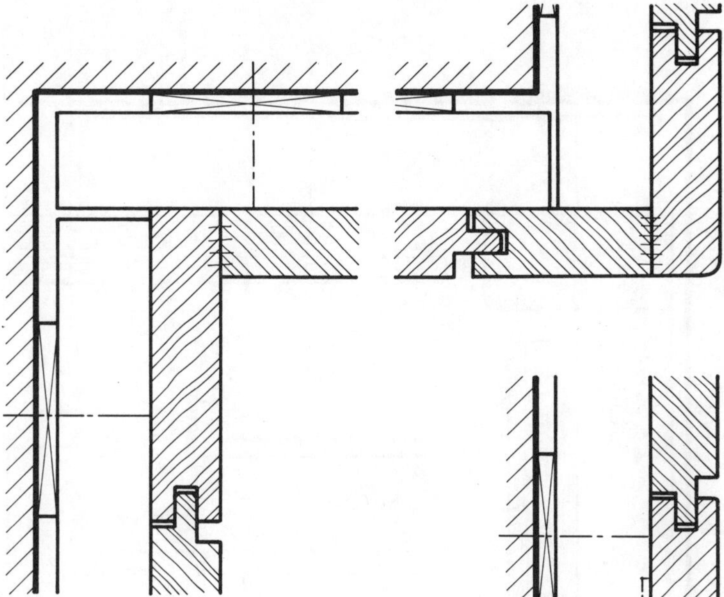

B 3.1.–25

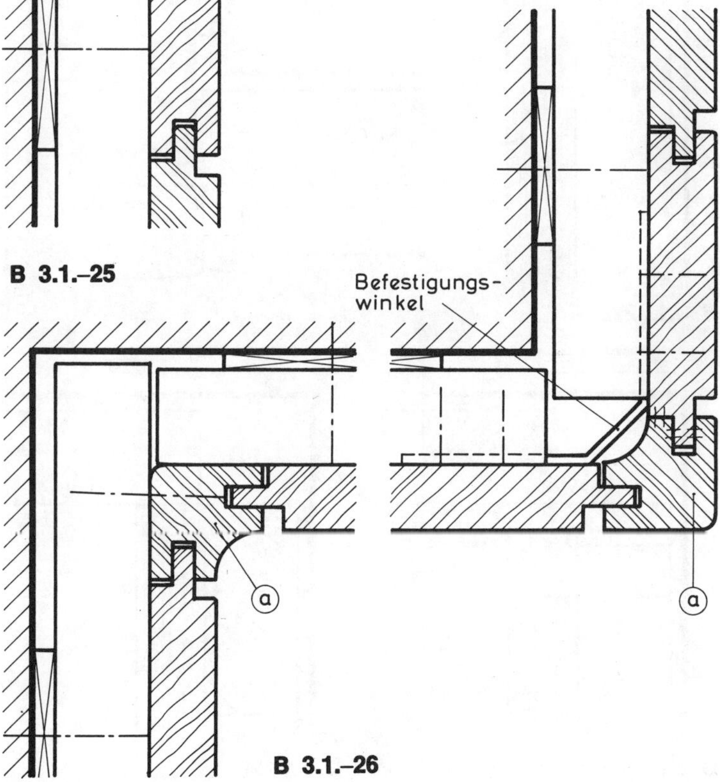

B 3.1.–26

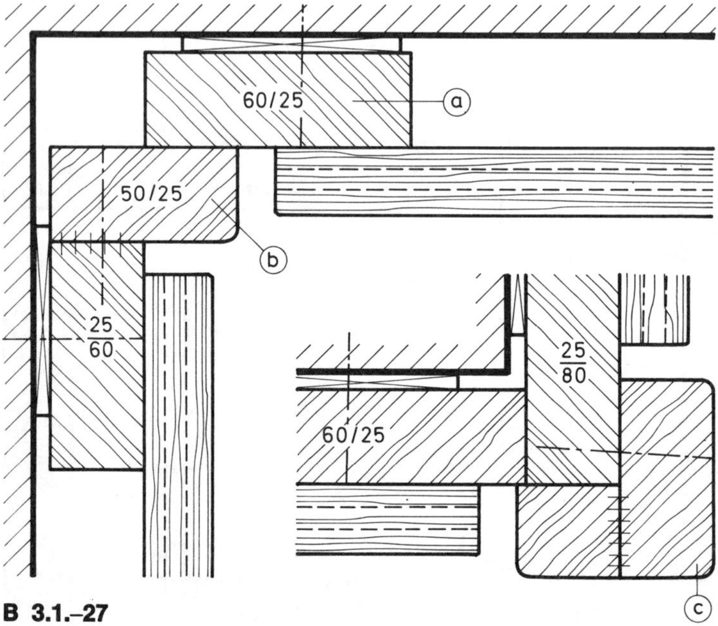

B 3.1.–27

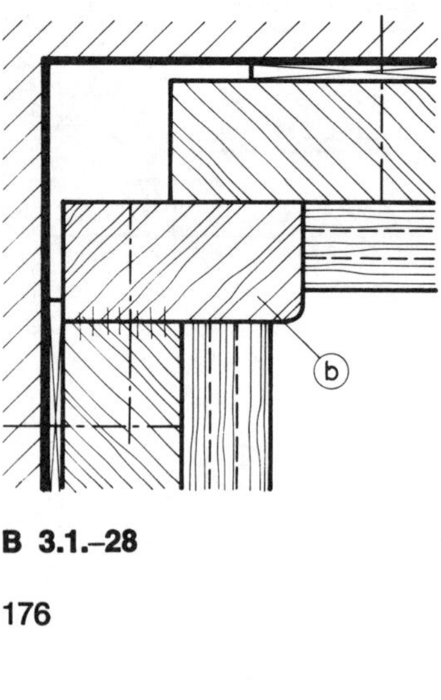

B 3.1.–28

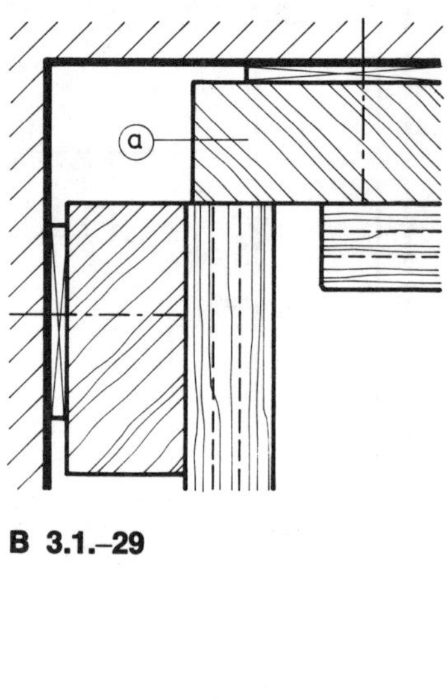

B 3.1.–29

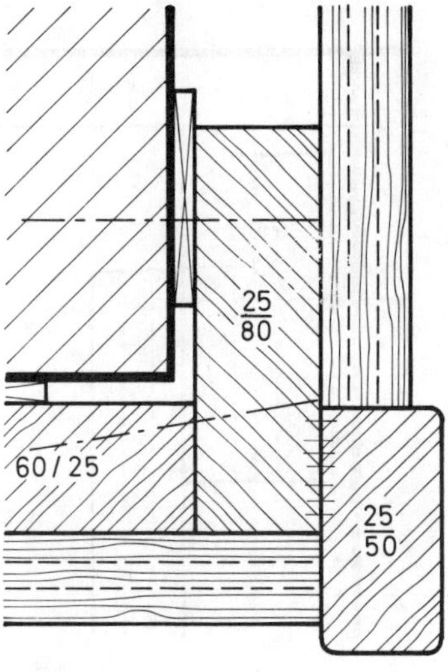

B 3.1.–30

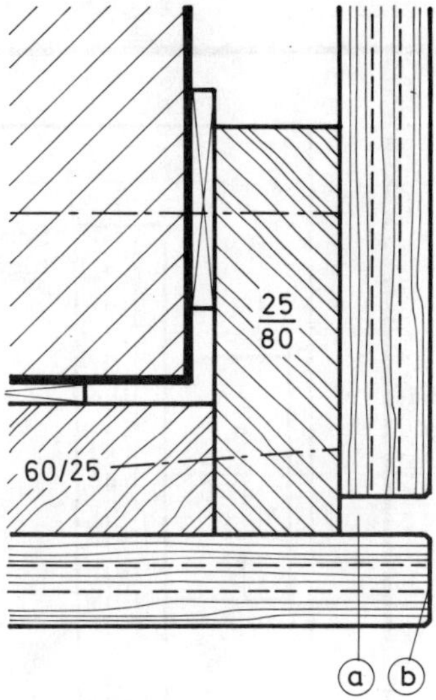

B 3.1.–31

B 3.1.–36 Höhenschnitt durch eine nicht raumhohe verbretterte Wandverkleidung. (a) Fußleistenprofil, (b) Sims mit Tellerrillen, (c) Verbretterung, (e) stellenweise an der Fräse ausgeschlagene Lüftungsschlitze.

B 3.1.–37 Wandverkleidung mit schmalem Abschlußsims. (a) Fußleistenprofil, (b) Abschlußsims, (c) Verbretterung, (d) Deckleiste, (e) Lüftungsschlitze unter dem Fußleistenprofil und in der Deckleiste.

B 3.1.–38 Höhenschnitt durch eine verstäbte Wandverkleidung. (a) Stäbe, (b) Grundplatte, (c) Wandtragleisten, (d) Nutklötze, (e) Deckensims, (f) Fußleiste.

B 3.1.–39 Verstäbte Wandverkleidung in die Unterkonstruktion eingehängt. (a) Stäbe, auf eine Grundplatte unsichtbar befestigt, (b) Fußbodenrandleiste, (c) Deckenrandleiste, (d) Wandtragleiste, (e) Nutleiste.

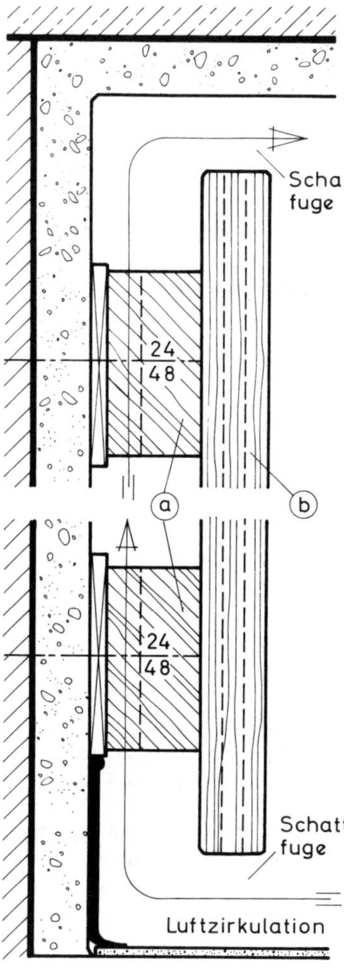
Schatten-
fuge
24
48
a
b
24
48
Schatten-
fuge
Luftzirkulation

B 3.1.–32

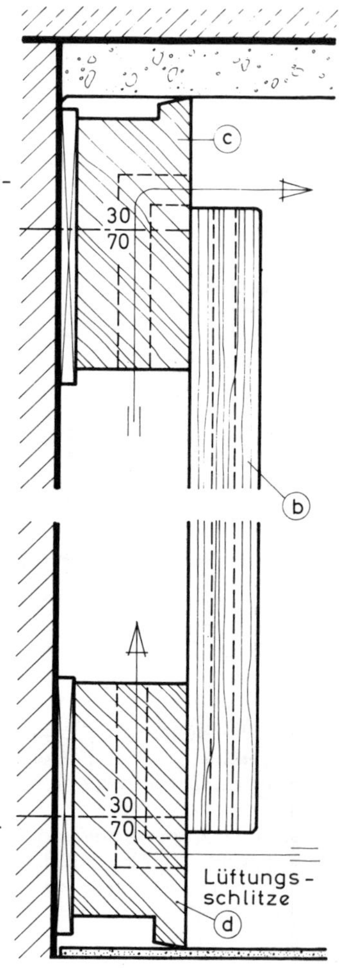
c
30
70
b
30
70
Lüftungs-
schlitze
d

B 3.3.–33

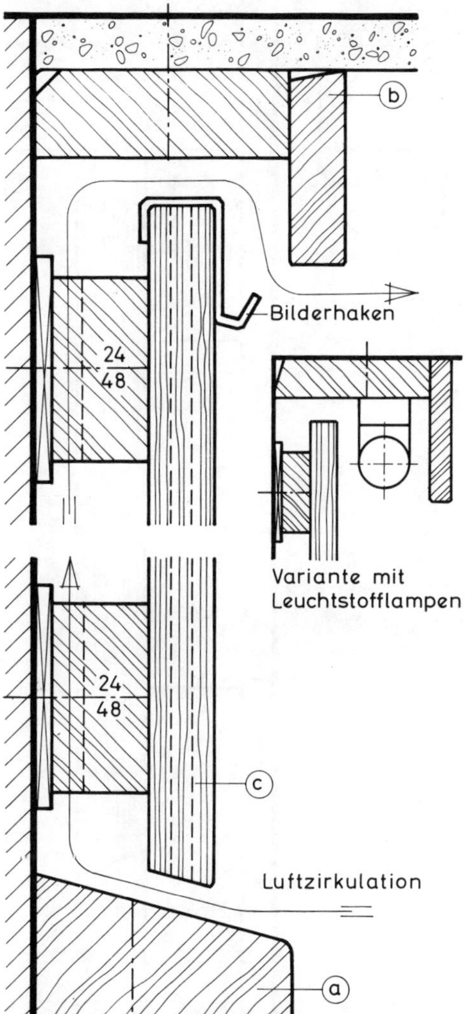
b
Bilderhaken
24
48
Variante mit
Leuchtstofflampen
24
48
c
Luftzirkulation
a

B 3.1.–34

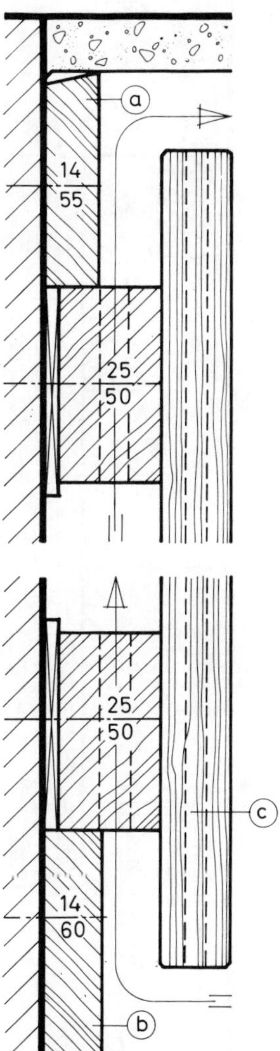
a
14
55
25
50
25
50
c
14
60
b

B 3.1.–35

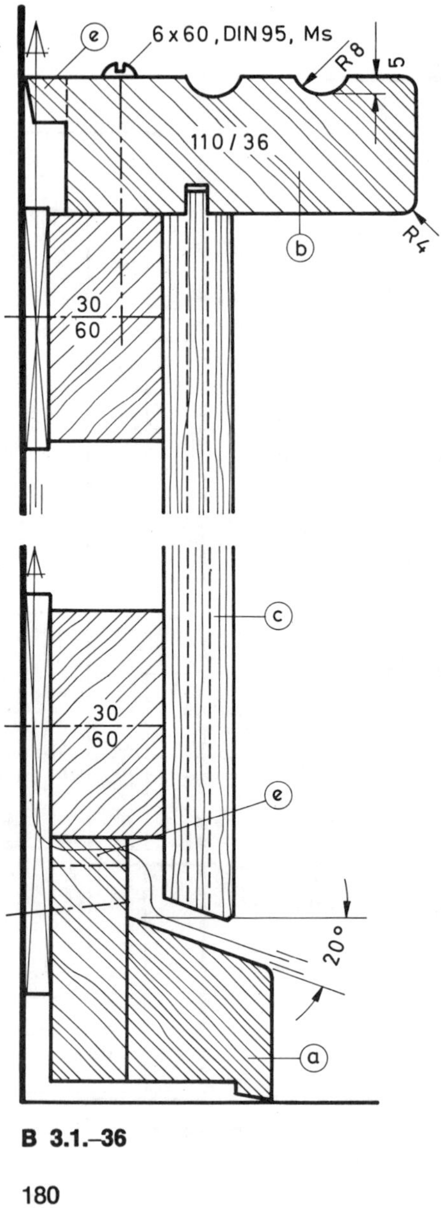

B 3.1.–36

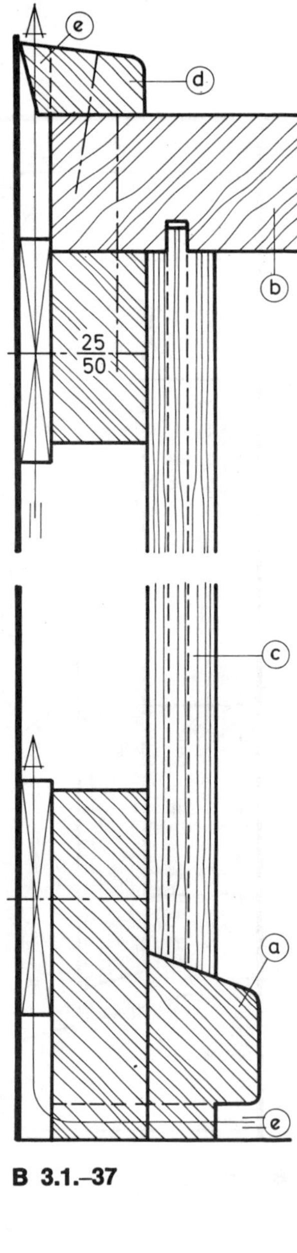

B 3.1.–37

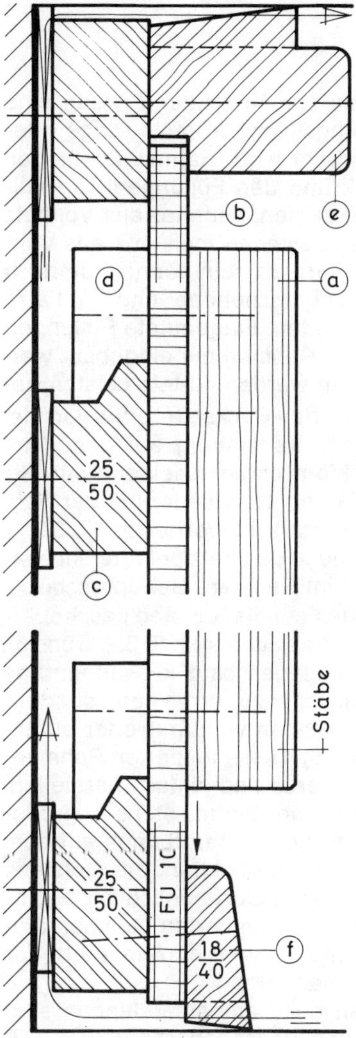

b
e
d
a
25
50
c
Stäbe
25
50
FU 10
18
40
f

B 3.1.–38

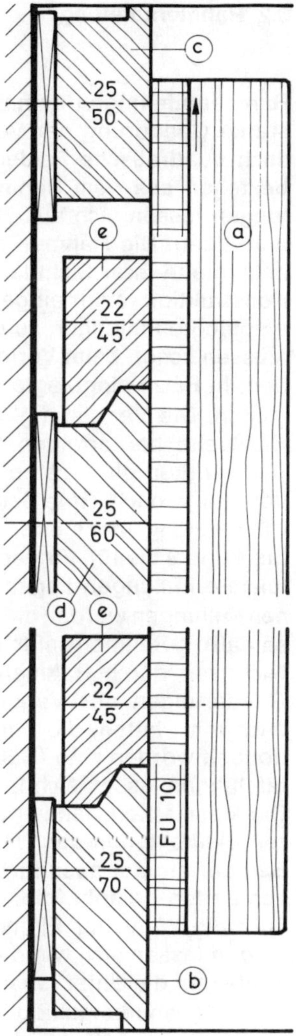

c
25
50
e
a
22
45
25
60
d
e
22
45
FU 10
25
70
b

B 3.1.–39

3.2 Rahmentäfelungen

Rahmentäfelungen kommen dann zur Anwendung, wenn eine starke Gliederung der Verkleidungsfläche in rechteckige oder auch quadratische Felder gewünscht wird. Rahmentäfelungen bestehen aus dem Rahmenwerk und den Füllungen. Die Füllungen lassen sich aus Holzwerkstoffen, seltener aus Vollholz anfertigen. Die Rahmen dagegen bestehen meistens aus Vollholz, die in ihrer Sichtfläche überfurniert sein können. Je nach Konstruktion sind eingenutete, überschobene und in Fälze eingelegte Füllungen zu unterscheiden. Eingenutete Füllungen müssen schon beim Verleimen der Rahmen mit eingebaut werden. In Fälze eingelegte Füllungen werden mittels Leisten gehalten. Die Verleistung kann von der Rückseite oder von der Sichtseite her erfolgen. Bei einer Verleistung auf der Sichtseite wirken die Leisten architektonisch entscheidend mit. Sie können je nach Tiefe der Profilierung die Gliederung der Rahmentäfelung mehr oder weniger stark hervorheben (B 3.2.–2 bis 4 und 9 bis 10). Eingenutete und in den Falz gelegte und verleistete Füllungen liegen vertieft im Rahmen. Bei überschobenen Füllungen werden die Füllungen auf die Rahmen geschoben, so daß die Rahmen tiefer liegen als die Füllungen (B 3.2.-5 und 6). Nicht nur durch Rahmen und Füllungen sind kassettenartige Gliederungen der Verkleidungsfläche zu erreichen, sondern auch mit Platten, die durch Randleisten verstärkt oder aufgedoppelt worden sind (B 3.2.–7 und 8). Diese imitierten Rahmentäfelungen lassen sich leicht montieren und einfach herstellen. Die klassischen Rahmentäfelungen werden meistens in größeren Elementen in der Werkstatt vorgefertigt und dann auf dem Bau auf die gut ausgerichtete Unterkonstruktion, die meistens aus Latten besteht, montiert. Die Transportmöglichkeit beeinflußt die Wahl der Elementgröße. Die imitierten Rahmentäfelungen lassen sich wie die Plattentäfelungen einzeln, Platte für Platte, auf die Unterkonstruktion montieren.
Einige Ausbildungsmöglichkeiten der Rahmentäfelungen sind im Querschnitt (B 3.2.–1 bis 8) und im Höhenschnitt (B 3.2.–9 bis 12) dargestellt.

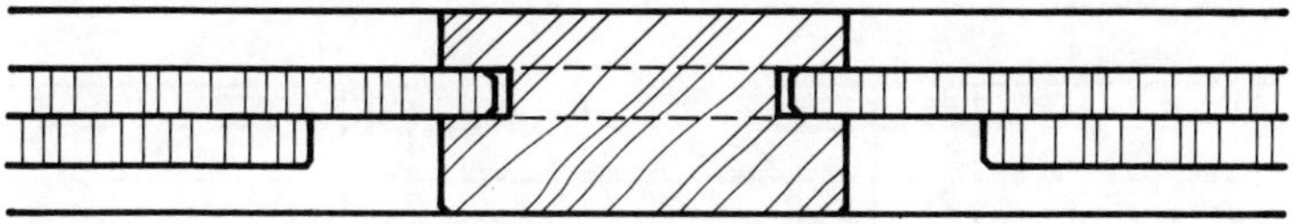

B 3.2.–1 Im Rahmen eingenutete Füllungen. Die Füllungen sind aufgedoppelt.

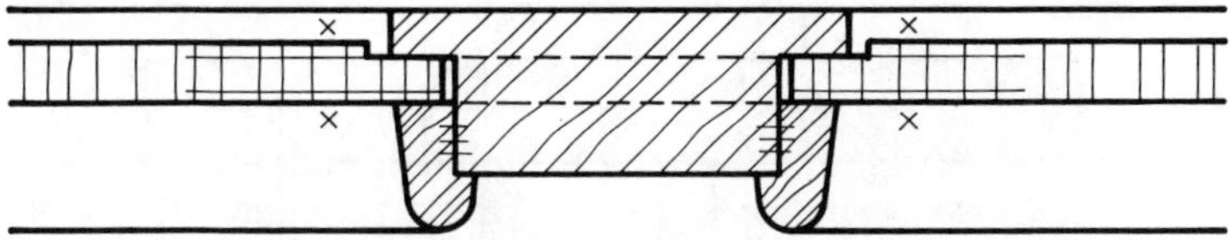

B 3.2.–2 In Fälze eingelegte und verleistete Füllungen.

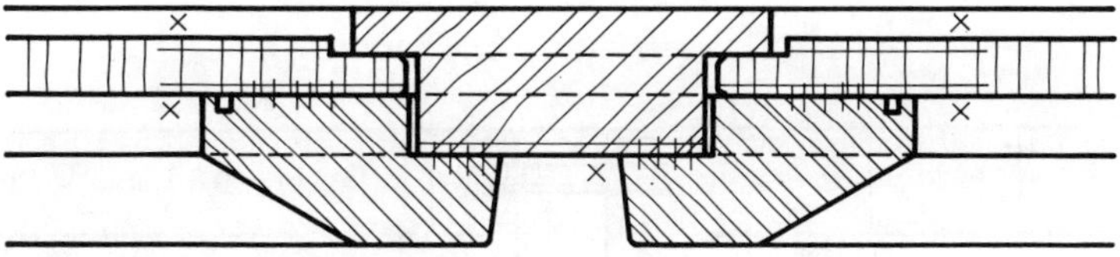

B 3.2.–3 Im Falz eingeleimte Füllungen mit großen Randleisten.

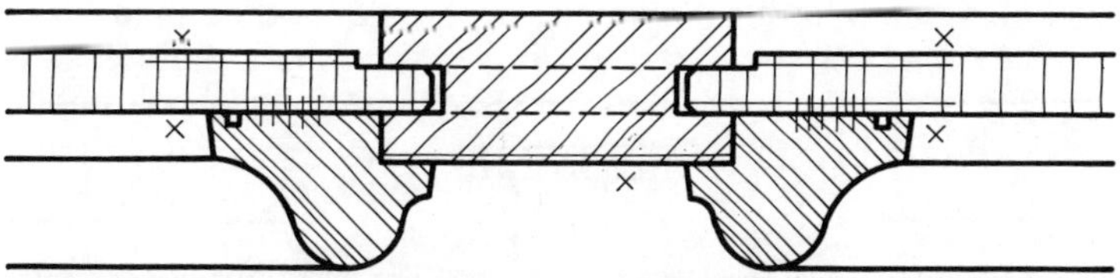

B 3.2.–4 Im Rahmen eingenutete Füllungen. Zusätzlich eingeleimte Füllungsstäbe erhöhen die plastische Wirkung.

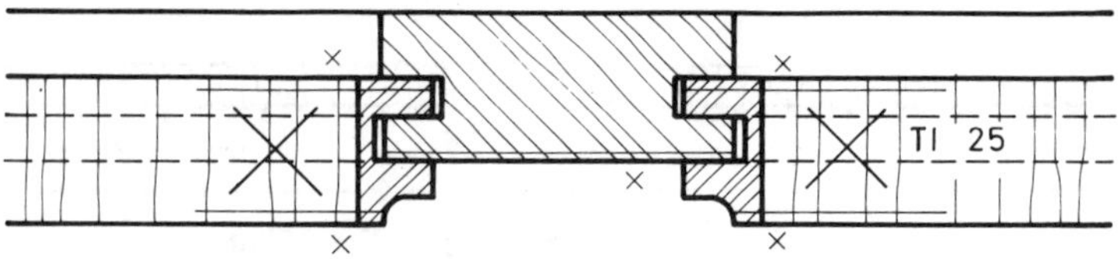

B 3.2.–5 Überschobene Füllungen aus Tischlerplatten.

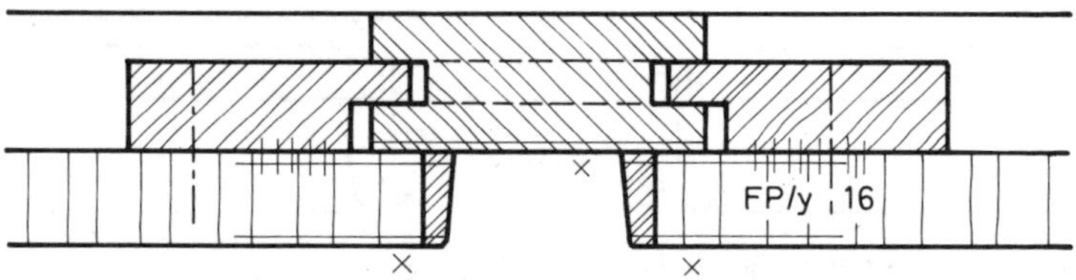

B 3.2.–6 Überschobene Füllung mit aufgedoppelten Nutleisten. Die Füllung liegt dann in ganzer Dicke auf.

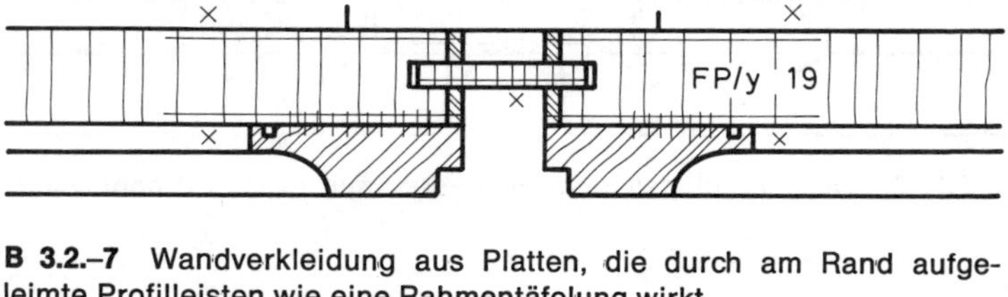

B 3.2.–7 Wandverkleidung aus Platten, die durch am Rand aufgeleimte Profilleisten wie eine Rahmentäfelung wirkt.

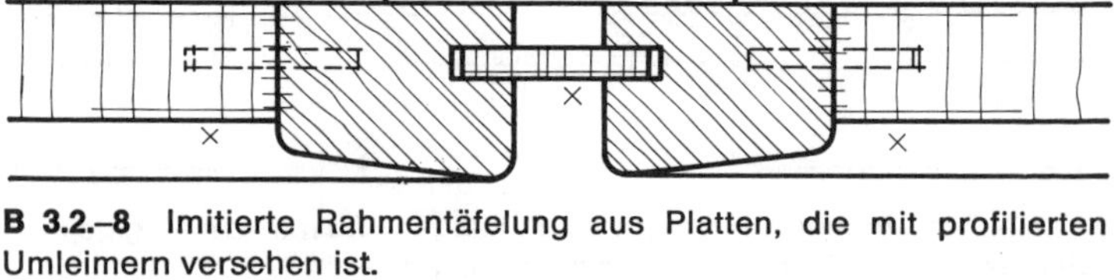

B 3.2.–8 Imitierte Rahmentäfelung aus Platten, die mit profilierten Umleimern versehen ist.

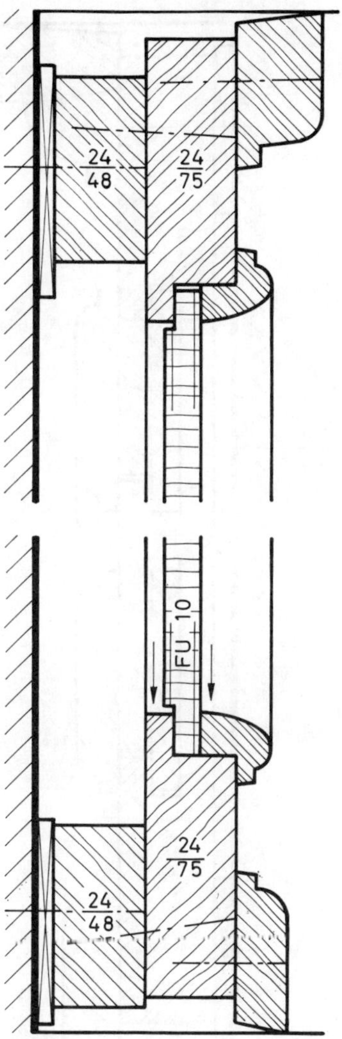

B 3.2.–9

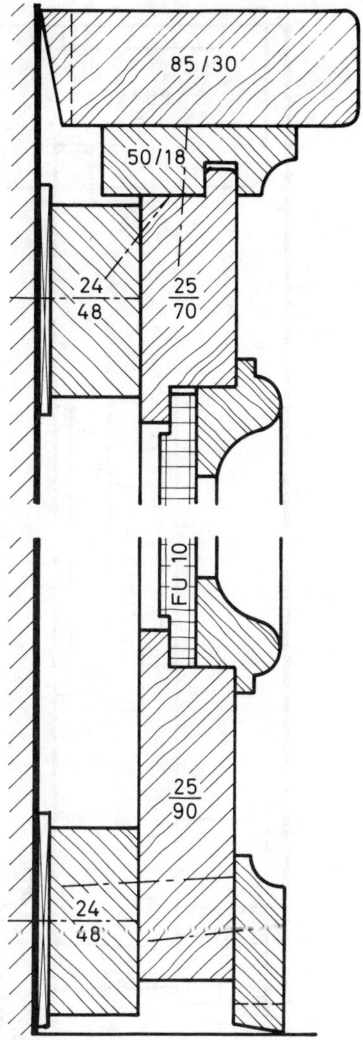

B 3.2.–10

B 3.2.–9 Höhenschnitt durch eine raumhohe Rahmentäfelung mit verleisteten Füllungen.

B 3.2.–10 Nichtraumhohe Rahmentäfelung mit verleisteter Füllung.

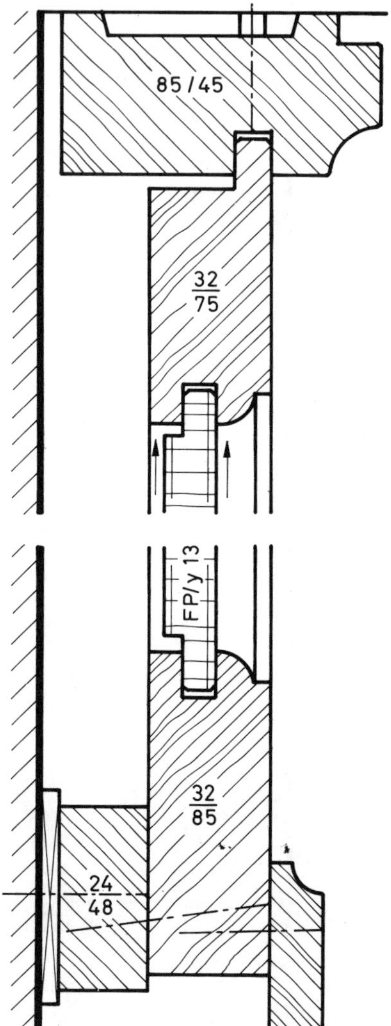

B 3.2.–11

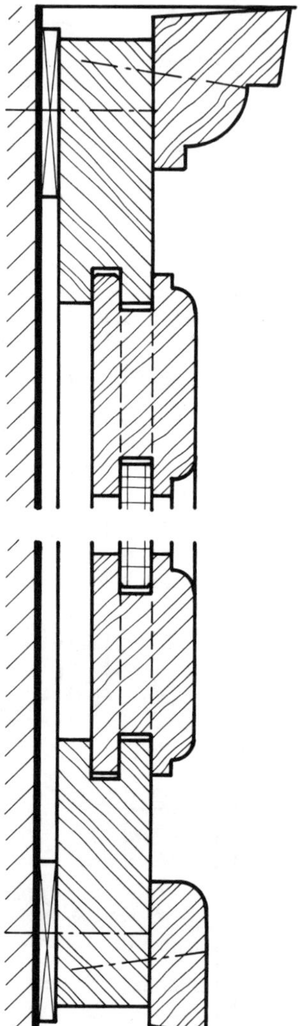

B 3.2.–12

B 3.2.–11 Höhenschnitt durch eine raumhohe Rahmentäfelung mit eingenuteten Füllungen.

B 3.2.–12 Rahmentäfelung mit überschobenen Füllungsrahmen.

3.3 Plattentäfelungen

Plattentäfelungen bestehen aus mehr oder weniger großformatigen Platten, die in einer frei gewählten Teilung oder fugendicht auf der Unterkonstruktion befestigt sind. Für diese großformatigen Platten sind die nur gering arbeitenden Holzwerkstoffe, wie Sperr- oder Spanplatten, geeignet, die mit Edelholz furniert oder mit Kunststoff, Metallen, Leder, Bastmatten oder Textilien kaschiert sein können. Geht die Wandvertäfelung fugendicht durch, ist an jeder Raumecke eine Dehnungsfuge vorzusehen. Die Dehnungsfuge pro Raumecke errechnet sich wie folgt:

Dehnungsfuge (mm) = Wandlänge (m) x 1,5 (mm/m)

Die Unterkonstruktion besteht in der Regel aus Latten, die entweder unter den Teilungsfugen oder als Tragleisten quer auf der Wand angebracht werden, oder im besonderen aus vorgefertigten Rahmen (B 3.0.–19, 21 bis 24). Die architektonische Wirkung und die Konstruktion von Plattentäfelungen hängt von der Lösung folgender Detailpunkte ab:

a) Von den Wandanschlüssen. Gemeint ist hier der Anschluß der Wandverkleidung an eine nicht verkleidete Raumwand. Die Verkleidung kann von der Raumwand durch Schattennuten oder durch besondere Leisten getrennt werden oder hier dicht angepaßt werden (B 3.3.–1 bis 6).

b) Von den Mittelanschlüssen. Sie zeigen die Verbindung der Täferplatten untereinander und teils die Befestigung auf der Unterkonstruktion. Die Täferplatten können durch Einschubfedern verbunden werden, dicht verleimt oder durch Schattenfugen voneinander getrennt sein. Geht die Schattenfuge bis zur Lattung durch, muß die Sichtfläche der darunterliegenden Unterkonstruktion furniert und oberflächenbehandelt sein. Sind die Täferplatten fugendicht verleimt, sind Dehnungsfugen vorzusehen. Die Platten können verdeckt auf die Unterkonstruktion genagelt oder durch besondere Beschläge, Leisten oder Nutklötze auf dieser befestigt werden (B 3.3.–7 bis 17).

c) Von den Eck- und Kantenausbildungen. Wenn die Plattentäfelung um Raumecken oder -kanten herumgeführt wird, sind die Platten an diesen Punkten so zu verbinden, daß die Kon-

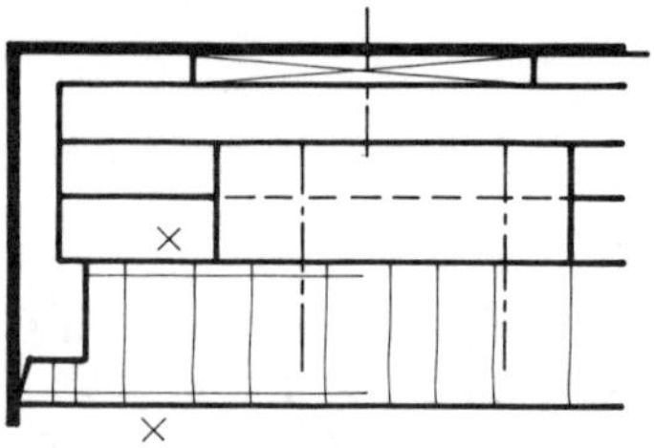

B 3.3.–1

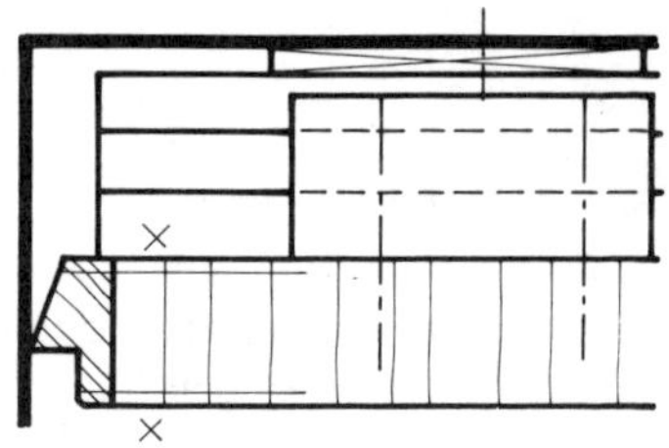

B 3.3.–2

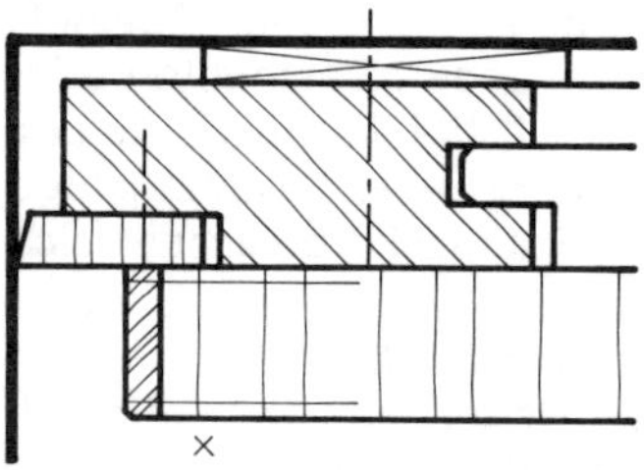

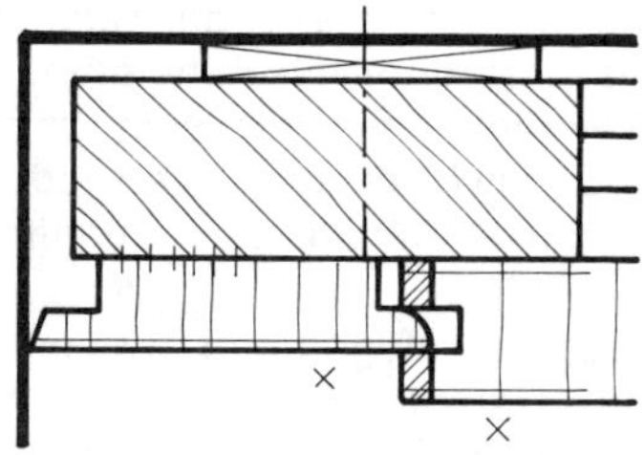

B 3.3.–4

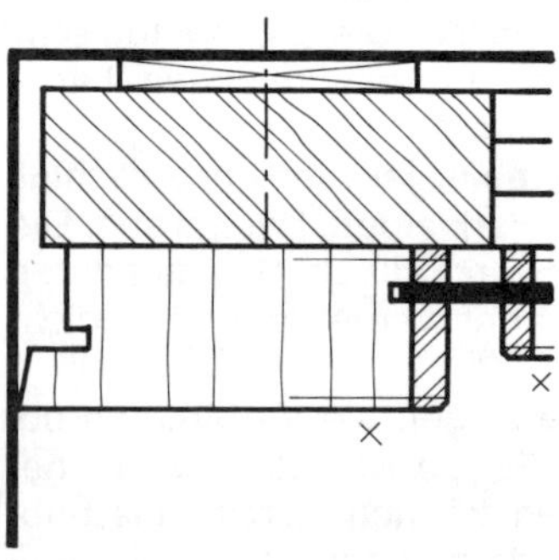

B 3.3.–5

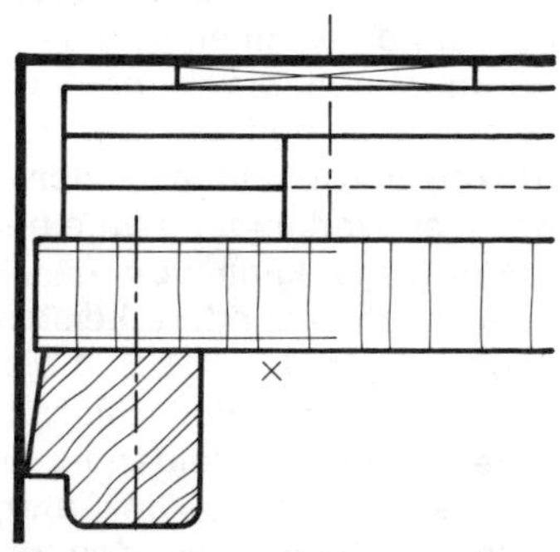

B 3.3.–6

B 3.3.–1 Vertäfelung ist dicht an der Wand angepaßt.

B 3.3.–2 Wandanschluß mit Schattenfuge.

B 3.3.–3 Wandanschluß mit tiefer Schattennut. Eine in die Unterkonstruktion eingefälzte Deckleiste wird vor der Plattenmontage angeheftet.

B 3.3.–4 Eine dünne Wandanschlußleiste wird in die Täferplatte eingefedert und an der Wand angepaßt.

B 3.3.–5 Dicke Wandanschlußleiste, mit der Vertäfelung durch eine Feder verbunden.

B 3.3.–6 Dicke aufgesetzte Wandanschlußleiste.

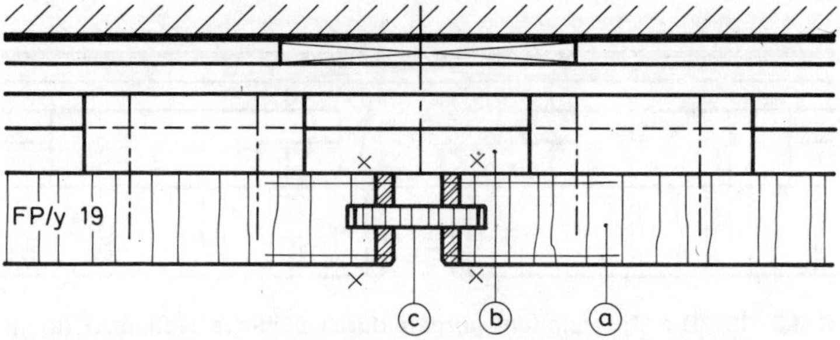

B 3.3.–7 Mittelanschluß einer durch Einschubfedern (c) verbundenen Plattentäfelung. Die Täferplatten (a) sind mittels Nutklötzen in eine genutete Tragleiste (b) gehängt.

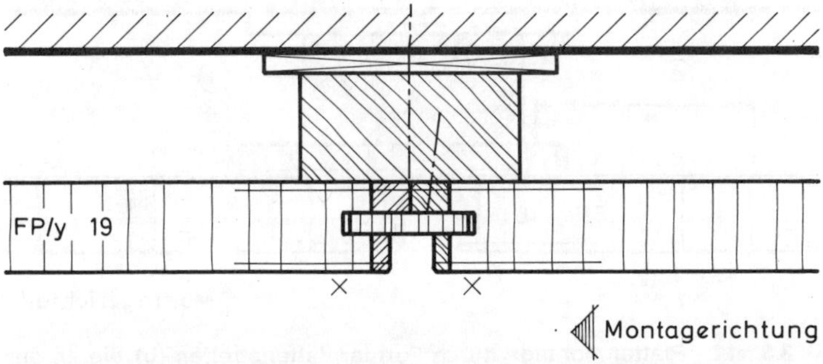

B 3.3.–8 Die Täferplatten, einseitig auf die Unterkonstruktion genagelt, sind durch Einschubfedern miteinander verbunden, die die Befestigungsmittel verdecken.

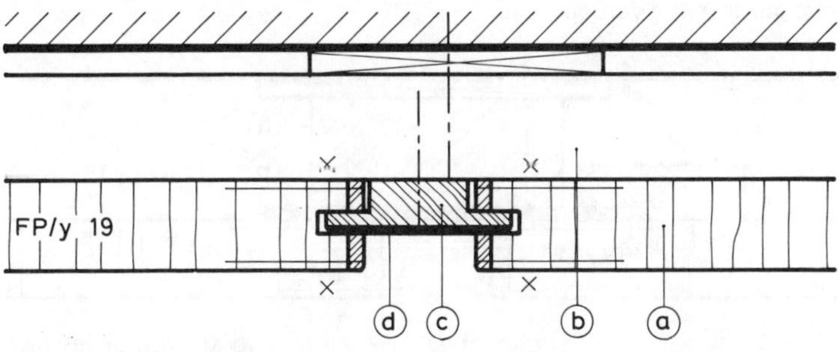

B 3.3.–9 Die Täferplatten (a) werden durch die auf die Unterkonstruktion (b) geschraubte Einschubfeder (c) gehalten. Die Schraubenköpfe sind durch einen Schichtpreßstoffstreifen (d) abgedeckt.

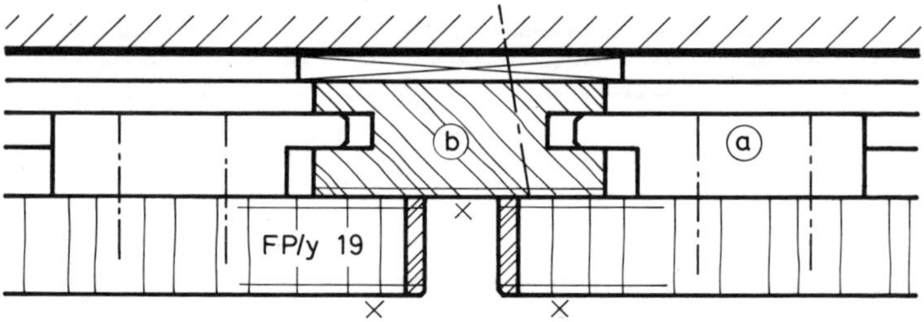

B 3.3.–10 Die Täferplatten werden durch seitliche Nutklötze (a) in der genuteten Lattung (b) gehalten. Wegen der durchgehenden Schattennut ist die Sichtleiste der Unterkonstruktion zu furnieren.

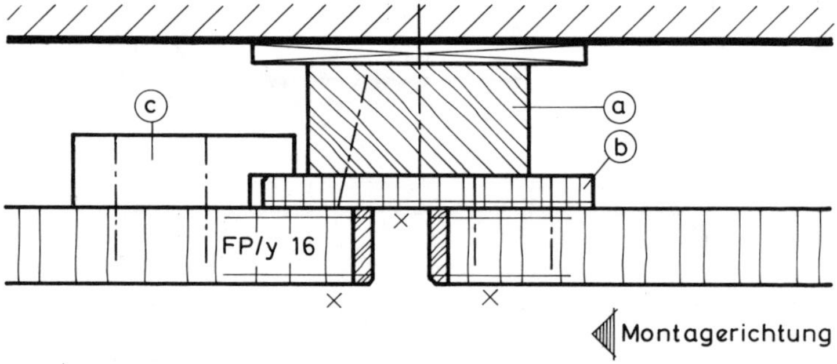

B 3.3.–11 Plattenmontage durch Furnierplattenstreifen (b), die an der Rückseite einer Plattenkante aufgeheftet sind und dann auf die Unterkonstruktion (a) befestigt werden. Mit Nutklötzen wird die nächste Täferplatte auf den Furnierplattenstreifen geschoben, so daß die Befestigungsmittel verdeckt sind.

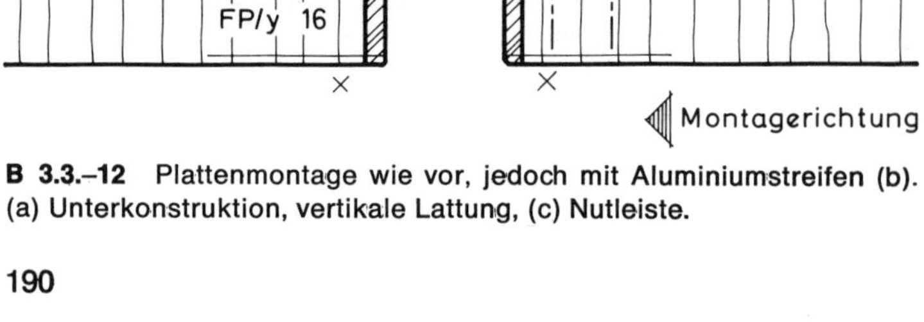

B 3.3.–12 Plattenmontage wie vor, jedoch mit Aluminiumstreifen (b). (a) Unterkonstruktion, vertikale Lattung, (c) Nutleiste.

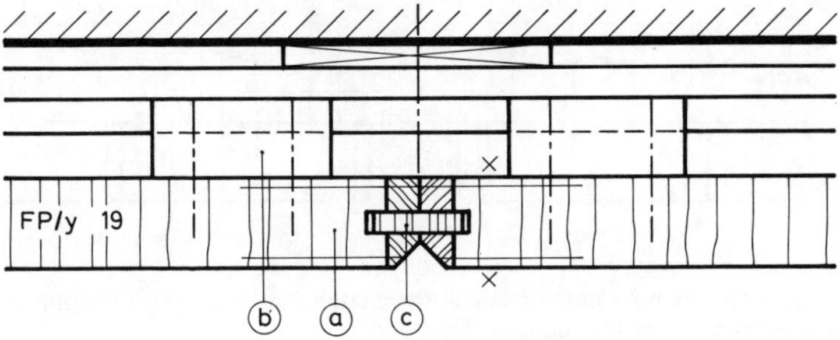

B 3.3.–13 Täferplatten (a) durch Einschubfedern (c) verbunden. Die Fuge ist durch Fasen betont. (b) Nutklötze zum Einhängen in die genutete Unterkonstruktion.

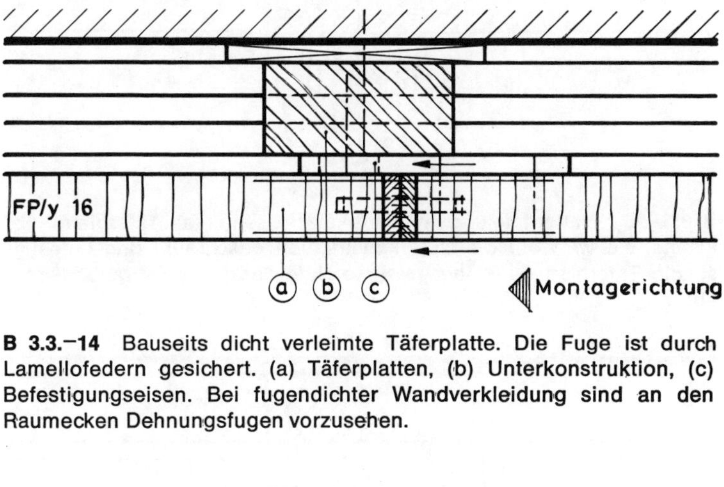

B 3.3.–14 Bauseits dicht verleimte Täferplatte. Die Fuge ist durch Lamellofedern gesichert. (a) Täferplatten, (b) Unterkonstruktion, (c) Befestigungseisen. Bei fugendichter Wandverkleidung sind an den Raumecken Dehnungsfugen vorzusehen.

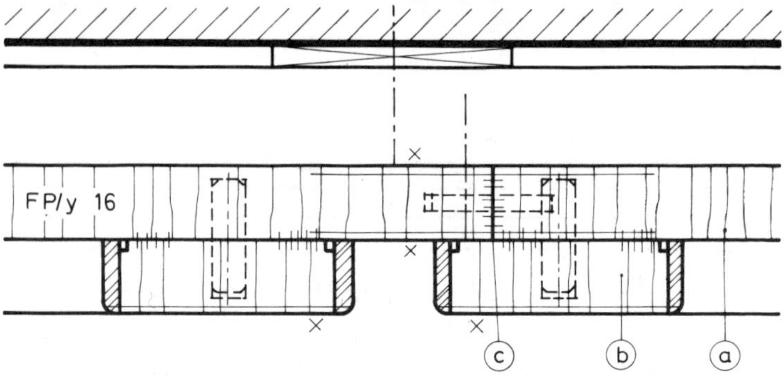

B 3.3.–15 Plattentäfelung mit aufgesetzten Rahmen. (a) Täferplatte, (b) aufgedübelter Rahmen, (c) Stoßfuge.

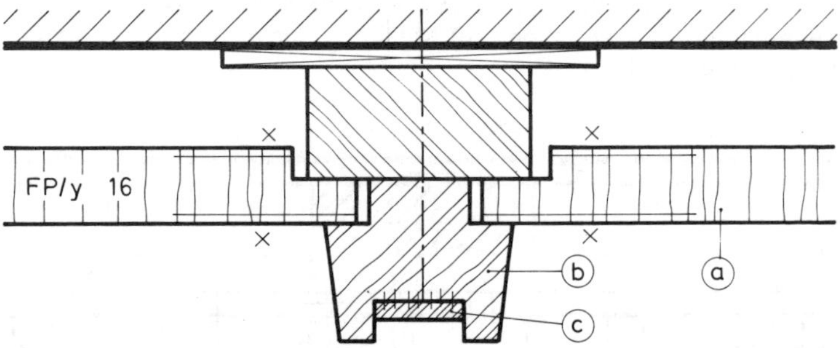

B 3.3.–16 Plattentäfelung mit vertikaler Lisene. (a) Täferplatte, (b) Lisene, sie wird auf die Unterkonstruktion geschraubt und befestigt so die Täferplatten, (c) ausgeleimte Nute deckt die Schraubenköpfe ab.

B 3.3.–17 Plattentäfelung mit leder- bzw. kunstlederbezogenen Täferplatten.

struktion zu den Mittelanschlüssen paßt. Ferner sollten sich die Verbindungen leicht herstellen und einfach montieren lassen. Für die Eck- bzw. Kantenausbildung eignen sich gefederte Konstruktionen, Verbindungen mit betonenden Schattenfugen oder mit besonderen Eck- bzw. Kantenleisten (B 3.3.–18 bis 30).
d) Von den Decken- und Fußbodenanschlüssen. Bei den Anschlüssen an Decke und Fußboden kann mit tiefer Schattenfuge, mit Randleisten oder mit besonderen Abschlußleisten gearbeitet werden (B 3.3.–31 bis 43).
Einige Möglichkeiten der Wandanschlüsse sind in B 3.3.–1 bis 6, Mittelanschlüsse in B 3.3.–7 bis 17 und Eck- bzw. Kantenausbildungen in B 3.3.–18 bis 30 in Querschnitten dargestellt, einige Decken- und Fußbodenabschnitte in B 3.3.–31 bis 43 in Höhenschnitten.

B 3.3.–18 Ecken- und Kantenausbildung mit tiefer Schattenfuge. Die Unterkonstruktion muß an diesen Stellen ebenfalls Naturholz aufweisen.

B 3.3.–19 Die Täferplatten sind mit größerem Abstand von der Kante bzw. Ecke montiert worden. Die Unterkonstruktion wird an diesen Stellen sichtbar.

B 3.3.–20 Ecken- und Kantenausbildung mit Schattennuten, die durch ausfälzen jeweils einer Plattenkante entstehen.

B 3.3.–21 Ecken- und Kantenausbildung mit Schattennut. Die Platten sind an der Kante und in der Ecke mittels Einschubfeder verbunden.

B 3.3.–22 Eckausbildung mit Schattenfugen und einer Eckleiste.

B 3.3.–23 Eckausbildung mit Deckleiste.

B 3.3.–24 Kantenausbildung mit Plattenrücksprung. Die Täferplatten sind an der Kante zusammengefedert.

B 3.3.–25 Kantenausbildung wie vor, jedoch ist der Plattenrücksprung von jeder Seite gleich groß.

B 3.3.–26 Ecke und Kante sind gleich ausgebildet und auf Gehrung gefedert.

B 3.3.–27 Ecke und Kante werden durch feste Winkelstücke gebildet, an denen sich die Vertäfelung fortsetzt.

B 3.3.–28 Ecken- und Kantenausbildung durch dünnere Winkelstücke aus furniertem Spanholz.

B 3.3.–29 Ecken- und Kantenausbildung durch besondere Eckleisten.

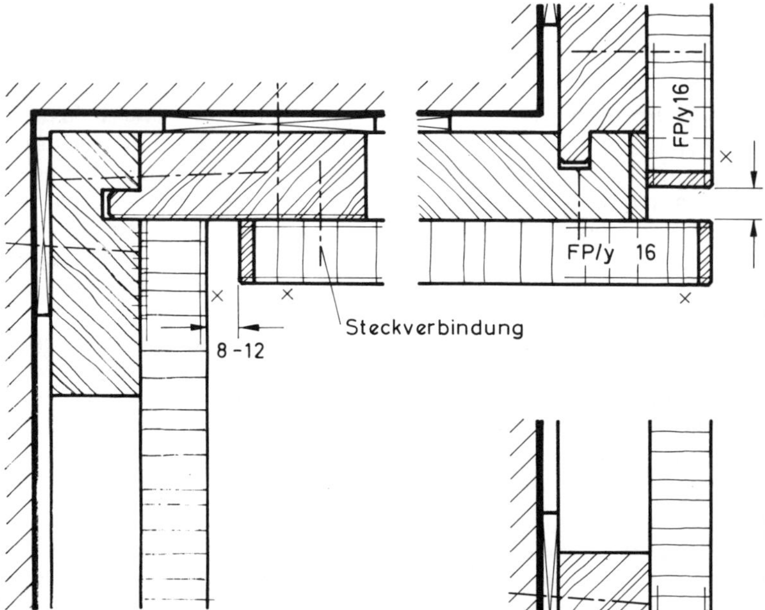

B 3.3.–18

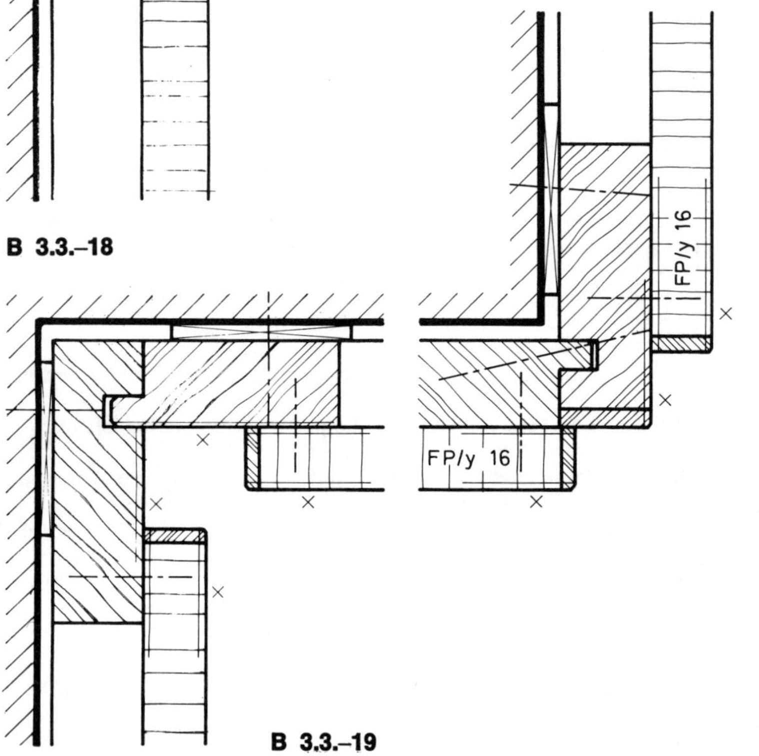

B 3.3.–19

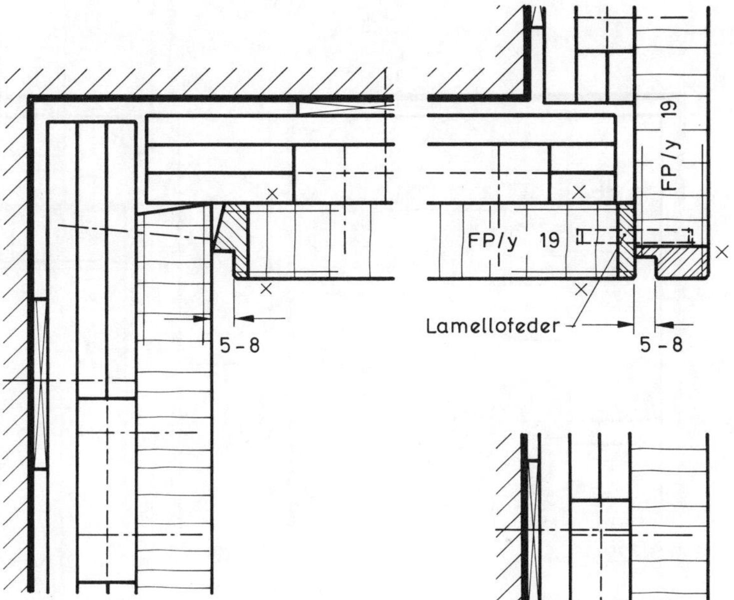
FP/y 19
FP/y 19
Lamellofeder
5 - 8
5 - 8

B 3.3.–20

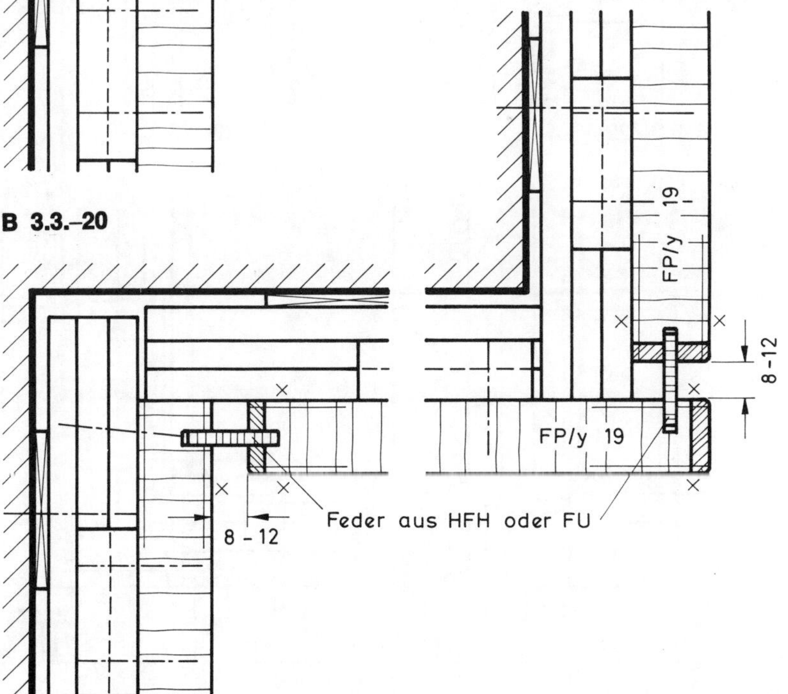
FP/y 19
FP/y 19
8 -12
Feder aus HFH oder FU
8 - 12

B 3.3.–21

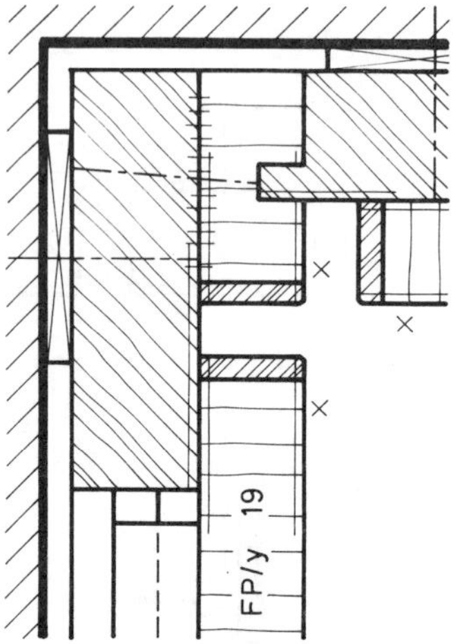

B 3.3.–22

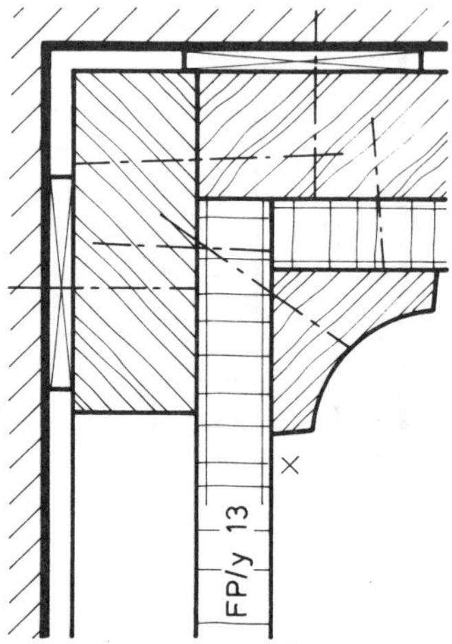

B 3.3.–23

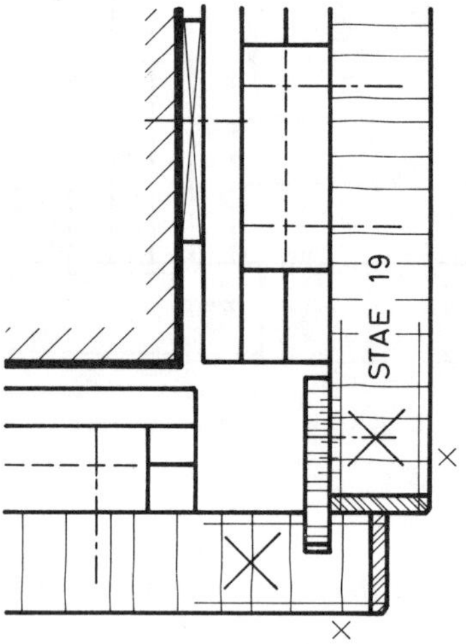

B 3.3.–24

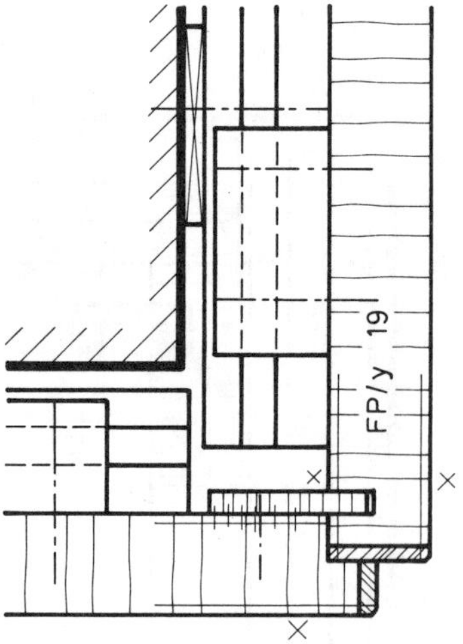

B 3.3.–25

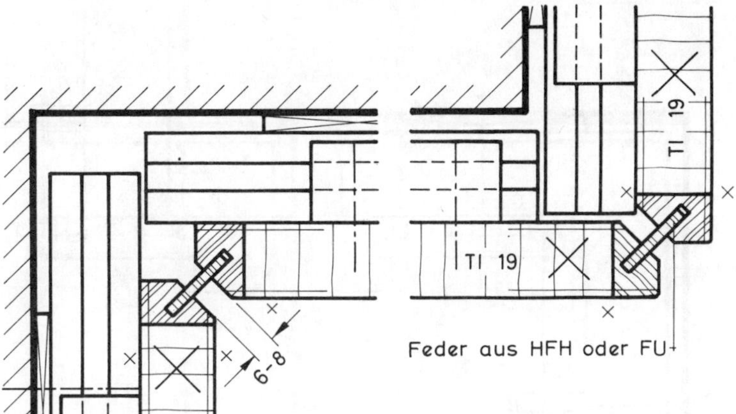

B 3.3.–26

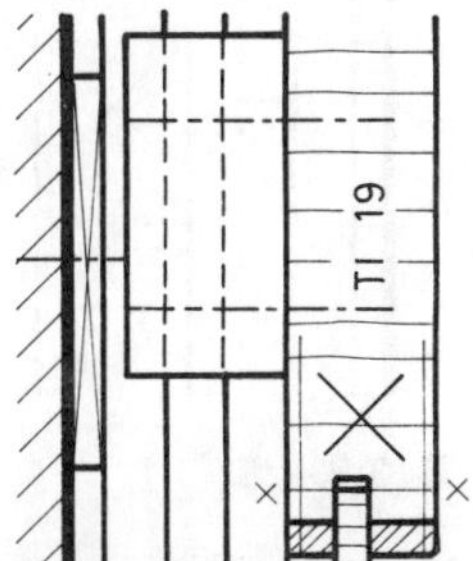

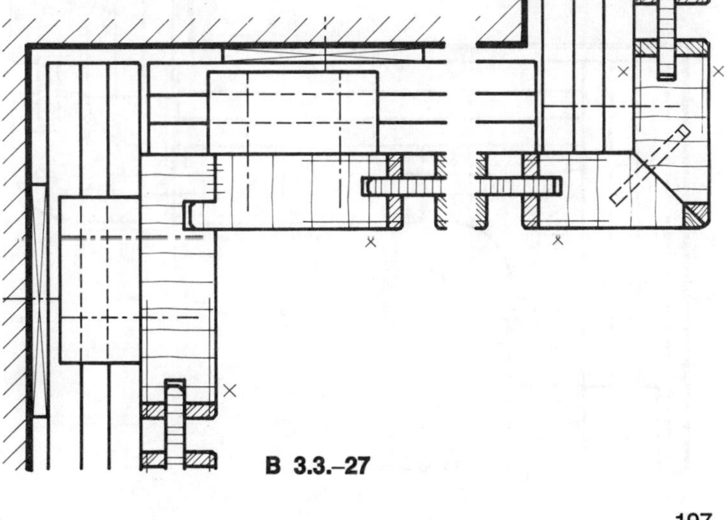

B 3.3.–27

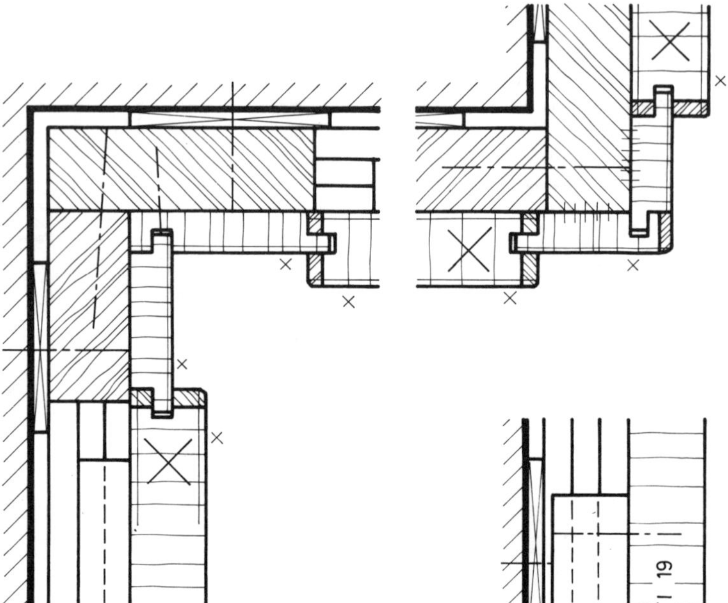

B 3.3.–28

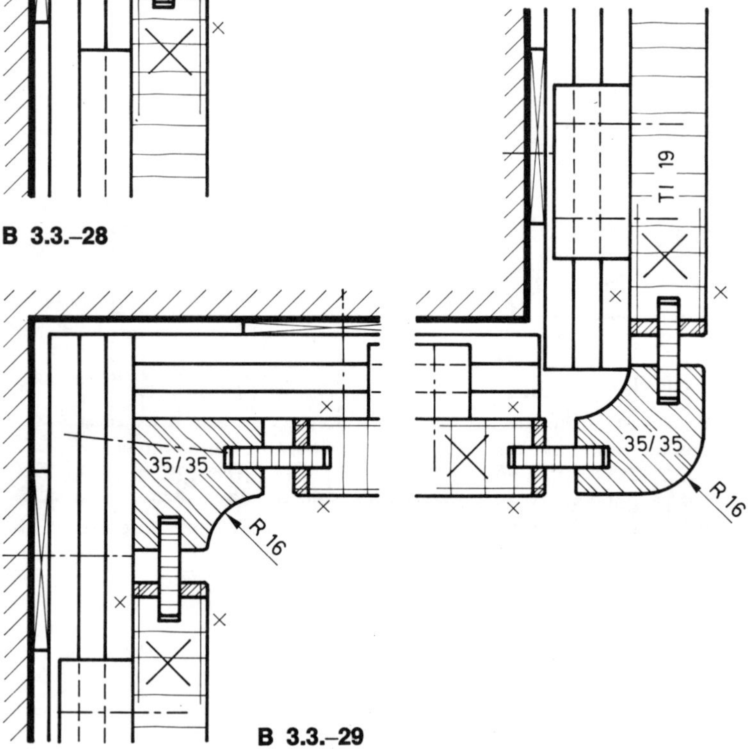

B 3.3.–29

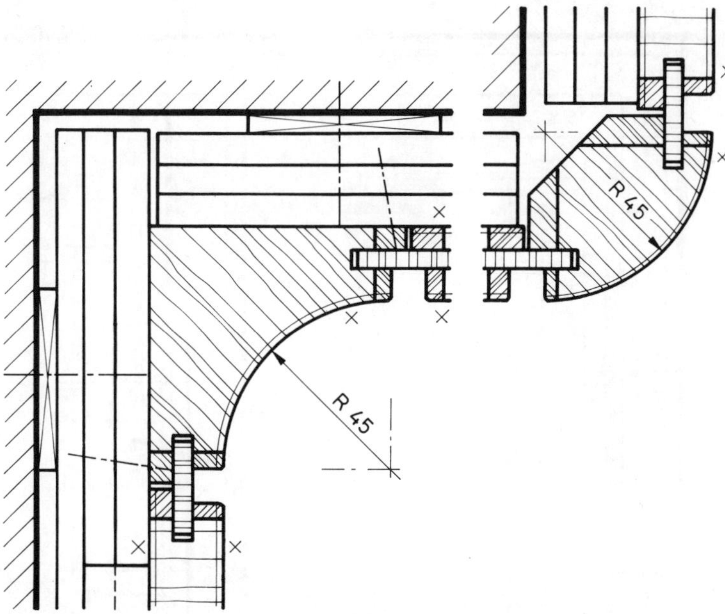

B 3.3.–30

B 3.3.–30 Ecken- und Kantenausbildung, bei der die Eckleiste und das Kantenprofil eine große Hohlkehle bzw. Rundung aufweisen.
B 3.3.–31 Plattentäfelung ist mit Stahlwinkeln in die genuteten Tragleisten gehängt. (a) Fußleiste, (b) Tragleisten.
B 3.3.–32 Plattentäfelung auf abgeschrägte Tragleisten gehängt. Die Tragflächen sind verleimt. (a) Deckenabschlußleiste, (b) Fußleiste, (c) Unterkonstruktion, Oberkante abgeschrägt, (d) Tragleiste.
B 3.3.–33 Plattentäfelung mit Nutklötzen in ausgenutete Leisten gehängt. (a) Genutete Wandleisten, Unterkonstruktion, (b) Abschlußleiste an der Decke, (c) Nutklötze, (d) Abschlußleiste am Fußboden.
B 3.3.–34 Wie vor, jedoch wurden gleich die Randleisten an der Decke bzw. am Fußboden angepaßt. (a) Decken-Randleiste, (b) Fußboden-Randleiste, (c) ausgefälzte Tragleiste, (d) Nutklötze.

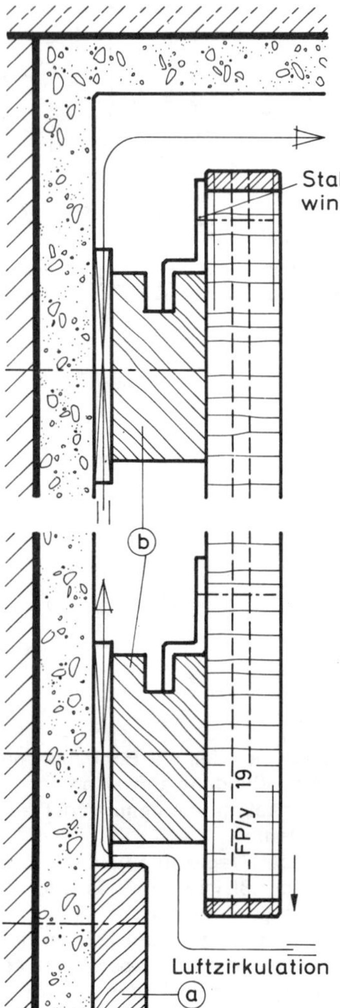

B 3.3.–31

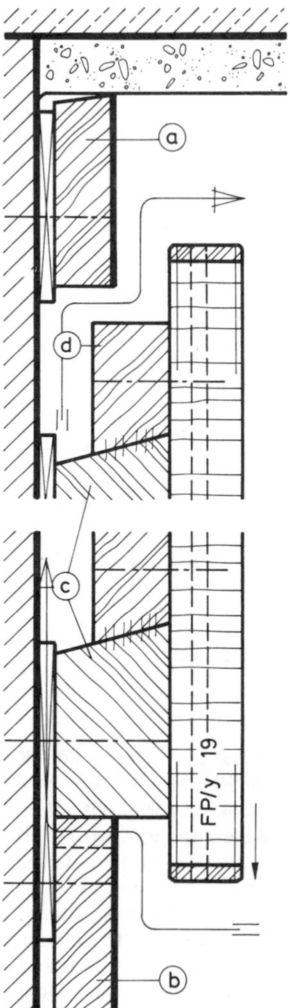

B 3.3.–32

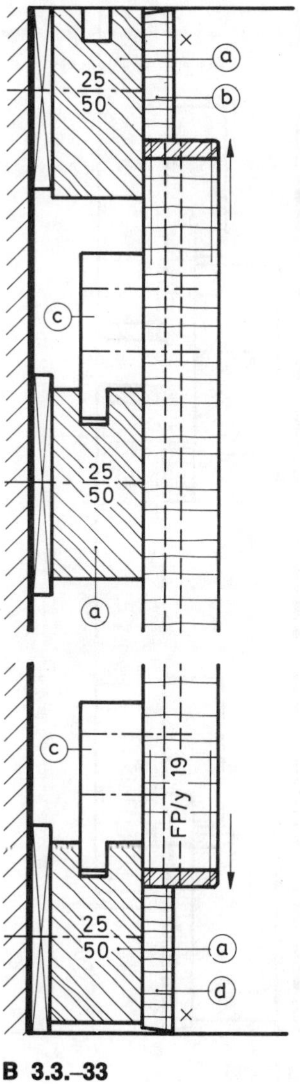

B 3.3.–33

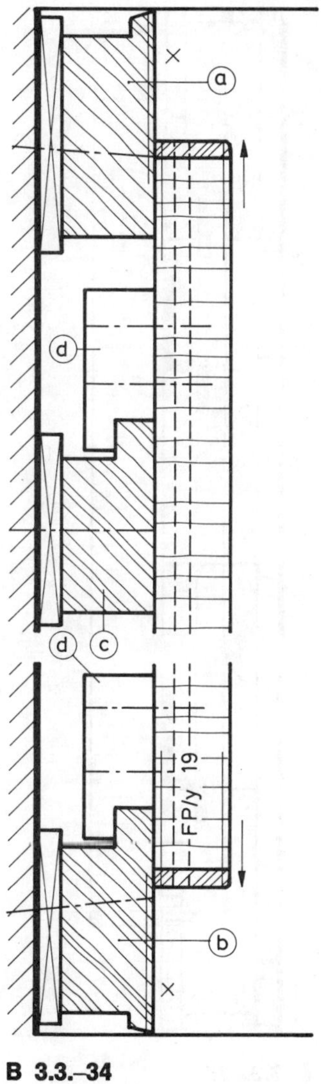

B 3.3.–34

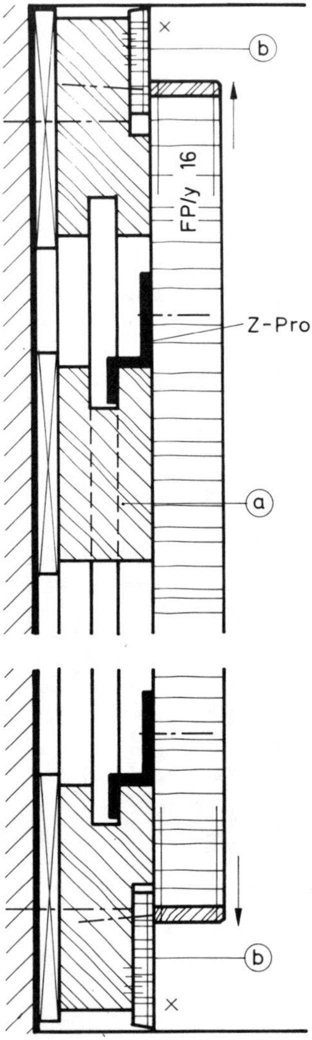

B 3.3.–35

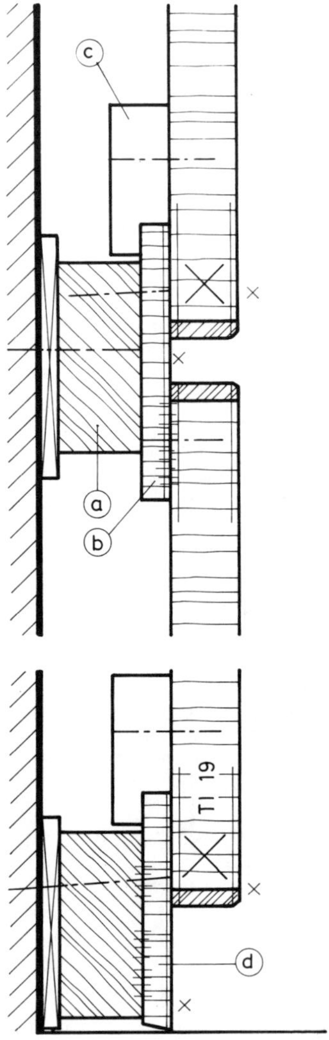

B 3.3.–36

B 3.3.–35 Eingehängte Plattentäfelung. (a) Nutleisten, (b) eingefälzte Deckleisten.

B 3.3.–36 Plattentäfelung mit Querteilung. (a) Lattung, (b) Furnierplattenstreifen, mit der Oberkante der Täferplatte verleimt, (c) Nutklötze, (d) Sockelstück. Die Wandverkleidung wird von unten aufgebaut.

B 3.3.–37 Plattentäfelung mit umlaufendem Fries. (a) Decken-Randleiste mit Fries (b). Ausgefälzte Tragleiste (c), Nutklötze (d).

B 3.3.–38 Plattentäfelung mit Querteilungen. (a) Unterkonstruktion, (b) Randdeckleisten, (c) Täferplatten, die mit Stahlplättchen auf der Unterkonstruktion befestigt sind, (d) Einschubfeder.

B 3.3.–39 Plattentäfelung mit Bettbeschlägen auf vorgefertigte Rahmen (a) montiert. (b) Täferplatten, (c) Sockelleiste, genau in Waage gesetzt, (d) Deckleisten aus Furnierplatte.

B 3.3.–40 Plattentäfelung mit umlaufenden Randleisten (a), die an Wände, Decke oder Fußboden angepaßt werden. Die Platten sind mit Steckverbindungen auf die Unterkonstruktion montiert. (b) Nutleiste, in die die Täferplatte (e) mit den Nutklötzen (d) eingeschoben wird. Die Täferplatte sitzt unten auf der ausgerichteten Sockelleiste (c).

B 3.3.–41 Plattentäfelung auf handelsüblicher Unterkonstruktion. (a) Wandträger mit Kunststoffprofil, (b) Trägerhalter, (c) Täferplatten (Mo).

B 3.3.–42 Plattentäfelung auf handelsüblicher Unterkonstruktion. (a) Wandträger mit Kunststoffprofil, auf dem die Profilbretthaken (b) montiert werden. (c) Sockelleiste (Mo).

B 3.3.–43 Großformatige fugenlose Täferplatte mit ausdrucksvollen Hölzern furniert, ist mit größerem Abstand vor die Wand gehängt.

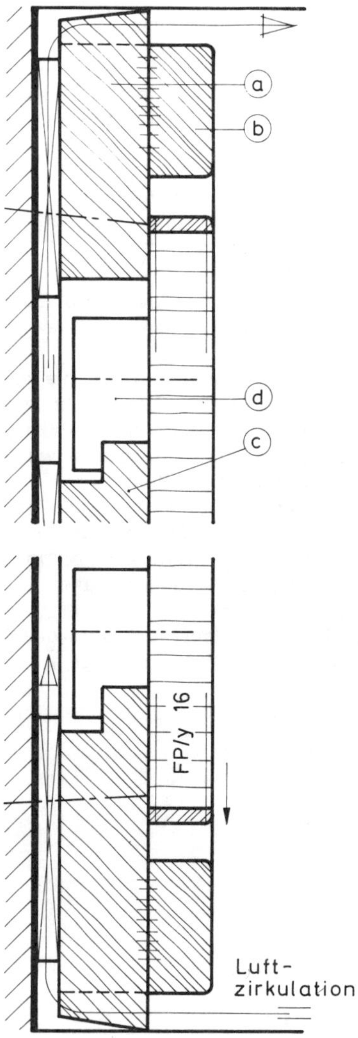

B 3.3.–37

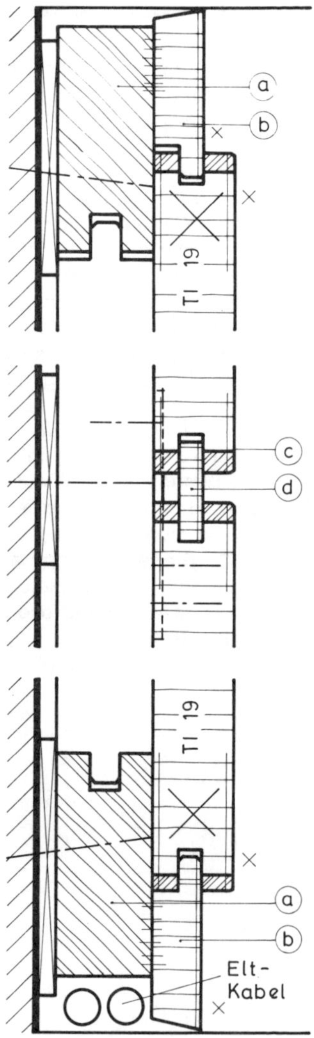

B 3.3.–38

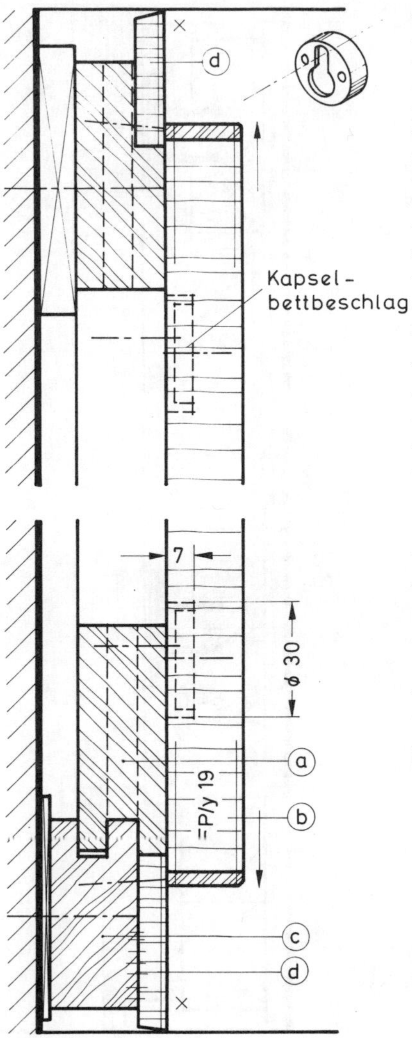

B 3.3.–39

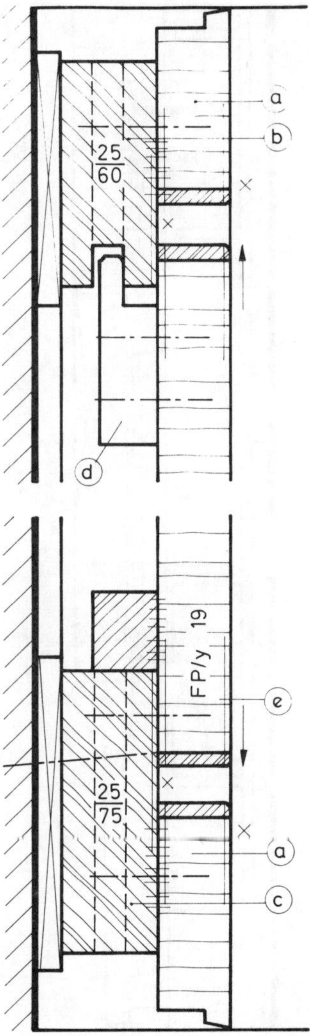

B 3.3.–40

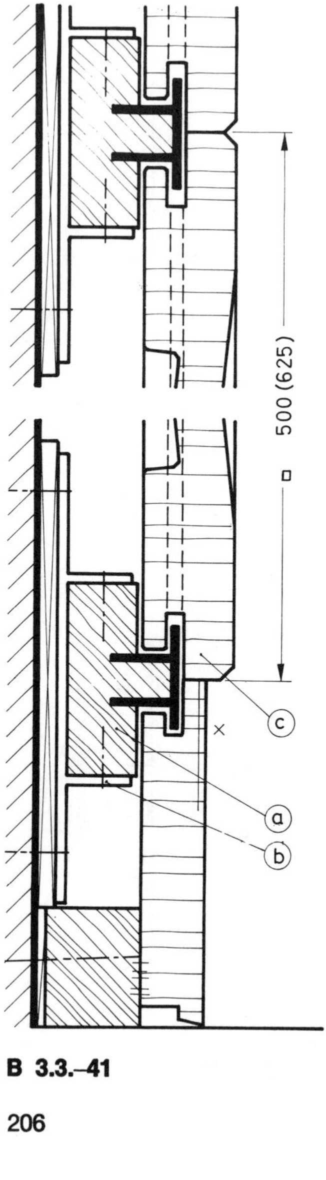

B 3.3.–41

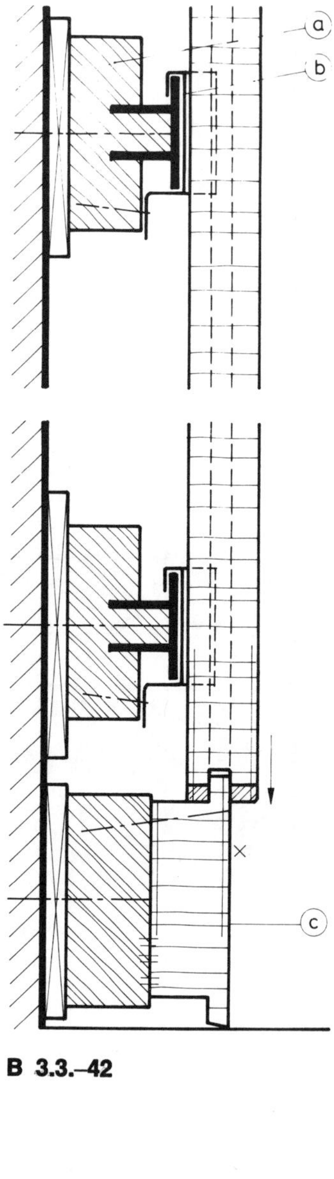

B 3.3.–42

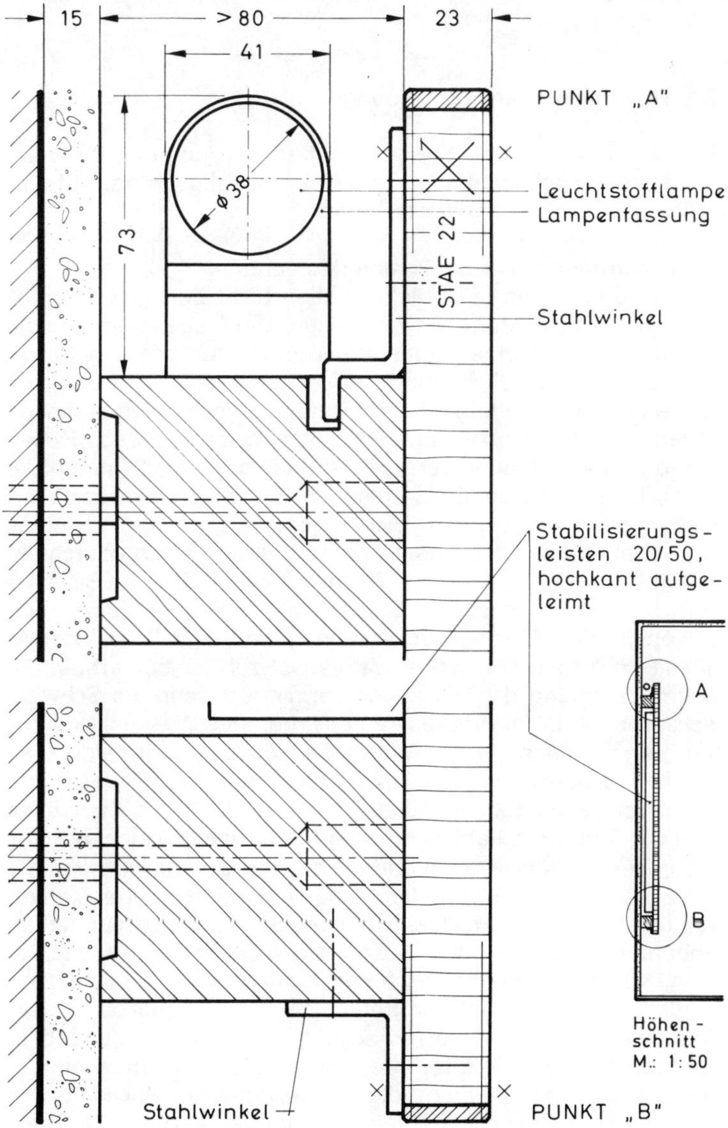
15
> 80
23
41
73
ø 38
PUNKT „A"
Leuchtstofflampe
Lampenfassung
STAE 22
Stahlwinkel
Stabilisierungs-
leisten 20/50,
hochkant aufge-
leimt
A
B
Höhen-
schnitt
M.: 1:50
Stahlwinkel
PUNKT „B"

B 3.3.–43

3.4 Technische Wandverkleidungen

Technische Wandverkleidungen haben die Aufgabe, die Wärmedämmung, Schalldämmung oder die akustischen Eigenschaften einer Wand zu verbessern.

3.4.1 Wärmedämmende Wandverkleidungen

Außenwände können in vielen Fällen nicht den gewünschten Wärmedurchlaßwiderstand aufweisen. Um Heizkosten zu sparen, kann eine wärmedämmende Wandverkleidung angebracht werden. Grundsätzlich bringt jede Wandverkleidung eine gewisse Wärmedämmung mit sich. Dafür ist die wärmedämmende Eigenschaft des Holzes und des Luftzwischenraumes zwischen Wand und Verkleidung verantwortlich. Schon eine 24 mm dicke Holzschicht aus Nadelholz entspricht beispielsweise der Wärmedämmung einer 115 mm dicken gemauerten Wand. Meistens sind aber Wände mit einem unzureichenden Wärmedurchlaßwiderstand durch die feuchte Raumluft einer stärkeren Schwitzwasserbildung ausgesetzt. Solche Wände werden feucht und zeigen in den Ecken Stockflecken. Eine zusätzliche Wärmedämmschicht aus Glaswolle oder Polystyrol-Schaum erhöht die Wärmedämmung der Wand und vermindert dann die Schwitzwasserbildung. Um ein Auskondensieren des Wassers aus der feuchten Raumluft in der Wärmedämmung zu vermeiden, ist *raumseitig* auf die Wärmedämmschicht eine Dampfsperre aus Alu- oder Kunststoffolie aufzulegen (B 3.4.–1 und 2). Würde man die Raumwand abkleben, kann trotz Dämmschicht auf der Dampfsperre Wasser auskondensieren, das dann in die Glaswolle zieht und die Wärmedämmung vermindert, oder es kommt durch das an der Sperrschicht ablaufende Wasser zu Schäden an Gebäude und Verkleidung. Besonders in Feuchträumen, wie Bädern, Küchen, in denen mit hoher Luftfeuchtigkeit zu rechnen ist, sollte mit richtig angeordneter Dampfsperre gearbeitet werden. Zusätzlich empfiehlt es sich, die Wandverkleidungen in solchen Räumen zu hinterlüften, nichtrostendes Befestigungsmaterial zu verwenden und die Holzteile auf der Rückseite mit geruchlosen Holzschutzmitteln zu imprägnieren. Die Verkleidung wird bei Feuchträumen vorzugsweise aus Profilbrettern in Vollholz wie Afzelia, Afromosia, Bongossi, Eiche, Fichte, Lärche, Pitchpine, Redwood oder Teak bestehen. Als Oberfläche eignen sich farblose, nichtfilmbildende Imprägniermittel. Bei Verkleidung mit Holzwerkstoffen müssen Spanplatten die Verleimungsklasse V 100, Sperrplatten die Verleimungsklasse AW 100 aufweisen und die Verleimungen der Beanspruchungsgruppe B3, besser B4, nach DIN 68602 entsprechen.

3.4.2 Schalldämmende Wandverkleidungen

Schon normale Wandverkleidungen bringen ein verbessertes Schalldämmaß der Wand. Jedoch müssen für besondere schalldämmende Konstruktionen noch folgende drei Faktoren zusätzlich beachtet werden:

- Es ist ein Schalldämmstoff zwischen Raumwand und Verkleidungsplatte einzubauen.
- Jegliche Schallbrücken sind auszuschalten.
- Das verwendete Verkleidungsmaterial der Wand sollte bei geringer Dicke möglichst schwer sein.

Als Schalldämmstoff sind die gebundenen Mineralwolleplatten geeignet, die in die Zwischenräume der Unterkonstruktion lückenlos eingebaut werden. Das gebundene Dämmaterial hat den Vorteil, daß es in sich nicht zusammenrutscht und somit keine Schallöcher entstehen können.
Das Ausschalten der Schallbrücken ist häufig leichter gesagt als getan. Bei Wandverkleidungen handelt es sich meistens um biegeweiche Vorsatzschalen, die an der »biegesteifen« Raumwand befestigt werden müssen. Wenn diese Befestigungspunkte starr sind, stellen diese Schallbrücken dar, welche die Schallschwingungen übertragen. Deshalb sind diese Berührungspunkte der Vorsatzschale mit der Raumwand zu dämmen. Die Unterkonstruktion ist auf Mineralwolleplatten-Streifen zu legen und zur Befestigung sind »Schwingplatten« aus Bandstahl oder federnde Drahtbügel zu verwenden. Aus gleichem Grund sollten Wandverkleidungen nicht stramm zwischen die Wände bzw. zwischen Fußboden und Decke eingebaut sein. Sie sind von diesen durch Luftzwischenräume oder Dämmmaterial zu trennen, damit sich die Schwingungen der Vorsatzschale nicht auf die flankierenden Wände übertragen.

Durch Versuche ist bewiesen, daß die Luftschalldämmung bei Wänden mit dem zunehmenden Flächengewicht steigt. Besonders biegeweiche Stoffe weisen bei gleichem Flächengewicht einen besseren Dämmwert als biegesteife Stoffe auf. Deshalb sind möglichst schwere Verkleidungsmaterialien von geringerer Dicke, wie schwere Spanplatten, metallbeplankte Furnierplatten, Rigipsplatten zu verwenden (B 3.4.–3), oder die Verkleidungsschalen sind rückseitig zu beschweren z. B. Hawaphon (Ha).

3.4.3 Akustische Wandverkleidungen

Durch die Konstruktion und Anordnung der Wandverkleidung kann die Akustik im Raum beeinflußt werden. Glatte großflächige Wandverkleidungen reflektieren den Schall, stark gegliederte Flächen brechen ihn. Unterbrochene und mit Schalldämmstoff hinterlegte Verkleidungen absorbieren den Schall. Als schallschluckender Dämmstoff ist vor allem Mineralwolle geeignet. Gedämmte Wandverkleidungen mit geschlossenen Flächen absorbieren in der Hauptsache die tiefen Töne, mit Schalldämmstoffen hinterlegte offene bzw. unterbrochene Flächen die hohen Töne.

Die Akustik ist nach wie vor ein heikles Gebiet, so daß es sich immer empfiehlt für Aufgaben größeren Stils, wie Wandverkleidungen in Konzertsälen, Theatern, Hör- und Sitzungssälen, einen Fachberater zu Rate zu ziehen. Beispiele schallabsorbierender Wandverkleidungen sind in B 3.4.–4 bis 7 im Querschnitt dargestellt.

B 3.4.–1 Wärmedämmende Wandverkleidung mit Dampfsperre. (a) Verkleidungsplatten, (b) Dampfsperre, (c) Polystyrol-Schaumplatten, (d) Einschubfeder, (e) Profilbrettklammer, (f) Lattung.
B 3.4.–2 Wärmedämmende Wandverkleidung in Feuchträumen mit Dampfsperre und Hinterlüftung. (a) Horizontale Verbretterung, (b) Luftzwischenraum zur Hinterlüftung, (c) Dampfsperre, (d) Polystyrol-Schaumplatten, (e) nichtrostende Profilklammern, (f) Lattung.
B 3.4.–3 Schalldämmende Wandverkleidung. (a) Verkleidungsplatte, (b) Mineralwolleplatten, (c) Mineralwolleplatten-Streifen, (d) Schwingplatte aus Bandstahl, (e) Lattung, (f) Kunststoffstreifen, (g) Feder.

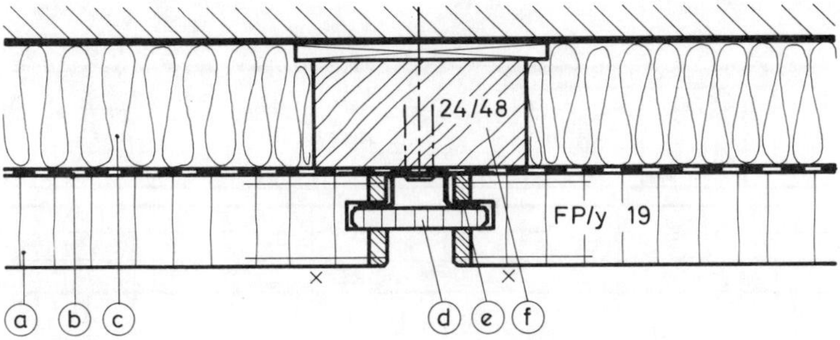

B 3.4.–1

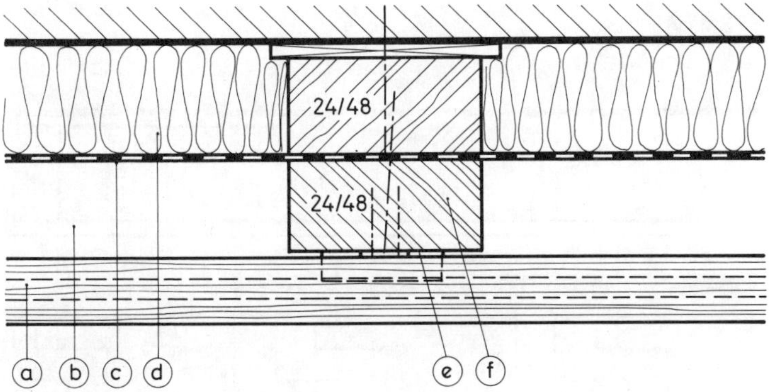

B 3.4.–2

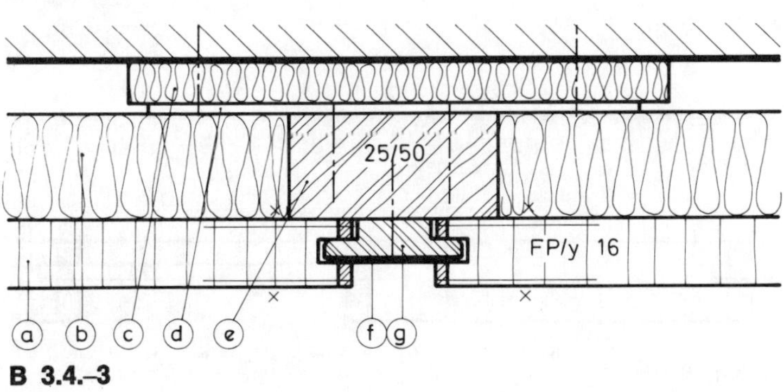

B 3.4.–3

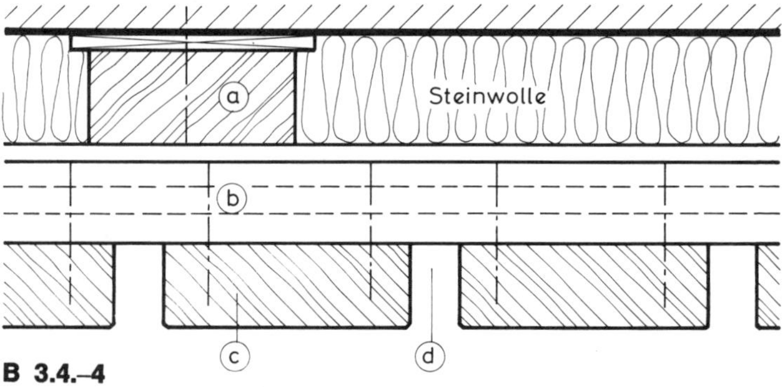

B 3.4.–4

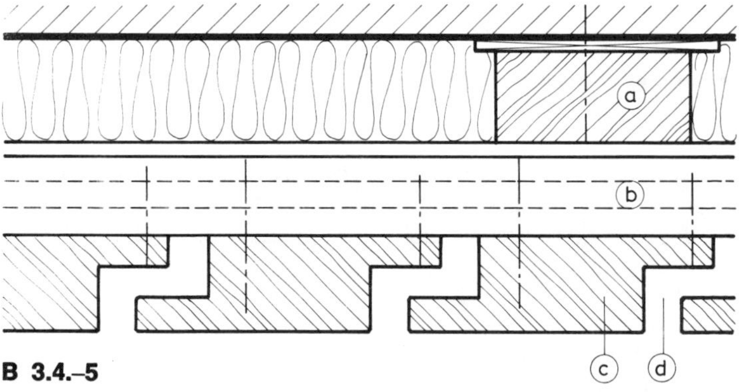

B 3.4.–5

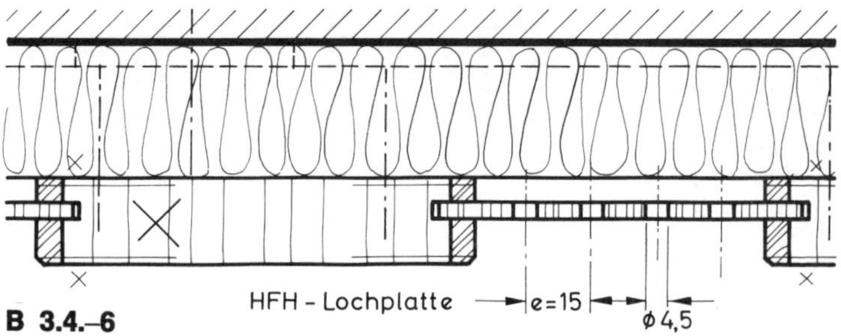

B 3.4.–6

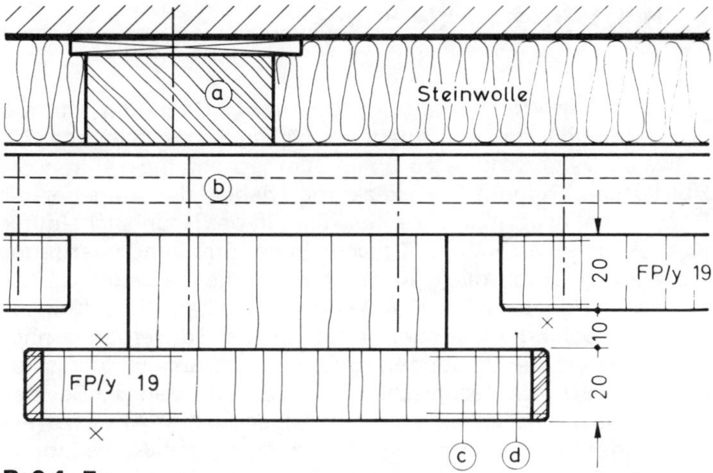

B 3.4.–7

B 3.4.–4 Schallschluckende Wandverkleidung. (a) Vertikale Lattung, (b) horizontale Nutleisten, (c) Verbretterung mit Zwischenräumen (d) auf die Nutleiste gesetzt.

B 3.4.–5 Schallschluckende Wandverkleidung. (a) Vertikale Lattung, die Zwischenräume sind mit Mineralwolle ausgefüllt. (b) Nutleisten, die auf eine mit Luft überfälzte Verbretterung (c) unsichtbar befestigt sind.

B 3.4.–6 Schallschluckende, mit Mineralwolle hinterlegte Wandverkleidung aus furnierten vertikalen Streifen aus Tischlerplatte, die mit Lochplattenstreifen aus Holzfaserwerkstoff wechseln.

B 3.4.–7 Schallschluckende Wandverkleidung aus in der Tiefe versetzten furnierten Spanplattenstreifen. (a) Vertikale Lattung, (b) horizontale Nutleisten, (c) furnierte Spanplattenstreifen, (d) Luftzwischenraum.

4. Heizkörperverkleidungen

Heizkörper in Wohnräumen werden in der Regel mit warmem Wasser gefüllt, das im Vorlauf ca. 90° und im Rücklauf ca. 70° aufweist. Dampf würde zu hohe Oberflächentemperaturen der Heizkörper bringen. Die Heizkörper haben die Aufgabe, die Raumluft zu erwärmen. Das geschieht in der Hauptsache durch Konvektion, d. h.: kleinste Teilchen in der Strömung übertragen die Wärme. Durch diese Konvektion ist die Raumluft ständig in Bewegung. Heizkörperverkleidungen sollten diese Konvektion nicht behindern, sondern unterstützen. So werden je nach Heizkörperart Verkleidungen nicht nur aus architektonischen, sondern auch aus technischen Gründen erforderlich. Bei den Heizkörpern sind im allgemeinen folgende drei Arten zu unterscheiden: Radiatoren, Plattenheizkörper und Konvektoren, die sich durch unterschiedliche Abmessungen, Ausführungen und Heizfunktionen unterscheiden.

4.1 Verkleidungen für Radiatoren

Bei Radiatoren sind Guß- oder Stahlradiatoren zu unterscheiden. Sie bestehen aus einzelnen Rippen, die jeweils an den Naben zur erforderlichen Baulänge zusammengeschraubt werden. Die Abmessungen bei Stahl- oder Gußradiatoren sind geringfügig verschieden. Für die Größe des Radiators wird als Höhe der Nabenabstand angegeben. Die für den Einbau interessante Gesamthöhe (Bauhöhe) beträgt bei Gußradiatoren 80 mm bei Stahlradiatoren 100 mm mehr als die Nennhöhe. Die Abmessungen von Radiatoren siehe Seite 218.
Richtig angeordnete und nicht verkleidete Radiatoren geben etwa 60 bis 70% Konvektionswärme und 30 bis 40% Strahlungswärme ab. Um eine günstige Heizleistung zu erreichen, sollten Radiatoren in der Nähe der kältesten Stelle des Raumes, wie unter Fenstern, oder an kälteren Außenwänden installiert werden (B 4.1.–2). Obwohl Radiatoren frei und sichtbar

aufgestellt werden können, wird manchmal aus architektonischen Gründen eine Verkleidung gewünscht. Fast alle Verkleidungen bringen eine Leistungsminderung mit sich, weil einmal Strahlungswärme abgeschirmt und zum anderen die Konvektion beeinträchtigt wird. Die Leistungsminderung kann bis 15% betragen, die natürlich bei der Berechnung der Heizleistung berücksichtigt werden muß.

Heizkörperverkleidungen haben technische und innenarchitektonische Aufgaben zu erfüllen. Technisch müssen sie so konstruiert werden, daß die Heizleistung möglichst voll erhalten bleibt. So kann eine geschlossene Verkleidungsplatte mit ausreichend dimensionierter Lufteintritts- und Luftaustrittsöffnung

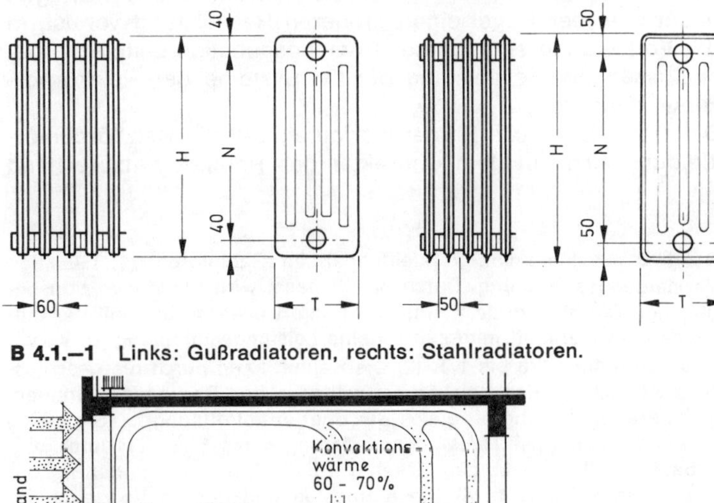

B 4.1.–1 Links: Gußradiatoren, rechts: Stahlradiatoren.

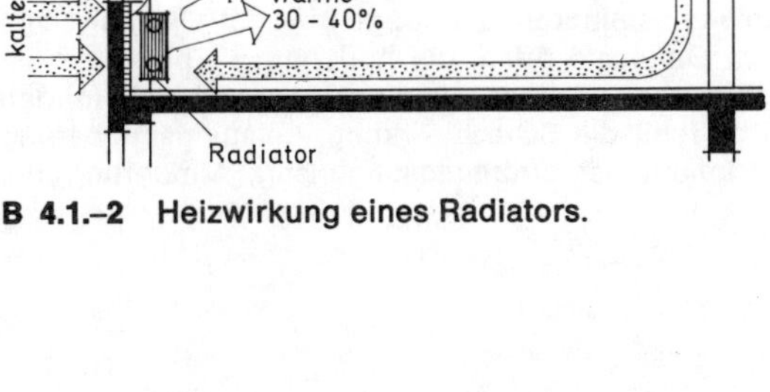

B 4.1.–2 Heizwirkung eines Radiators.

durch die Schachtwirkung die Konvektion des Radiators so gut beeinflussen, daß die Leistungsminderung fast Null ist. Im allgemeinen sind für die Konstruktion der Verkleidungen von Radiatoren folgende Punkte zu beachten:
Der Abstand der Verkleidungen von den Rippenkanten des Radiators sollte mindestens 50 mm betragen. Die Lufteintritts- und Luftaustrittsöffnungen sollten $^2/_3$ bis ein Ganzes der Radiatortiefe betragen. Bei tiefen Radiatoren genügen $^2/_3$ T, bei Radiatoren mit geringer Tiefe sollte man an den oberen Wert von 1 T herangehen. Werden die Luftöffnungen mit Rosten, Geflechten oder Leisten abgedeckt, dann müssen die Nettoöffnungsflächen das genannte Maß aufweisen. Geschlossene Verkleidungsplatten begünstigen die Konvektion, unterbrochene Verkleidungsplatten vermindern die Konvektion und erbringen dadurch in der Regel einen größeren Heizleistungsverlust. In der Verkleidung eingebaute strömungsgünstige Leitbleche beeinflussen die Heizleistung positiv. Systeme der Heizkörperverkleidung siehe B 4.1.–3.
Die architektonische Forderung lautet, daß die Heizkörperverkleidung sich gut dem Charakter des Raumes entsprechend

B 4.1.–3 Systeme von Verkleidungen für Radiatoren. (1) Günstige Verkleidungsanordnung. Durch den Schacht wird die Konvektion begünstigt. Die abfallende Kaltluft wird sofort erwärmt und mit der aufsteigenden Warmluft mitgeführt. Keine Leistungsminderung. h_2 = untere Luftöffnung 2/3 bis 1 T. (2) Die Kaltluft kann durch die geschlossene Abdeckung des Heizkörpers weiter in den Raum hineindringen. h_2 untere Luftöffnung ist gleich der oberen Luftöffnung h_3. Sie sollen $^2/_3$ bis 1 T betragen. Leistungsminderung 4 bis 5 %. (3) Durch eingebaute Leitbleche in den Ecken wird die Leistungsminderung auf 2 % heruntergedrückt. (4) Die aufrechten und queren Verkleidungsflächen sind offene Geflechte. Die Strömung wird nicht zwingend genug geführt. Die Leistungsminderung beträgt 5 %. (5) Die aufrechte Verkleidung ist durch Geflechte offen, die horizontale Abdeckung ist geschlossen. Die abfallende Kaltluft am Fenster kann weit in den Raum strömen und es fehlt die Schachtwirkung. Leistungsminderung 15%. (6) Die Abdeckplatte ist strömungsungünstig, Minderung der Heizleistung um 5%.

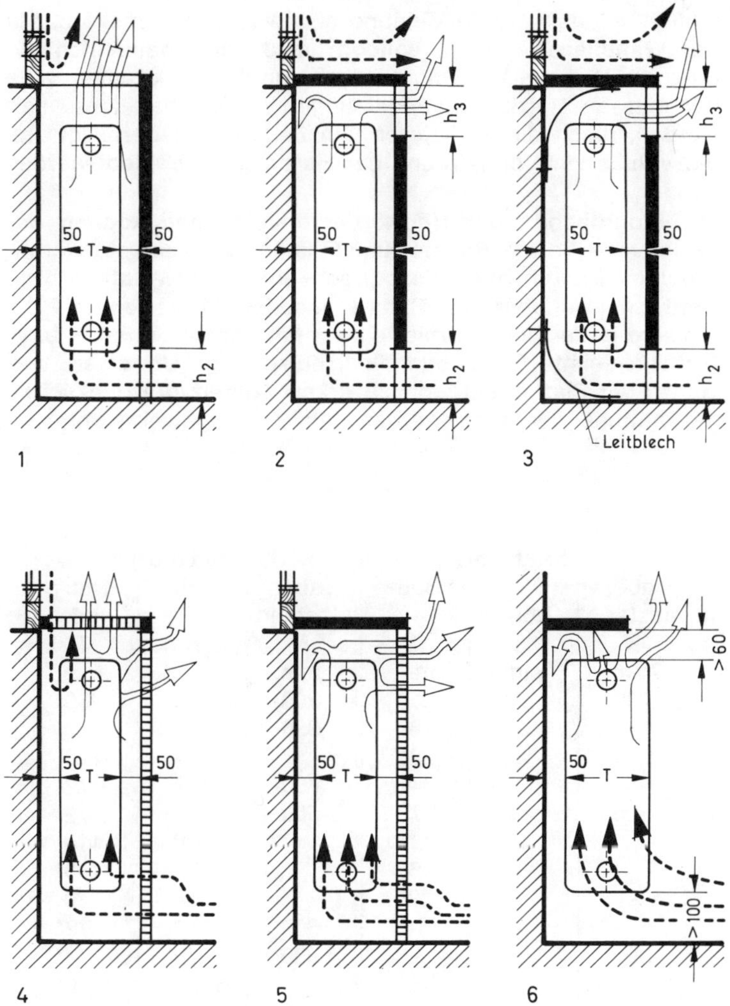

B 4.1.–3

einfügt. So darf die Verkleidung nicht wie ein Fremdkörper in der Wandfläche wirken, sondern muß zur Inneneinrichtung oder der Wandverkleidung passen. Von der praktischen Seite her müssen Heizkörperverkleidungen abnehmbar konstruiert werden, damit die Radiatoren von Zeit zu Zeit gereinigt und die Ventile zur Veränderung der Heizleistung bedient werden können.
Die Frontflächen der Heizkörperverkleidungen können geschlossene Platten, Rahmen und Füllungen, ornamental durchbrochene Platten, quer oder aufrecht angebrachte Latten- bzw. Brettkonstruktionen oder Rahmen mit Flechtgewebe sein. Platten sind in der Regel furnierte oder mit Schichtpreßstoff bzw. Metall beleimte Span- oder Sperrholzplatten. Um einem Verziehen der Platten entgegenzuwirken, sollten ihre Rückseiten mit Alufolie versehen werden. Als Flechtgewebe kommen

Gußradiatoren			Stahlradiatoren		
Nabenabstand N mm	Bauhöhe H mm	Bautiefe T mm	Nabenabstand N mm	Bauhöhe H mm	Bautiefe T mm
200	280	250	200	300	250
350	430	160	350	450	160
		220			220
–	–	–	400	472	72*
500	580	70*	500	572	72*
		110		600	110
		160			160
		220			220
–	–	–	600	672	72*
900	980	70	900	972	72*
		160		1000	110
		220			160
					220

*) Nicht in der DIN 4722 enthalten.

Metallgewebe, wie Alutherm-Heizkörpergewebe, oder Flechtrohrgewebe in Frage. Die Metallgewebe benötigen zum sichereren einwandfreien Befestigen einen ausreichend breiten Falz (12 bis 15 mm). Die Befestigungselemente, Heftklammern oder gestauchte umgelegte Nägel, sind über die Kreuzungspunkte des Metallgewebes anzuordnen. Flachrohrgewebe sind vor dem Einbringen 5 bis 10 Minuten zu wässern. Das Wasser sollte lauwarm sein. Um Verfärbungen auszuschalten, sind Metallgefäße zu vermeiden. Je nach Gewebeart ist durch das Wässern eine Dehnung von 1 bis 3% zu erwarten, so daß die feucht eingebrachten Gewebe nach dem Trocknen stramm im Rahmen sitzen. Starke Rahmen und eine sichere Randeinspannung sind deshalb erforderlich. Für horizontale Verkleidungsflächen sollte kein Geflecht, sondern stabile Rosten oder durchbrochene Stahl- bzw. Messing- oder Alubleche verwendet werden. Beispiele für Verkleidungen von Radiatoren siehe B 4.1.–4 bis 16.

B 4.1.–4 Geschlossene Verkleidung eines Radiators. Die horizontale Luftaustrittsöffnung ist durch ein gelochtes verchromtes Stahlblech abgedeckt.
B 4.1.–5 Geschlossene Verkleidungsplatte wird mittels Montagewinkeln zwischen die Nischenlaibungen gehängt.
B 4.1.–6 Aufrecht verbretterte Verkleidungsplatte wird mit einem Einhängebeschlag auf den Radiator gehängt (Heb).
B 4.1.–7 Horizontal verbretterte Verkleidungsplatte.
B 4.1.–8 Geschlossene Verkleidungsplatte mit offener Lufteintritts- und Luftaustrittsöffnung ist mit Scharnieren an seitlich in der Nischenlaibung montierte Leisten angeschlagen.
B 4.1.–9 Offene Verkleidung aus quergestellten aufrechten Latten.
B 4.1.–10 Vor die Nische montierter Verkleidungskasten mit geschlossener Frontplatte und Luftöffnungen.
B 4.1.–11 Verkleidungskasten mit jalousieartiger Front. Die obere horizontale Luftaustrittsöffnung ist mit einem Rollrost abgedeckt (Joc).
B 4.1.–12 Verkleidungskasten mit horizontal verleisteten Frontrahmen.
B 4.1.–13 Verkleidungskasten mit Frontrahmen, in die Aluthermgewebe gespannt ist (Kuf).
B.4.1.–14 Frontrahmen mit eingespanntem Flechtrohrgewebe. Die Detailpunkte zeigen zwei Befestigungsmöglichkeiten.

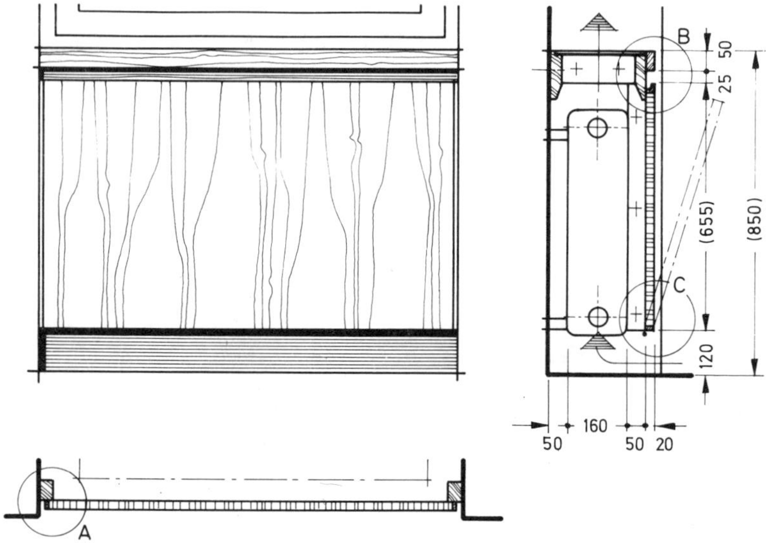
B
50
25
25
(655)
(850)
C
120
A
160
50
50
50
20

B 4.1.–4

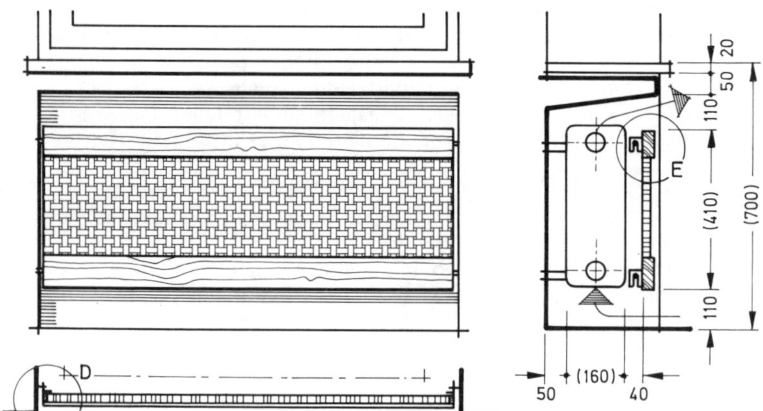
20
50
110
E
(410)
(700)
110
D
(160)
50
40

B 4.1.–5

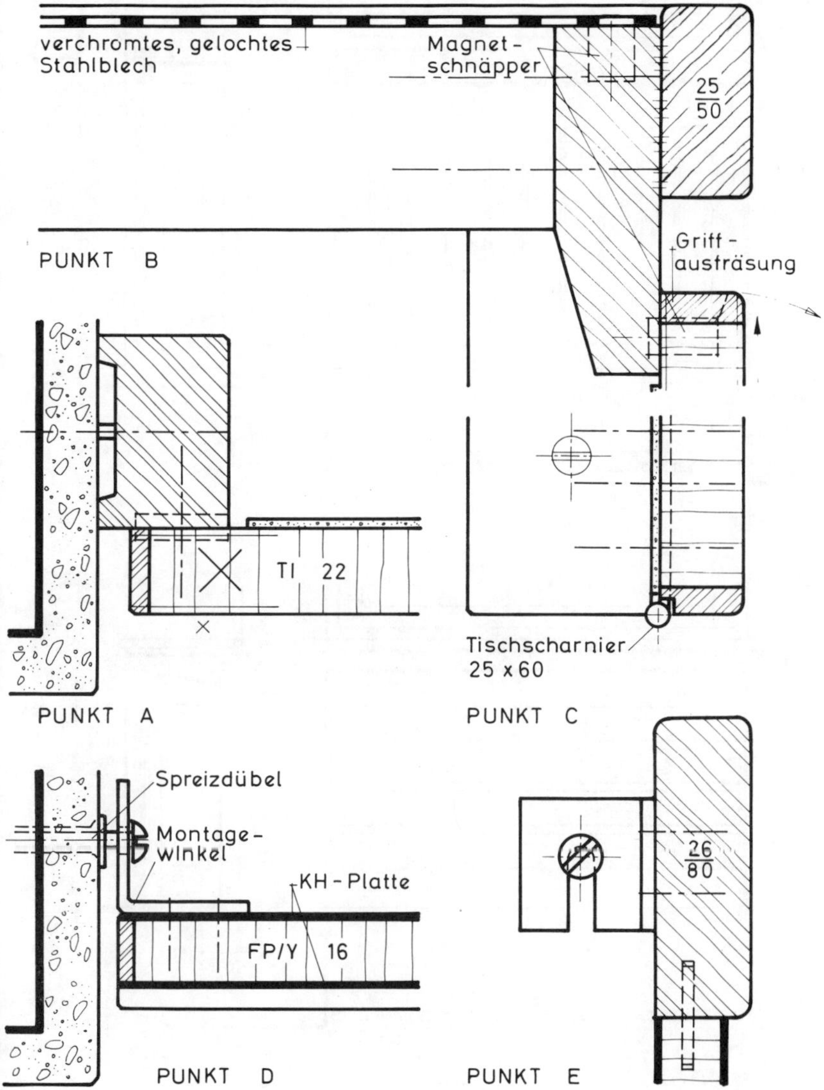
verchromtes, gelochtes
Stahlblech
Magnet-
schnäpper
25/50
PUNKT B
Griff-
austräsung
TI 22
PUNKT A
Tischscharnier
25 x 60
PUNKT C
Spreizdübel
Montage-
winkel
KH-Platte
FP/Y 16
26/80
PUNKT D
PUNKT E

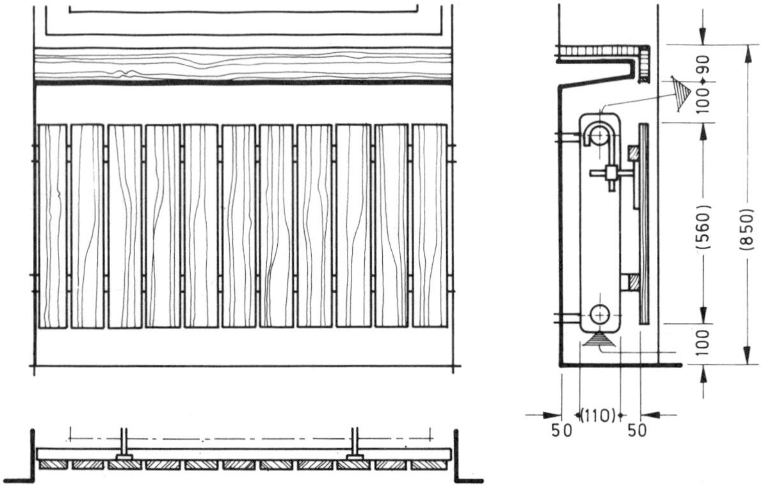
90
100
(560)
(850)
100
50
(110)
50

B 4.1.–6

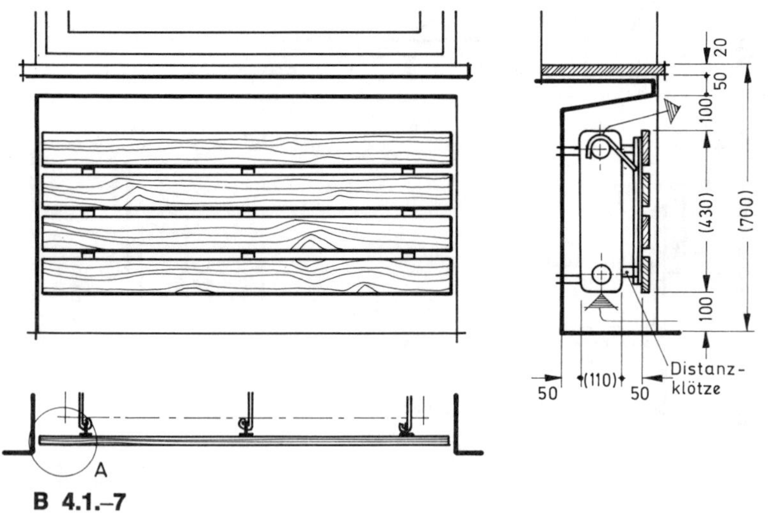
20
50
100
(430)
(700)
100
50
(110)
50
Distanz-
klötze
A

B 4.1.–7

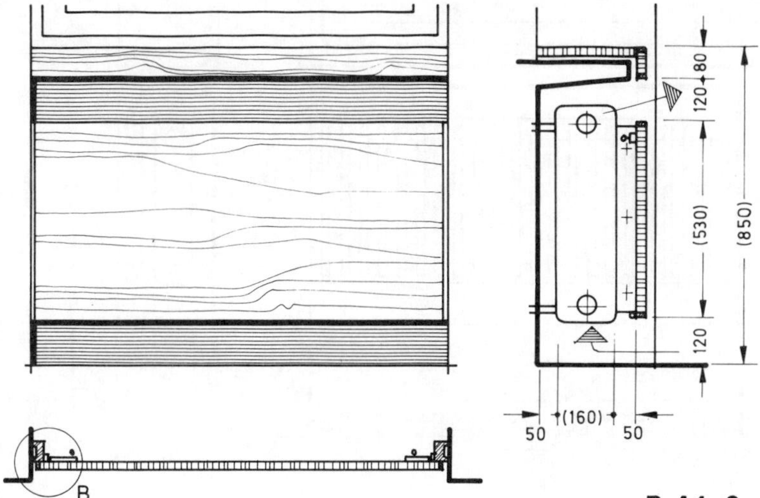

B 4.1.–8

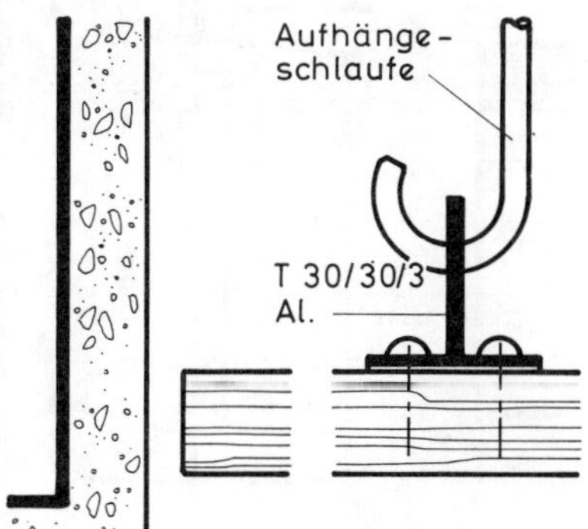

PUNKT A

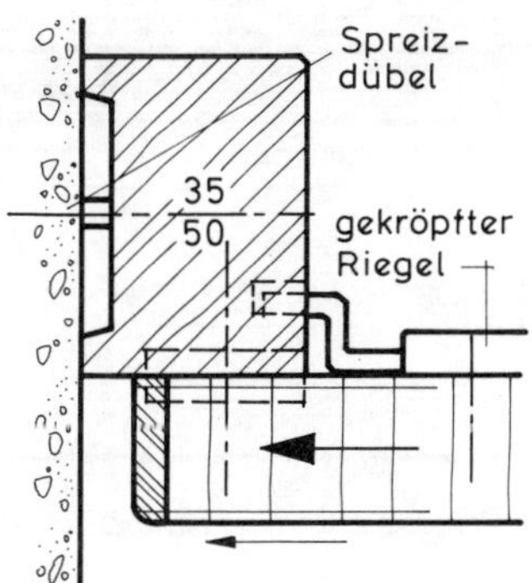

PUNKT B

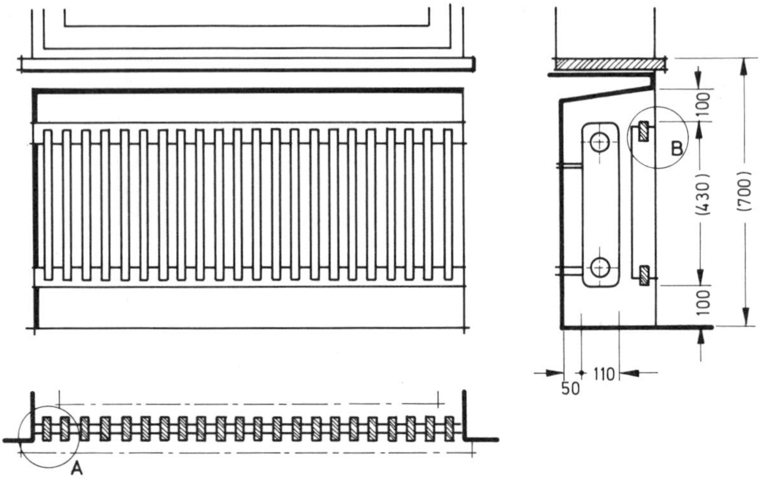

B 4.1.–9

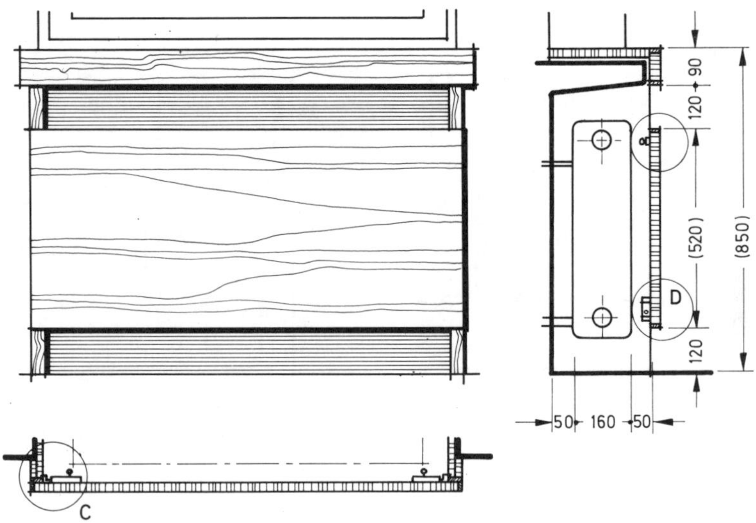

B 4.1.–10

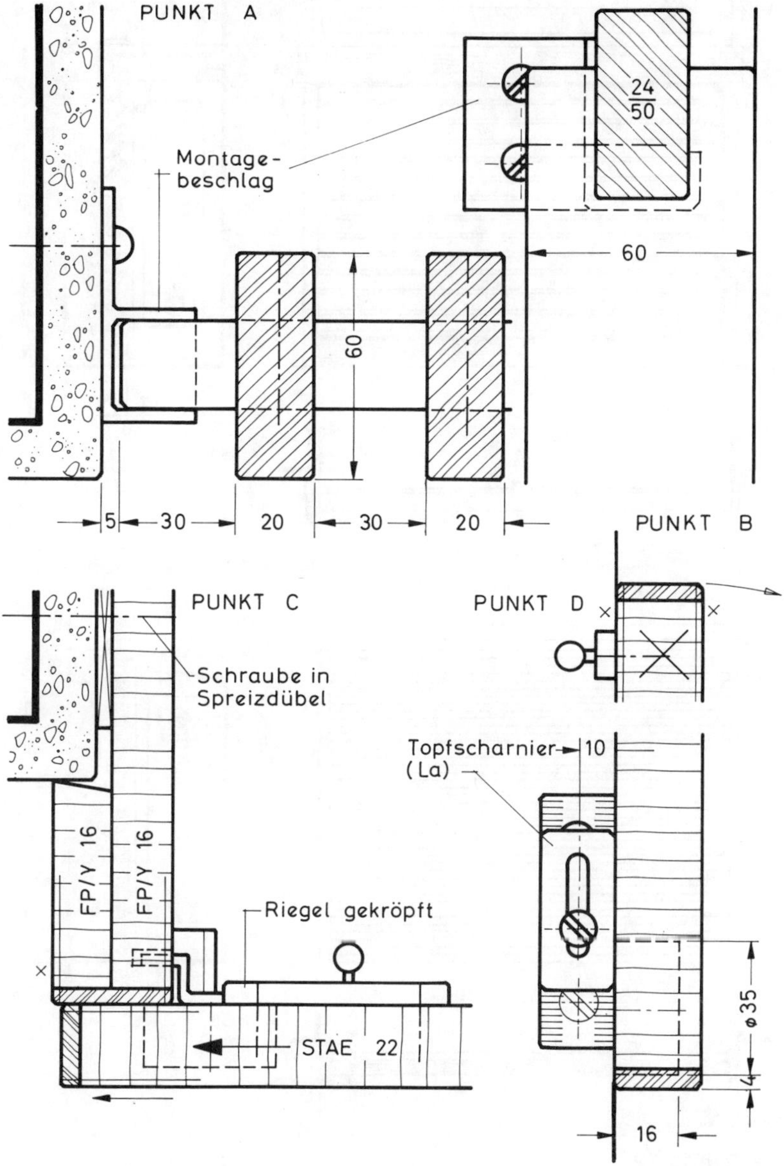
PUNKT A
Montage-
beschlag
24/50
60
5
30
20
30
20
PUNKT B
PUNKT C
Schraube in
Spreizdübel
FP/Y 16
FP/Y 16
Riegel gekröpft
STAE 22
PUNKT D
Topfscharnier
(La)
10
ø35
4
16

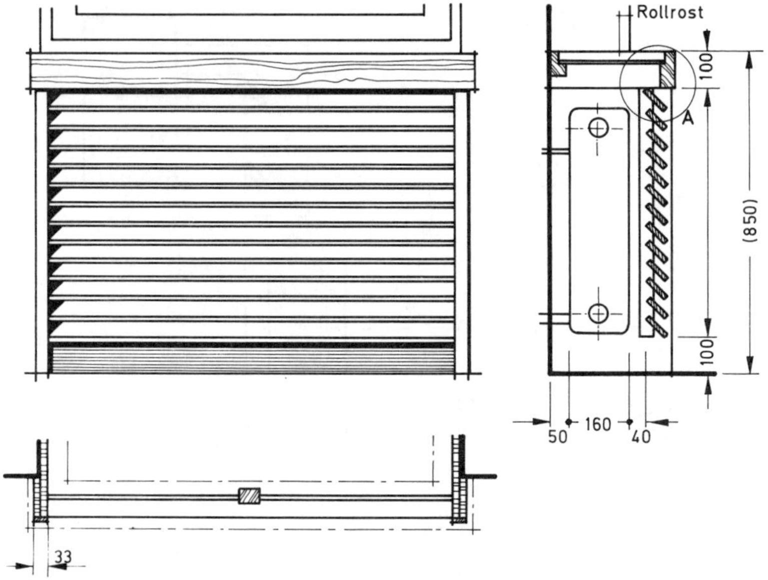
Rollrost
100
A
(850)
100
50
160
40
33

B 4.1.–11

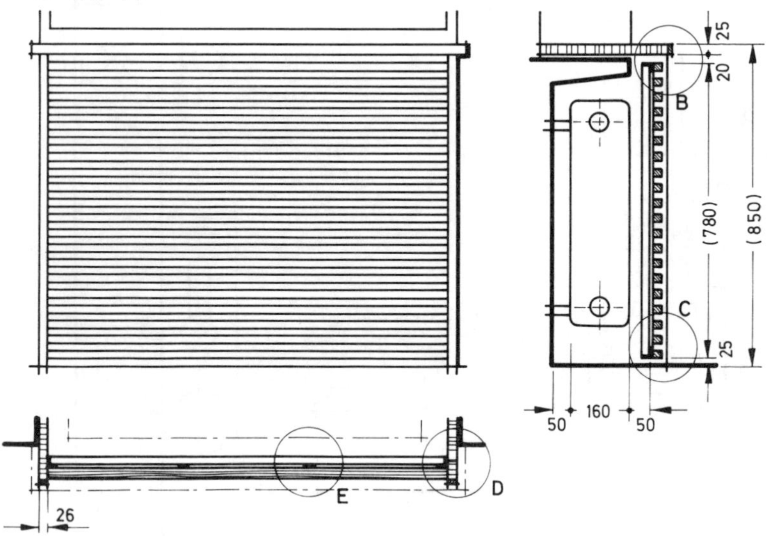
25
20
B
(780)
(850)
C
25
50
160
50
26
E
D

B 4.1.–12

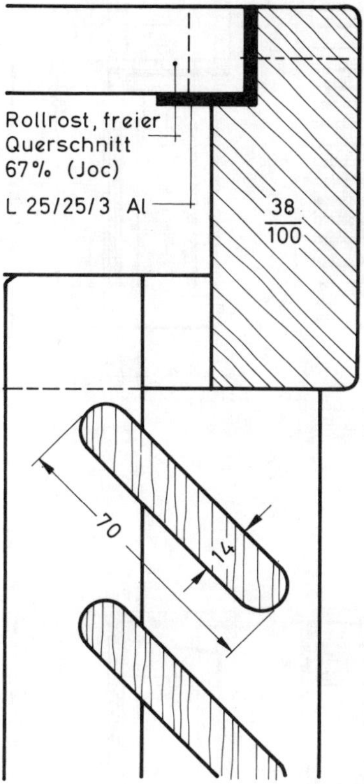

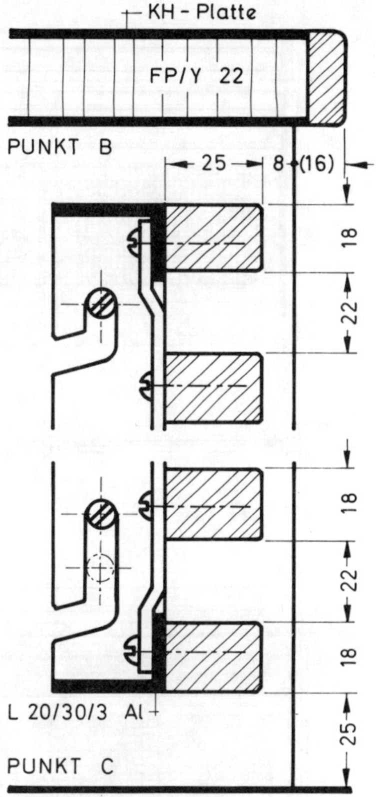

PUNKT B

PUNKT C

PUNKT A

PUNKT E

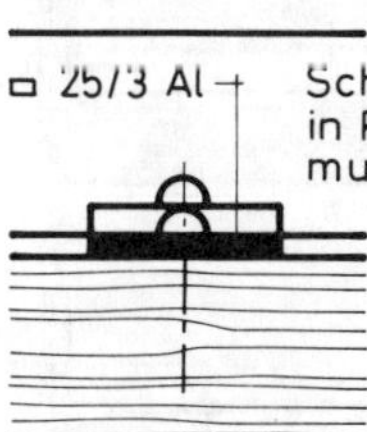

PUNKT D

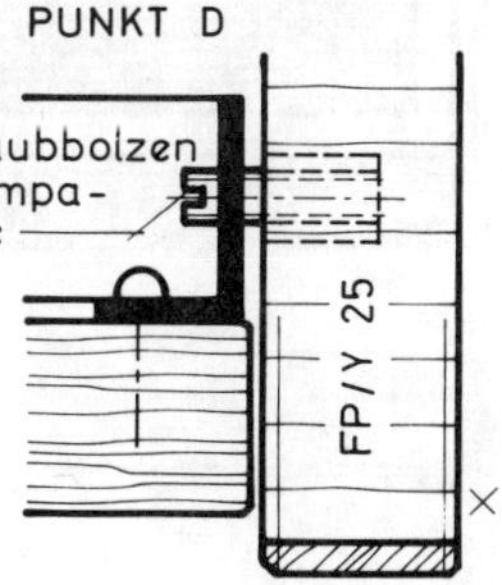

Rollrostprofil

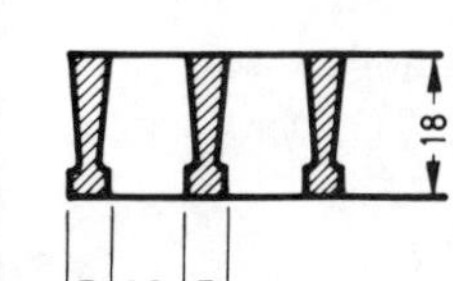

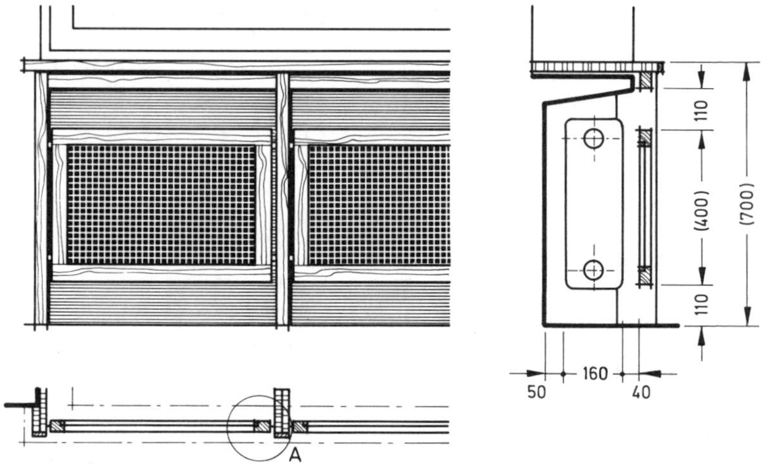

B 4.1.–13

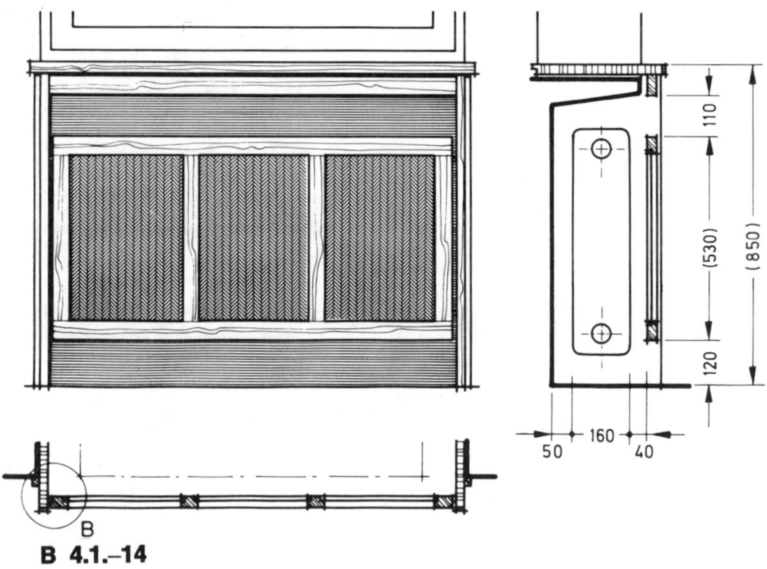

B 4.1.–14

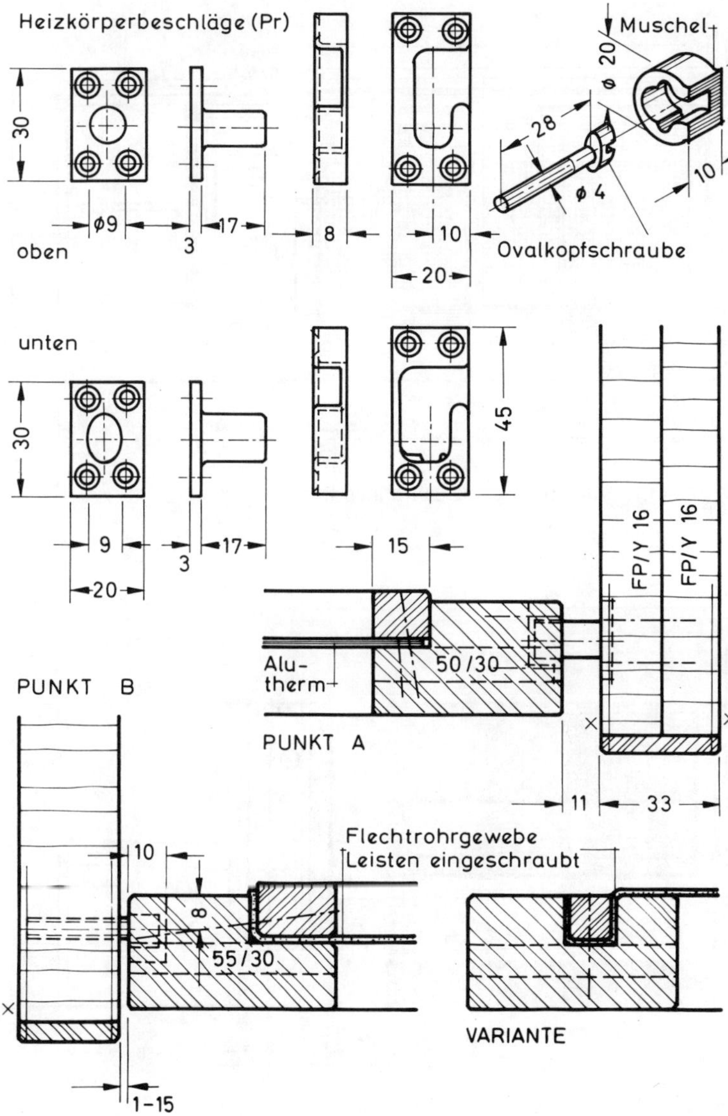
Heizkörperbeschläge (Pr)
oben
30
ø9
3
17
8
10
20
Muschel
ø 20
16
28
ø 4
10
Ovalkopfschraube
unten
30
9
3
17
20
15
45
FP/Y 16
FP/Y 16
Alu-
therm
50/30
PUNKT A
11
33
PUNKT B
10
8
55/30
Flechtrohrgewebe
Leisten eingeschraubt
1–15
VARIANTE

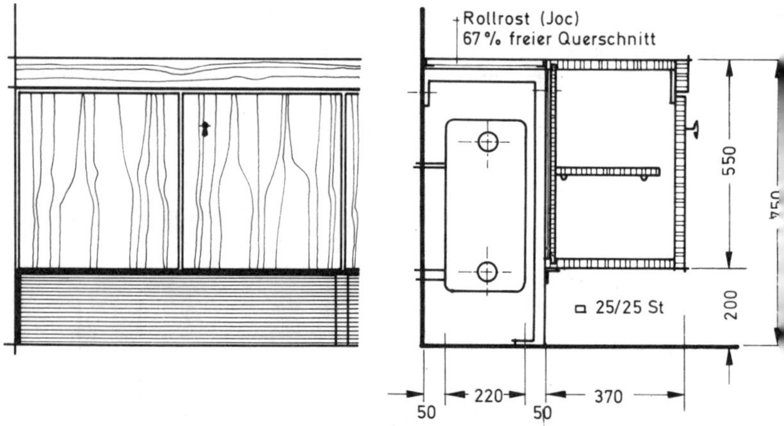

B 4.1.–15 Verkleidung mit Schrankvorbau.

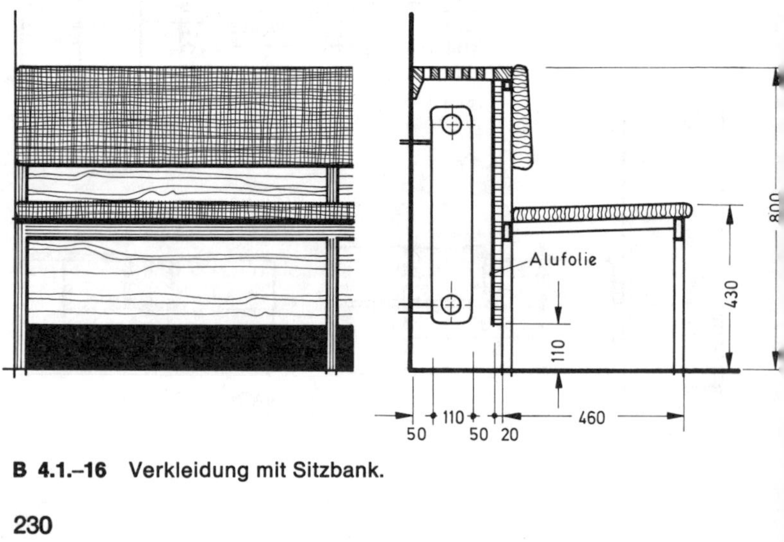

B 4.1.–16 Verkleidung mit Sitzbank.

4.2 Plattenheizkörper

Plattenheizkörper haben trotz geringer Bautiefe eine hohe Heizleistung und werden überall dort eingesetzt, wo die normalen Radiatoren in der Tiefe zu viel Platz einnehmen würden. Plattenheizkörper werden bei geringerem Platz in der Tiefe einreihig angebracht. Die Heizleistung erhöht sich wesentlich, wenn sie zwei- oder dreireihig angeordnet werden. Mehrreihige Plattenheizkörper haben durch die Luftzwischenräume zwischen den Platten eine höhere Konvektionswirkung. Plattenheizkörper weisen eine geschlossene Vorderfront auf, die in der Regel nicht verkleidet wird. Wird auch hier eine Verkleidung erwünscht, gelten die gleichen Regeln wie bei den Radiatoren. Eine Minderung der Heizleistung ist auch hier mit einer Verkleidung verbunden.

Tabelle 4.2.–1 Abmessungen von Plattenheizkörpern (je nach Herstellerfirma sind geringfügige Abweichungen möglich).

Bauhöhen, H in mm	300	350	500	600	700	800	900	1000
Nabenabstand, N in mm	260	310	460	560	660	760	860	960
Bautiefe, T in mm	einreihig 27 zweireihig 82 dreireihig 124							
Baulängen in mm	von 320 bis 4960							

4.3 Verkleidungen für Konvektoren

Konvektoren sind moderne Rippenrohrheizkörper von rechteckigem Querschnitt und einer geringen Bauhöhe (B 4.3.–1). Sie werden überall da eingesetzt, wo man Heizkörper verkleiden will und nur wenig Platz für einen Heizkörper zur Verfügung steht. Während man bei Radiatoren durch Verkleidungen fast immer eine Heizleistungsminderung feststellen konnte, ist bei Konvektoren eine Verkleidung unerläßlich. Die Heizwirkung der Konvektoren beruht ausschließlich auf Konvektion, eine

Wärmestrahlung ist so gut wie nicht vorhanden (B 4.3.–2). Um nun diese Konvektion noch zu unterstützen, braucht man einen Schacht, in den die Konvektoren eingebaut werden. Die erwärmte Luft wird wie in einem Kamin nach oben geführt. Je nach Breite des Konvektors und der Höhe des Schachtes ist die Größe der Lufteintritts- und Luftaustrittsöffnung der Verkleidung zu bemessen (B 4.3.–3). Beide Öffnungen sind gleich groß. Bei einem Verschluß der Öffnungen durch Gitter, Rosten oder dergleichen ist nur die Netto-Öffnungsfläche anzusetzen, d. h. die Maße der Öffnungen sind entsprechend zu erhöhen. Sonst werden zur Verkleidung des Schachtes ausschließlich Platten verwendet. Bestehen diese Platten aus Holzwerkstoffen, sind die Rückseiten mit Fiber-Silikatplatten oder Aluminiumfolie zu versehen. Zu den Konvektoren werden Schachtbleche geliefert (Gea), an die man die Verkleidungsblenden hängen kann. Zum anderen können in den Schacht handelsübliche Regulierklappen eingebaut werden, die mittels Ketten zu verstellen sind. Einige Möglichkeiten für Verkleidungen von Konvektoren sind in Ansichten und Höhenschnitten im Maßstab 1 : 20 in B 4.3.–4 bis 12 dargestellt.

B 4.3.–1 Links: Schachtblech zur Befestigung der Verkleidungsplatte vor dem Konvektor, (1) Auflagesteg für den Konvektor, (2) abgewinkeltes Schachtblech, (3) Langlöcher zur Befestigung am Mauerwerk, (4) Langlöcher zum Einriegeln der Verkleidungsplatte, (5) Bohrungen zur Befestigung des Tragbügels für horizontale Abdeckplatten und des Kettenlagers für die Regulierklappe. Rechts: Konvektor. Er ist in folgenden Abmessungen im Handel: Bauhöhe A = 70, 100 und zweilagig 160 mm. Konvektorbautiefe B = 50, 100, 150, 200, 250 und 300 mm. Baulänge L bis 5600 mm.

B 4.3.–2 Heizwirkung des Konvektors.

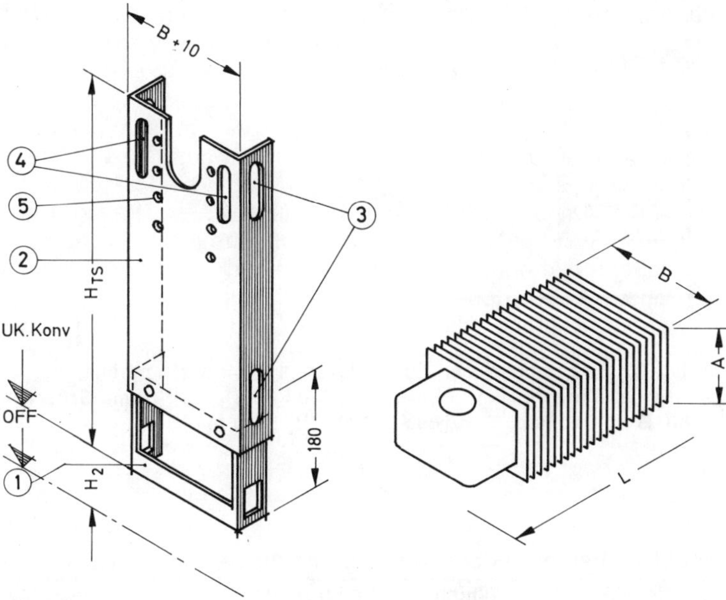
B + 10
4
5
2
3
H_TS
UK.Konv
OFF
1
H_2
180
B
A
L

B 4.3.–1

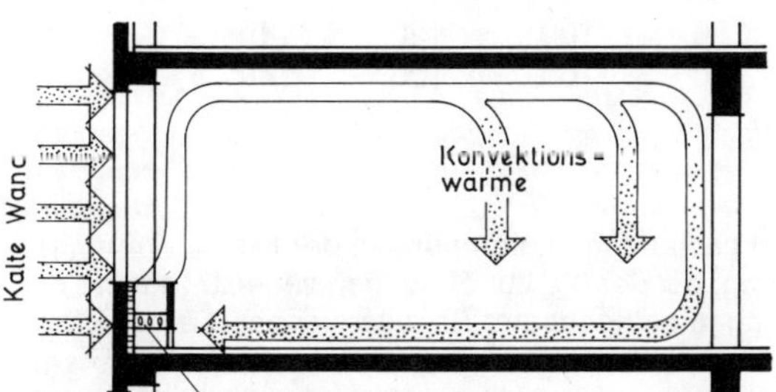
Kalte Wanc
Konvektions -
wärme
Konvektor

B 4.3.–2

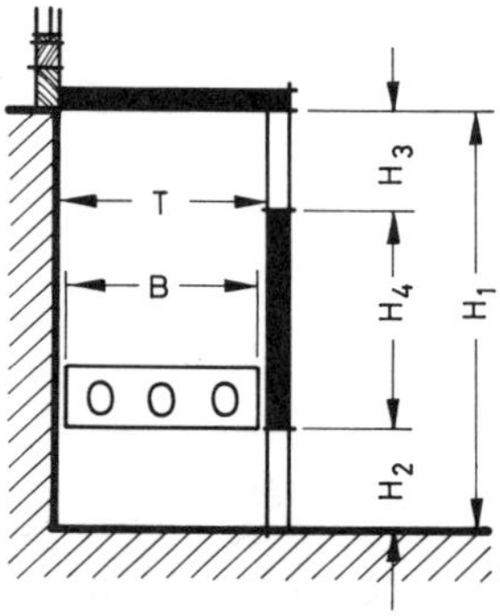

B 4.3.–3 Einbaumaße bei Konvektoren. H_1 = Nischenhöhe, H_2 = untere Luftöffnung, H_3 = obere Luftöffnung, H_4 = wirksame Schachthöhe, B = Bautiefe, T = Nischentiefe (B + 10 mm).

Tabelle über die Größe der Luftöffnungen H_2 und H_3 in mm

Bautiefe B	Nischenhöhe H_1 in mm				
mm	300	400	500	600	ab 700
50	60	60	60	60	60
100	80	80	80	80	80
150	80	100	100	100	100
200	80	100	120	120	120
250	80	100	120	140	140
300	80	100	120	140	160

B 4.3.–4 Verkleidungsplatte mit Luftöffnung in der Front.
B 4.3.–5 Verkleidung, bei der die Luftöffnungen verleistet sind.
B 4.3.–6 Verkleidung mit eingebauter Regulierklappe. Die Luftöffnungen sind verleistet.
B 4.3.–7 Verkleidung eines Konvektors unter einer niedrigen Kunststeinbank.
B 4.3.–8 Konvektor ist hinter ein Regal eingebaut.

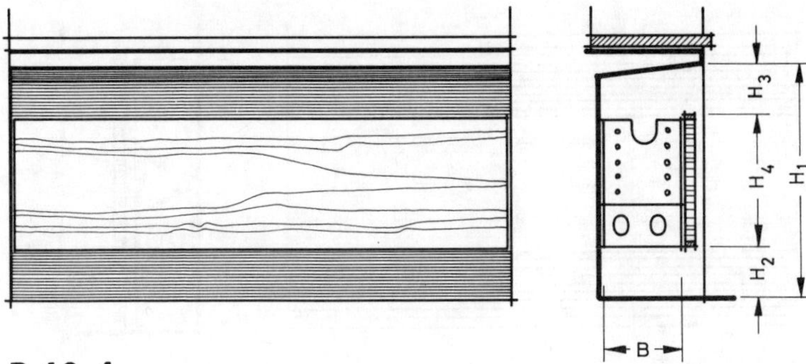
H3
H4
H1
H2
B

B 4.3.–4

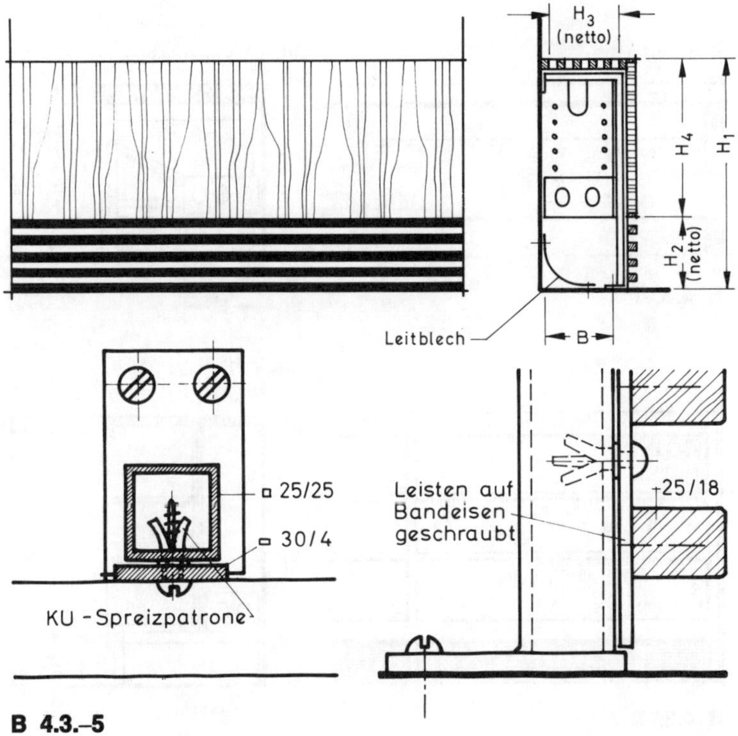
H3
(netto)
H4
H1
H2
(netto)
Leitblech
B
25/25
30/4
KU -Spreizpatrone
Leisten auf
Bandeisen
geschraubt
25/18

B 4.3.–5

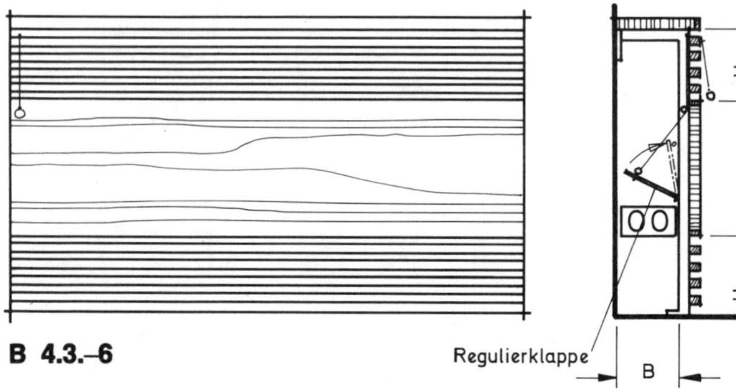

B 4.3.–6

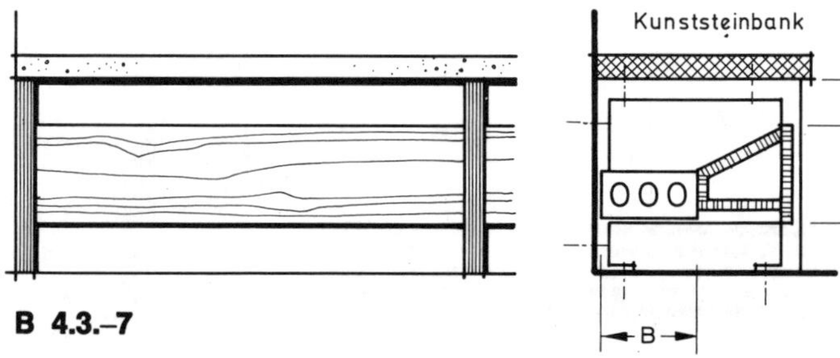

B 4.3.–7

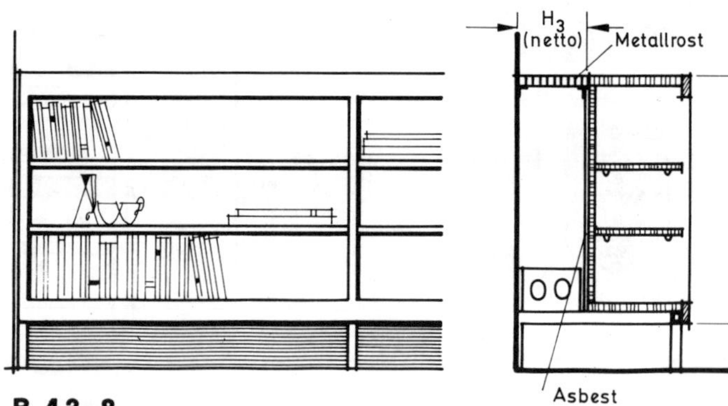

B 4.3.–8

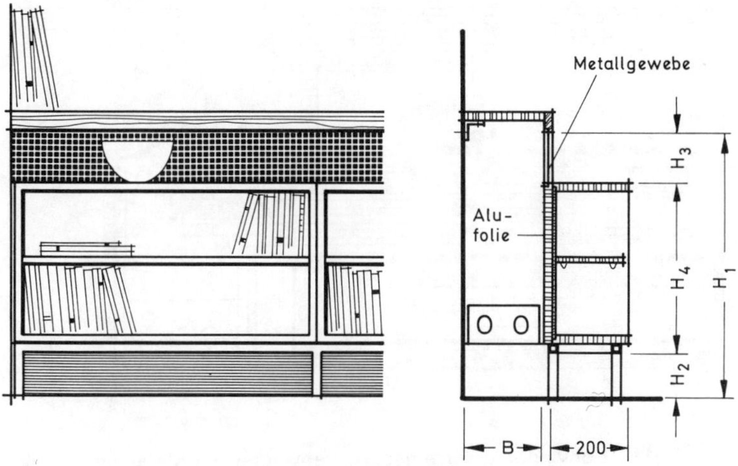

B 4.3.–9 Regal ist vor die Verkleidungsplatte gestellt.

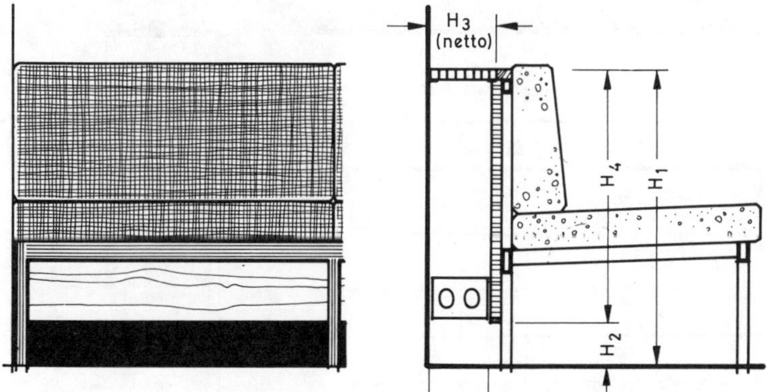

B 4.3.–10 Konvektor hinter einer Sitzbank.

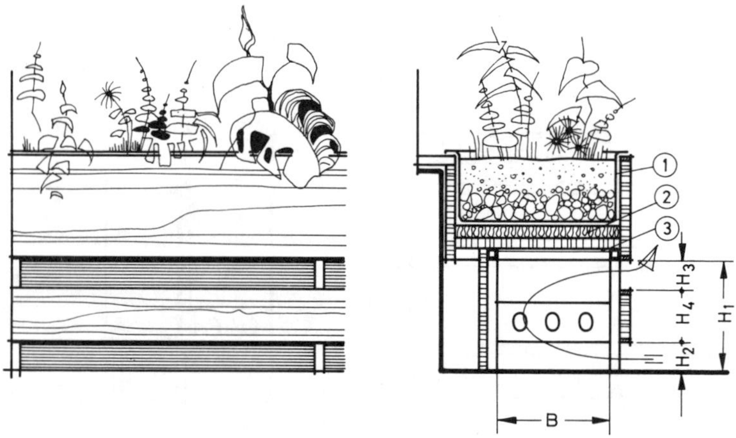

B 4.3.–11 Konvektor unter einer Blumenwanne. (1) Metalleinsatz, (2) Polystyrolschaumplatten, (3) Asbest.

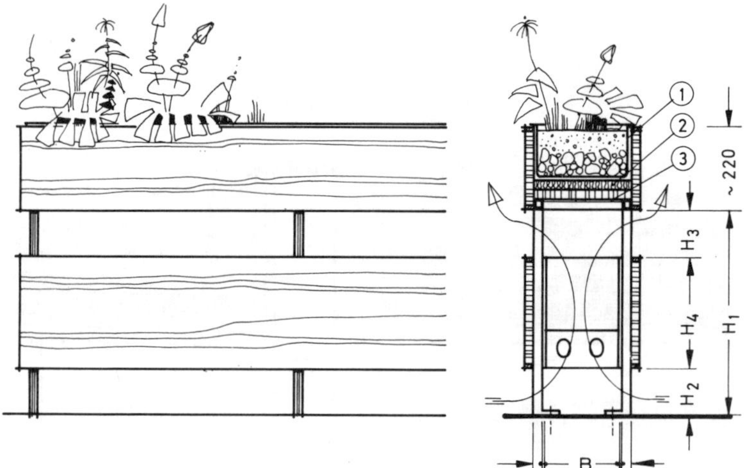

B 4.3.–12 Freistehende Blumenschranke mit Konvektor, (1) Metalleinsatz, (2) Polystyrolschaumplatten, (3) Asbest.

5. Einbauschränke

Einbauschränke sind fest eingebaute Schränke, die aus Türen, Klappen, Schubkästen, Fachböden, Rückwänden usw. bestehen. Siehe Band I »Handbuch der Konstruktion – Möbel und Einbauschränke«. Neue und besonders interessante Detailpunkte sind die Aufhängemöglichkeiten bei Hängeschränken, die Anschlüsse von Arbeitsplatten und freien Seiten an den Wänden, die Wand- und Deckenanschlüsse, die Sockelausbildungen und die Montage- und Zerlegemöglichkeit der Schränke. Sie sollen in diesem Abschnitt besonders behandelt werden. Bei Einbauschränken sind Wandschränke und Schrankwände zu unterscheiden.

5.1 Wandschränke

Wandschränke sind Einbauschränke, die eine den Raum begrenzende Fläche nur zum Teil verdecken. Es sind Kastenelemente, die entweder stehend, liegend oder aufgehängt in eine Wandfläche auf verschiedene Weise eingefügt werden können (B 5.2.–1).

5.1.1 Wandanschlüsse bei Wandschränken

Bei *stehenden* Wandschränken sind die freien Seiten an die Raumwand dicht anzuschließen. Das kann durch Anpassen der an der Rückwand überstehenden Seite oder durch besondere Leisten geschehen. Die Seitenanschlüsse sind in B 5.1.–2 im Horizontalschnitt dargestellt. Die Wandanschlüsse der verdeckten Seiten können wie die Wandanschlüsse bei den Schrankwänden ausgebildet werden (B 5.2.–24 bis 40).
Bei *liegenden* Wandschränken ist die obere Platte dicht an die Raumwand anzupassen. Entweder kann die Platte selber angepaßt werden, oder es können Deckleisten verwendet werden. Größere Leisten schützen die Wände beim Reinigen der Platten. Die Plattenanschlüsse zeigen die Bilder 5.1.–3 und 4. Sie sind im Vertikalschnitt dargestellt.

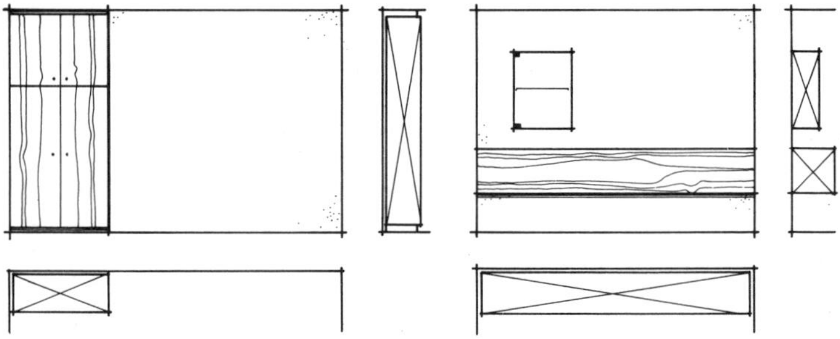

B 5.1.–1 Wandschränke.

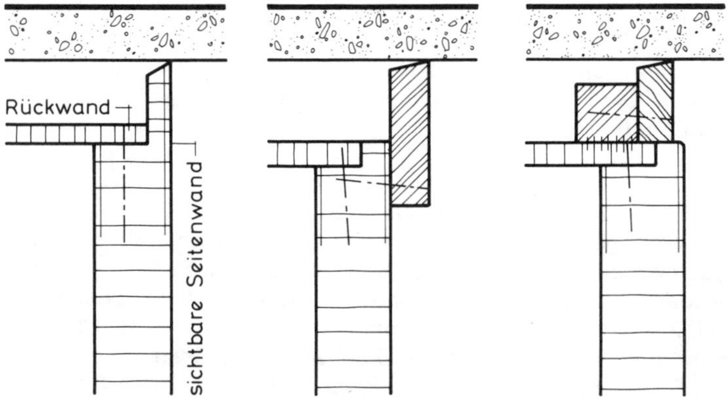

B 5.1.–2 Anschluß freier Wandschrankseiten an der rückwärtigen Raumwand. **Links:** Die Seite ist breiter ausgebildet, als der Schrankkasten tief ist; der an der Rückwand überstehende Teil der Seite kann an die Raumwand angepaßt werden. **Mitte:** Die Luft zwischen Wandschrank und Rückwand ist durch eine aufliegende Deckleiste abgedeckt worden. **Rechts:** Abdichtung durch eine zurückliegende Deckleiste.

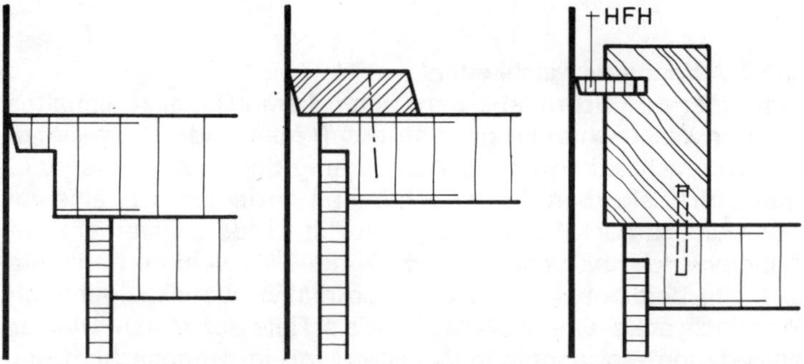

B 5.1.–3 Plattenanschlüsse. **Links:** Die an der Rückwand überstehende, ausgefälzte Platte wird an die Raumwand angepaßt. **Mitte:** Der Zwischenraum zwischen Raumwand und Möbel ist durch eine aufgeheftete Deckleiste abgedeckt. **Rechts:** Das starke aufrechte Profil schützt die Wand beim Reinigen der Platte. Der Anschluß an die Raumwand wird durch einen eingenuteten Hartfaserplattenstreifen erreicht.

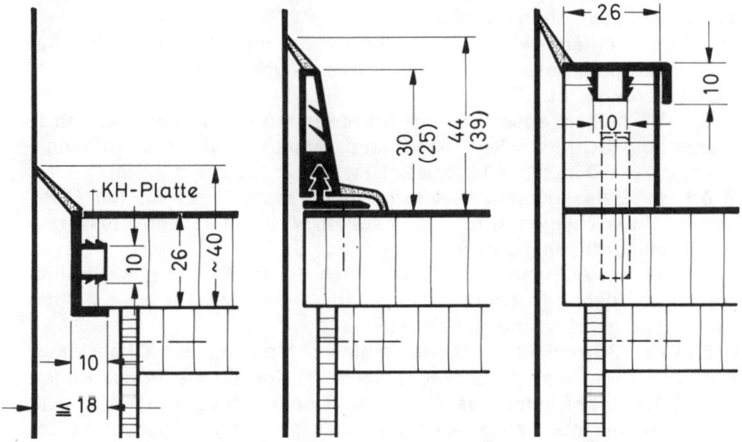

B 5.1.–4 Plattenanschlüsse bei Arbeitsplatten in Küchen. **Links:** Wandanschlußprofil aus PVC (hart und weich), das in die hintere Plattenkante eingenutet wird. **Mitte:** Zweiteiliges Wandanschlußprofil, bestehend aus dem Trägerprofil und dem Wandanschlußprofil, kann bei sichtbaren Enden noch durch Sichtkappen verschlossen werden. **Rechts:** Arbeitsplatte mit Stehbord mit aufgesetzem Wandanschlußprofil.

5.1.2 Aufhängemöglichkeiten

Um unter den Schrankkörpern einen freien Raum zu behalten, werden Wandschränke gern an den Raumwänden aufgehängt. Bei Oberschränken ist die Aufhängung der Höhe wegen meistens nicht sichtbar. Bei aufgehängten Anrichten muß eine von oben unsichtbare Aufhängung gewählt werden. Damit die Aufhängevorrichtung überwiegend vertikal und weniger horizontal auf Zug belastet wird, ist es zweckmäßig, wenn aufgehängte Wandschränke eine größere Höhe als Tiefe aufweisen. Die verschiedenen Aufhängemöglichkeiten sind im Höhenschnitt dargestellt (B 5.1.–5 bis 11).

B 5.1.–5 Aufhängung durch ineinandergreifende Nutleisten. Die Aufhängung ist von oben unsichtbar.

B 5.1.–6 Aufhängewinkel, am Oberboden und an der Seite des Schrankkörpers befestigt, können in Wand- und Schraubhaken eingehängt werden (Hä).

B 5.1.–7 Aufhängeösen, an die Korpusseiten geschraubt, werden in Wand- und Schraubhaken eingehängt. Abmessungen der Aufhängeösen, L x B x D in mm: 60 x 20 x 2; 80 x 20 x 2; 100 x 20 x 2 (Hä).

B 5.1.–8 Befestigungswinkel mit Einbohrzapfen, der in den Oberboden eingeschlagen wird. Der Lappen wird mit Linsenkopfschrauben in Mauerdübeln befestigt.

B 5.1.–9 Ein Aufhängewinkel, der durch die Rückwand gesteckt und am Oberboden des Schrankes befestigt wird, faßt in eine an die Raumwand geschraubte Nutleiste (Hä).

B 5.1.–10 Schrankaufhänger für einfache Montage von Oberschränken. (a) Haltewinkel, (b) Schraubbolzen, (c) Konterscheibe aus Kunststoff, (d) Trägerscheibe aus Kunststoff. Der Beschlag ermöglicht eine Verstellbarkeit nach allen Seiten, so daß der Schrank genau ins Lot bzw. in die Waage gehängt werden kann. Höhenverstellbereich bei 17 mm dickem Oberboden ca. 15 mm, Seitenverstellbereich ca. 13 mm (On).

B 5.1.–11 Schrankaufhänger mit dreifacher Verstellmöglichkeit wird im Schrankinnern an der Seitenwand befestigt. Höhenverstellbereich max. 15 mm, Tiefenverstellbereich ca. 8 mm und seitlicher Ausrichtbereich ca. 6 mm (Bl, Hä, Gr).

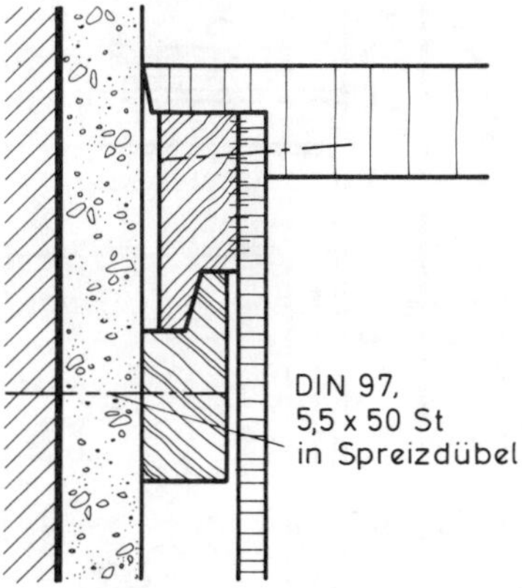

B 5.1.–5

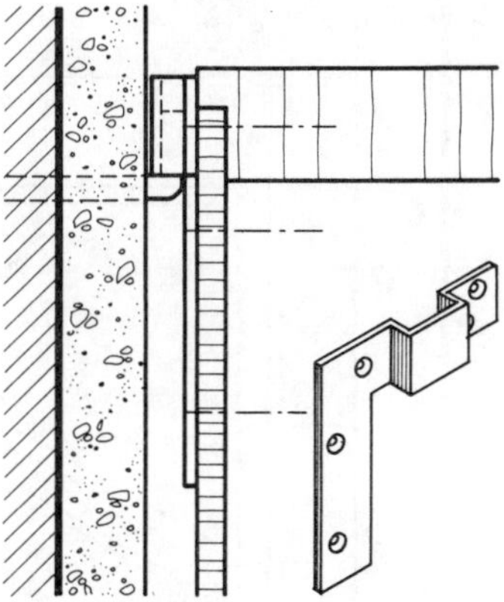

B 5.1.–6

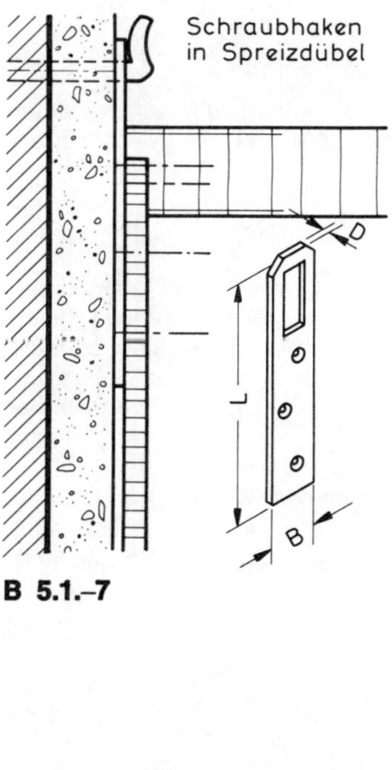

B 5.1.–7

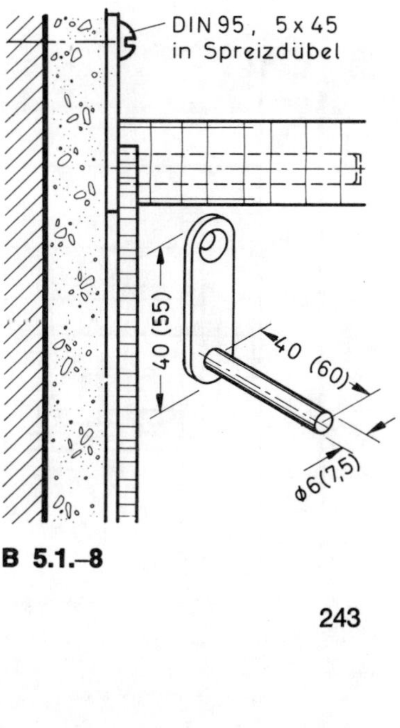

B 5.1.–8

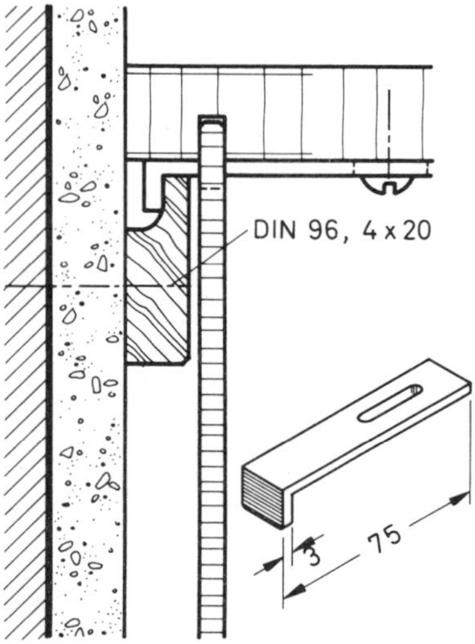

B 5.1.–9

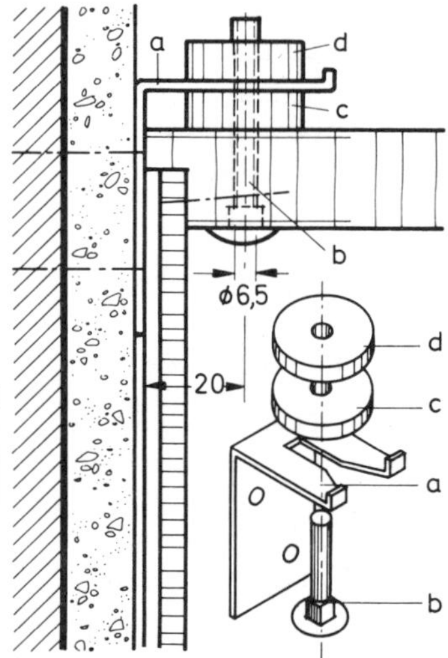

B 5.1.–10

B 5.1.–11

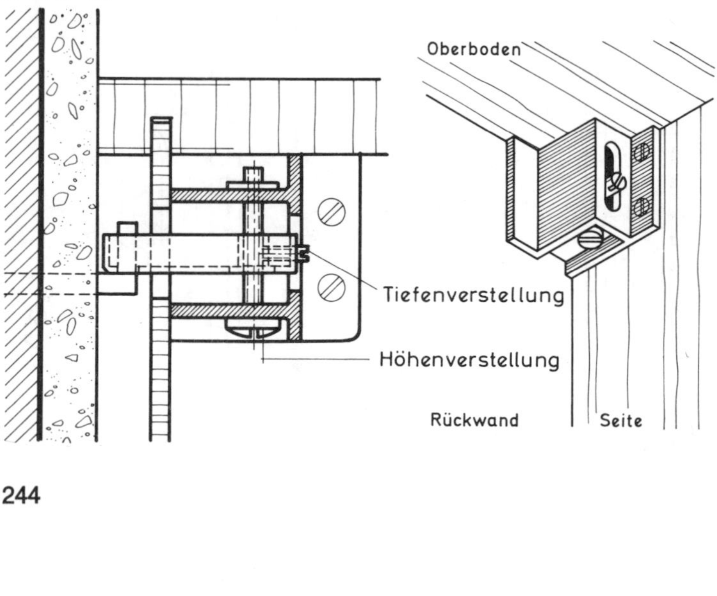

5.2 Schrankwände

Schrankwände sind nicht nur ein Teilausschnitt einer Wandfläche, sondern füllen eine den Raum begrenzende Fläche voll aus. Der Raum dieser Schränke kann bis zur Decke hin ausgenutzt werden, so daß auf verhältnismäßig geringer Grundfläche sehr viel unterzubringen ist. Durch Anschlüsse an die seitlichen Wände verbleiben keine Restflächen, tote Winkel oder Staubecken. Schrankwände können vor eine vorhandene Wand oder in eine vorhandene Nische eingebaut werden oder selbst an Stelle einer nichttragenden Trennwand treten. In diesem Fall darf die Schalldämmung nicht vernachlässigt werden. Raumteiler, die zwei Räume nur teilweise voneinander separieren, können mehr oder weniger transparent ausgebildet werden und von beiden Raumseiten zugänglich sein. Sie bieten sich bei Trennungen zwischen Küche und Eßraum oder Eß- und Wohnraum an. In Schrankwände kann man darüber hinaus Durchgangstüren einbauen, die gestalterisch entweder in die Schrankfront mit einbezogen oder wenn das nicht befriedigend gelingt, besser klar von dieser abgesetzt werden können. Kommen Einbauschränke und Wandvertäfelungen in einem Raum vor, dann können die Schrankfront und die Vertäfelung eine gleiche Aufgliederung bekommen. Je nach Unterteilung der Schranktüren, vielleicht im Wechsel mit Schubkästen oder offenen Fächern, lassen sich Schrankfronten unterschiedlich gestalten (B 5.2.–1 bis 10).

5.2.1 Aufbausysteme

Aus Gründen des Transports und einer leichten, einfachen Montage müssen die Schrankwände aus Einzelelementen zusammengebaut werden. Im wesentlichen sind fünf verschiedene Aufbausysteme zu unterscheiden, die hier in den Ansichten dargestellt sind (B 5.2.–11 bis 15).

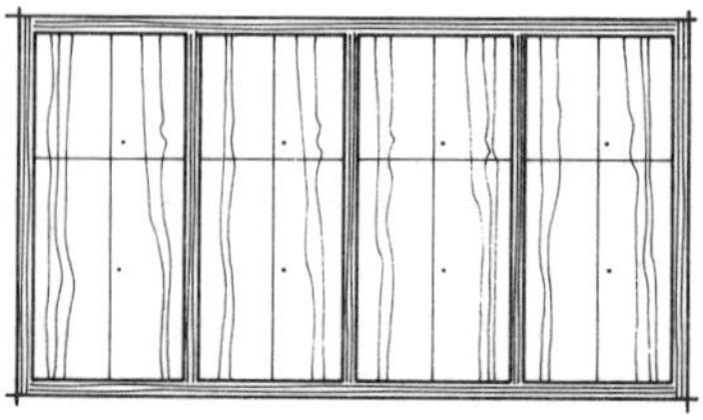
B 5.2.–1

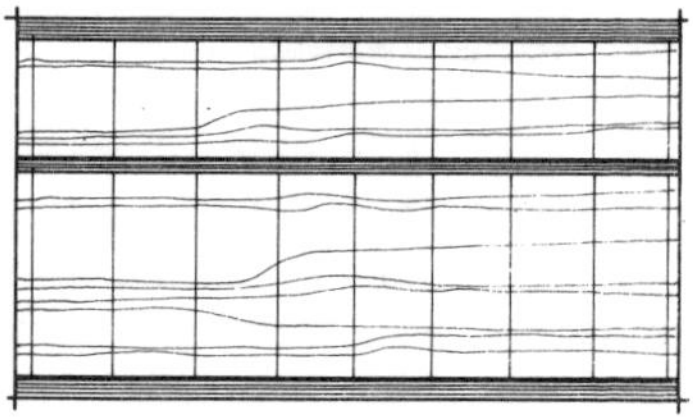
B 5.2.–2

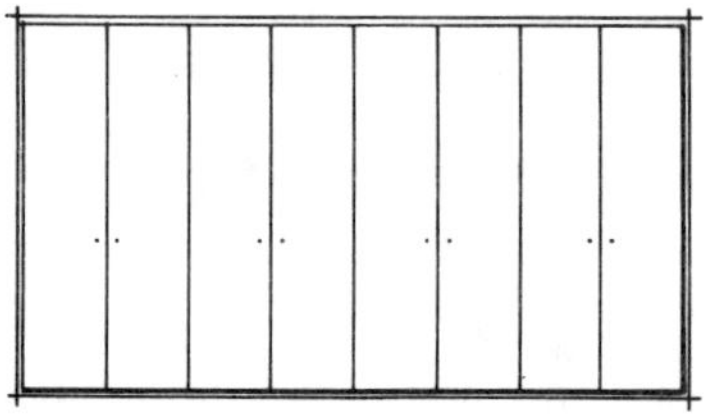
B 5.2.–3

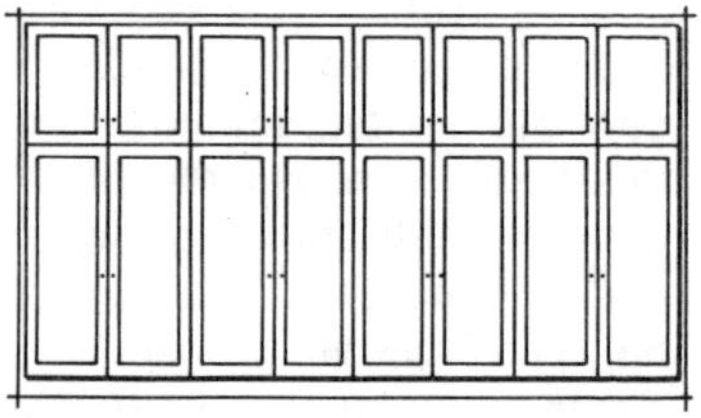
B 5.2.–4

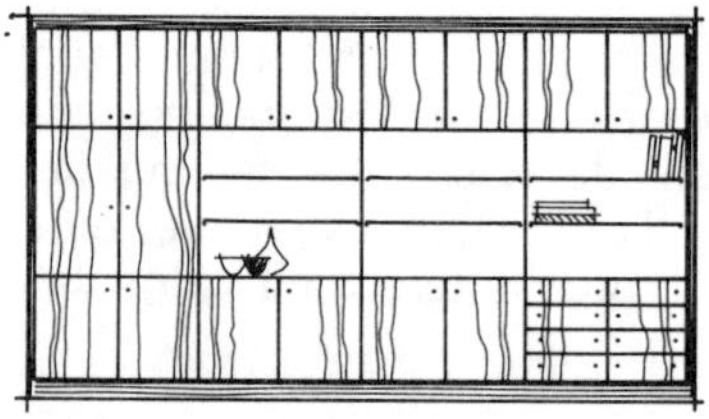
B 5.2.–5

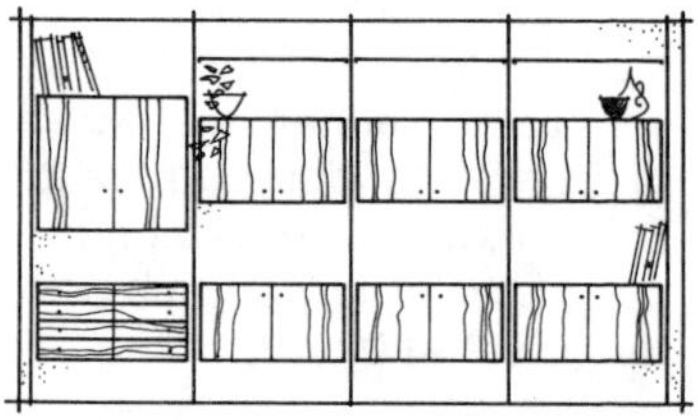
B 5.2.–6

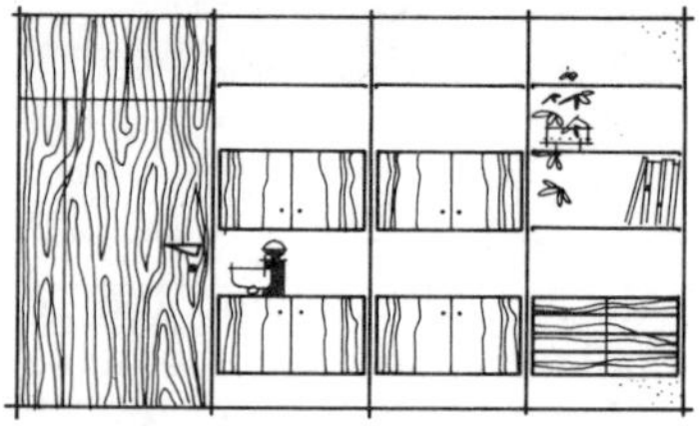
B 5.2.–7

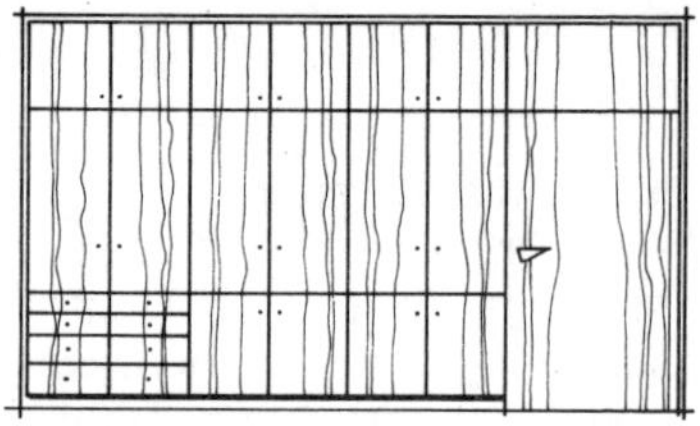
B 5.2.–8

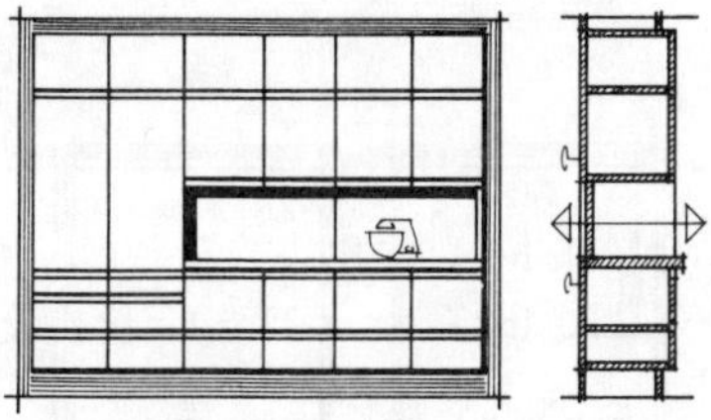

B 5.2.–9

B 5.2.–10

B 5.2.–1 Schrankwand mit breitem Frontrahmen, auf dem die Türen angeschlagen sind.
B 5.2.–2 Schrankwand mit betont waagerechter Aufgliederung.
B 5.2.–3 Schrankwand mit in voller Höhe durchgehenden Türen. Schlichte Wirkung. Die hohen Türen müssen mit Stangenschlössern oder Drehstangenschlössern dreifach verriegelt werden.
B 5.2.–4 Schrankwand mit Füllungstüren, Glas- oder Holzfüllungen. Starke Gliederung der Schrankfront.
B 5.2.–5 Schrankwand mit zum Teil offenen Flächen.
B 5.2.–6 Schrankwand ohne Rückwand. Leichte aufgelockerte Wirkung.
B 5.2.–7 Schrankwand mit deutlich abgesetzter Zimmertür.
B 5.2.–8 Schrankwand mit einer in die Schrankfront einbezogenen Zimmertür.
B 5.2.–9 Raumteiler (zwischen Küche und Eßzimmer) mit Durchreiche und durchgehenden Schrankteilen.
B 5.2.–10 Transparenter Raumteiler mit eingehängten Kastenelementen und Böden.

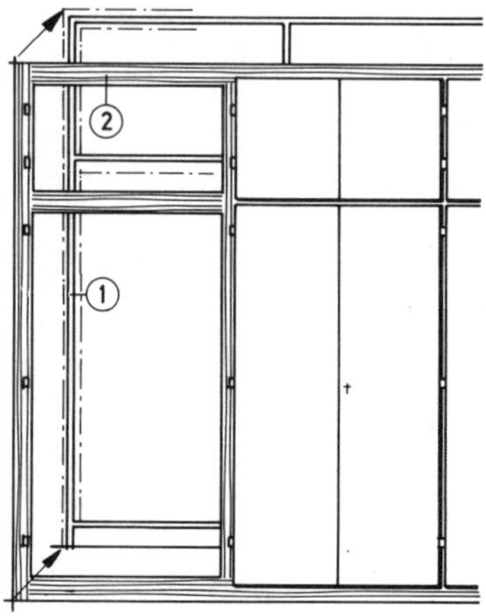

B 5.2.–11

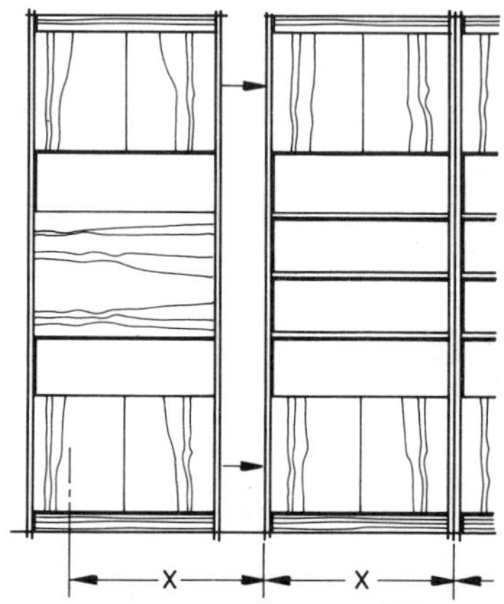

B 5.2.–12

B 5.2.–13

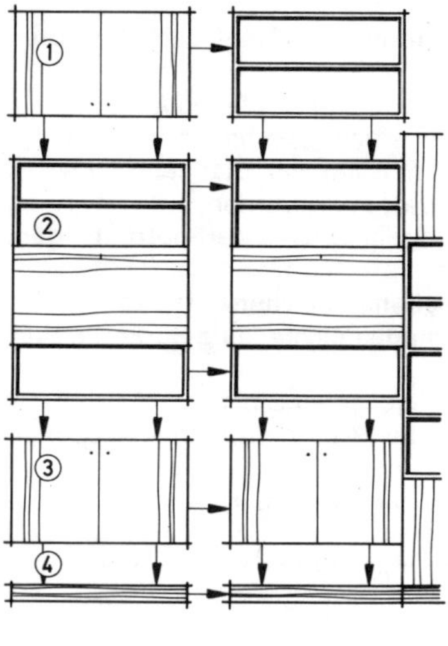

B 5.2.–14

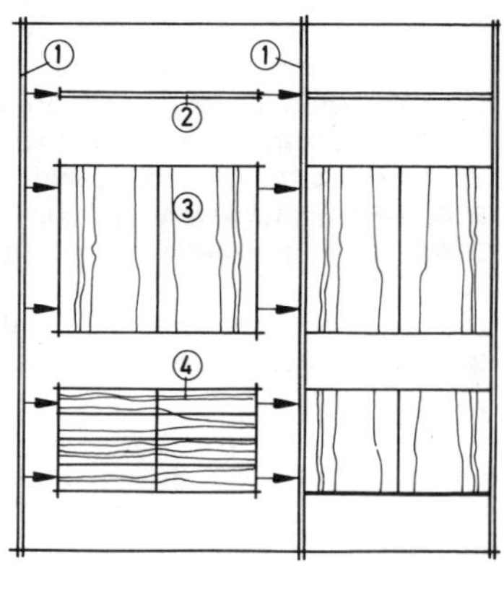

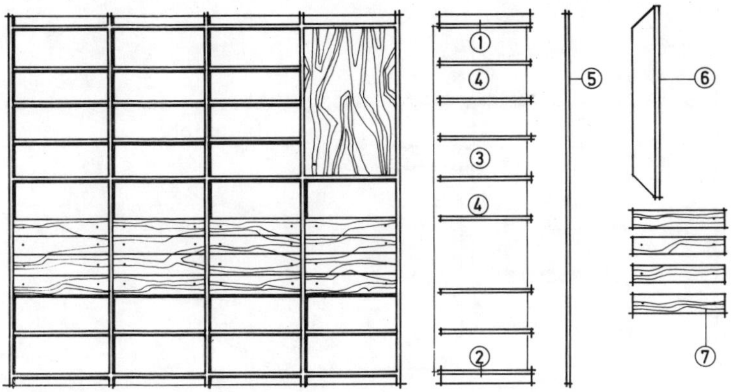

B 5.2.–15

B 5.2.–11 Der Schrankkörper (1) wird gesondert aufgestellt. Er kann in einfacher Ausführung, sogar ohne Rückwand, hergestellt werden. Vor diesen Schrankkörper wird ein Frontrahmen mit den angeschlagenen Türen (2) geschraubt.

B 5.2.–12 Die Schrankwand wird aus hohen Schrankelementen zusammengestellt. Achtung! Die raumhohen Schrankelemente können bei Räumen mit fester Decke nur aufgerichtet werden, wenn der Sockel zu lösen ist. Die Bauart kann bei abgehängten Decken gut angewendet werden. Es sind doppelte Seiten erforderlich.

B 5.2.–13 Aufbau einer Schrankwand aus einzelnen Kastenelementen. (1) Oberschrank, (2) Mittelschrank, (3) Unterschrank und (4) Sockel werden aufeinandergesetzt und eventuell alle Teile miteinander verschraubt. Es sind Doppelseiten und zum Teil doppelte Böden erforderlich. Bei diesem System ist eine einfache Montage und flexible Wandgestaltung gegeben.

B 5.2.–14 Aufbau einer Schrankwand aus Kastenelementen und Fachböden, die in Seiten oder Gestelle eingehängt werden. Die Schrankwand hat keine Rückwand. (1) Tragseiten bzw. -gestelle, (2) Fachböden, (3) Mittelschränke, (4) Unterschränke. Hier ergibt sich eine leichte und aufgelockerte Schrankwandkonstruktion.

B 5.2.–15 Schrankwand aus Einzelteilen zusammengesetzt. Solche Konstruktionen sind durch Schrankverbinder und besonders durch das „System 32" möglich. (1) Oberboden, (2) Unterboden, (3) Rückwand, (4) Fachböden, (5) Seiten, (6) Tür, (7) Schubkästen. Vorteil: sehr flexible Gestaltungsmöglichkeiten der Wand, selbst bei industrieller Fertigung der Einzelelemente. Es sind keine Doppelseiten erforderlich. Nachteil: aufwendigere Montage.

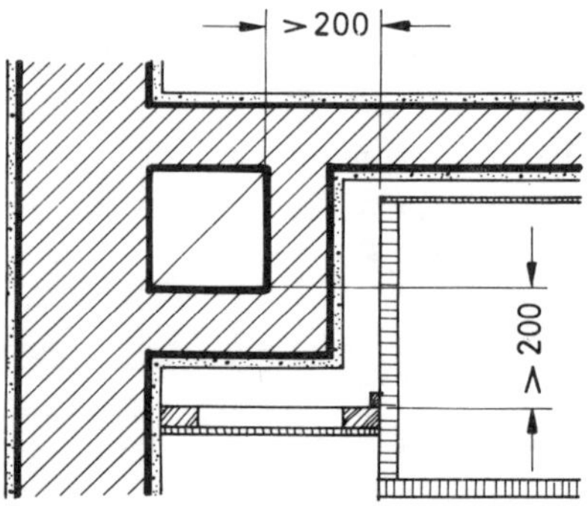

Abstand der Holzteile am Rauchrohr

B 5.2.–16

B 5.2.–17 Einbauschrank mit Frontrahmen, überfälzten Türen und Doppelseiten.
B 5.2.–18 Einbauschrank und Frontrahmen mit stumpf aufschlagenden Türen und einer Schrankseite, die hier in den Frontrahmen eingenutet ist.
B 5.2.–19 Verbindung der Doppelseiten durch Verbindungsschrauben. Je nach verwendetem Beschlag müssen die Türkanten einen mehr oder weniger großen Abstand voneinander aufweisen. Auch aus optischen Gründen sollte hier eine Fuge von mindestens 6 mm verbleiben.
B 5.2.–20 Durch ein Profil getrennte Doppelseiten. Die Schrankwand bekommt dadurch eine vertikale Betonung.

5.2.2 Mittelanschlüsse

Je nach Bauart der Einbauschränke können Mittelanschlüsse unterschiedlich ausgebildet werden. Es können Doppelseiten, Einzelseiten oder Frontrahmen sein. Einige Mittelanschlüsse sind im Querschnitt dargestellt (B 5.2–16 bis 23).

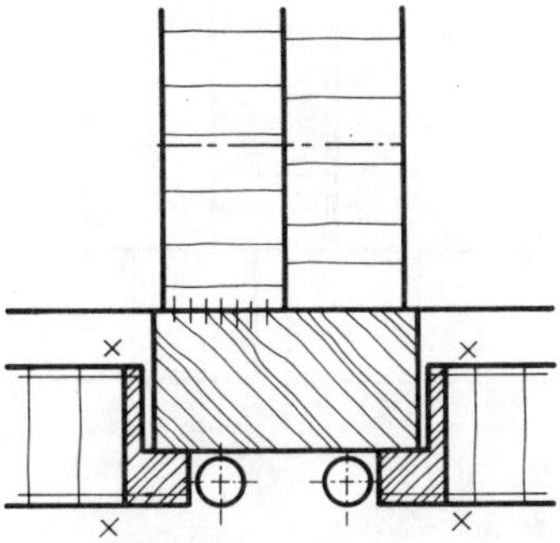

B 5.2.–17

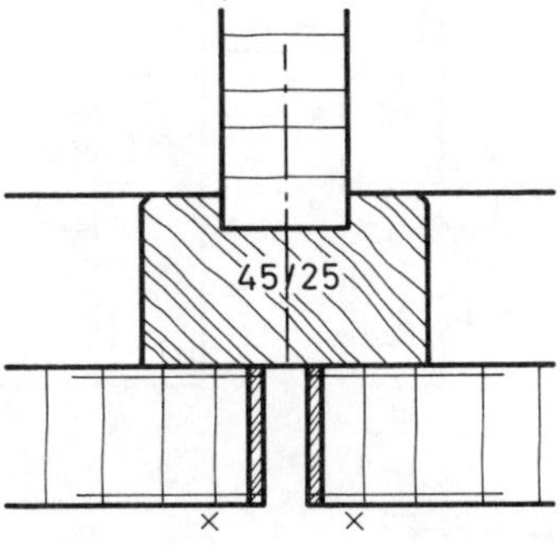

B 5.2.–18

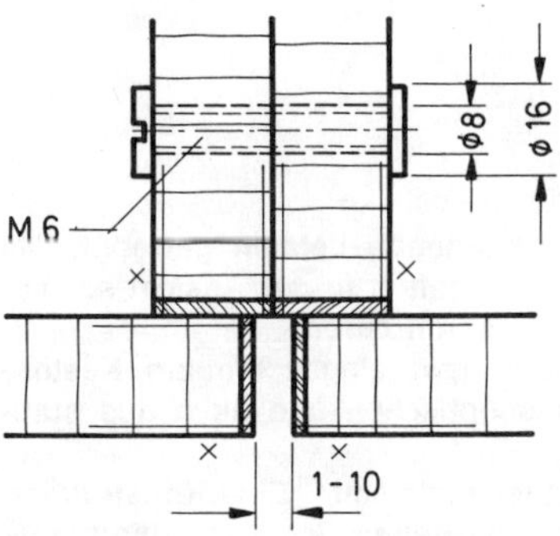

B 5.2.–19

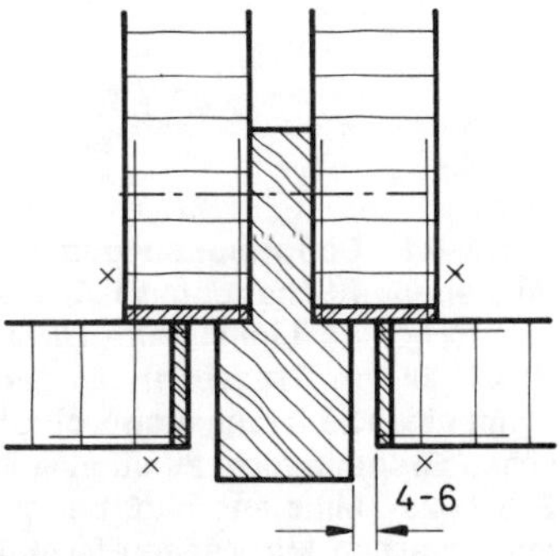

B 5.2.–20

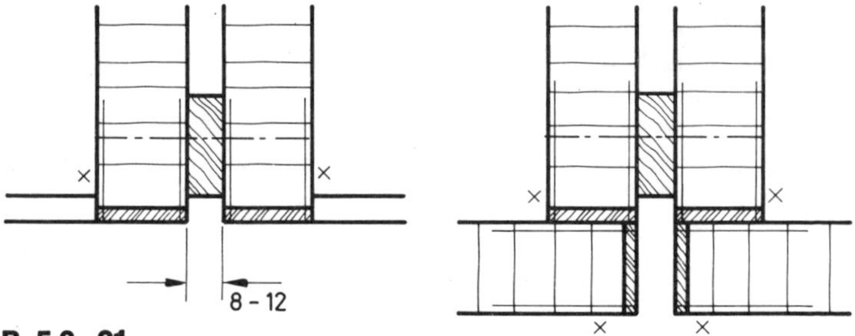

B 5.2.–21

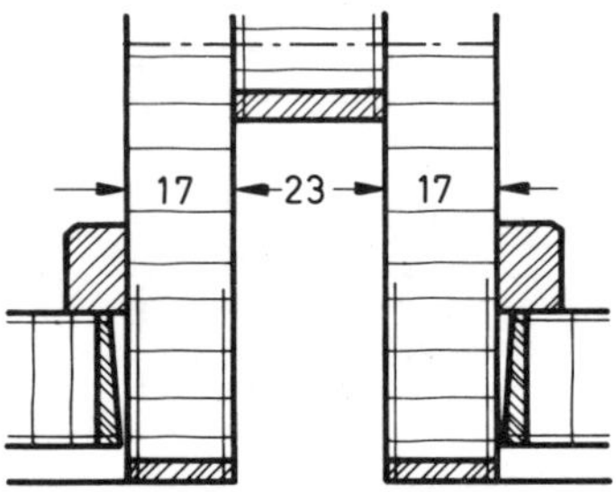

B 5.2.–22

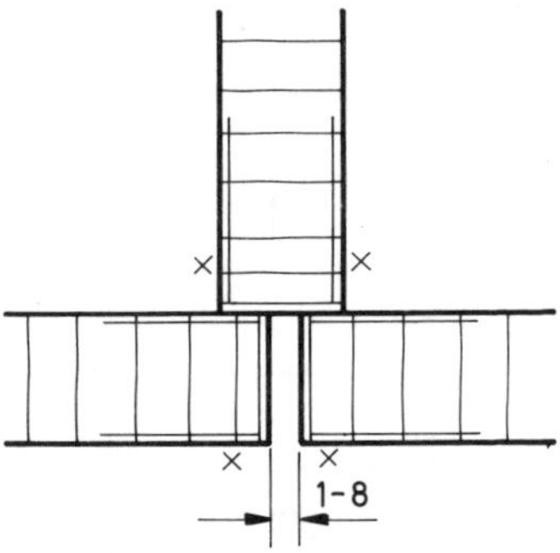

B 5.2.–23

B 5.2.–21 Doppelseiten durch zurückliegende Leisten getrennt. Die entstehende Schattennut läßt die Doppelseiten in der Ansicht schmaler erscheinen. Links: ohne Türen; rechts: mit Türen.
B 5.2.–22 In Tragseiten eingehängte bzw. eingeschraubte Kastenelemente. Die Tragseiten sollten aus optischen und auch aus statischen Gründen nicht zu dünn sein.
B 5.2.–23 Mittelanschluß bei nur einer Mittelseite. Eine Konstruktion mit einfachen Mittelseiten ist nur mit speziellen Schrankverbindungsbeschlägen möglich.

5.2.3 Wandanschlüsse

Um eine Kondenswasserbildung zu vermeiden, dürfen Schrankwände weder mit ihrer Rückwand noch mit ihren Seiten dicht an die Raumwände heranreichen. Es sollte hier ein Luftzwischenraum von mindestens 25 mm verbleiben. Werden Schränke an Außenwände gesetzt, müssen gemauerte Wände unbedingt verputzt sein. Bei Schrankwänden an Außenwänden oder feuchten Innenwänden muß hinter dem Schrank ein Luftaustausch stattfinden können, um eine Pilzbildung oder ein Verstocken zu vermeiden. Die Sockel und Deckenabschlüsse erhalten zu diesem Zweck Luftschlitze. Der Zwischenraum zwischen Raumwand und Schrankseite wird in der Regel durch Leisten abgedichtet. Einige Beispiele von Wandanschlüssen sind im Querschnitt dargestellt (B 5.2.–24 bis 42). Sind Rauchrohre in der Raumwand, so ist aus feuerpolizeilichen Gründen mit allen Holzteilen ein Abstand von mindestens 200 mm von der Innenkante des Rauchrohrs einzuhalten. Es ist zweckmäßig, die zum Schornstein liegenden Holzflächen mit Fiber-Silikatplatten zu verkleiden (B 5.2.–16).

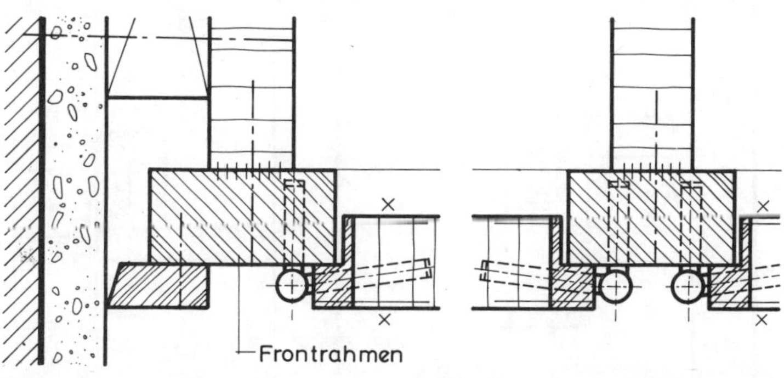

B 5.2.–24 Einbauschrank mit Frontrahmen und überfälzten Türen. Der Wandanschluß wird durch eine aufgeheftete Deckleiste erreicht.

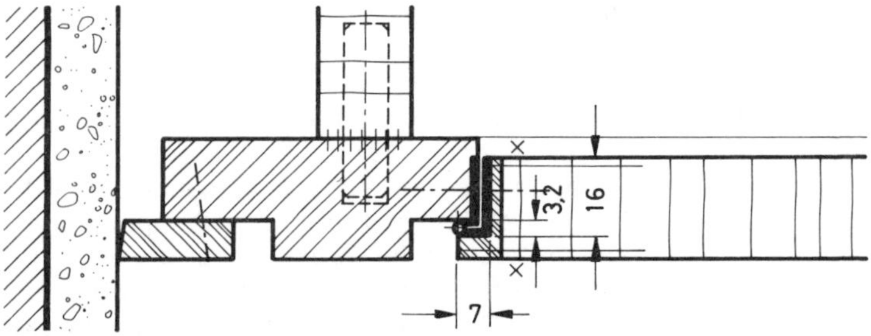

B 5.2.–25

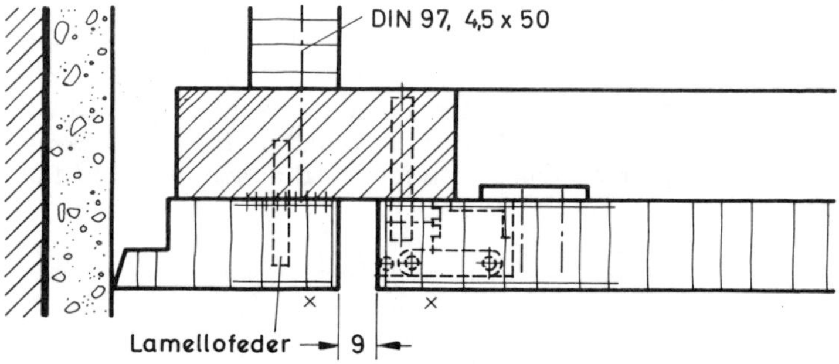

B 5.2.–26

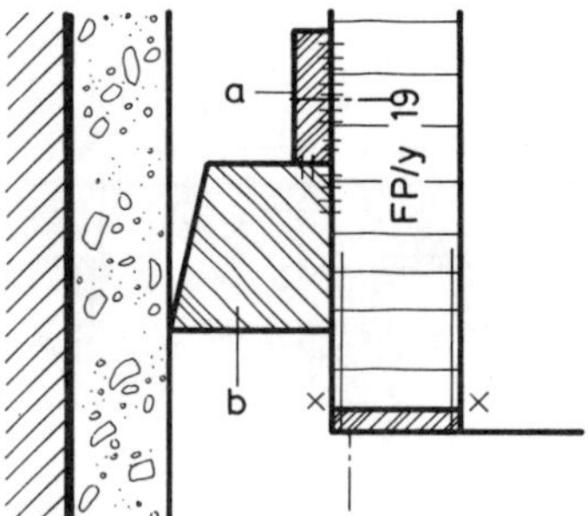

B 5.2.–27

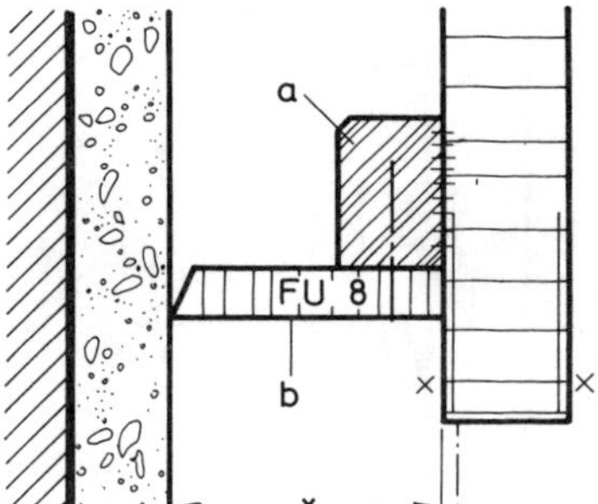

B 5.2.–28

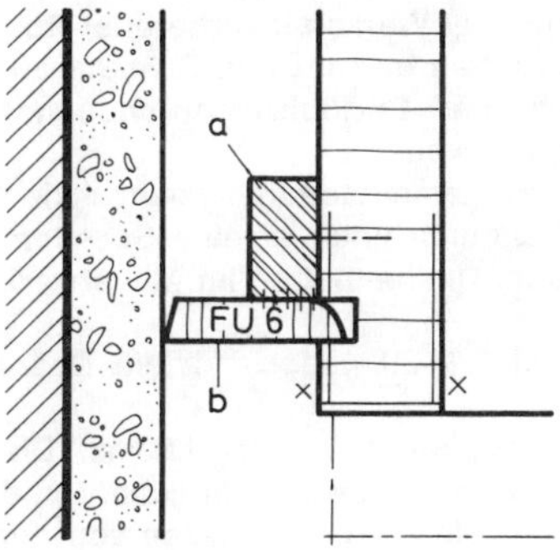

B 5.2.–29

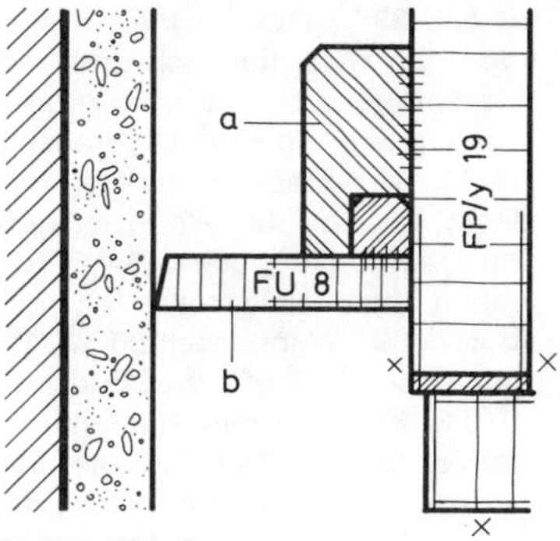

B 5.2.–30

B 5.2.–25 Der Frontrahmen des Einbauschranks ist ausgefälzt. Die Deckleiste wird in den Falz eingeheftet.
B 5.2.–26 Einbauschrank mit Frontrahmen und stumpf aufschlagenden Türen. Die Deckleiste ist so dick wie die Türen und wird auf den Frontrahmen aufgeleimt. Um sie besser am Putz anpassen zu können, ist sie außen durch eine innere Ausfälzung abgeschwächt.
B 5.2.–27 Wandanschluß durch eine eingeschobene Paßleiste (b). Damit diese in der Tiefe arretiert wird, ist auf die Außenseite vorher eine kleine Leiste (a) aufgeheftet worden.
B 5.2.–28 Wandanschluß durch eine eingepaßte Leiste aus Furnierplatte (b), die auf eine an der Außenseite angebrachten Grundleiste (a) geheftet wird. Das Maß „x" muß so groß sein, daß man bequem mit dem Hammer die Leisten anheften kann.
B 5.2.–29 Die Paßleiste (b) wird mit Leim gegen die Grundleiste (a) gedrückt.
B 5.2.–30 Wandanschluß ohne sichtbare Befestigung. Die Grundleiste (a) ist ausgefälzt und wird vor dem Einbau an der Außenseite befestigt. Die Deckleiste (b) wird mit der aufgeleimten Leiste in die entstehende Nut mit Leim hineingedrückt.
B 5.2.–31 Ein Wandanschluß, bei dem ein genaues Anpassen der Leiste nicht erforderlich ist. Ein Kunststoffprofil dichtet die Deckleiste an der Raumwand ab.
B 5.2.–32 Wandanschluß ohne sichtbare Befestigung. Die Deckleiste wird auf eine an der Außenseite angebrachten Nutleiste gesteckt.

B 5.2.–33 Diese Deckleiste ist schon in der Werkstatt vorbereitet worden. Sie wird nur noch grob eingeschnitten und an den Schrank angeschraubt. Ein auf die Außenkante der Deckleiste geschobenes Kunststoffprofil kann Differenzen überbrücken.

B 5.2.–34 Eine Deckleiste, die durch Lamellofedern genau fixiert ist. Sie ist an der Wand ausgefälzt. Dadurch entsteht eine Schattennut, die dunkel gestrichen werden kann. Unebenheiten im Mauerwerk fallen dann weniger auf.

B 5.2.–35 Wandanschluß wie bei Bild 5.2.–30, jedoch ist die Deckleiste mit der Türfläche bündig.

B 5.2.–36 Wandanschluß mit betont starker aufrechter Lisene. Die Paßleiste aus dünner Furnierplatte wird am Mauerwerk angepaßt und auf die Grundleiste geheftet; dann wird die aufrechte Lisene von der Schrankinnenseite her festgeschraubt.

B 5.2.–37 Wandanschluß mit breitem Schattenrahmen. Die genutete Wandleiste wird am Mauerwerk befestigt, die Paßleiste tief in die Nut eingeschoben und dann der Schrank dazwischen aufgebaut. Mit Schrauben wird die Paßleiste an die Schrankseite herangezogen.

B 5.2.–38 Wandanschluß bei stumpf aufschlagenden Türen. Die Paßleiste ist durch Lamellofedern fixiert und wird nach dem seitlichen Anpassen aufgeleimt.

B 5.2.–39 Die Deckleiste kann hier schon in der Werkstatt an der Außenseite befestigt werden. Das Schrankelement wird in die Nische so weit eingeschoben, bis die Paßleiste an der ins Lot gesetzten Latte, die an die Raumwand geschraubt wurde, arretiert.

B 5.2.–40 Wandanschluß bei breiten Paßstücken. Zuerst wird die Wandleiste an die Wand geschraubt. Die Vorderkante der Leiste muß mit den Seitenkanten des Schrankes in einer Flucht liegen. Das Paßstück wird so eingeschnitten, daß an der Wand eine Schattenfuge entsteht. An der Wandleiste wird das Paßstück mit unsichtbaren Steckverbindungen befestigt und an der Schrankinnenseite mit der am Paßstück aufgeleimten Befestigungsleiste verschraubt.

B 5.2.–41 Wandanschluß mit einer vorgefertigten Paßleiste. Die Paßleiste wird so zugeschnitten, daß zwischen Wand und Leiste eine Schattenfuge verbleibt. Die Paßleiste wird an der Schrankseite durch einige vorgebohrte Löcher mit Schrauben befestigt. Durch Gewindeschrauben in der Paßleiste kann dann die Furnierplatte kulissenartig an die Wand angepreßt werden. Die Löcher in der Kante der Paßleiste werden mit Kunststoffkappen verschlossen.

B 5.2.–42 Tapezierter Wandanschluß. Der Übergang Putz-Holz ist durch ein Fugenband armiert. Eine Deckleiste wird seitlich gegen die Seitenwand des Schrankes geschraubt.

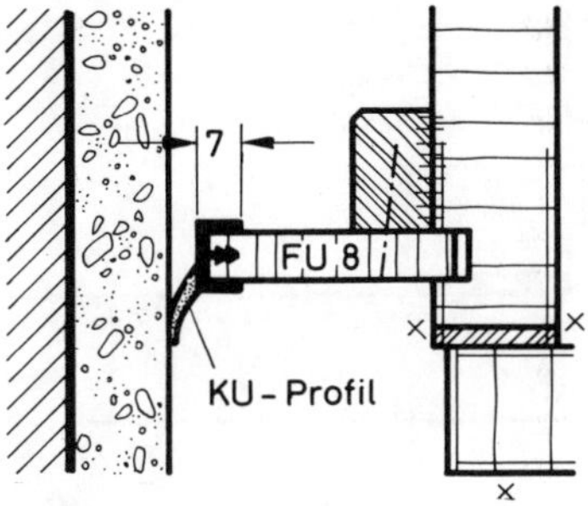

B 5.2.–31

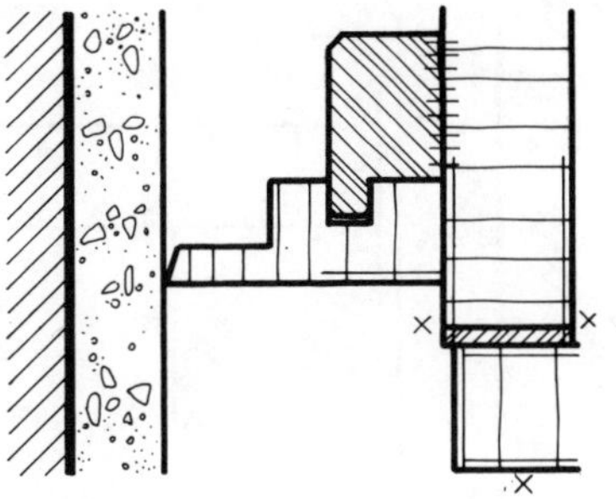

B 5.2.–32

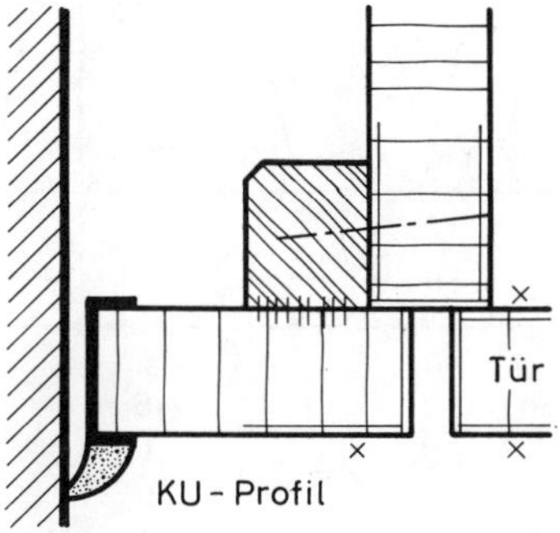

B 5.2.–33

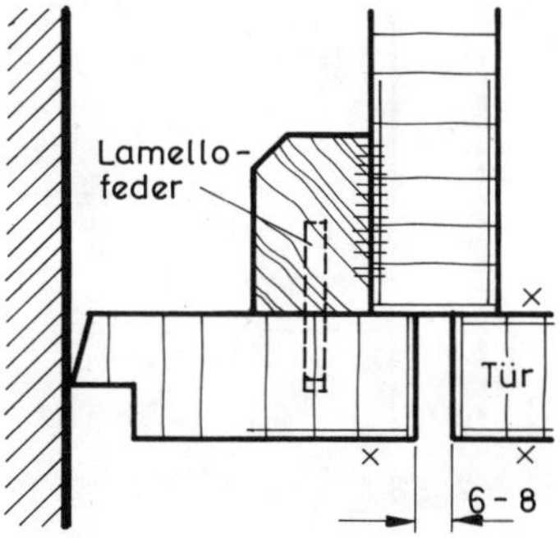

B 5.2.–34

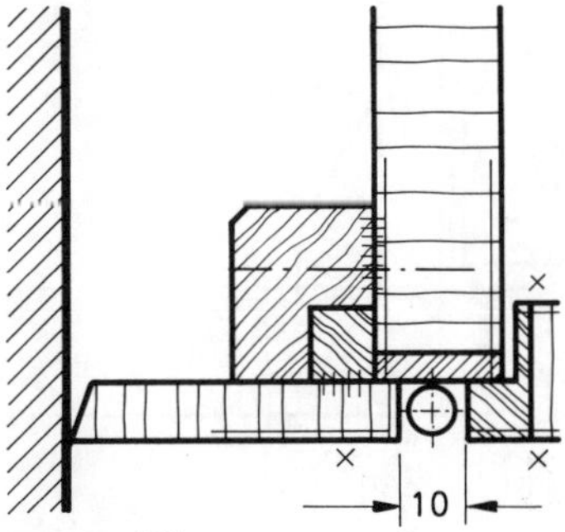

B 5.2.–35

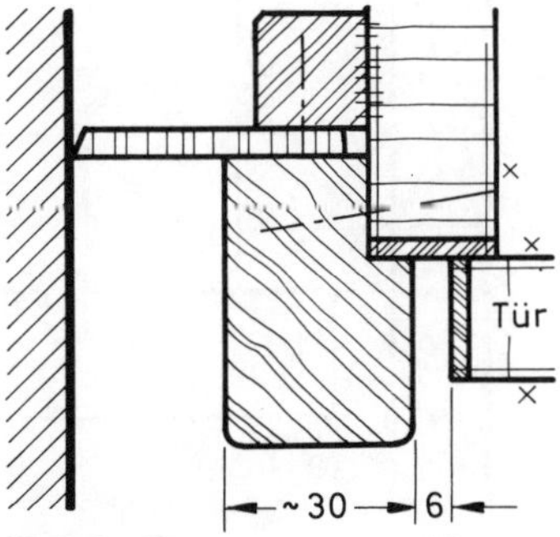

B 5.2.–36

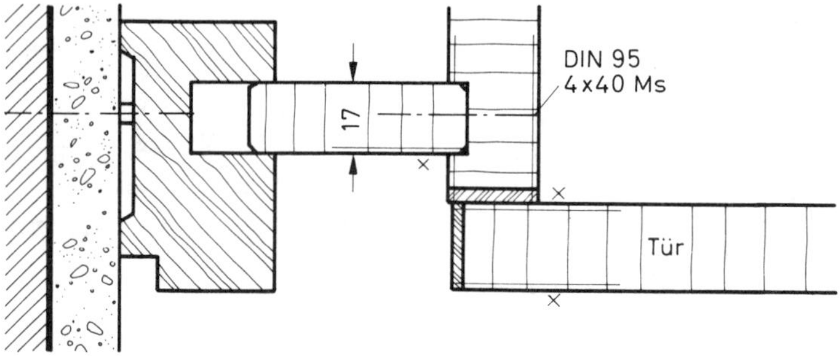

B 5.2.–37

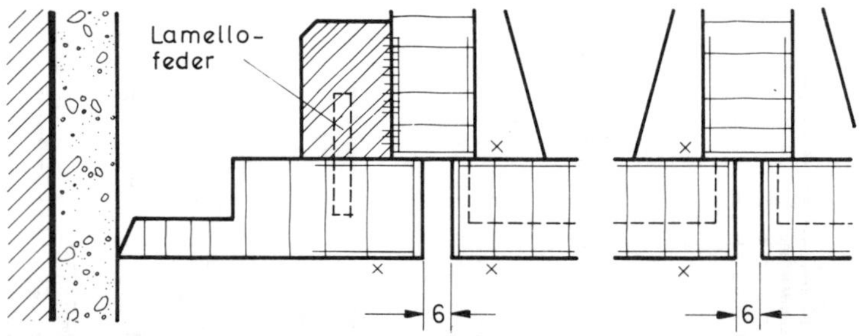

B 5.2.-38

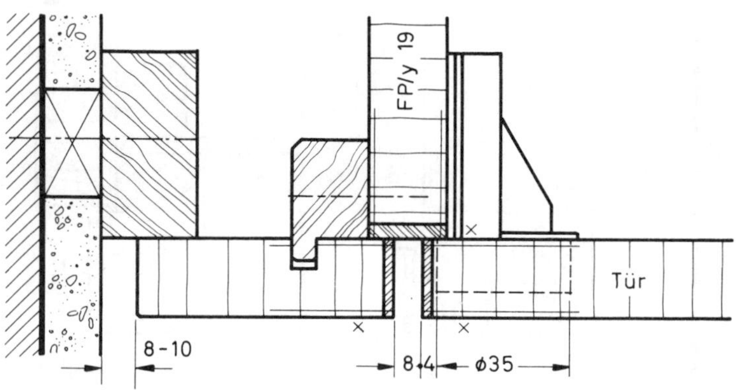

B 5.2.-39

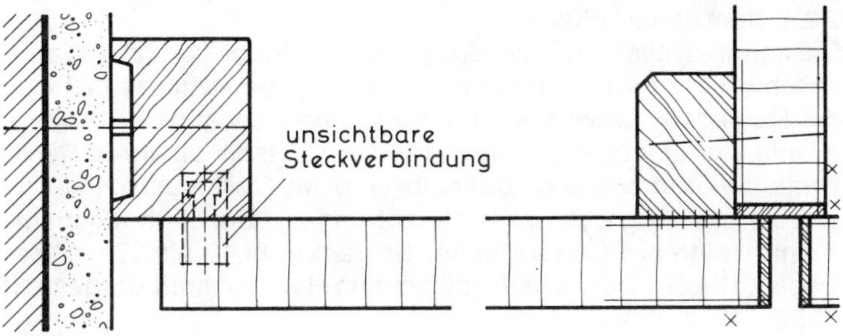

B 5.2.–40

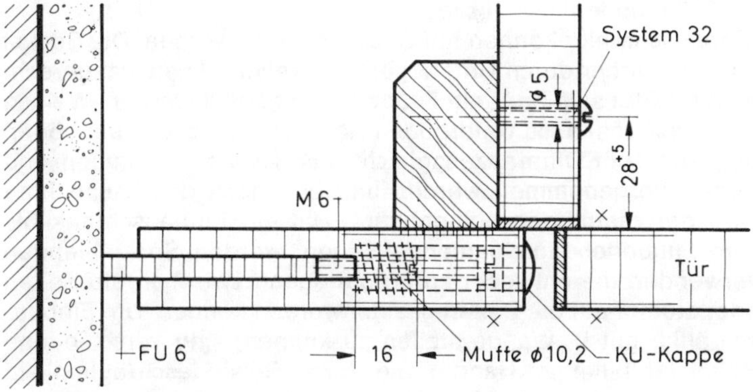

B 5.2.–41

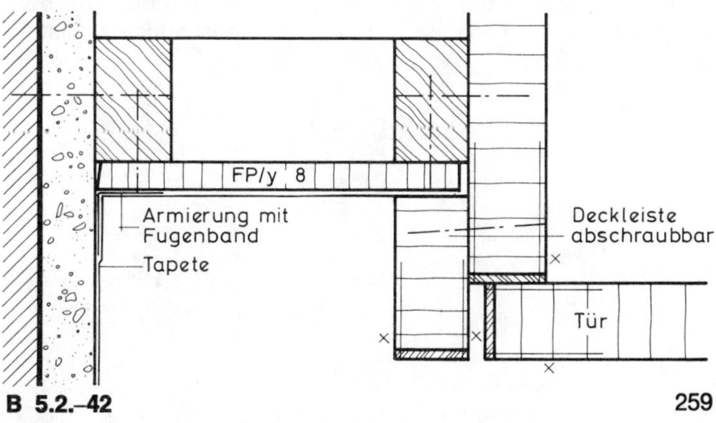

B 5.2.–42

5.2.4 Deckenanschlüsse

Deckenanschlüsse haben die gleiche Aufgabe wie die Wandanschlüsse zu erfüllen, sie sollen den Einbauschrank dicht an die Raumdecke anschließen lassen. Schrankwände an Außenwänden oder feuchten Innenwänden müssen an ihrer Rückwand belüftet werden. Deshalb sind im Deckenanschluß zusätzlich Lüftungsschlitze unterzubringen. Der Lüftungsquerschnitt sollte pro Quadratmeter Schrankfront 10 bis 20 cm^2 betragen. Die Deckenanschlüsse sind im Höhenschnitt dargestellt (B 5.2.–43 bis 58).

5.2.5 Fußbodenanschlüsse

Einbauschränke können auf Sockel gestellt werden. Die Sockel müssen vorher durch Unterlegen von Keilen genau waagerecht ausgerichtet sein oder am Fußboden angepaßt werden. Weisen Einbauschränke als Unterboden Rahmen und lose Staubböden auf, kann ein Differenzausgleich auch zwischen Rahmen und Sockel vorgenommen werden und erst nach dem Ausrichten wird der Staubboden eingeheftet. Hat ein Einbauschrank bis zum Fußboden durchlaufende Seiten, werden Sockelblenden verwendet, die entweder zurückspringend zwischen die Seiten oder stumpf auf die Seiten gesetzt werden können. Um Einbauschränke gut in Waage stellen zu können, sind verschiedene Höhenversteller im Handel, die durch Gewindeschrauben ein genaues Justieren ermöglichen. Um eine Luftzirkulation zu erreichen, können in den Sockel Luftschlitze eingebaut werden. Einige Fußbodenanschlüsse sind im Höhenschnitt dargestellt (B 5.2.–59 bis 68).

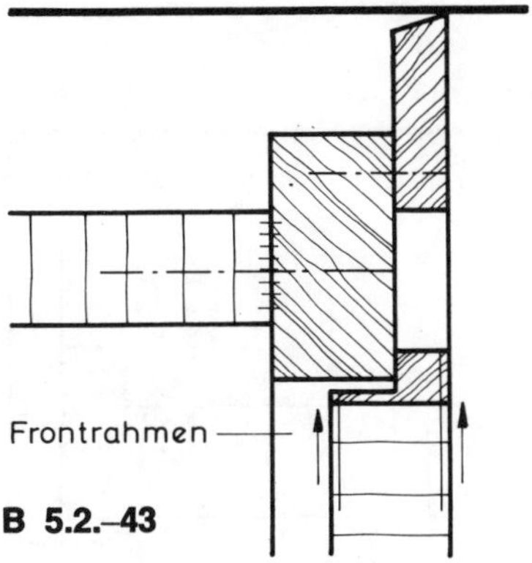

B 5.2.–43

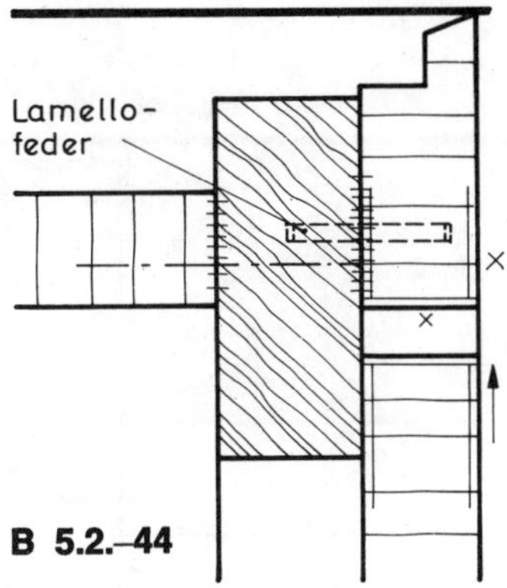

B 5.2.–44

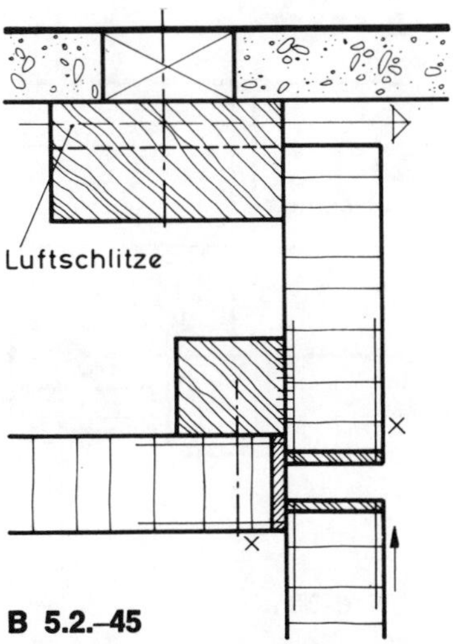

B 5.2.–45

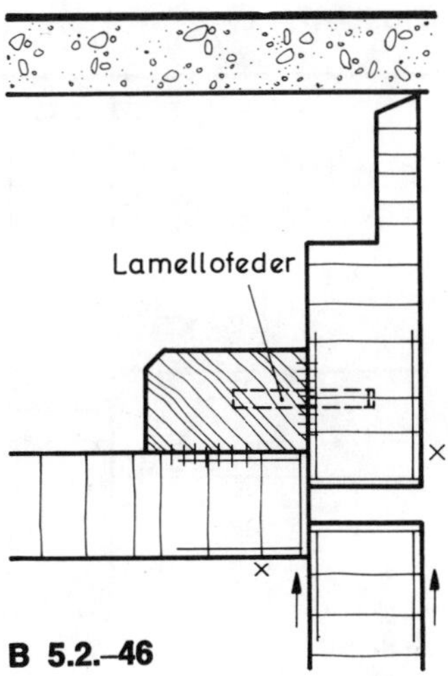

B 5.2.–46

B 5.2.–43 Deckenanschlüsse bei Einbauschränken mit Frontrahmen, passend zu Wandanschluß 5.2.–24.

B 5.2.–44 Deckenanschluß bei Frontrahmen mit stumpf aufschlagenden Türen, zu Wandanschluß 5.2.–26 passend.

B 5.2.–45 Die Deckenanschlußleiste liegt mit den Türen in einer Ebene. In der Deckleiste sind die Lüftungsschlitze eingefräst, zu Wandanschluß 5.2.–39 passend.

B 5.2.–46 Die Deckenanschlußleiste, die mit den Türen in einer Ebene liegt, zu Wandanschluß 5.2.–38 passend.

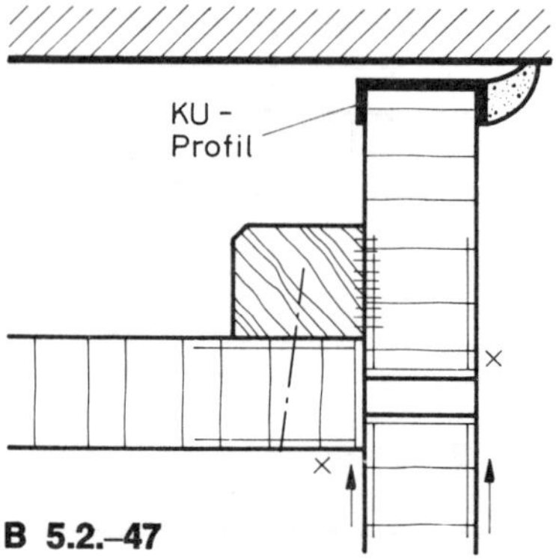

B 5.2.–47

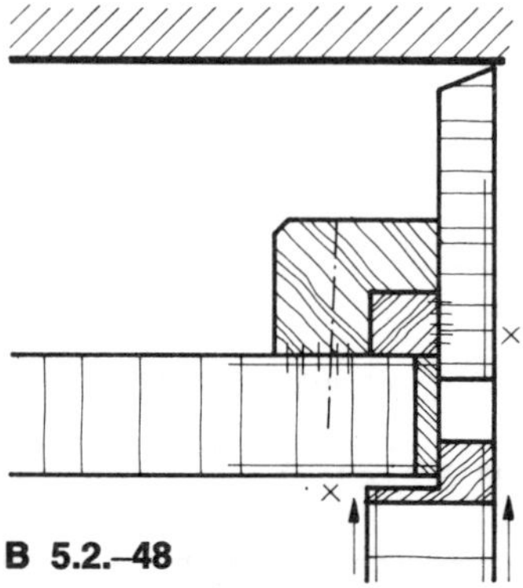

B 5.2.–48

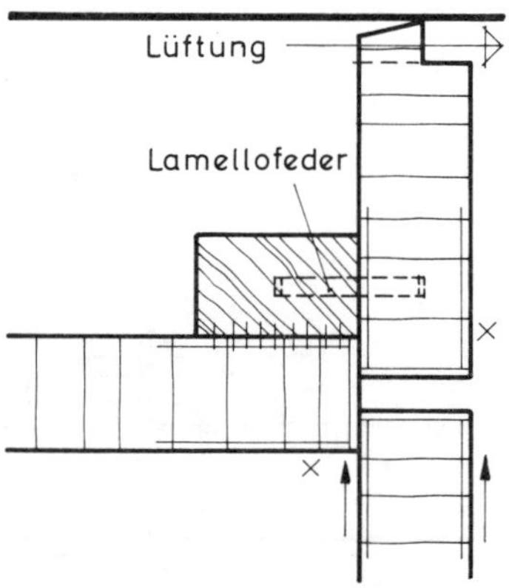

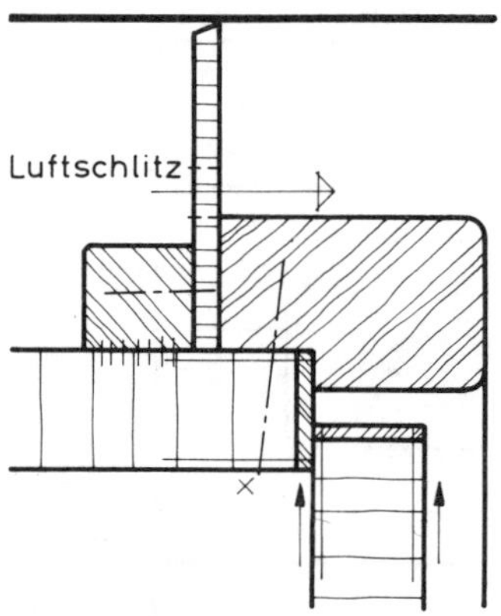

B 5.2.–49

B 5.2.–50

B 5.2.–47 Deckenanschlußleiste mit Kunststoffprofil, zu Wandanschluß 5.2.–33 passend. Wandanschlußleiste und Deckenanschlußleiste sollten auf Gehrung zusammengeschnitten werden.

B 5.2.–48 Deckenanschlußleiste bei überfälzten Türen, zu Wandanschluß 5.2.–35 passend.

B 5.2.–49 Deckenanschlußleiste mit Schattennut, in der Lüftungsschlitze angebracht sind, zu Wandanschluß 5.2.–34 passend.

B 5.2.–50 Deckenanschluß mit starkem Kantenprofil, zu Wandanschluß 5.2.–36 passend.

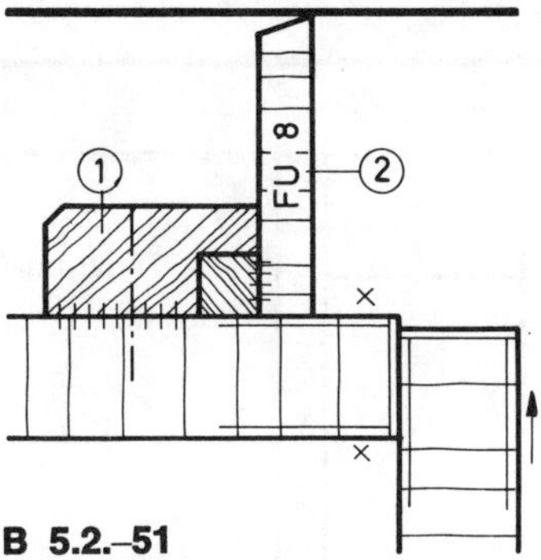

B 5.2.–51

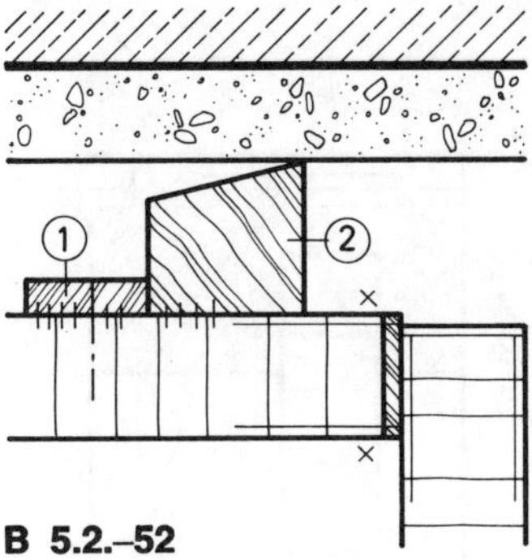

B 5.2.–52

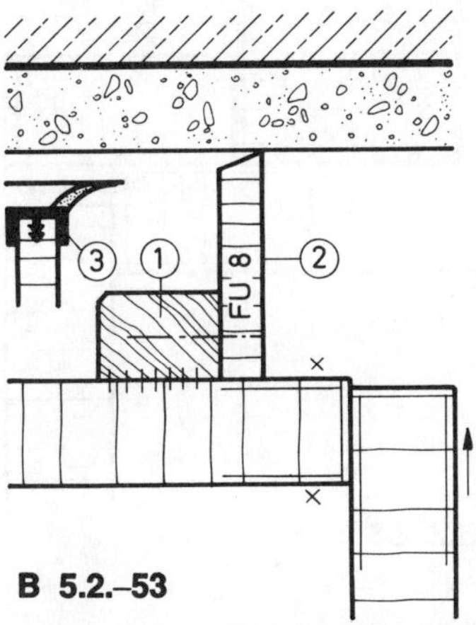

B 5.2.–53

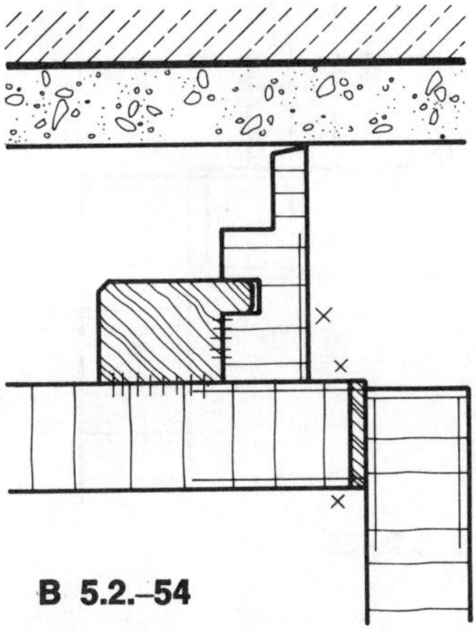

B 5.2.–54

B 5.2.–51 Zurückliegender Deckenanschluß ohne sichtbare Befestigung, zu Wandanschluß 5.2.–30 passend. (1) Befestigungsleiste, (2) Paßleiste.

B 5.2.–52 Einfacher zurückliegender Deckenanschluß, zu Wandanschluß 5.2.–27 passend. (1) Arretierungsleiste, (2) Paßleiste.

B 5.2.–53 Zurückliegender Deckenanschluß mit eingehefteter Paßleiste aus Furnierplatten (2) auf einer Grundleiste (1). Die Kante der Paßleiste kann auch mit einem Kunststoffprofil (3) versehen werden, zu Wandanschluß 5.2.–28 bzw. 31 passend.

B 5.2.–54 Zurückliegender Deckenanschluß mit eingenuteter Paßleiste, zu Wandanschluß 5.2.–32 passend.

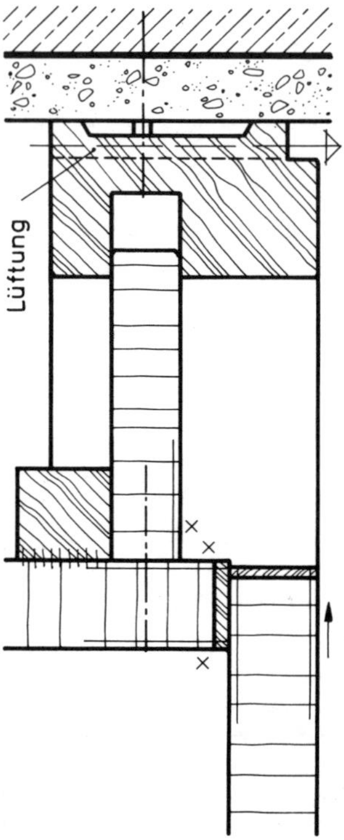

B 5.2.–55

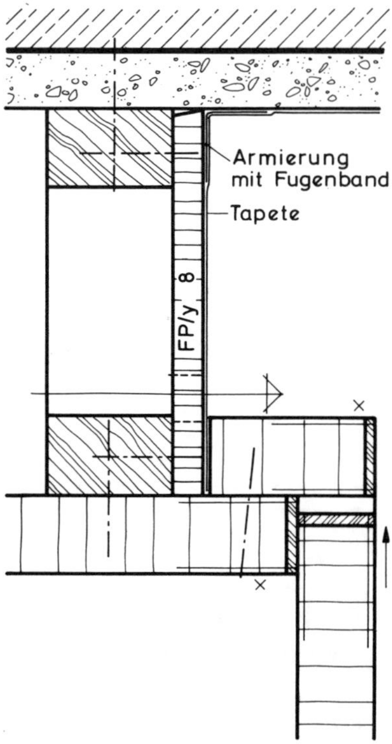

B 5.2.–56

B 5.2.–55 Deckenanschluß mit breitem Schattenrahmen, zu Wandanschluß 5.2.–37 passend.

B 5.2.–56 Deckenanschluß mit tapezierter oder gestrichener „Schürze", zu Wandanschluß 5.2–42 passend.

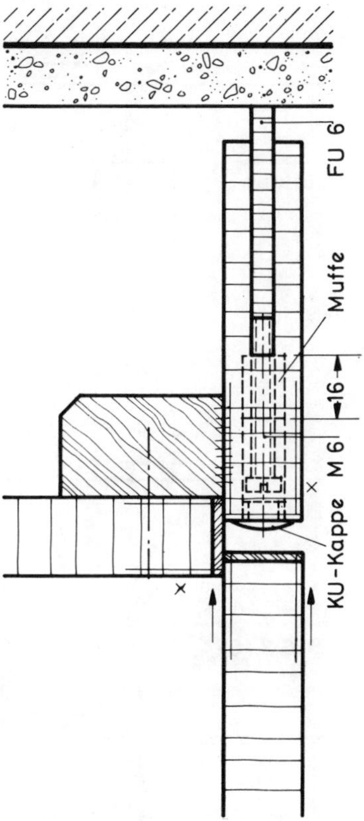

B 5.2.–57

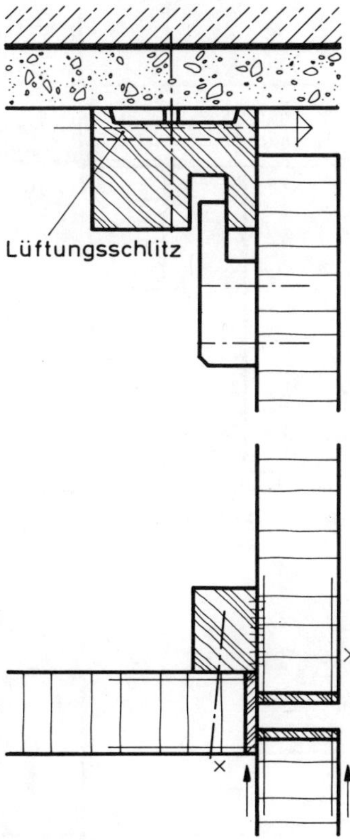

B 5.2.–58

B 5.2.–57 Industriell vorgefertigter Deckenanschluß, sinngemäß wie Wandanschluß 5.2.–41.

B 5.2.–58 Sehr breiter Deckenanschluß, auch Schürze genannt. Er wird mit Nutklötzen in eine Leiste an die Decke geschoben und durch den Oberboden von innen mit dem Schrank verschraubt. In die Deckenleiste lassen sich die Lüftungsschlitze anordnen, die durch die Schattenfuge zwischen Decke und Oberkante der Schürze nicht sichtbar sind.

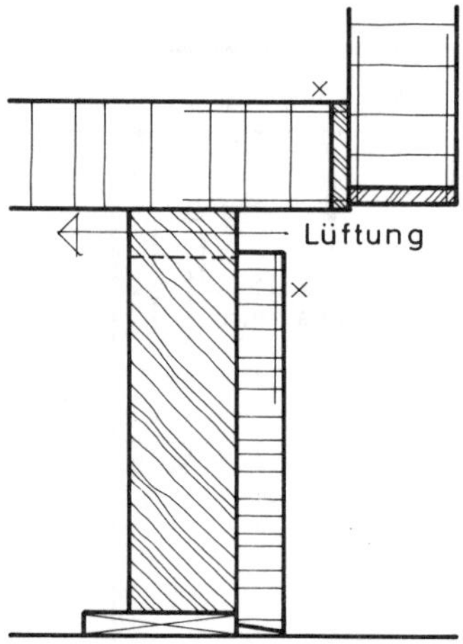

B 5.2.–59

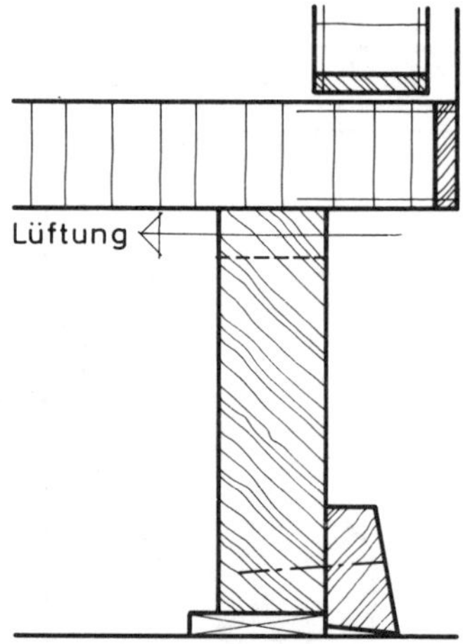

B 5.2.–60

B 5.2.–61

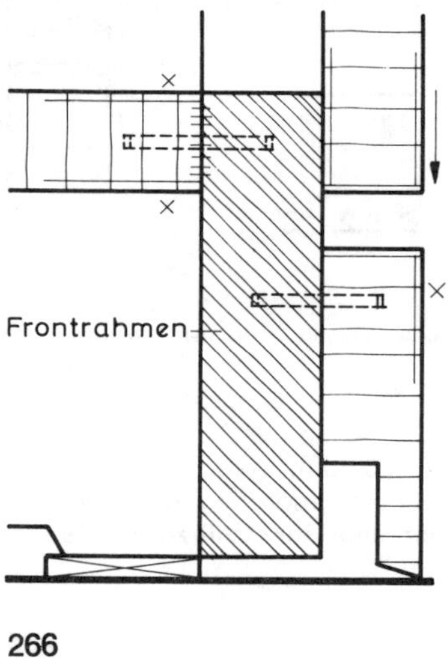

B 5.2.–62

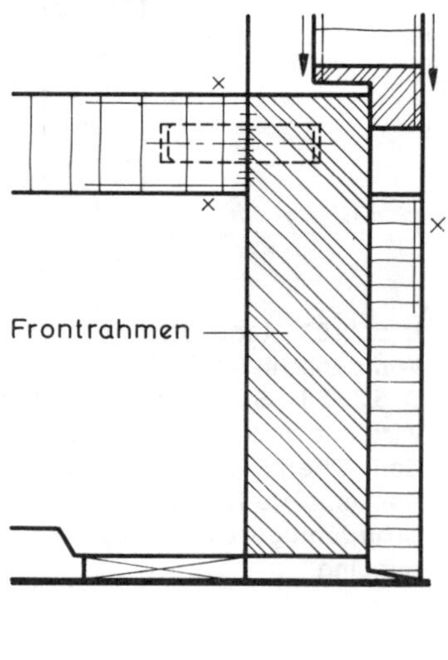

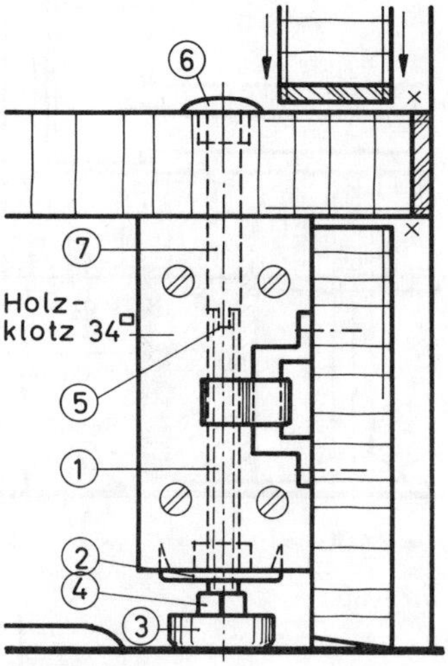

B 5.2.–63

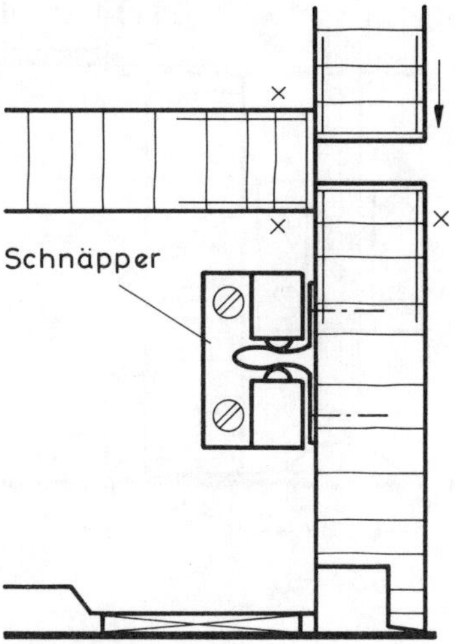

B 5.2.–64

B 5.2.–59 Ein umlaufender zurückspringender Sockel wird durch Unterlegen von Keilen exakt in Waage gestellt, eine Sockelblende wird an den Boden angepaßt und verdeckt die Luft unter dem Sockel. Zwischen Oberkante Sockel und dem Unterboden können die Lüftungsschlitze unsichtbar untergebracht werden.

B 5.2.–60 Ein umlaufender zurückspringender Sockel, wie Bild 5.2.–59, jedoch wird hier der Zwischenraum unter dem Sockel durch eine Deckleiste abgedeckt.

B 5.2.–61 Sockelausbildung eines Einbauschrankes mit Frontrahmen und stumpf aufschlagenden Türen.

B 5.2.–62 Sockelblende auf dem Frontrahmen mit überfälzten Türen.

B 5.2.–63 Einbauschrank mit durchgehenden Seiten, er kann durch einen Sockel-Höhenversteller ausgerichtet werden. Die Sockelblende wird zurückspringend zwischen die Seiten geschnitten und durch Sockelblendenschnäpper gehalten. (1) Gewindebolzen, (2) Einschlagmutter, (3) Fuß aus Kunststoff, (4) Vierkantmutter, untere Verstellmöglichkeit, (5) Schlitz für Schraubenzieher, obere Verstellmöglichkeit, (6) Abdeckkappe aus Kunststoff, (7) Bohrung mit Holzklotz (Hä).

B 5.2.–64 Sockelblende stumpf vor die Seite schlagend, wird mit Schnäppern gehalten.

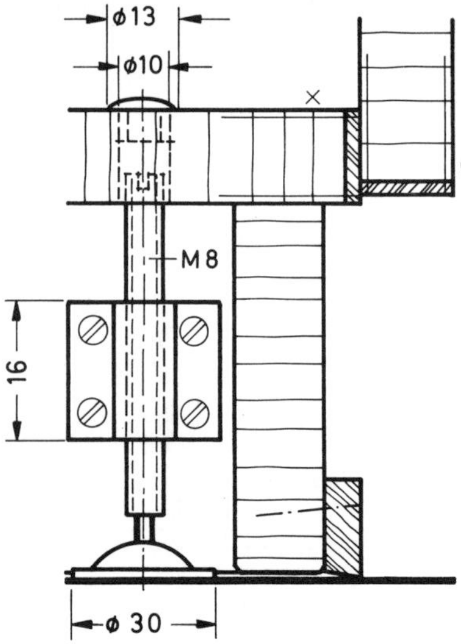

B 5.2.–65

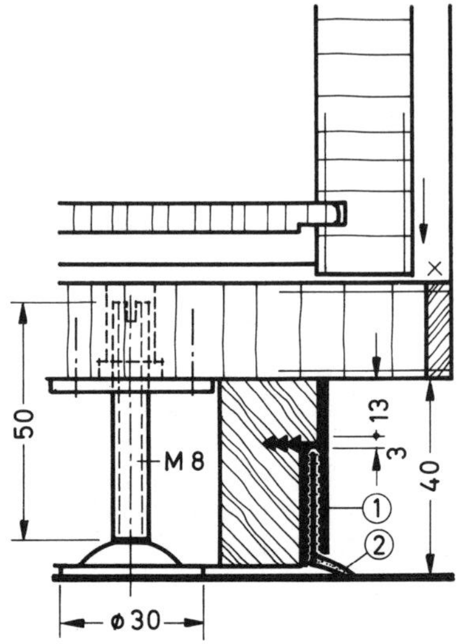

B 5.2.–66

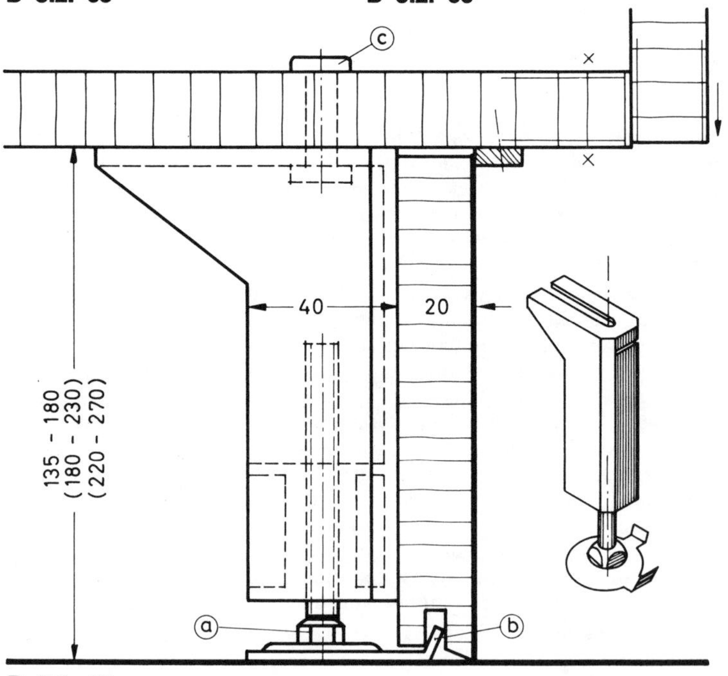

B 5.2.–67

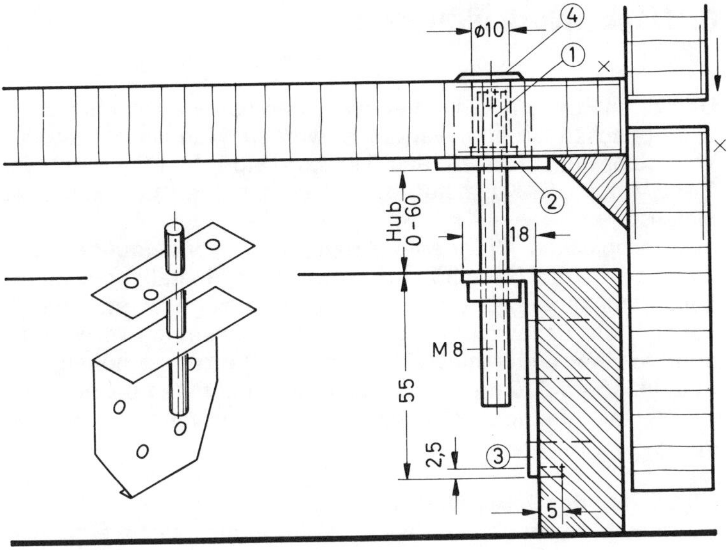

B 5.2.–68

B 5.2.–65 Sockel-Höhenversteller mit einer Befestigungsplatte für seitliche Befestigung. Die Bohrung im Unterboden wird durch eine Kunststoffkappe abgedeckt (Hu, Bl, Hä sinngemäß).

B 5.2.–66 Sockel-Höhenversteller mit einer Befestigungsplatte für eine Befestigung unter dem Unterboden (Hu, Hä). Er ist nur für geringe Sockelhöhen zu empfehlen. Der Sockel ist mit einem zweiteiligen Kunststoffprofil verkleidet. (1) Sockelblende, (2) einschiebbares Bodendichtungsprofil mit Weich-PVC-Lippe (Hä).

B 5.2.–67 Metallfüße mit großem Höhenverstellbereich werden am Unterboden befestigt. (a) Sechskantmutter für die Höhenverstellung. (b) Aufkantung an der Bodenplatte, (c) Befestigungsbolzen. Die Sockelblenden werden in die Aufkantung der Bodenplatte eingesetzt und können durch kleine Holzklötzchen gegen Umkippen gesichert werden (Gr).

B 5.2.–68 Sockelhochstellschraube für schwere Schränke. Der Blindsockel wird durch eine furnierte Sockelblende abgedeckt. (1) Verstellschraube, (2) Lasche, die unter den Boden geschraubt wird, (3) abgewinkelte Anschraubplatte, die an den Sockel geschraubt wird, (4) Abdeckhülse, sie deckt das Bohrloch ab.

6. Deckenverkleidungen

Decken in Räumen können ebenso wie Wände aus technischen und optischen Gründen verkleidet werden. Man verwendet hier Vollholzbretter, Platten aus Holzwerkstoffen, Mineralfasern, Gips, Metall und Kunststoff oder Schienen aus Kunststoff bzw. Metall.
Aus *technischen Gründen* werden Deckenverkleidungen eingebaut, um die Raumhöhe zu verringern, Installationsleitungen, Klimakanäle, Beton- oder Stahlunterzüge verstecken zu können, die Schalldämmung oder Raumakustik zu verbessern oder den Wärmedurchlaßwiderstand der Decke zu erhöhen.
Aus *optischen Gründen* sind Deckenverkleidungen beliebt, weil sie Räume niedriger, behaglicher oder wertvoller erscheinen lassen.

6.0.1 Arten der Deckenverkleidungen

Deckenverkleidungen können vielfältig in der Fläche aufgeteilt sein, aus verschiedenen Materialien bestehen und an unterschiedlichen Unterkonstruktionen angebracht werden. Man unterscheidet bei Deckenverkleidungen folgende Arten:
Nach der Anbringung der Unterkonstruktion
Direkte Deckenverkleidungen. Die Unterkonstruktion der Verkleidungsschale wird unmittelbar am Baukörper befestigt.
Abgehängte Decken. Hier ist die Unterkonstruktion der Verkleidungsschale in größerem Abstand an den Deckenkörper gehängt. Diese Konstruktion wird erforderlich, wenn Klimakanäle, Installationsleitungen, Deckenunterzüge o. ä. verkleidet oder sehr hohe Räume niedriger werden sollen.
Nach der Konstruktion und der Flächenaufteilung
Bei **Balkendecken** bleiben in der Decke entweder die echten Balken sichtbar oder es werden Balken durch Scheinbalken imitiert (siehe 6.1).
Die **verbretterten Deckenverkleidungen,** oder kurz **Bretterdecken,** werden meistens aus Profilbrettern, seltener aus vollkantigen Brettern, aufgebaut. Sie bestehen bis zu einer 120 mm großen Brettbreite vorwiegend aus Vollholz. Bei größerer

Brettbreite sollten sie besser aus Holzwerkstoffen angefertigt werden (siehe 6.2).

Plattenverkleidungen sind aus quadratischen oder rechteckigen Platten aufgebaute Deckenverkleidungen mit schlichter Wirkung. Die Platten werden häufig durch Schattenfugen getrennt (siehe 6.3).

Kassettendecken wirken durch die vertieft in einem Rahmenwerk liegenden Füllungen sehr plastisch. Die Deckenaufteilung ist meistens quadratisch, sie kann aber auch rechteckig sein (siehe 6.4).

Deckensonderformen sind Deckenverkleidungen, die sich nicht in die vorgenannten Gruppen klassifizieren lassen. Gerade die Gestaltungs- und Konstruktionsmöglichkeiten von Deckenverkleidungen haben sich infolge technischer Weiterentwicklungen und veränderter architektonischer Ansprüche vermehrt und gewandelt (siehe 6.5).

Nach den verwendeten Werkstoffen

Holzdecken, sie bestehen aus Vollholz, aus furnierten oder kunstharzbeschichteten Holzwerkstoffen, aus Formlagen- oder Formspanholz. Es ist darauf zu achten, daß bei Deckenverkleidungen aus Vollholz in beheizten Räumen besonders gut getrocknetes Holz verwendet wird; denn gerade unter der Decke ist die Raumluft am wärmsten und trockensten.

Gipsdecken, sie bestehen aus schlichten, gemusterten oder gelochten Gips- bzw. Gipskartonplatten.

Metalldecken können aus einzelnen Platten, Paneelen oder Lamellen aufgebaut sein, die aus Leichtmetall natur oder farbig eloxiert oder aus Stahlblech farbig emailliert oder kunststoffbeschichtet bestehen können.

Nach den technischen Anforderungen

Fast alle Deckenverkleidungen bewirken eine zusätzliche **Wärmedämmung.** Für besondere Zwecke sind hierfür Konstruktionen im wärmedämmenden Aufbau erforderlich (siehe auch wärmedämmende Wandverkleidungen 3.4.1).

Bei Akustikdecken wird die Schallabsorption durch eine unterbrochene oder biegeweiche dünne Verkleidungsschale erreicht, die zusätzlich noch mit porösen Schallschluckmaterialien hinterlegt ist (siehe 6.6).

Lüftungsdecken, sie weisen durchbrochene Verkleidungsschalen auf, durch die klimatisierte Frischluft im Überdruckverfahren vom Deckenhohlraum in den Raum einströmen kann (siehe 6.7).

Bei Lichtdecken handelt es sich um eine mit lichtarchitektonischen Effekten ausgestattete Deckenkonstruktion.

6.0.2 Architektonische Wirkung

Deckenverkleidungen verändern den Raumeindruck. Die Dimensionen der Räume werden betont, sie wirken wertvoller und niedriger. Deckenverkleidungen aus Holz oder furnierten Holzwerkstoffen lassen einen Raum behaglicher erscheinen. Verkleidungen aus Metall oder Kunststoff wirken sachlich. Durch schlichte, helle Deckenverkleidungen wirkt der Raum größer. Stark gegliederte und dunkle Flächen dagegen lassen den Raum kleiner und auch niedriger erscheinen. Werden Verbretterungen angebracht, sollten die Fugen parallel zur Fensterwand verlaufen, um eine plastische Wirkung zu erzielen. Bei sehr großen Räumen kann man zwischen der Deckenverkleidung und den Wänden einen Abstand lassen, durch den ein umlaufender Fries entsteht.

Der Sitz von Einbau- und Aufbauleuchten ist bei der Deckenverkleidung zu beachten. Leuchten, die direkt auf die Verkleidungsfläche strahlen, sind zu vermeiden, da sie selbst die kleinsten Unebenheiten in der Decke deutlich machen und sich bei blanken Decken unangenehm spiegeln.

6.0.3 Unterkonstruktionen

Die Unterkonstruktion ist der tragende Teil der Deckenverkleidung. Mangelhafte Unterkonstruktionen und zu geringe Stützweiten der Deckenträger wirken sich nachteilig auf die Befestigung und damit auf die Qualität der fertigen Decke aus. Nicht ausreichend befestigte Unterkonstruktionen können ein Herabstürzen von Deckenteilen oder der gesamten Deckenverkleidung hervorrufen. Schlecht ausgerichtete Unterkonstruktionen und zu große Stützabstände bewirken unebene Deckenflächen. Die Teile der Unterkonstruktion können aus Holz, wie Latten oder Rahmenkonstruktionen, bestehen oder aus Metallprofilen.

Sie müssen ausreichend steif sein und eine ausreichende Breite und ebene Auflage zur sicheren Befestigung der Verkleidungsschale bieten. Anlehnend an die DIN 18181 (Gipskartonplatten im Hochbau – Richtlinien für die Verarbeitung) sollte die Durchbiegung der tragenden Teile der Unterkonstruktion bei glatten schlichten Flächen nicht mehr als 1/1000 und bei gegliederten Deckenverkleidungen nicht mehr als 1/500 der Stützweite betragen. Das Maß der Stützweite ist der Abstand der Aufhängungen oder Befestigungsstellen der Lattung an der Tragkonstruktion bzw. Rohbaudecke. Die Stützweite ist abhängig von dem Deckengewicht und dem Widerstandsmoment der tragenden Elemente. Für besonders schwere Decken sollte man vom Statiker die Bemessung der Unterkonstruktion und deren Befestigungsabstände errechnen lassen. Für die üblichen Decken können die in B 6.0.–1 bis 4 angegebenen Maße gewählt werden, wobei die kleineren Abstände für die schwächere Unterkonstruktion bzw. schwerere Verkleidungsschale gelten.

6.0.3.1 Unterkonstruktion aus Holz

Das Holz für die Unterkonstruktion sollte mindestens der Güteklasse II nach DIN 4074 Blatt 1 entsprechen, also vollkantig und trocken sein. Der zulässige Feuchtigkeitsgehalt wird hier mit $\leqq$ 20%, bezogen auf das Darrgewicht, angegeben. Es ist aber zu bedenken, daß sich der Feuchtigkeitsgehalt des Holzes in zentralbeheizten Räumen etwa auf 6 bis 10% einpendelt, so daß noch mit einem erheblichen Schwinden des Holzes zu rechnen ist.

Holzlatten bzw. -rahmen können direkt an der Deckenunterseite befestigt oder vom Baukörper abgehängt werden. Bei *direkten Unterkonstruktionen* kann die Lattung oder Holzrahmenkonstruktion direkt am Bauteil befestigt werden. Ist der Untergrund verhältnismäßig eben, genügt eine Lattenlage, die bei kleineren Unebenheiten durch hinterlegte Distanzklötze auszugleichen ist (B 6.0.–1 und 2). Bei schlechtem, unebenem Untergrund ist es zweckmäßig, wenn zuerst eine Grundlattung angebracht wird. Die Grundlatten haben einen Querschnitt von 60/40 mm, die Feinlatten von 48/24 bzw. 50/30 mm (B 6.0.–3).

Die zulässige Stützweite für Lattung und Grundlattung für ein

Gesamtgewicht der Deckenschale von max. 40 kp/m² (gemäß DIN 18281) ist in der nachfolgenden Tabelle aufgeführt.

Unterkonstruktion	Breite b mm	Höhe h mm	zulässige Stützweite mm
Lattung	48	24	650
	50	30	800
Grundlattung a) direkt am Untergrund befestigt	60	40	1100
b) abgehängt	40	60	1400

Für Plattenverkleidungen sind vorgefertigte Rahmenkonstruktionen im Handel (Mo), durch die eine schnellere Montage möglich ist. Sie bestehen aus den Haupttträgern, Querträgern, Zwischenträgern und den Wandhölzern, die durch Zapfen miteinander verbunden werden (B 6.0.–5).
Für abgehängte Unterkonstruktionen sind Abhänger aus Draht mit einem Durchmesser von mindestens 2,8 mm oder Abhängeglieder aus Schlitzbandstahl mit einem wirksamen Querschnitt von mindesten 7,5 mm² und einer Mindestdicke von 0,8 mm zu verwenden. Die Abhänger und deren Befestigungsmittel müssen gegen Korrosion geschützt, also mindestens verzinkt sein. Abwinklungen, Ösen und Verbindungsstücke dürfen sich nicht unter der Last der Deckenverkleidung biegen oder verformen. Die Abhänger sind in regelmäßigen Abständen anzuordnen (siehe Tabelle) und müssen stets senkrecht und gerade sein. Einige Abhängemöglichkeiten für Holzdecken sind in B 6.0.–4 und 5 sowie B 6.0.–6 NR 1, 7, 8, 9 und 10 dargestellt.

Die Befestigung der tragenden Teile muß fest und sicher sein. Die zulässige Tragkraft der Befestigungsmittel und Abhänger sowie die zulässige Verformung der tragenden Teile der Unterkonstruktion darf nicht überschritten werden. Die Belastbarkeit der Befestigungsmittel, wie Spreizdübel und der dazugehörenden Schrauben, der Abhänger usw. wird von den Herstellerfirmen angegeben. Diesen Angaben sollte eine fünffache Sicherheit zu Grunde liegen.

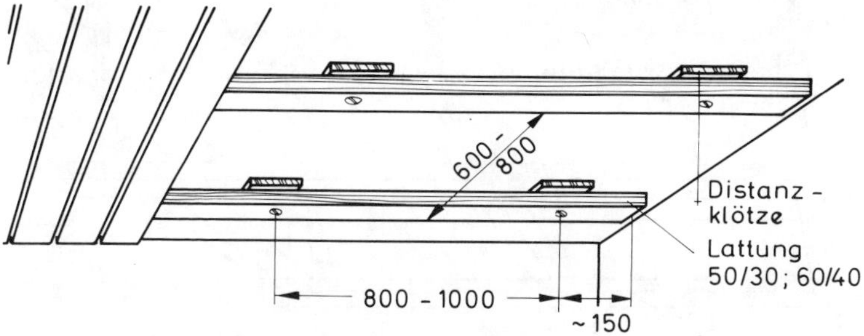

B 6.0.–1 Einfache Lattung, direkt unter der Decke befestigt. Eventuelle Unebenheiten in der Betondecke werden durch Distanzklötze ausgeglichen.

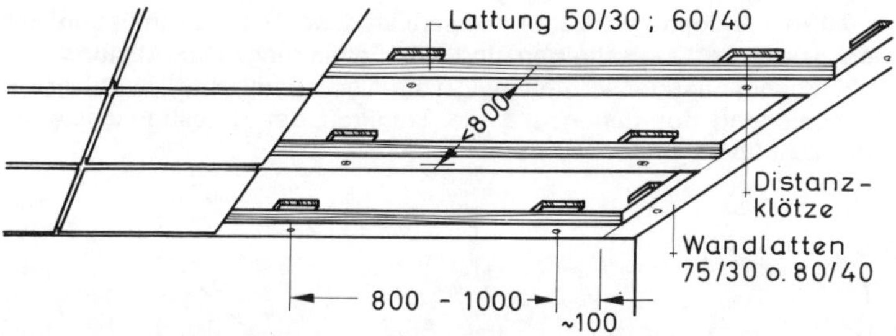

B 6.0.–2 Einfache Lattung wie vor, jedoch mit Wandlatten zum dichten Anschluß an den Wänden.

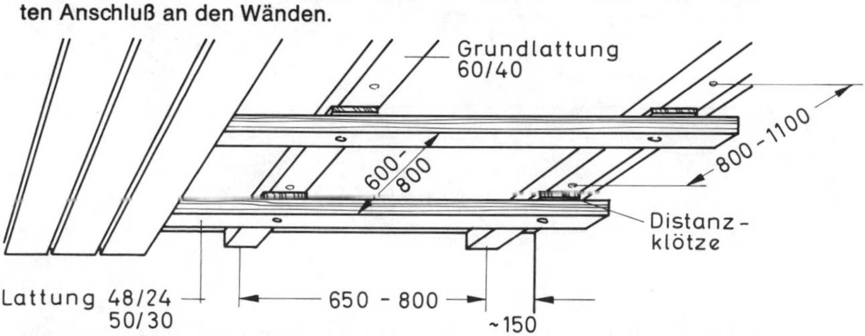

B 6.0.–3 Lattung, bestehend aus Grund- und Feinlattung. Der Differenzausgleich wurde durch Distanzklötze zwischen Grund- und Feinlattung vorgenommen.

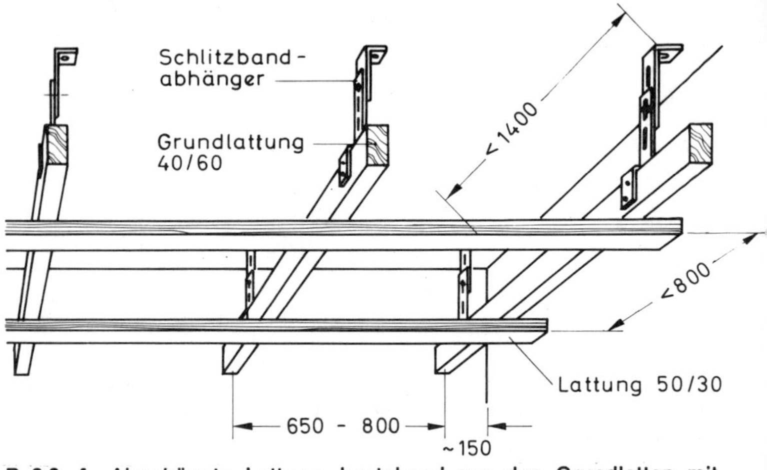

B 6.0.–4 Abgehängte Lattung, bestehend aus den Grundlatten mit hochgestellten Querschnitten und der Feinlattung. Der Abstand der Schlitzbandabhänger ist abhängig vom Deckengewicht. Die zulässige Durchbiegung der Latten und die Tragkraft der Befestigungsstellen darf nicht überschritten werden.

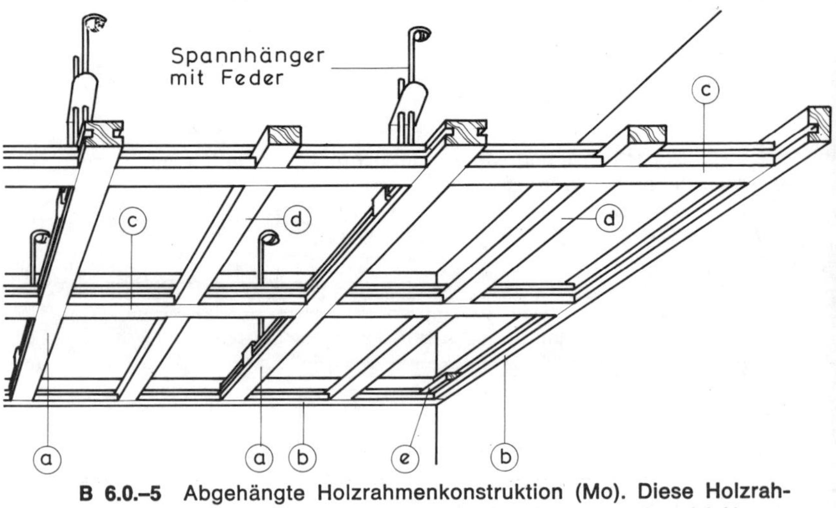

B 6.0.–5 Abgehängte Holzrahmenkonstruktion (Mo). Diese Holzrahmen können auch direkt unter der Decke befestigt werden. (a) Hauptträger, (b) Wandholz, (c) Querträger, (d) Zwischenträger, (e) falscher Zapfen.

Die Befestigung an Holzbalkendecken ist problemlos. Die Latten können an die Unterseite der Holzbalken genagelt, geschraubt oder durch besondere Vorrichtungen abgehängt werden. Bei einer *Nagelung* werden Nägel mit Senkkopf nach DIN 1151 verwendet. Die Nagellänge muß mindestens das 2,5fache und die Eindringtiefe mindestens das 1,5fache des zu befestigenden Holzquerschnittes sein. Pro Kreuzungspunkt sind zwei Nägel schwalbenschwanzförmig anzuordnen. *Schrauben* dürfen nicht eingeschlagen werden und müssen mindestens die zweifache Länge und die einfache Eindringtiefe des zu befestigenden Holzquerschnittes aufweisen.
Bei abgehängten Decken aus Holzbalken können Schraubhaken, Schrauben und Krampen verwendet werden. Die Befestigung ist an der Seitenfläche der Balken oder, mit Ausnahme der Krampen, an der Unterseite möglich. Eine Befestigung an der Unterseite ist nur bei gesundem und festem Holz zulässig. Die Eindringtiefe der Schrauben und Schraubhaken bei abgehängten Konstruktionen muß mindestens 50 mm tief sein. Wenn Rostgefahr besteht, müssen die Befestigungsmittel verzinkt sein.

B 6.0.–6 Beispiele von Abhängungen von Holz- und Metallprofilen. (1) An Schlitzbandeisen (a) abgehängte Grundlattung (b), (2) Abhänger (a) mit Z-Schiene (b), zur Montage genuteter Deckenplatten (Ar, Ow), (3) Verstellbare Schlitzbandabhänger (a) und T-Schienen mit Wulsten und perforiertem Flansch (b), die in der Länge durch Verbindungsstifte (c) zusammengesteckt werden (Fr, Kn, Ri), (4) Schnellabhänger mit Feder (a) und U-Schiene (b) aus verzinktem Blech (Fr, Kn, Ri), (5) Schlitzbandabhänger (a) mit Dreieckschienen (b) (Kn), (6) Schnellabhänger mit Feder (a), T-Schiene mit Wulsten (b), Sicherheitsplättchen (c). (7) Spannabhänger mit Feder (a) für Holzrahmenkonstruktion (Mo), (8) Verstellbarer Abhänger (a) für Holzlatten (b) (Bö, Fr), (9) Geschränkte Abhänger mit Kralle (a) an Holzrahmenkonstruktion (b) (Mo), (10) abgehängte Deckenträgerprofile (b) an Spannabhänger (a) (Mo).

1

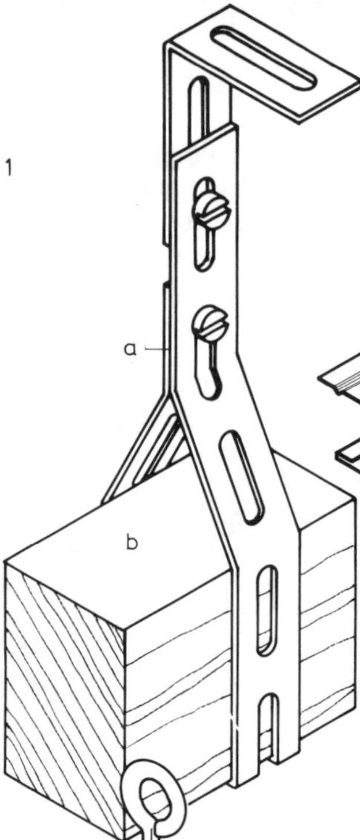

2

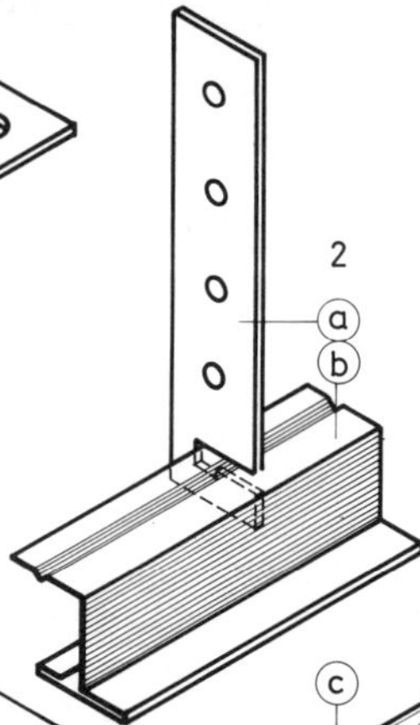

3

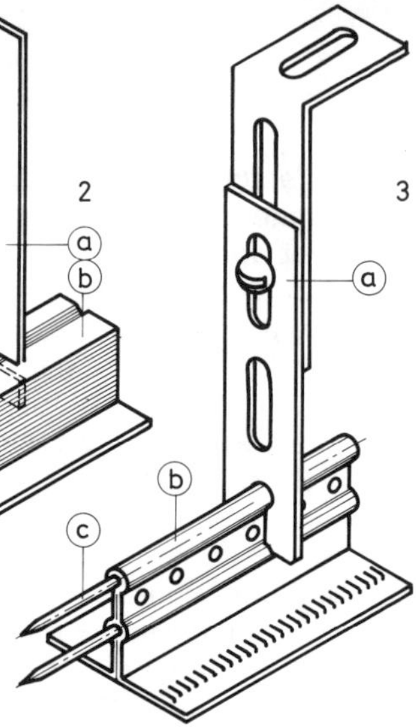

4

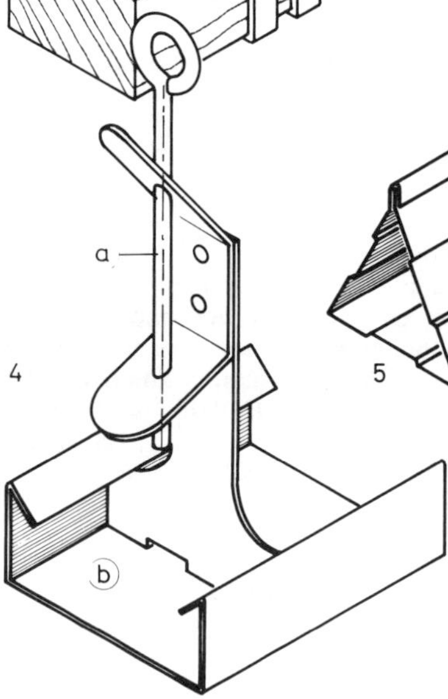

5

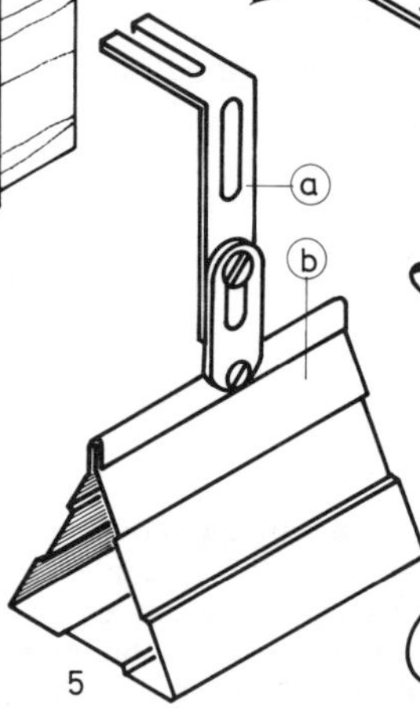

6

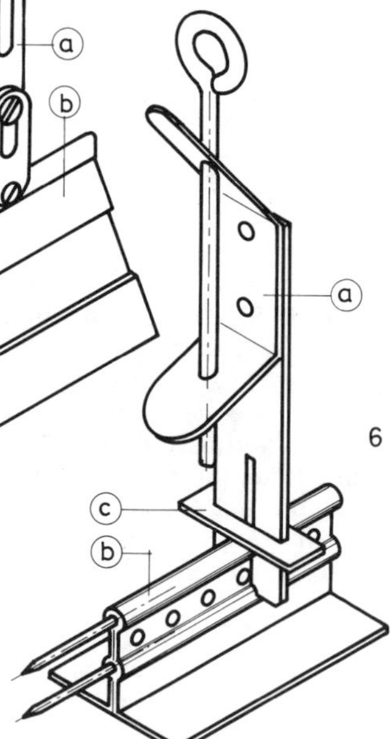

7

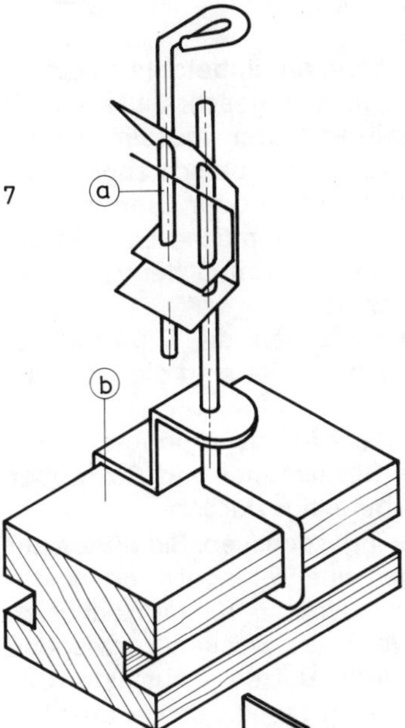

8

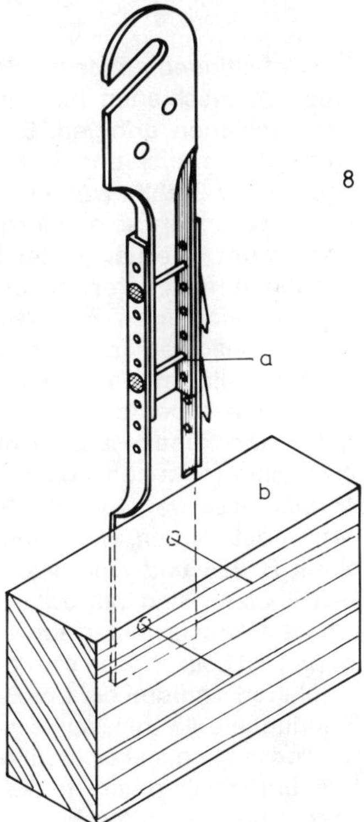

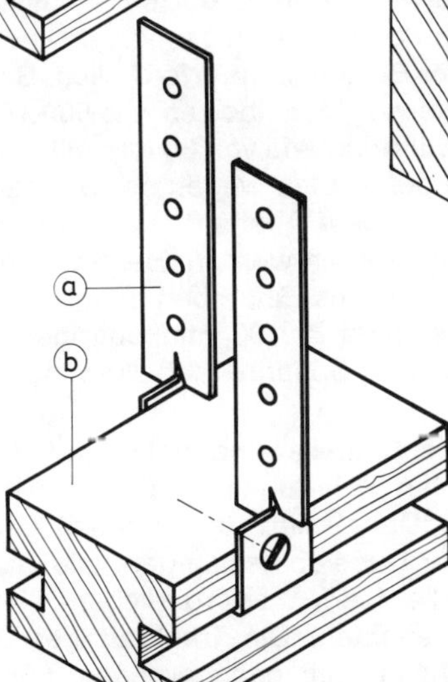

9

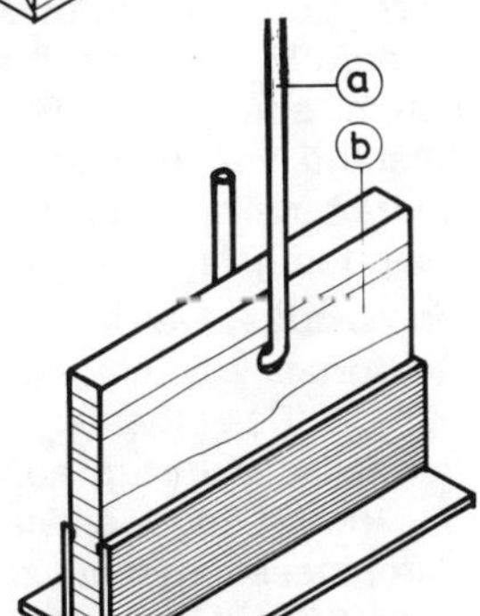

10

Die Befestigung an Massivdecken kann an einbetonierte Latten oder Ankerschienen bzw. nachträglich angeschraubte Latten oder Schienen erfolgen. Einbetonierte Latten müssen mindestens 40 mm dick und 60 mm breit, etwas konisch zugehobelt und an der Stahlbewehrung durch Laschen oder Draht ausreichend verankert sein. Hieran wird die eigentliche Lattung angeschraubt. Die Länge der Holzschrauben muß dem zu befestigenden Holzquerschnitt entsprechen.
Bei einbetonierten Ankerschienen müssen die Dimensionen der gewünschten Tragkraft entsprechen. Hier sind die Angaben der Herstellerfirmen zu beachten.
Sollen die Unterkonstruktionen nachträglich angebracht werden, dann können Latten mittels Spreizdübel und Schrauben oder eingetriebenen Metallbolzen befestigt werden.
Metallbolzen werden in der Regel eingeschossen. Sie dürfen nur verwendet werden, wenn das Bauteil eine Betongüte von mindestens B 225 und eine Materialdicke von $>$ 100 mm aufweist. Metallbolzen sind nur zulässig, wenn die Decken vorwiegend ruhende Verkehrslasten aufweisen. Jeder Bolzen ist auf festen Sitz zu prüfen. Lose Bolzen sind durch neue zu ersetzen. Bei Stahlbetonplatten sind drei bis vier Bolzen je m^2 erforderlich. Beträgt die Eindringtiefe 25 mm, sollte der Metallbolzen mit 500 N belastet werden können, bei einer Eindringtiefe von 35 mm mit 1000 N. Bei Stahlbetonbalken und -rippen dürfen wegen der Spaltgefahr die Bolzen nur seitlich und mit einem Abstand von $\geqq$ 120 mm vom unteren Rand entfernt eingetrieben werden. Bei Spannbetonbalken ist ebenfalls nur ein seitliches Eintreiben erlaubt, wobei der Abstand von den Spannstählen $\geqq$ 100 mm betragen soll. Die Eintreibstellen müssen bei den Spannbetonbalken in der Zeichnung festgelegt werden.

Spreizdübel werden in die Bauteile eingebohrt und durch den Preßdruck der eingedrehten Schrauben im Bohrloch gehalten. Für die Belastbarkeit der Dübel sind die Angaben der Dübelhersteller in bezug auf die Dübelabmessungen, wie Durchmesser und Länge sowie die hierfür erforderlichen Schraubendurchmesser genau zu beachten. Die Tragkraft der Dübel ist durch eine Materialprüfungsanstalt nachgewiesen. Für die Anbringung der Dübel an Stahlbetonbalken bzw. -rippen oder an

Spannbetonbalken gelten die gleichen Bestimmungen, wie es bei den eingetriebenen Metallbolzen angegeben ist. Der Abstand und die Anzahl der Dübel hängt vom zu montierenden Deckengewicht ab und ist im Zweifelsfall besonders zu berechnen. Die Auszugswerte bei Spreizdübeln aus Kunststoff von 10 mm Durchmesser liegen etwa bei 10 000 N. Hierfür sind 7 mm dicke Senkholzschrauben zu verwenden. Für eine Lattenmontage sind besondere Durchsteckdübel mit langem Dübelschaft im Handel (Fi), die das Bohrloch in der Latte gleich mit ausfüllen und für eine gute Abstützung der Schraube in ganzer Länge sorgen. Spreizdübel aus Metall mit Gewindeschrauben für 10 mm Bohrlöcher erreichen Auszugswerte von 18 000 N.

Die Befestigung an Hohlkörperdecken erfolgt mit Kippdübeln aus Metall. Sie werden in die Hohlkörpersteine durch gebohrte Löcher von 10 mm Durchmesser so weit eingeführt, bis sich das Kippgelenk im Hohlkörper umklappt. Die Latten werden dann an der herausstehenden Gewindestange mit einer Mutter angeschraubt. Das Bohrloch im Hohlkörper ist nach dem Einfahren des Kippdübels entweder mit Mörtel zu schließen oder wie bei neueren Kippdübeln (Fi) mit einem Abdeckstopfen. Das Durchschlagen der Hohlkörper und das Eintreiben von Bolzen ist hier nicht zulässig. Für die Belastung pro Kippdübel und einzelnem Hohlkörper darf nicht mehr als 50 N in Ansatz gebracht werden.

Die Befestigung an Walzprofilen wird vorwiegend mit Schellen aus Flachstahl ≧ 24 x 4 mm Querschnitt bzw. aus Rundstahl ≧ 5 mm Durchmesser ausgeführt, die über den Flansch des Stahlträgers greifen. Die Unterkonstruktion kann auch durch Schweißen, Anschrauben oder mittels eingetriebenen Setzbolzen befestigt werden. Hierbei darf allerdings die Tragfähigkeit der Stahlkonstruktion nicht vermindert werden (B 6.0.–7).

Die Befestigung der Feinlattung auf die Grundlattung geschieht durch Drahtnägel nach DIN 1151 mit Senkkopf oder durch Holzschrauben. Wenn Rostgefahr besteht, sollten sie wie alle Befestigungsmaterialien korrosionsgeschützt sein. Im Kreuzpunkt der Latten sind entweder zwei Drahtnägel oder eine Schraube anzuordnen.

Bei *Nägeln* ist zu beachten, daß die Länge der Drahtnägel mindestens das 2,5 fache des zu befestigenden Holzquerschnittes

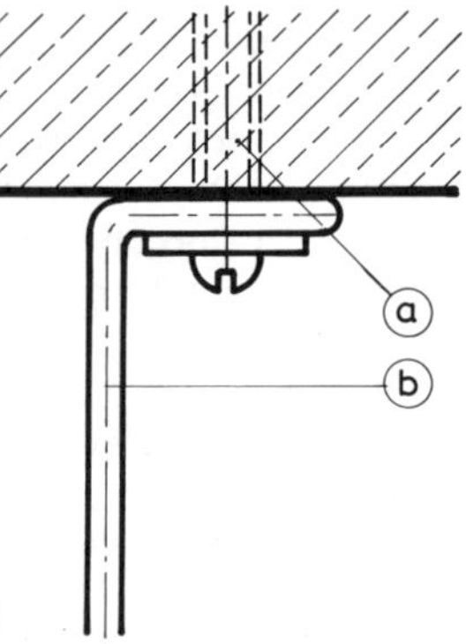

1

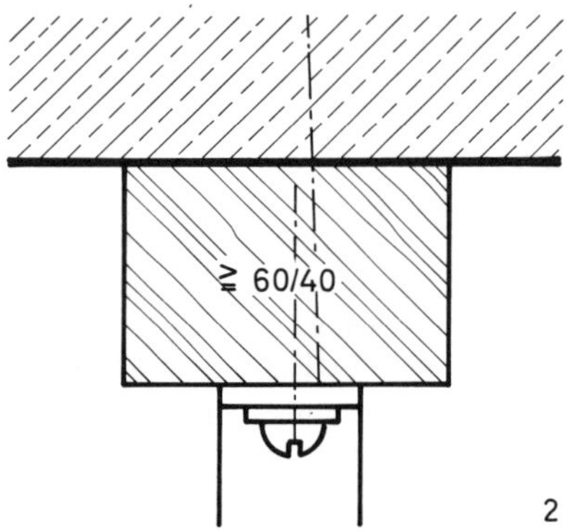

2

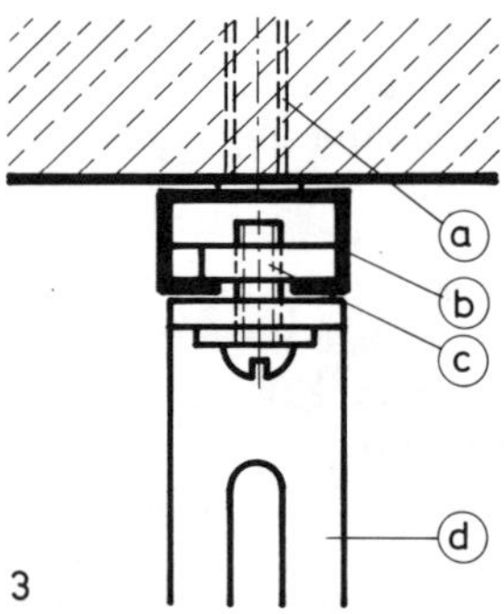

3

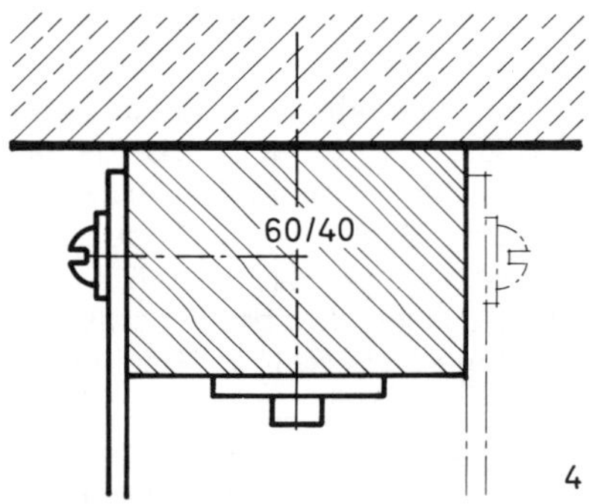

4

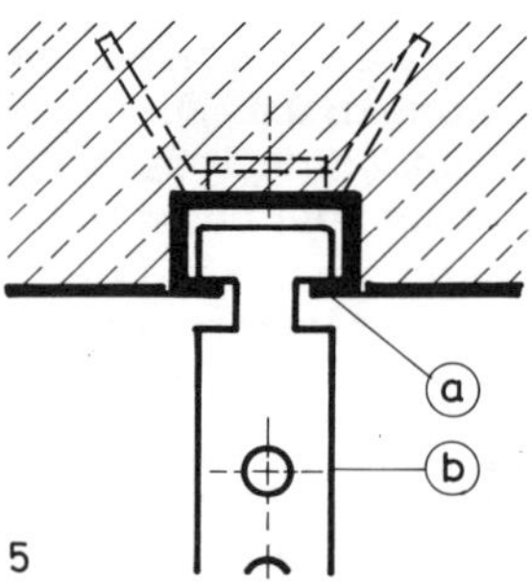

5

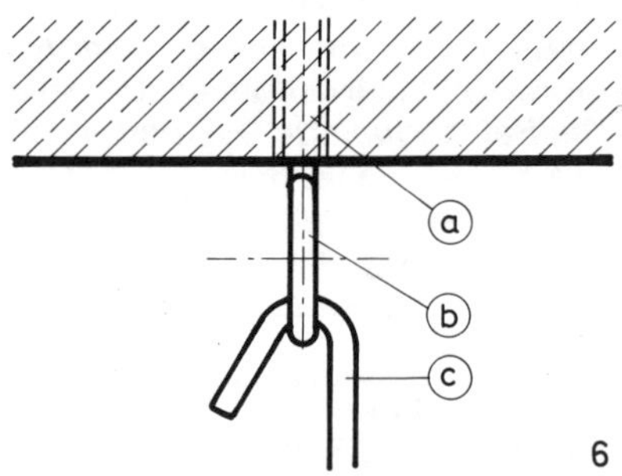

6

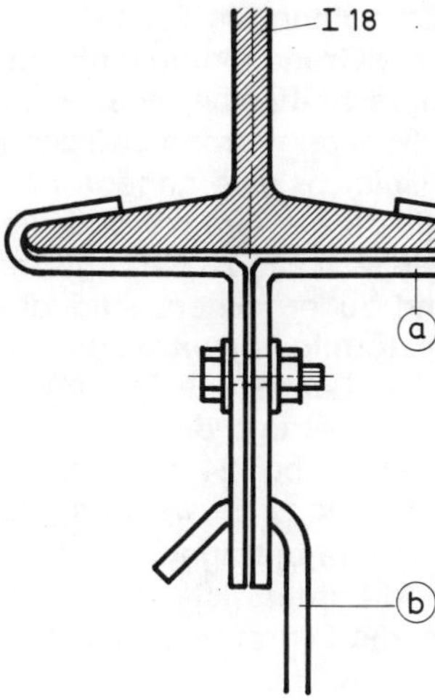

7

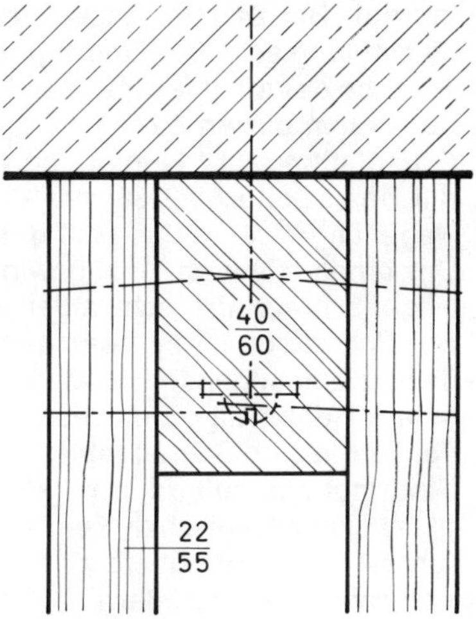

8

B 6.0.–7 Befestigung der Abhänger an den Bauteilen. (1) angeschraubte Spannabhänger, (a) Spreizdübel in Stahlbetondecke, (b) Spannabhanger, (2) Schlitzbandabhänger an eine Grundlattung geschraubt, (3) Schlitzbandabhänger an einer Ankerschiene befestigt, (a) Spreizdübel in der Stahlbetondecke, (b) Ankerschiene, (c) Gewindeschraube mit rautenförmiger Mutter, (d) Schlitzbandabhänger, (4) Abhänger oder Bandeisen seitlich an einer Grundlattung befestigt, (5) Einbetonierte Ankerschiene (a) mit gelochten Abhängern (b), (6) Abhängung in Schraubösen, (a) Spreizdübel, (b) Schrauböse, (c) Spannabhänger. (7) Flanschbefestigung an Walzstahlprofilen, (a) Flanschklammer, (b) Spannabhänger, (8) Abhängung mit Holzlatten.

beträgt. Bei 24 mm dicken Feinlatten sollten sie 2,5 x 24 = 60 mm lang sein, die Eindringtiefe in die Grundlattung muß das 1,5fache des zu befestigenden Holzquerschnittes betragen, also bei 24 mm dicken Latten 1,5 x 24 = 36 mm. Werden zwischen Grundlattung und Feinlattung die Ausgleichskeile angeordnet, gilt das zweite Maß 36 mm Eindringtiefe als Grenze und die Nagellänge ist um das Maß der Ausgleichskeile zu vergrößern. Um einen höheren Anzugswiderstand zu erreichen, sind die Nägel schräg, also schwalbenschwanzförmig, einzutreiben.
Bei *Schrauben* ist zu beachten, daß die Länge das Zweifache des zu befestigenden Holzquerschnittes beträgt, die Eindringtiefe ist dann das Einfache. Das bedeutet, bei 24 mm dicken Feinlatten sind Schraubenlängen von 50 mm zu verwenden, die Eindringtiefe muß dann mindestens 24 mm betragen. Bei Ausgleichskeilen zwischen Feinlattung und Lattung ist, um die erforderliche Eindringtiefe zu erreichen, die Schraubenlänge entsprechend zu vergrößern.

6.0.3.2 Unterkonstruktion aus Metallprofilen

Die Unterkonstruktion kann auch aus handelsüblichen Metallprofilen bestehen. Sie werden meistens nur für abgehängte Decken eingesetzt. Durch die geeigneten Befestigungsmittel ist hiermit eine einfache Montage von Platten- und Bretterdecken möglich. Die Metallprofile müssen gegen Korrosion geschützt sein und deren Blechdicke sollte mindestens 0,5 mm betragen. Am gebräuchlichsten sind Dreieckschienen, T-Schienen mit Wulsten und U-Schienen. Die Auflageflächen der Profile können zum leichteren Befestigen der Platten perforiert sein. Zur Befestigung werden Schnellschrauben mit besonderen Gewinden oder aufsteckbare Profilklammern verwendet. Der Schienenabstand richtet sich häufig nach den Plattenmaßen, er sollte aber 800 mm nicht überschreiten. Die Abstände der Abhänger liegen je nach Deckengewicht zwischen 750 bis 1000 mm. Die genaueren Werte sind jeweils den von den Herstellerfirmen herausgegebenen Tabellen zu entnehmen (Metallprofilschienen siehe B 6.0.–6 Nr. 2. 3. 4, 5, 6).

6.1 Balkendecken

Balkendecken weisen vorstehende Balken oder balkenförmige Verkleidungen auf. Die Felder zwischen den Balken können verputzt oder mit Brettern, Platten o. ä. verkleidet werden. Bei echten Balkendecken tragen Vollholzbalken die Decken und Verkehrslasten. Zum schöneren Aussehen können sie mit Brettern verkleidet werden. Scheinbalken dagegen sollen echte Balken vortäuschen, sie werden aus Brettern balkenförmig zusammengefügt und sind innen meistens hohl. Auch Scheinbalken sollten so ausgebildet und angebracht sein, daß sie wie echte tragende Balken aussehen. Längsstöße in Brettern sowie Deckleisten bei Wandanschlüssen sind zu vermeiden (siehe B 6.1.–1 und 2).

6.2 Bretterdecken

Bei Bretterdecken ist die ganze Deckenfläche mit Brettern verkleidet. Die Bretter können gespundet, gefedert, überfälzt, überschoben, überluckt, überstülpt oder mit Abstand verlegt sein. Sie können aus Vollholz oder furnierten Holzwerkstoffen bestehen (siehe auch Wandverkleidungen). Bretterdecken lassen sich durch die schmalen Verkleidungselemente auch in Tonnendecken verlegen.
Meistens werden für Bretterdecken die im Handel zu beziehenden Profilbretter verwendet. Sie lassen sich mittels Profilklammern auf der Unterkonstruktion unsichtbar befestigen. Der Anschluß an den umlaufenden Wänden kann entweder durch Schattenfugen, Friese oder Leisten gelöst werden. Schattenfugen lassen sich nach der Deckenmontage durch besondere Handkreissägen exakt parallel zur Wand anschneiden. Bei Vollholzdecken sollte nur gut vorgetrocknetes Holz eingebaut werden. Die Holzfeuchte darf bei zentral beheizten Räumen nur 6 bis 10%, bezogen auf das Darrgewicht, betragen.
Beispiele von Bretterdecken B 6.2.–1 bis 12.

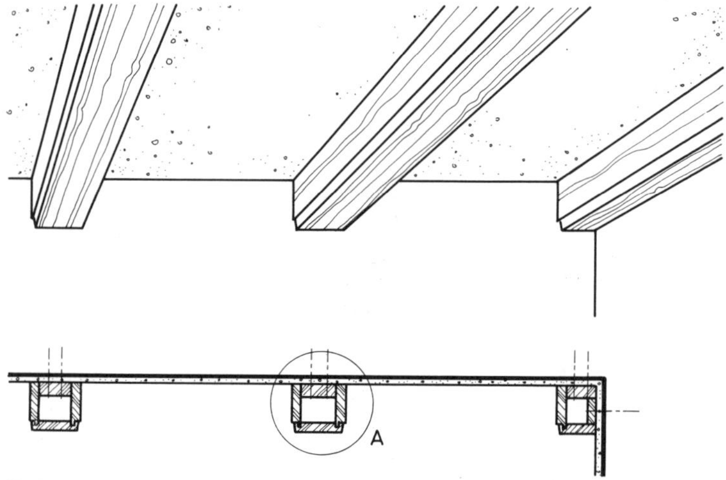

B 6.1.–1 Scheinbalken auf verputzter Decke angebracht. Die Balkenhöhe und Balkenbreite kann beliebig gewählt werden.

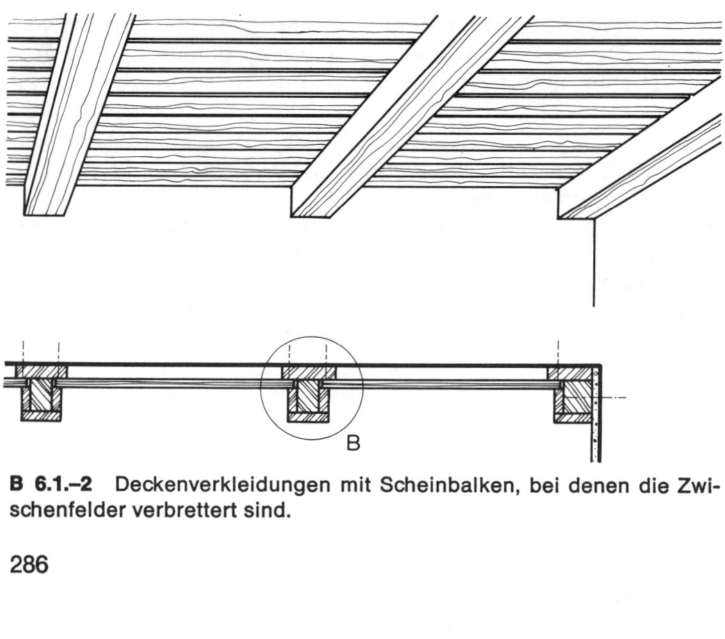

B 6.1.–2 Deckenverkleidungen mit Scheinbalken, bei denen die Zwischenfelder verbrettert sind.

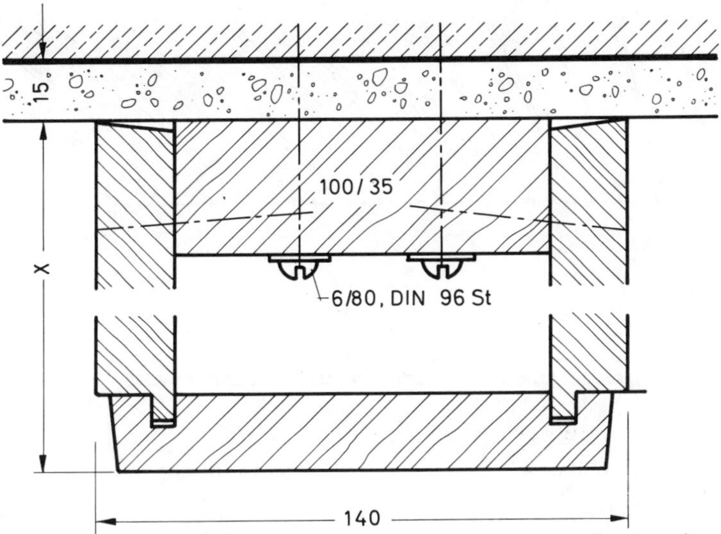

Punkt A

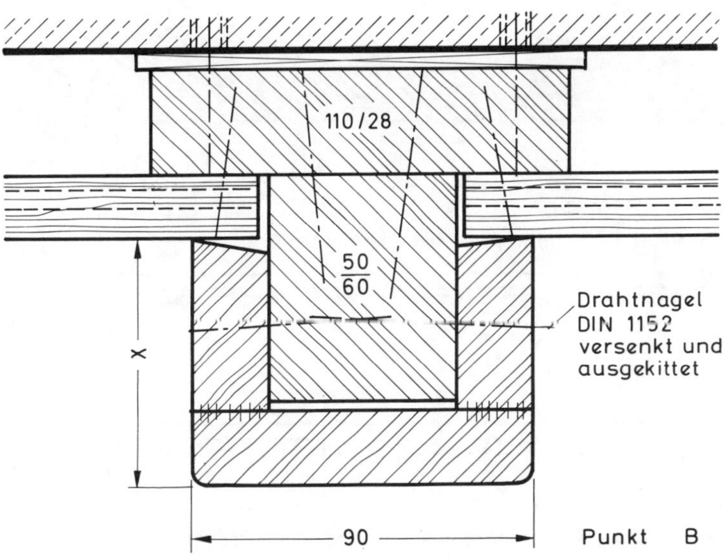

Punkt B

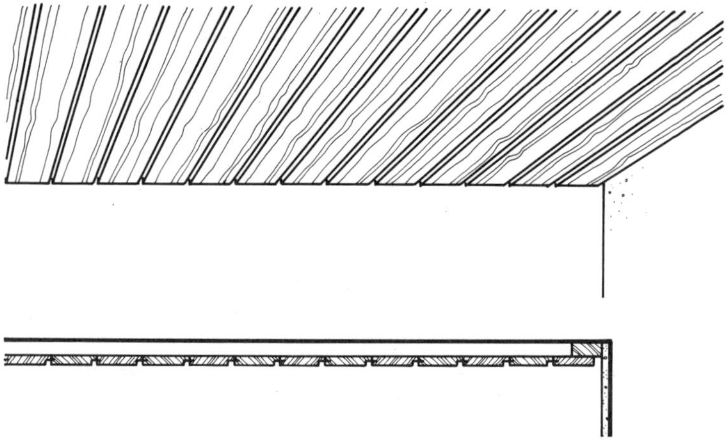

B 6.2.–1 Einfache Bretterdecke aus Nut- und Federbrettern.

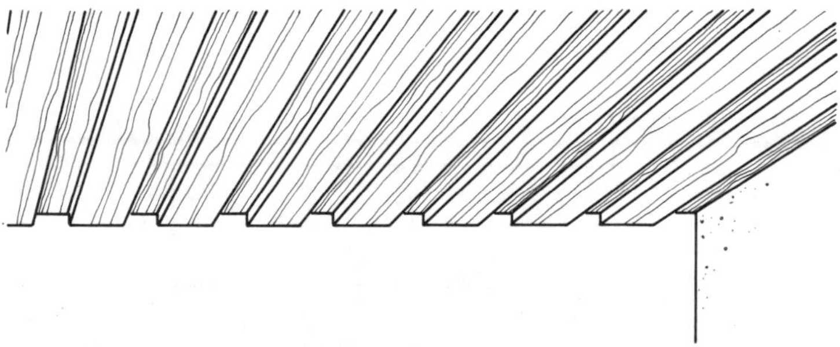

B 6.2.–2 a Bretterdecken mit überluckten Brettern.

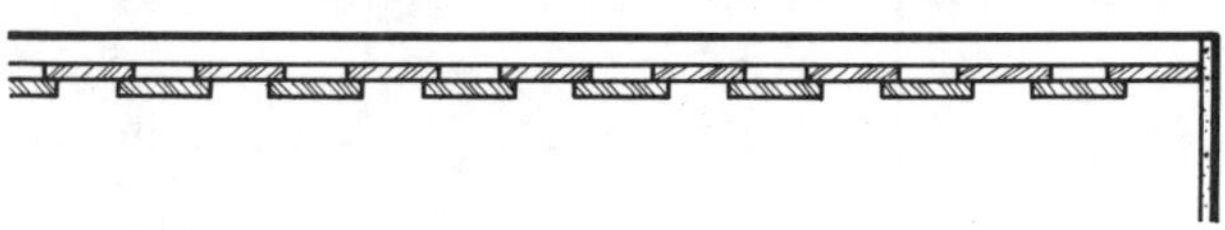

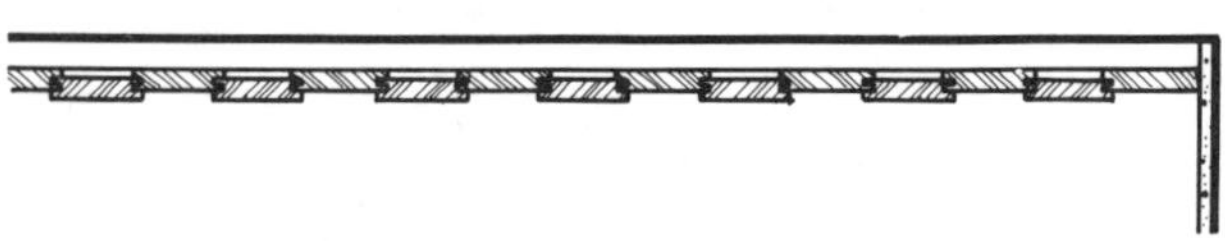

B 6.2.–2 b Bretterdecke aus überschobenen Brettern.

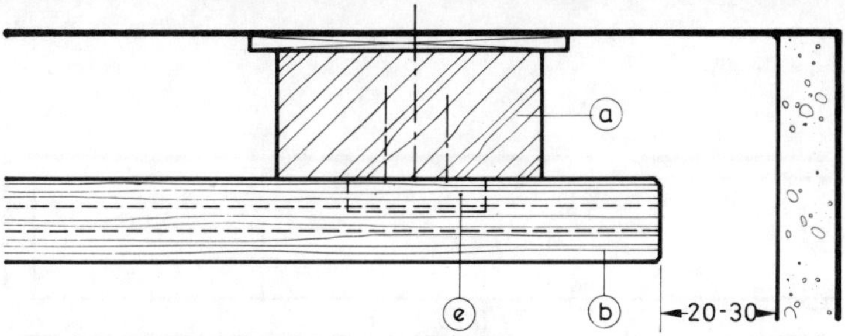

B 6.2.–3 Wandanschluß durch Schattenfuge, (a) Lattung, (b) Profilbretter, (e) Profilbrettklammer.

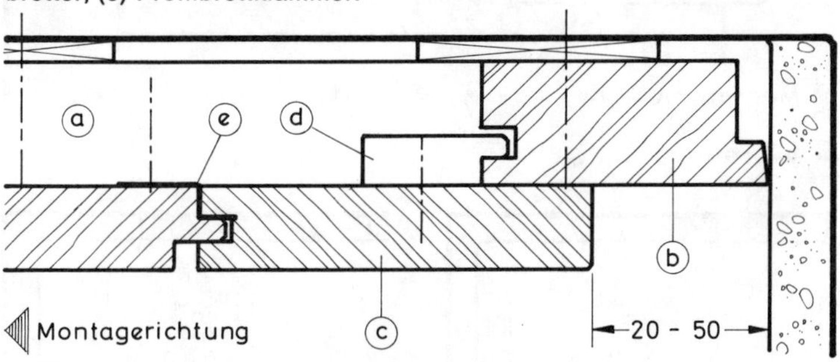

B 6.2.–4 Wandanschluß mit Wandleisten. (a) Unterkonstruktion, (b) Wandleiste, (c) Profilbrett, (d) Nutklotz oder -leiste zur Befestigung des 1. Brettes, (e) Profilbrettklammern.

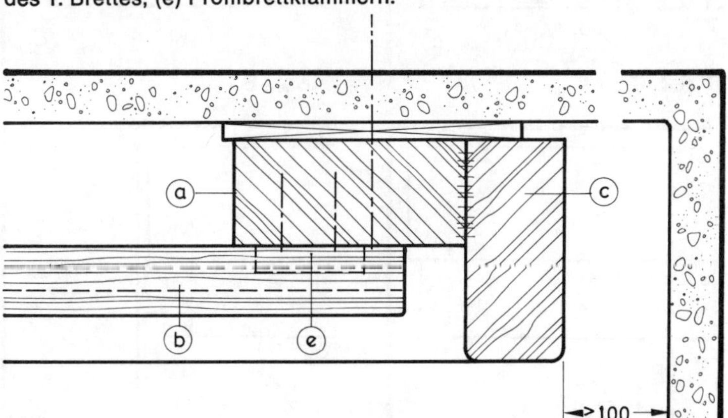

B 6.2.–5 Wandanschluß durch Randleiste. (a) Grundlatte, (b) Profilbrett, (c) Randleiste, (e) Profilbrettklammer.

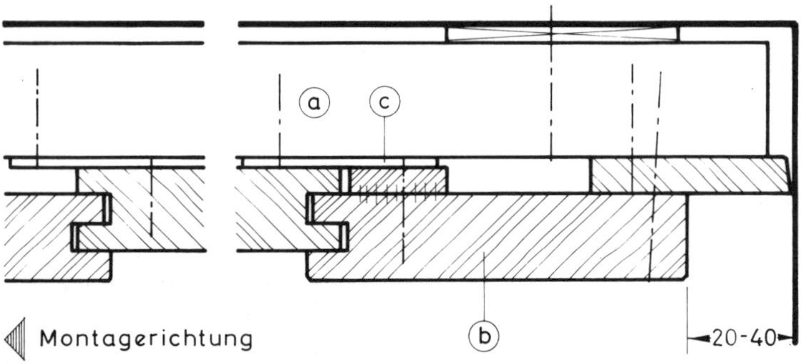

B 6.2.–6

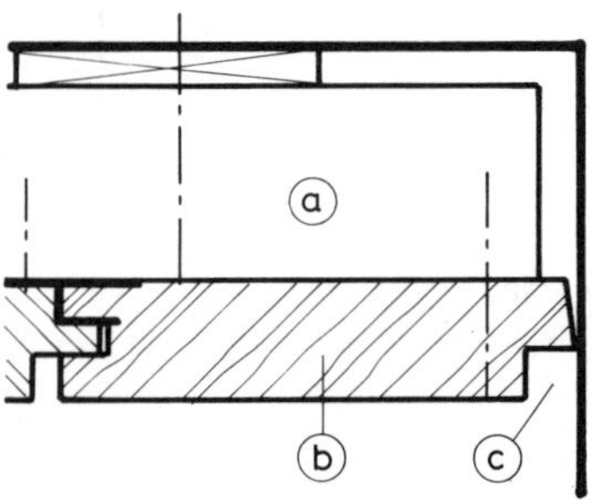

B 6.2.–7

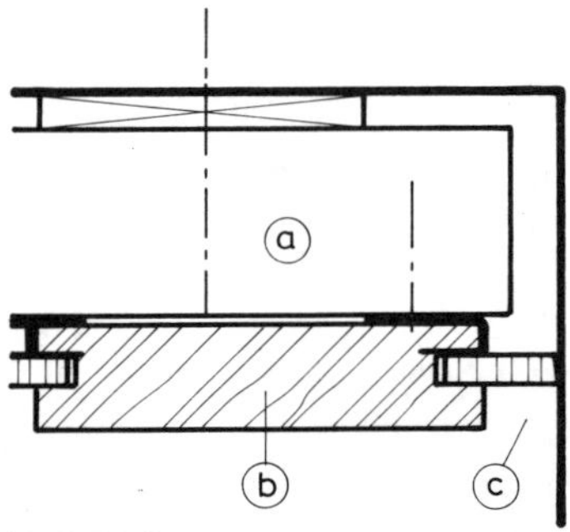

B 6.2.–8

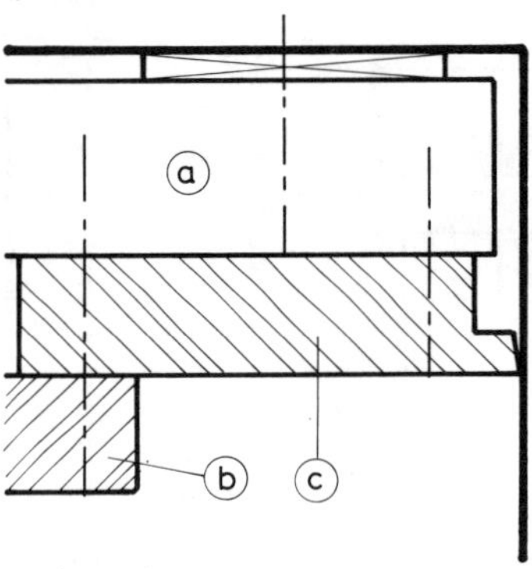

B 6.2.–9

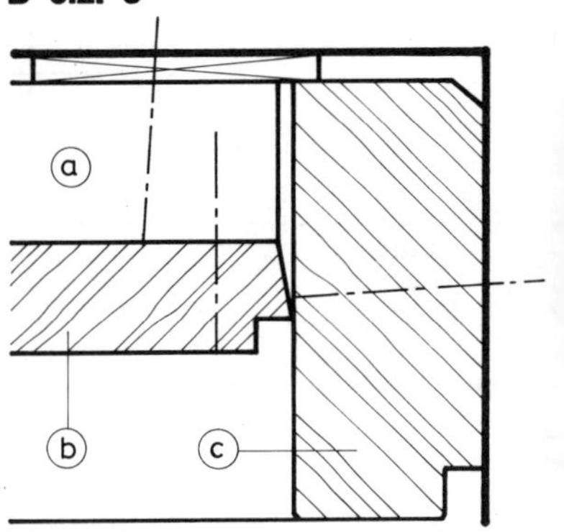

B 6.2.–10

B 6.2.–6 Überschobene Schalung, unsichtbar befestigt. (a) Lattung, (b) genutete Profilbretter, (c) Metallplättchen zur unsichtbaren Befestigung.

B 6.2.–7 Wandanschluß durch Schattennute. (a) Lattung, (b) ausgefälztes Anfangsbrett.

B 6.2.–8 wie 7, jedoch stößt hier die eingeschobene Feder an der Wand an.

B 6.2.–9 Überluckte Schalung, (a) Lattung, (b) oberes Brett, (c) an der Wand angepaßtes Anfangsbrett (unteres Brett).

B 6.2.–10 Wandanschluß durch Wandleisten. (a) Lattung, (b) Profilbrett, an der Wandleiste abgefälzt oder Feder abgestoßen, (c) Wandleiste an die Wand geschraubt.

B 6.2.–11 Bretterdecke mit gestülpten Brettern, Punkt A zeigt den Einbau einer Leuchtstofflampe; (a) Grundlattung, (b) Distanzlatten, (c) Feinlatten, (d) gestülpte Bretter. Enthält die Leuchtstofflampe ein Vorschalgerät, so ist dies auf Fiber-Silikatplatten zu setzen.

B 6.2.–12 Verstäbte Decke. Die Stäbe sind hochkant auf furnierte oder farbig lackierte Grundplatten von der Rückseite her aufgeschraubt. Punkt B: Wandanschluß mit Vorhangschienen. (a) Lattung, (b) Grundplatte, (c) Vorhangschienen (Re Sch).

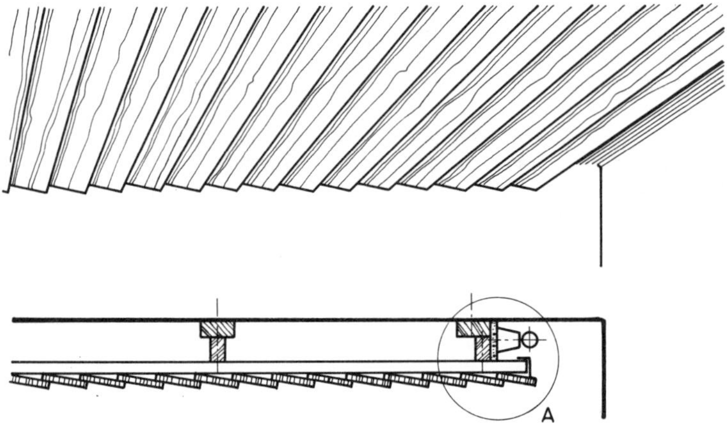

B 6.2.–11

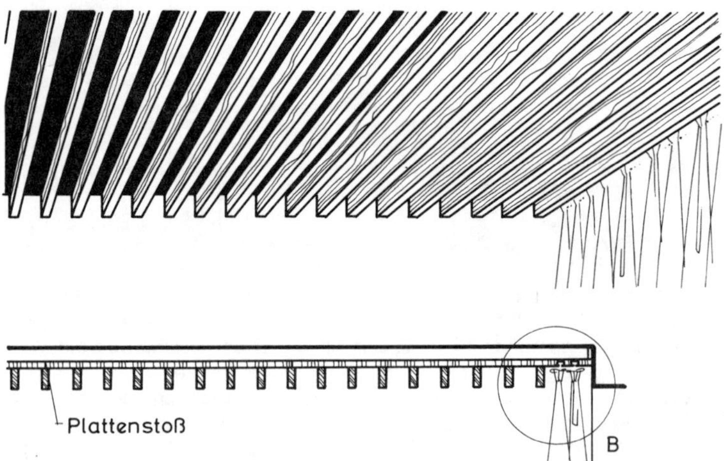

B 6.2.–12

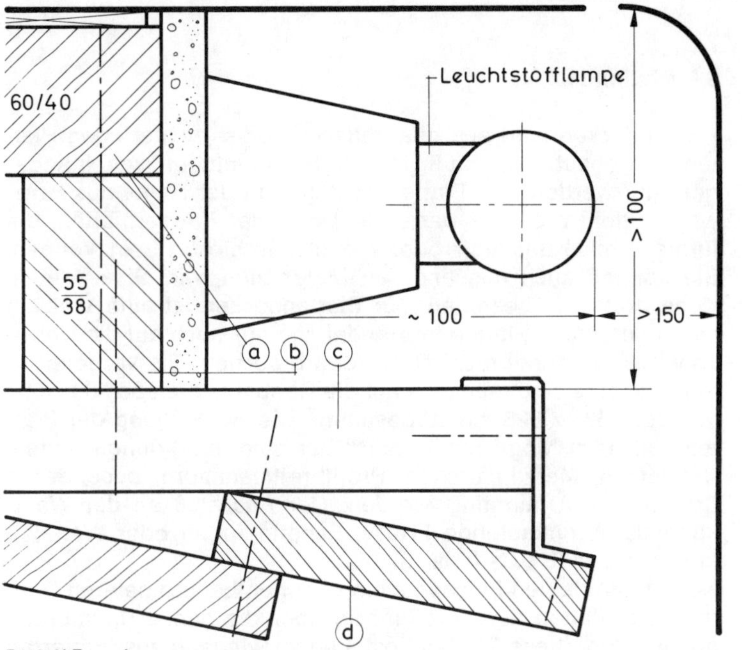

PUNKT A

PUNKT B

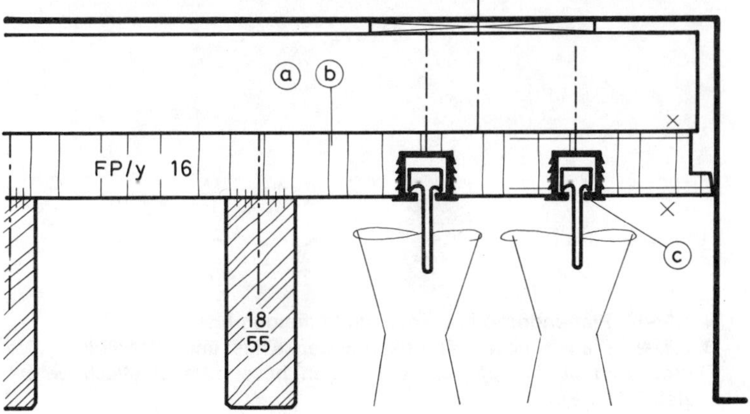

6.3 Plattendecken

Plattendecken sind aus quadratischen oder rechteckigen Platten aufgebaut, die häufig durch Schattenfugen voneinander getrennt werden. Die Platten bestehen in der Regel aus Holzwerkstoffen, wie Holzspan-, Tischler- oder Furnierplatten, die furniert, mit Kunststoff oder Metall beschichtet sein können. Sie können auch aus anderen Materialien, wie Gips, Metall, Kunststoff u. ä. bestehen. Für Plattendecken ist eine Vielzahl montagefertiger Platten im Handel, die nur noch auf die Unterkonstruktion angebracht zu werden brauchen. Die vorgefertigten Elemente sind meistens auf die Rohbaurichtmaße 500 x 500 mm bzw. 625 x 625 mm abgestimmt. Die Befestigung der Platten soll nach Möglichkeit unsichtbar sein, sie können mittels Nutklötzen, Metallplättchen, Profilbrettklammern, besonderen Schienen o. ä. montiert werden. Der Anschluß an der Wand kann durch umlaufende Friese, Schattenfugen oder Wandleisten erfolgen (B 6.3.–1 bis 15).
Neben der kleinen Flächenteilung können bei schmaleren Räumen die Platten auch großflächig über die ganze Raumbreite durchlaufen. Diese Platten bestehen vorwiegend aus furnierten Holzwerkstoffen (B 6.3.–16 bis 26).

B 6.3.–1 Plattendecke mit einem umlaufenden Fries.
B 6.3.–2 Plattendecke mit umlaufenden Fries und Wandleiste. Die Platten sind durch aufgesetzte Rahmen besonders plastisch betont (Detail B 6.3.–8).

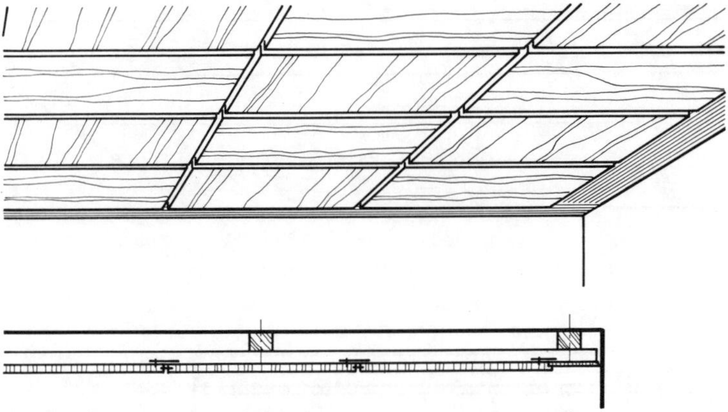

B 6.3.–1

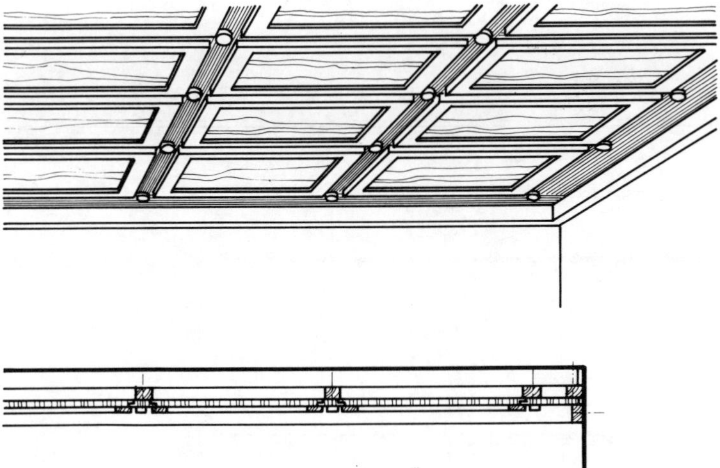

B 6.3.–2

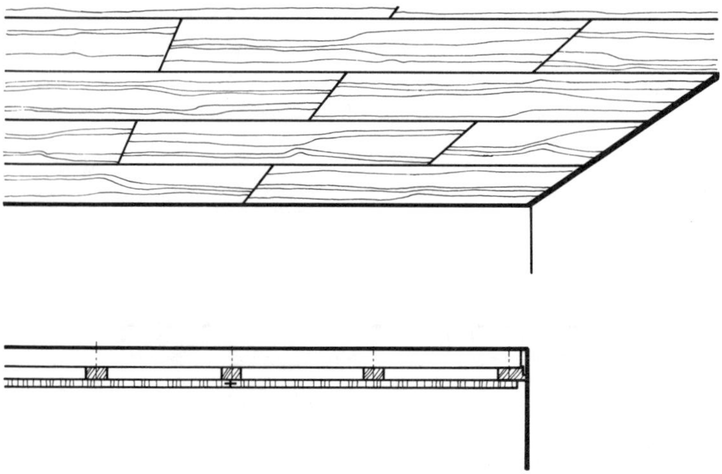

B 6.3.–3 Plattendecke aus rechteckigen Platten mit umlaufender Schattenkante.

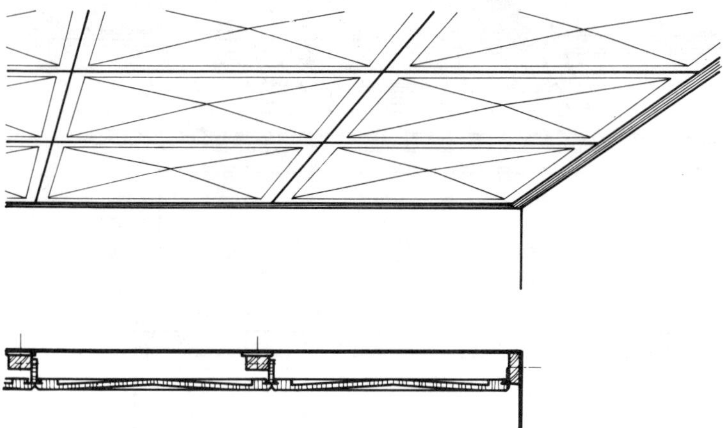

B 6.3.–4 Plattendecke aus handelsüblichen Plattenelementen.

B 6.3.–5 Plattendecke mit eingeschobener Feder. (a) Grundlattung, (b) Feinlattung, (c) Fries, (d) Plattenelement, (e) Metallplättchen, (f) eingeschobene Feder.

B 6.3.–6 Plattendecke mit eingeschobenen T-Leisten bzw. -Schienen. (a) Grundlattung, (b) Feinlattung, (c) Fries, (d) Plattenelement, ringsum genutet, (e) eingeschobene T-Leiste aus Holz oder T-Schiene aus Metall, (f) Abstandsklammern.

B 6.3.–7 Plattendecke mit Schattenkehlen. (a) Lattung, (b) Wandleiste, (c) Plattenelement, ringsum genutet und mit einer Hohlkehle versehen, (d) Randkralle, (e) Profilbrettkralle, (f) Feder.

B 6.3.–8 Platten mit aufgesetzten Rahmen. Die Decke wird auf die Unterkonstruktion geschraubt. Gedrehte Holzknöpfe decken die Befestigungsstellen ab.

B 6.3.–9 Plattendecke mit Fries. Die Platten sind durch abgefaßte Kanten optisch voneinander getrennt. Sie werden an „Morako"-Deckenträgern montiert.

B 6.3.–10 Plattendecke mit Fries und Wandleiste. Die Platten sind an den Kanten abgefaßt. Sie werden mittels T-Schienen aus Aluminium montiert. Das Metall wird in der Schattenfuge zwischen den Platten sichtbar.

B 6.3.–11 Montage vorgefertigter Platten, wie Mineralfaserplatten, Spanplatten o. ä. (Ar, On).

B 6.3.–12 Montage vorgefertigter Platten (Wz) an Morako-Deckenträgern.

B 6.3.–13 Plattendecke mit umlaufendem Fries. Die Plattenteilung wird durch eingeleimte Leisten betont, die gleichzeitig die Befestigungsstellen abdecken.

B 6.3.–14 Plattendecke mit eingelegten Federn aus Aluminium. Die Platten werden durch die Profilbrettklammern (Abstandskrallen) gehalten.

B 6.3.–15 Plattendecke aus Schallschluck-Gipsplatten mit Friesen aus Gipskartonplatten (Kn, Ri).

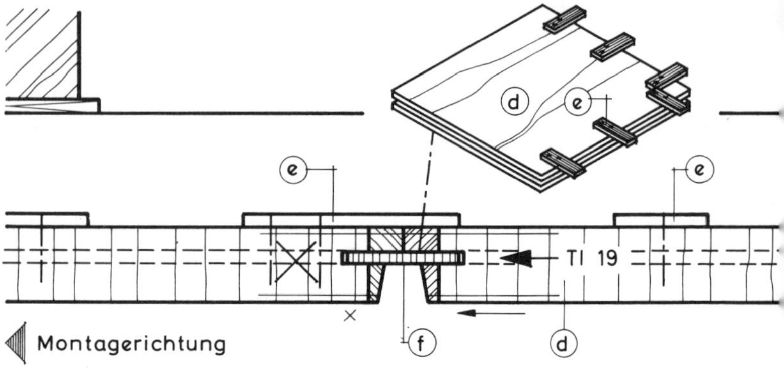

B 6.3.–5

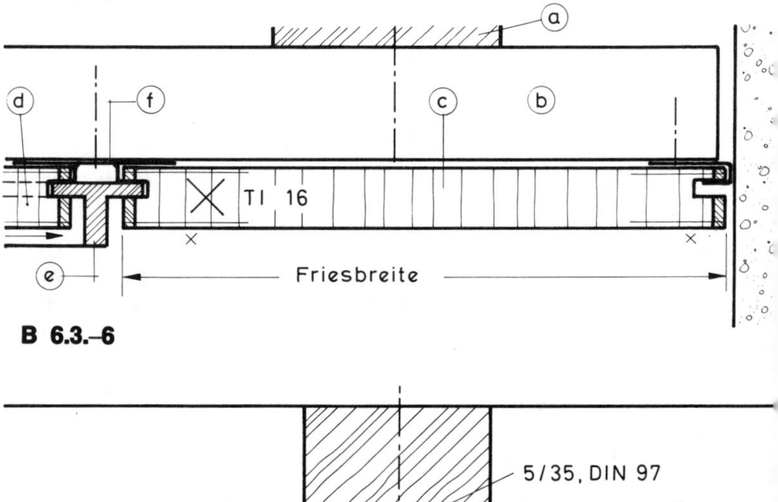

B 6.3.–6

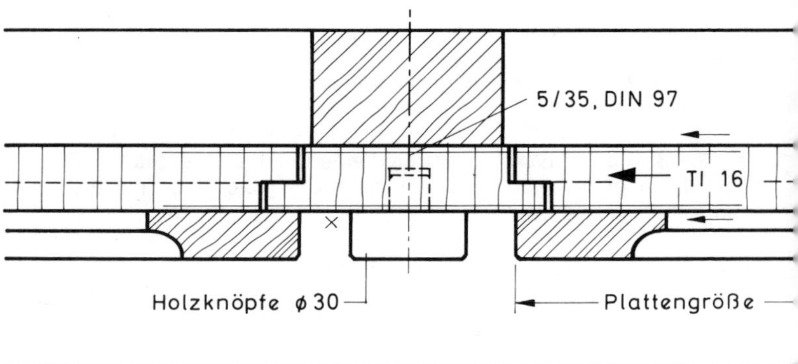

B 6.3.–8

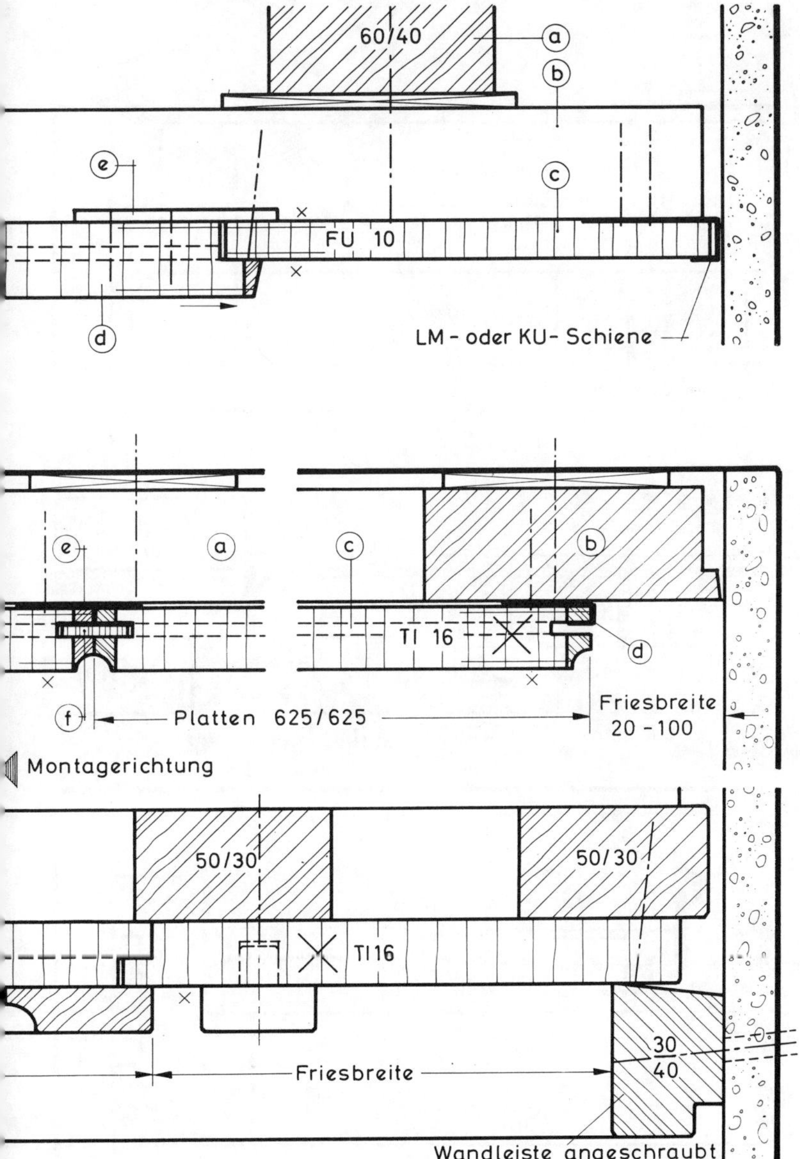
60/40
a
b
e
c
FU 10
d
LM - oder KU - Schiene
e
a
c
b
TI 16
d
f
Platten 625/625
Friesbreite
20 - 100
Montagerichtung
50/30
50/30
TI16
30
40
Friesbreite
Wandleiste angeschraubt

B 6.3.–7

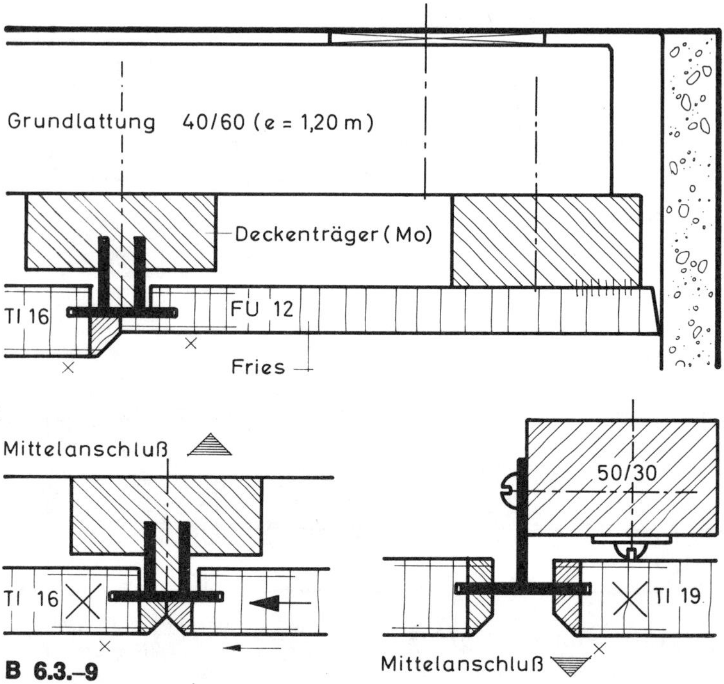
Grundlattung 40/60 (e = 1,20 m)
Deckenträger (Mo)
Tl 16
FU 12
Fries
Mittelanschluß
Tl 16
50/30
Tl 19
Mittelanschluß

B 6.3.–9

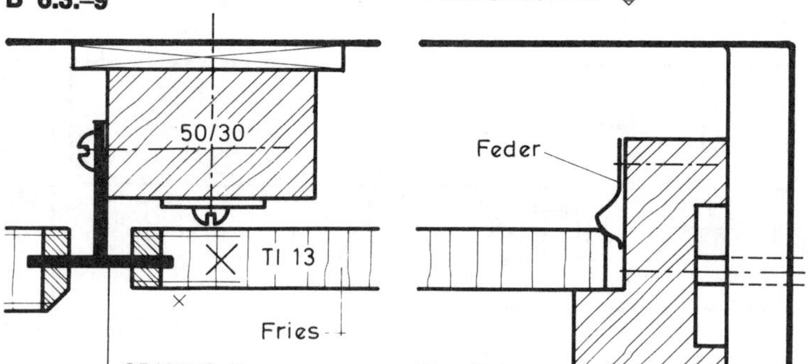
50/30
Tl 13
Fries
35/35/3 Al
Feder
Wandleiste

B 6.3.–10

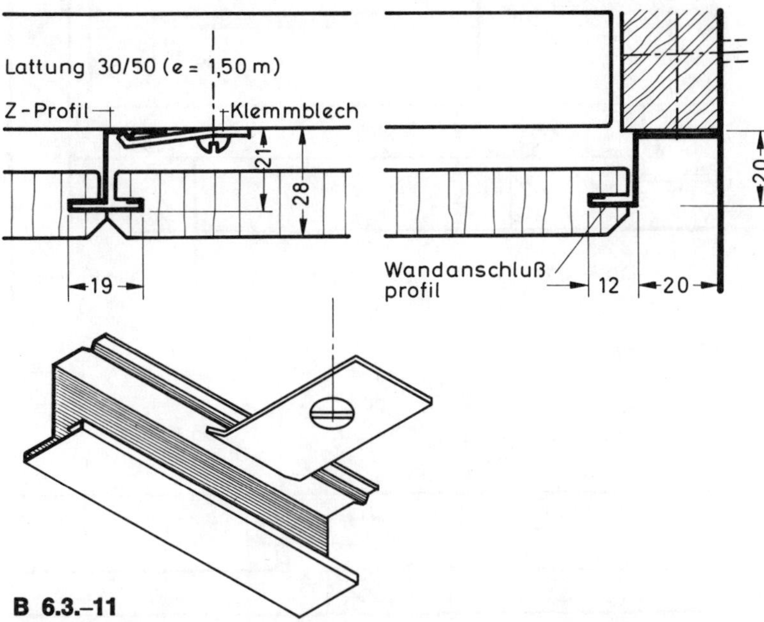
Lattung 30/50 (e = 1,50 m)
Z-Profil
Klemmblech
21
28
19
Wandanschluß profil
12
20
20

B 6.3.–11

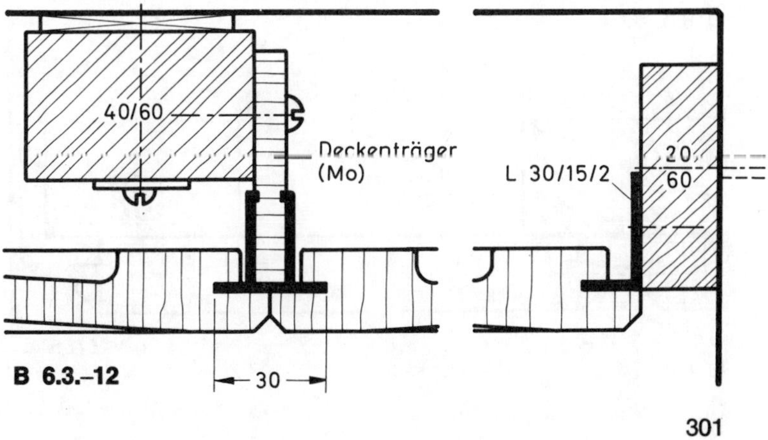
40/60
Deckenträger (Mo)
L 30/15/2
20
60
30

B 6.3.–12

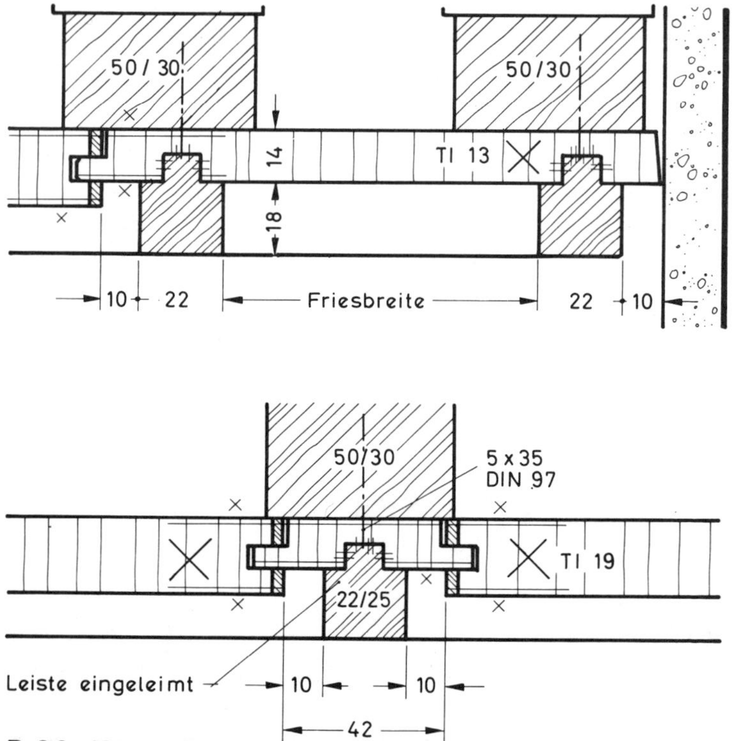
50/30
50/30
14
18
TI 13
10
22
Friesbreite
22
10
50/30
5 x 35
DIN 97
TI 19
22/25
Leiste eingeleimt
10
10
42

B 6.3.–13

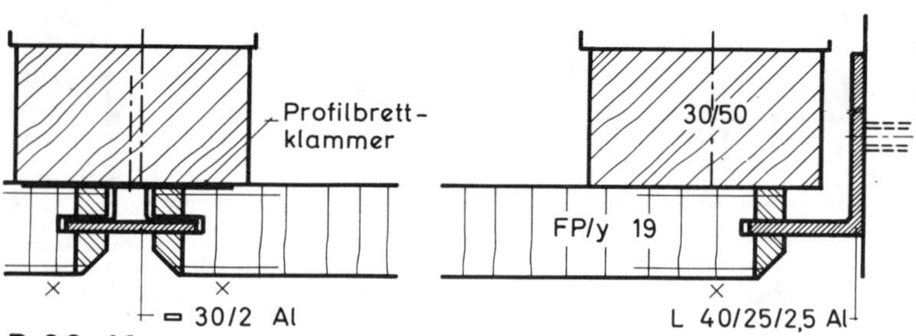
Profilbrett-
klammer
30/50
FP/y 19
▭ 30/2 Al
L 40/25/2,5 Al

B 6.3.–14

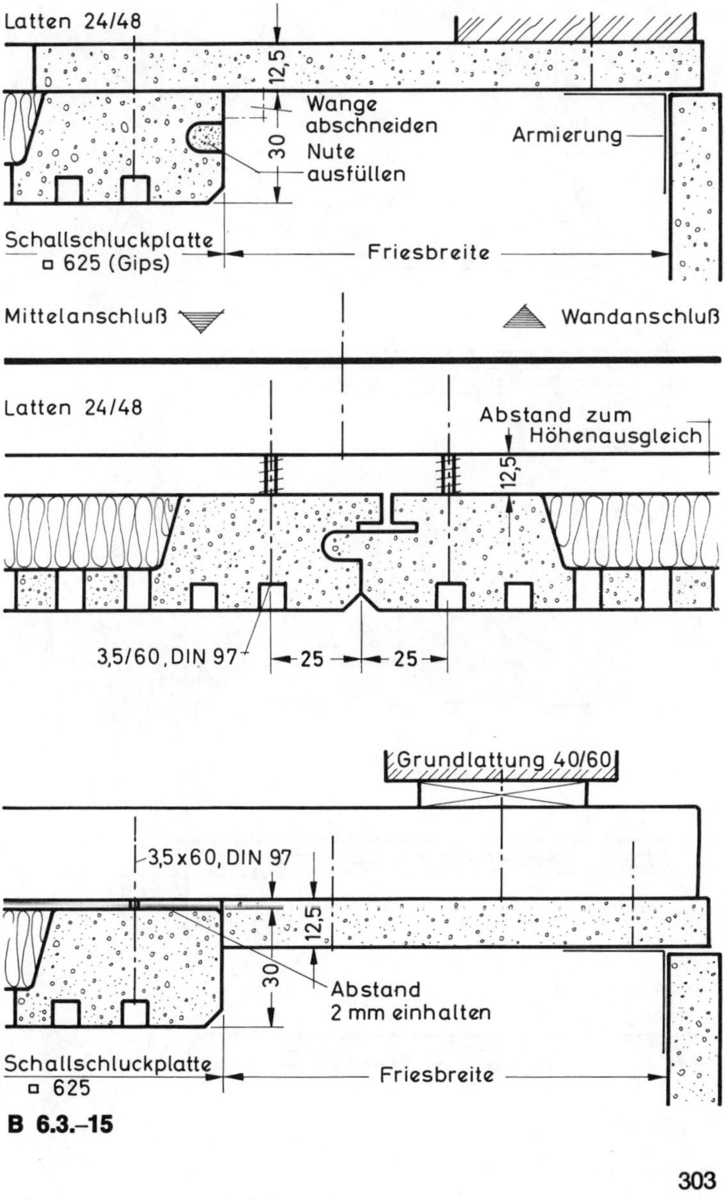
Latten 24/48
12,5
Wange
abschneiden
30
Nute
ausfüllen
Armierung
Schallschluckplatte
□ 625 (Gips)
Friesbreite
Mittelanschluß
Wandanschluß
Latten 24/48
Abstand zum
Höhenausgleich
12,5
3,5/60, DIN 97
25
25
Grundlattung 40/60
3,5 x 60, DIN 97
12,5
30
Abstand
2 mm einhalten
Schallschluckplatte
□ 625
Friesbreite

B 6.3.–15

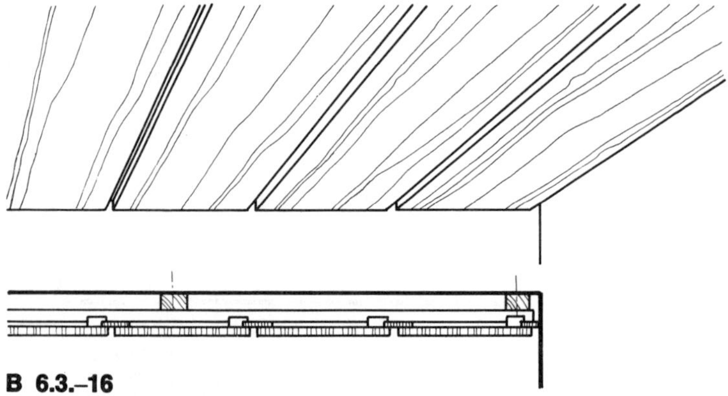

B 6.3.–16

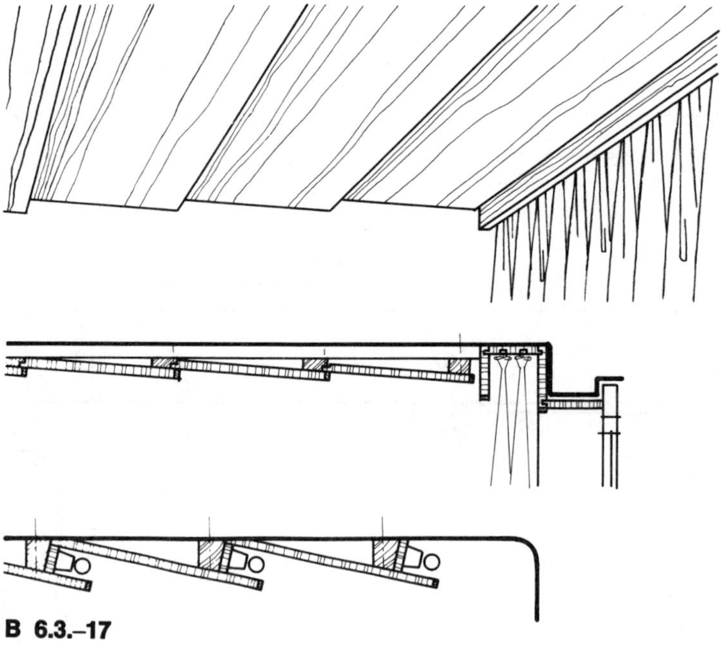

B 6.3.–17

B 6.3.–16 Plattendecke mit in ganzer Raumbreite durchlaufenden Plattenelementen.
B 6.3.–17 Plattendecke mit raumbreiten Plattenelementen. Oben: einseitig überlappt, unten: mit eingebauten Leuchten.

B 6.3.–18 Detail zu B 6.3.–16.
B 6.3.–19 Variante zu B 6.3.–18 mit umlaufenden Wandanschlußleisten. Die letztmontierte Platte muß mit einem Schnäpper oder einer Steckverbindung befestigt werden.
B 6.3.–20 Variante zu B.6.3.–18. Im Grund der Schattenfuge werden die Metallstreifen sichtbar.
B 6.3.–21 Detail zu einer Plattendecke mit raumbreiten Plattenelementen, deren Kanten profiliert sind.
B 6.3.–22 Detail zur Decke B 6.3.–16. Die Befestigungsmittel sind mit eingebauten Kunststoffstreifen abgedeckt.
B 6.3.–23 Detail zur Decke B 6.3–17, Mittelanschluß der einseitig überlappten Platten.
B 6.3.–24 Detail mit eingebauten Vorhangschienen (Re, Sch).
B 6.3.–25 Detail mit eingebauter Leuchtstoffröhre (a).
B 6.3.–26 Abgehängte Plattendecke mit raumbreiten Mineralwolleplatten (Ow). Die Platten sind herausnehmbar.

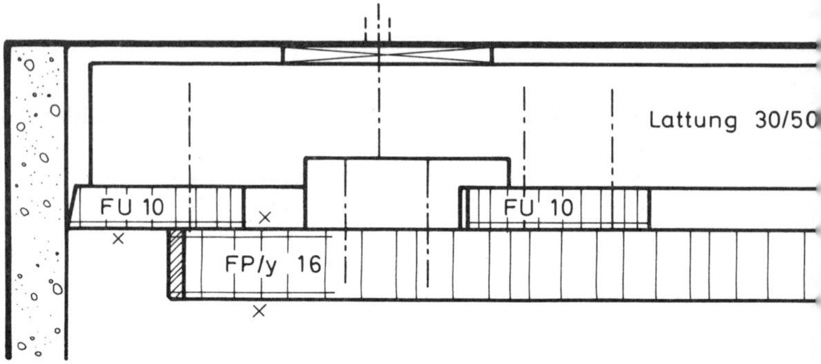

B 6.3.-18

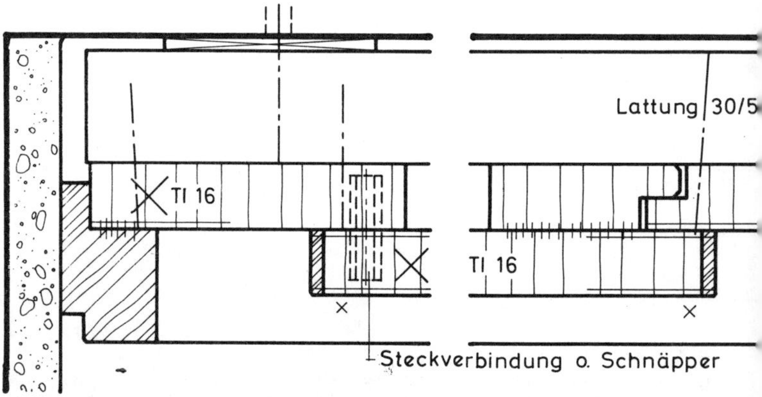

B 6.3.-19

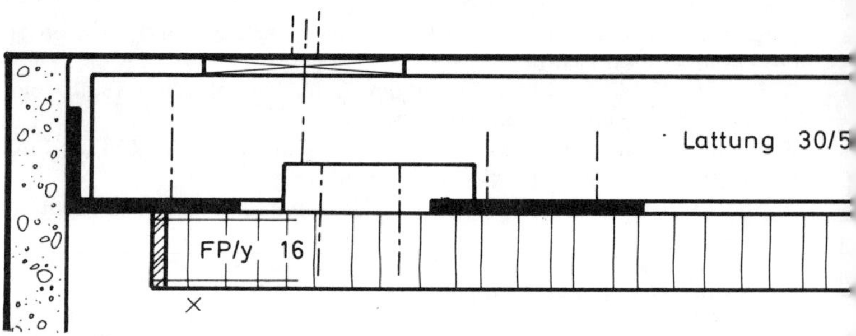

B 6.3.-20

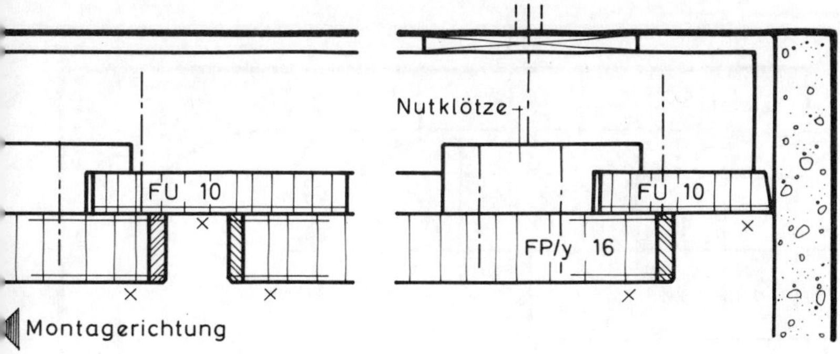
Nutklötze
FU 10
FU 10
FP/y 16
Montagerichtung

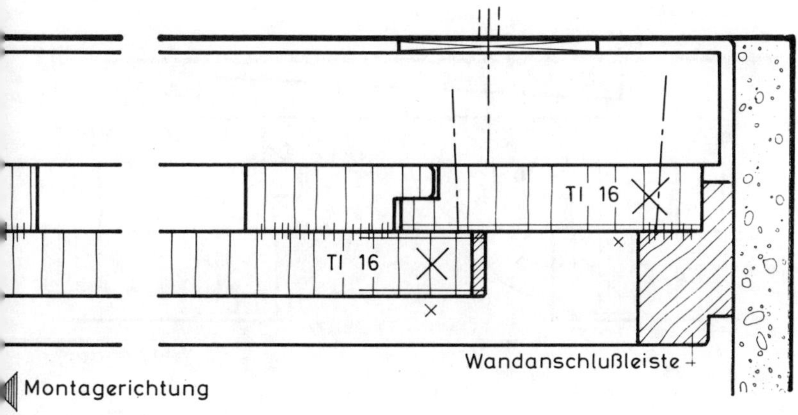
TI 16
TI 16
Wandanschlußleiste
Montagerichtung

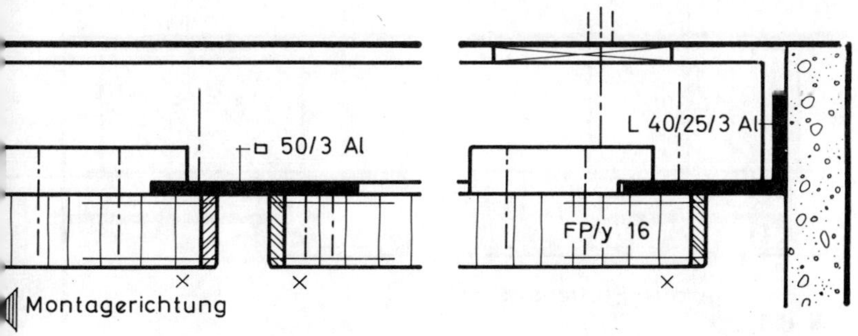
50/3 Al
L 40/25/3 Al
FP/y 16
Montagerichtung

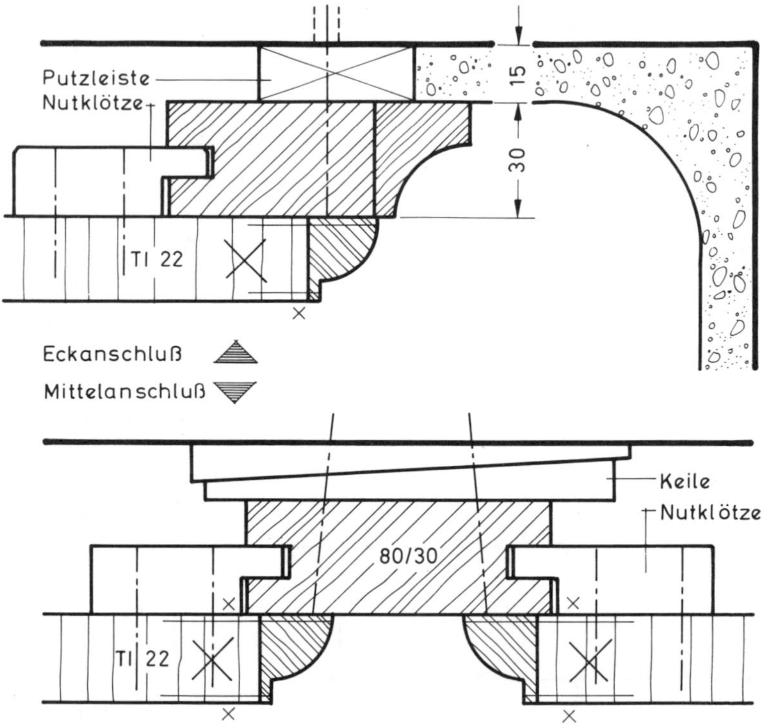
Putzleiste
Nutklötze
15
30
Tl 22
Eckanschluß
Mittelanschluß
Keile
Nutklötze
80/30
Tl 22

B 6.3.–21

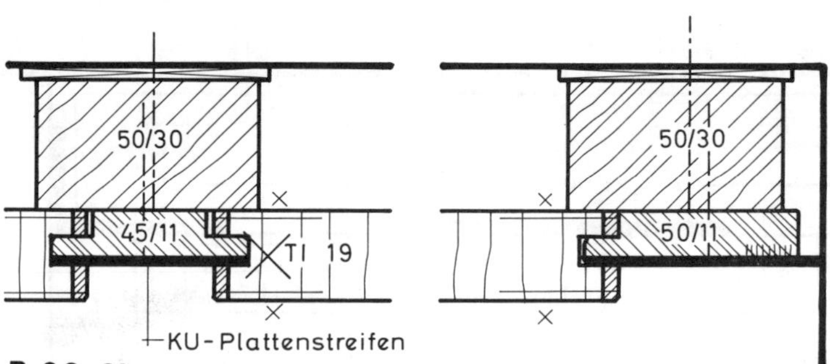
50/30
45/11
Tl 19
KU-Plattenstreifen
50/30
50/11

B 6.3.–22

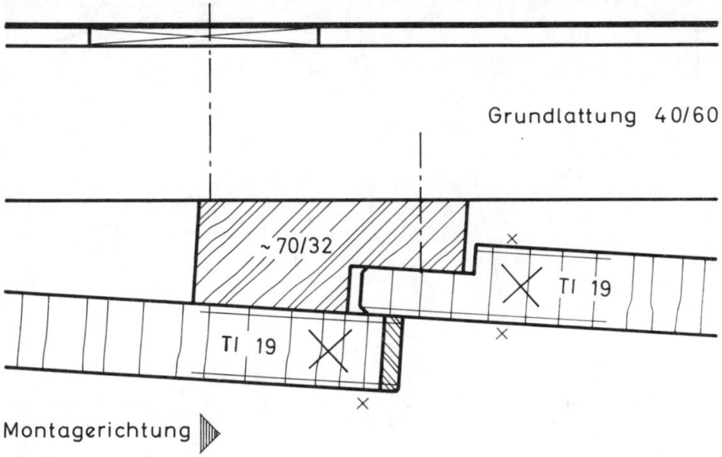
Grundlattung 40/60
~70/32
Tl 19
Tl 19
Montagerichtung

B 6.3.–23

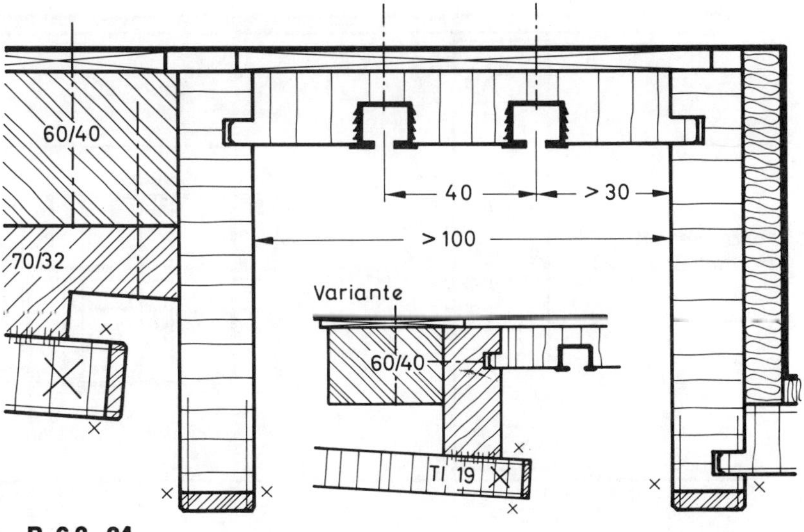
60/40
70/32
40
> 30
> 100
Variante
60/40
Tl 19

B 6.3.–24

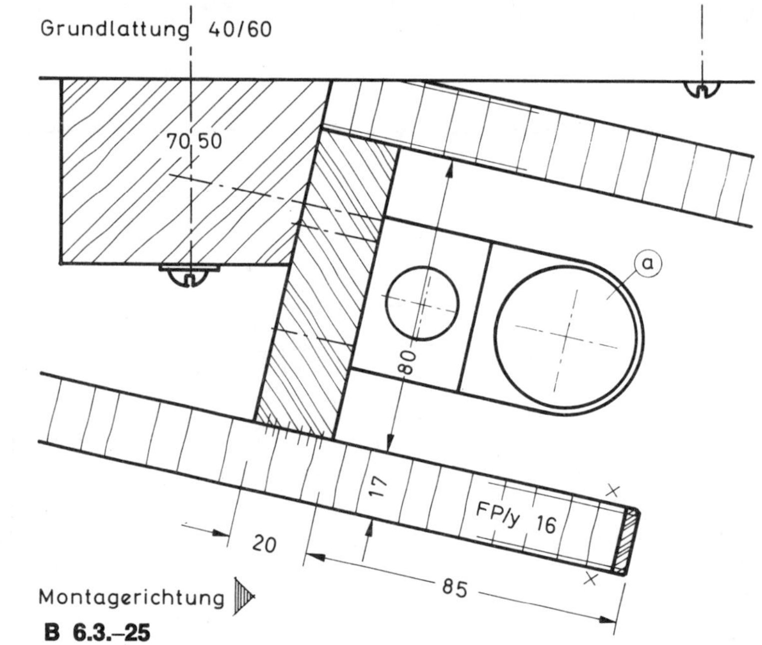
Grundlattung 40/60
70 50
a
80
17
FP/y 16
20
85
Montagerichtung

B 6.3.–25

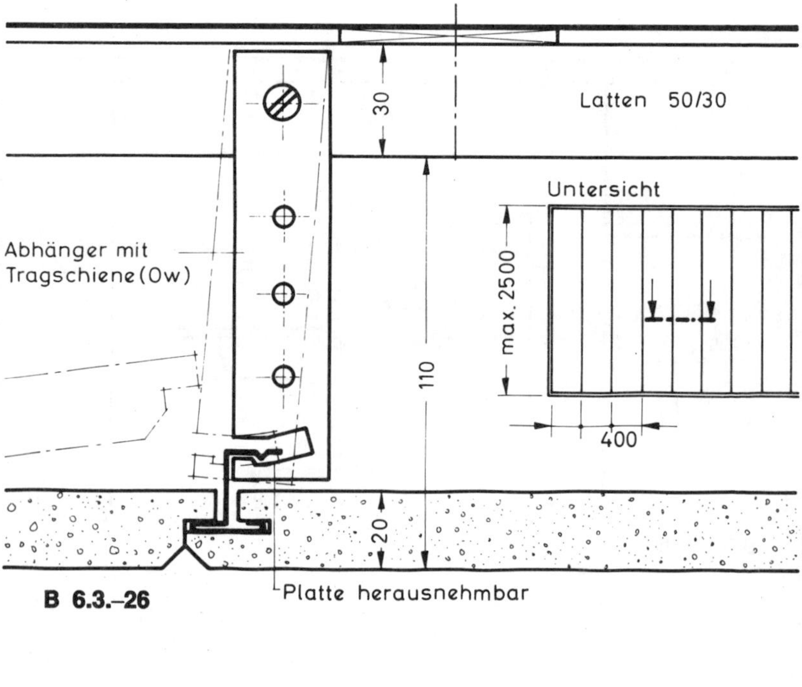
30
Latten 50/30
Untersicht
max. 2500
Abhänger mit
Tragschiene (Ow)
110
400
20
Platte herausnehmbar

B 6.3.–26

6.4 Kassettendecken

Kassettendecken sind Deckenverkleidungen aus quadratischen oder rechteckigen, vertieft angeordneten Feldern (Kassetten). Die Kassettenbegrenzung wird durch Leisten, Rahmen, Zargen oder Scheinbalken gebildet. Flache Kassetten lassen sich aus Rahmen und Füllungen herstellen. Tiefere Kassetten bildet man aus Leisten oder Zargen mit Füllungen oder baut sie auf einer Plattenunterlage auf. Kassetten mit balkenartigen Begrenzungen bestehen aus sich kreuzenden Scheinbalken, zwischen die Füllungen eingesetzt sind. Bei sehr tiefen und großen Kassetten ist es zweckmäßig, jede Kassette aus Kasten zusammenzubauen und einzeln an der Decke zu befestigen. Die Ausführung der Kassetten kann entweder aus naturbelassenem Holz bestehen oder eine farbige Oberfläche haben. Es ist aber auch eine Kombination aus Farbe und Holz möglich, indem die Kassettenrippen farbig und die Kassettenfüllungen in naturbelassenem Holz ausgeführt werden oder umgekehrt. Mit Kassettendecken läßt sich eine betont plastische Wirkung erreichen, die besonders in höheren und größeren Räumen angebracht ist (B 6.4.–1 bis 4).

B 6.4.–1 Kassettendecke mit umlaufendem Fries. Die Kassetten werden aus Zargen gebildet, die auf eine furnierte Grundplatte geschraubt sind. Die Befestigungsstellen sind durch, die in die Nuten eingeleimten, Leisten wieder verdeckt worden.

B 6.4.–2 Kassettendecke mit umlaufender geputzter Voute. Die Kassetten bestehen aus einzelnen Kästen, die in das sich kreuzende Rahmenwerk eingeleimt werden.

B 6.4.–3 Kassettendecken aus sich kreuzenden Scheinbalken. Die Scheinbalken werden auf die Unterkonstruktion geschraubt, die Befestigungsstellen sind durch eingeleimte Knöpfe abgedeckt.

B 6.4.–4 Kassettendecke mit umgekehrten Kassetten.

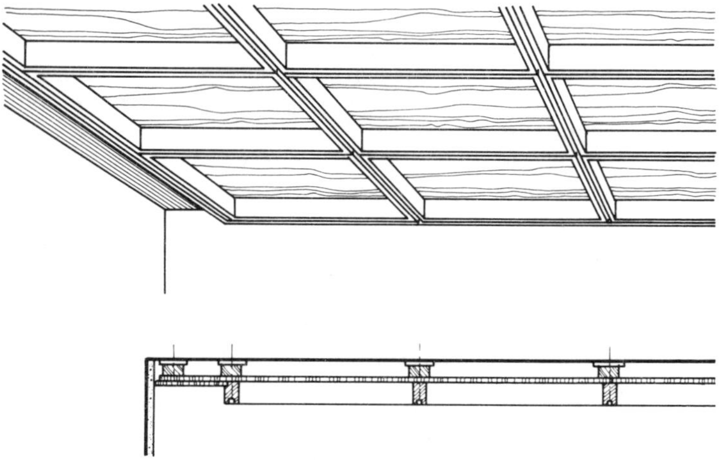

B 6.4.–1

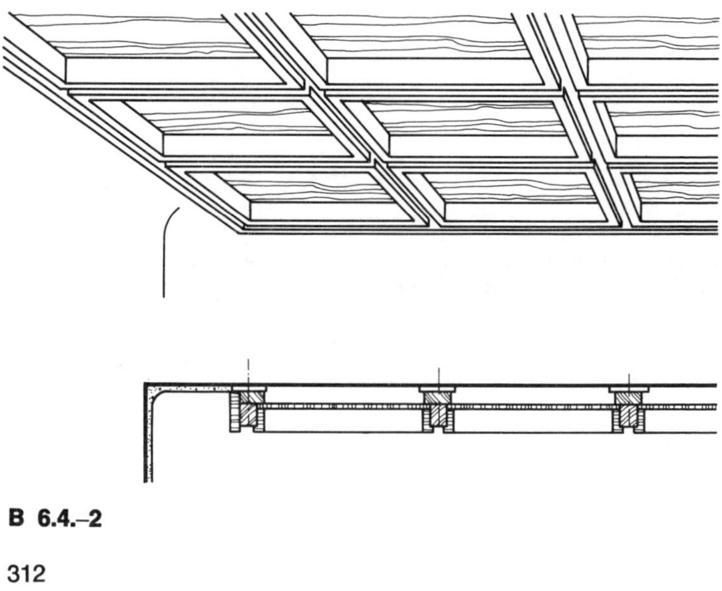

B 6.4.–2

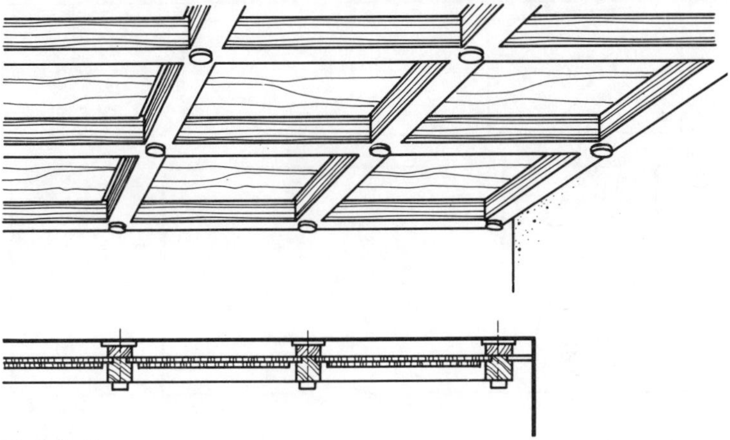

B 6.4.–3

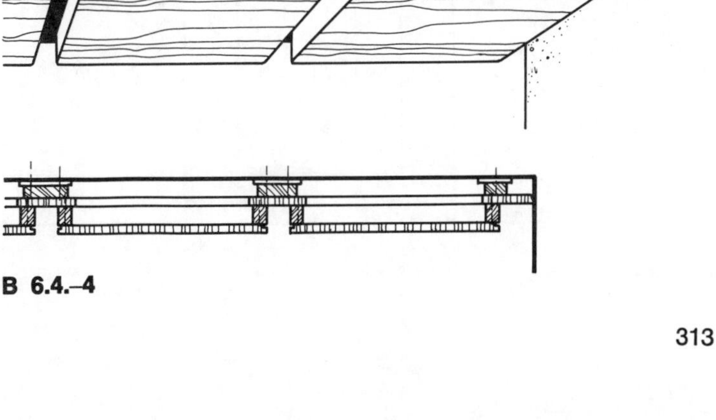

B 6.4.–4

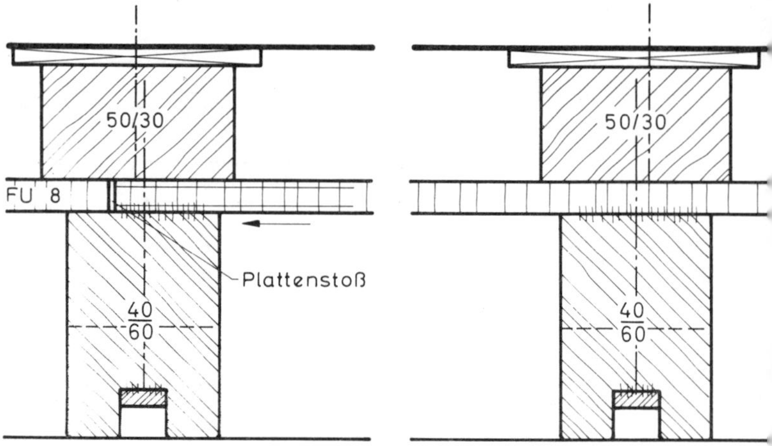

Detail zu B 6.4.-1

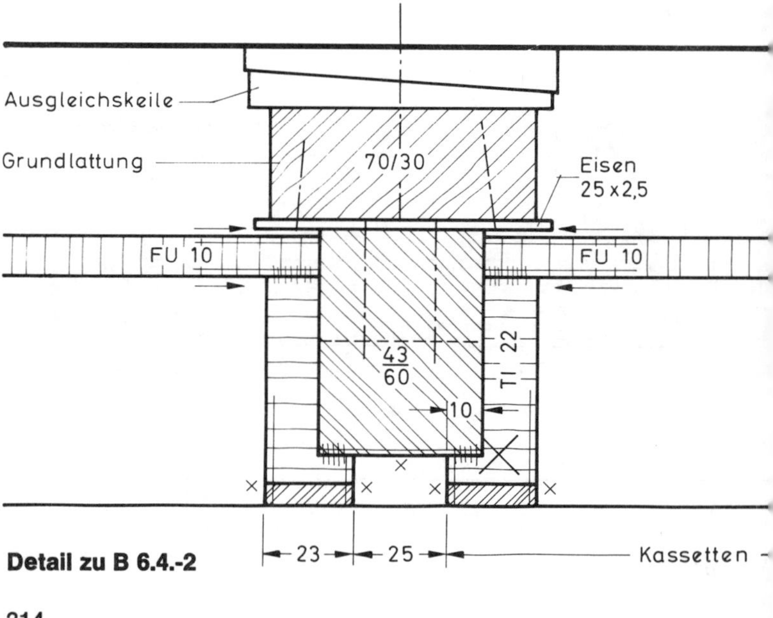

Detail zu B 6.4.-2

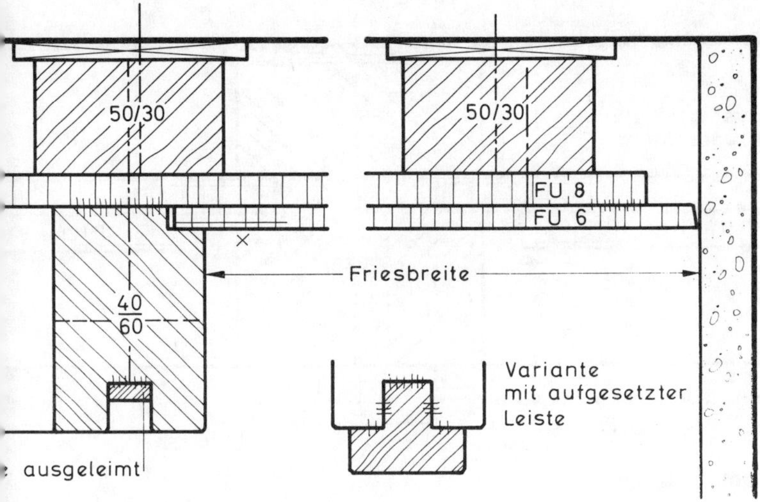

50/30
50/30
FU 8
FU 6
Friesbreite
40
60
Variante
mit aufgesetzter
Leiste
ausgeleimt

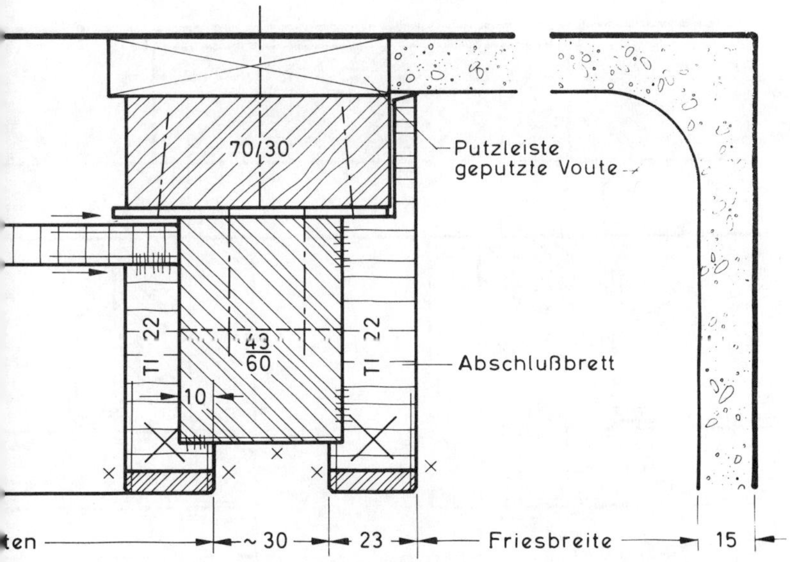

70/30
Putzleiste
geputzte Voute
22
TI
43
60
22
TI
Abschlußbrett
10
ten
~ 30
23
Friesbreite
15

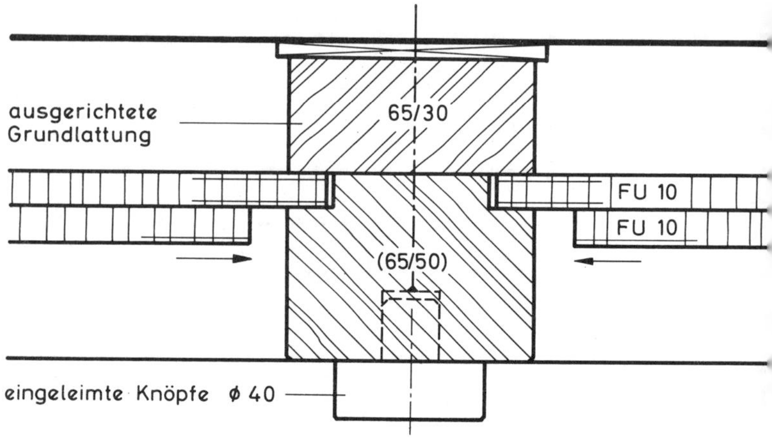

Detail zu B 6.4.-3

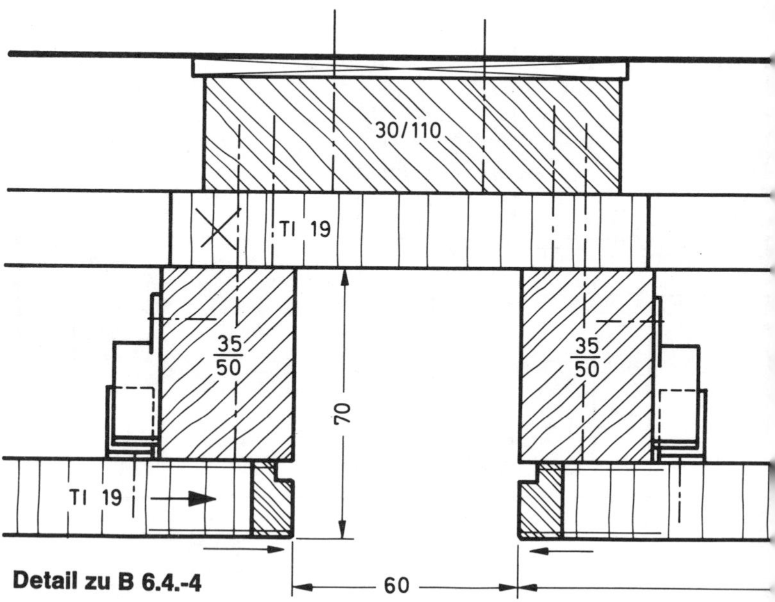

Detail zu B 6.4.-4

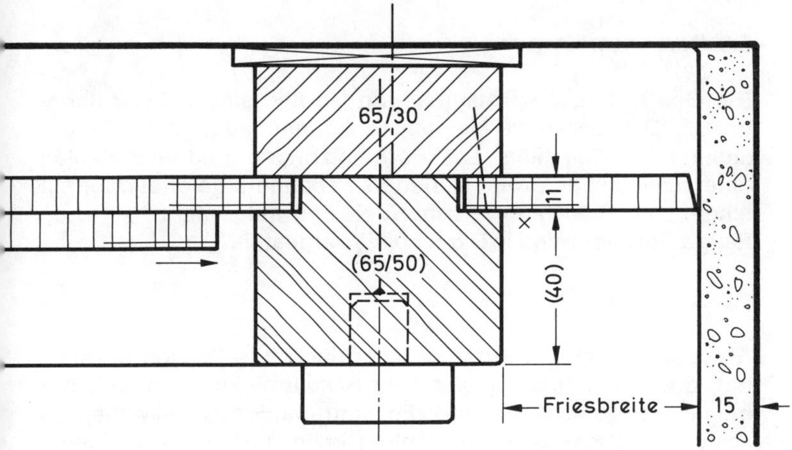
65/30
11
×
(65/50)
(40)
Friesbreite
15

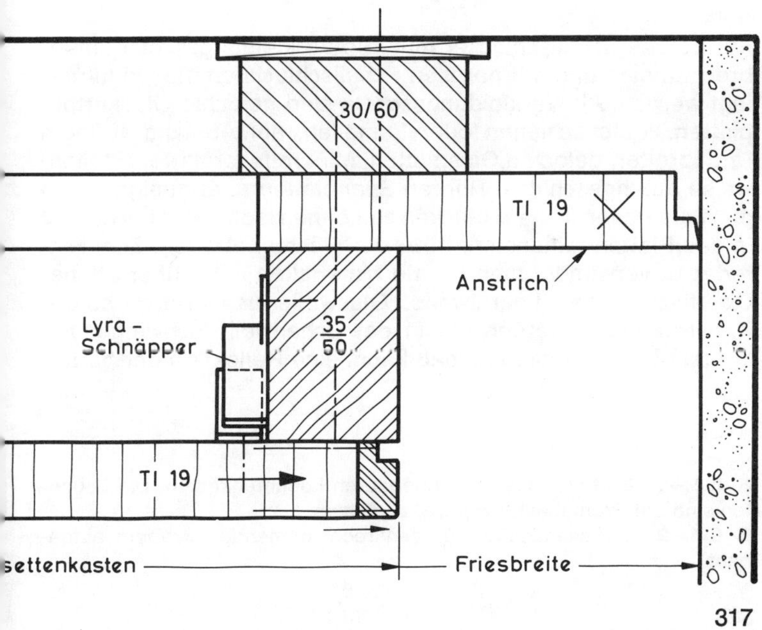
30/60
Tl 19
Anstrich
Lyra -
Schnäpper
35
50
Tl 19
settenkasten
Friesbreite

6.5 Deckensonderformen

Die Gestaltungsmöglichkeiten von Decken sind nahezu unbegrenzt. Die Deckenverkleidungen können aus senkrecht gestellten Brettlamellen, aus Formholzringen und aus Kästen unterschiedlicher Größe bestehen, besonders gefaltet oder mit eingebauten Leuchten versehen sein und vieles mehr.
Einige Beispiele sind in B 6.5.1 bis 5 dargestellt.

6.6 Akustikdecken

Als Akustikdecken werden schallschluckende Decken bezeichnet, die die Aufgabe haben, die Schallreflektion so weit wie möglich auszuschalten und die auftretenden Schallwellen zu schlucken. Diese Schallabsorption kann durch *poröse Schallschlucker* geschehen, die die auftretende Schallenergie in Wärmeenergie umwandeln oder durch *Resonanzschallschlucker,* die auftretende Schallenergie in Bewegungsenergie umwandeln.
Für poröse Schallschlucker muß die Verkleidungsschale unterbrochen sein und mit porösen Schallschluckmaterialien hinterlegt werden. Als Verkleidungsschale sind gelochte Gipskartonplatten, Metallschienen oder Lamellen, auf Abstand verlegte Profilbretter, gelochte Gipsplatten, Mineralfaserplatten, stellenweise durchgeschlitzte Röhren-Spanplatten u. ä. geeignet. Um auch die hohen Töne schlucken zu können, sollte der Lochanteil in den Platten mindestens 15% der Fläche betragen. Zum Hinterlegen verwendet man leichte Materialien mit rauher offener Oberfläche, wie Mineralwolle, Glaswolle usw. Durch solche Konstruktionen werden die in der Schallwelle schwingenden Luftteilchen so gebremst, daß kaum eine Reflektion der betref-

B 6.5.–1 Bretterdecke mit eingebauten Leuchtenkästen. Die Leuchten sind auf Promabest (Pro) o. ä. zu setzen.
B 6.5.–2 Lamellendecke, aus senkrecht stehenden Brettern aufgebaut.

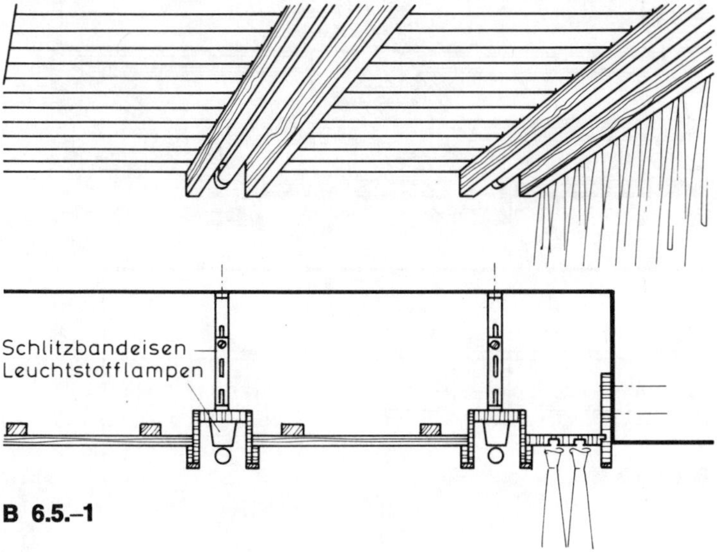

B 6.5.–1

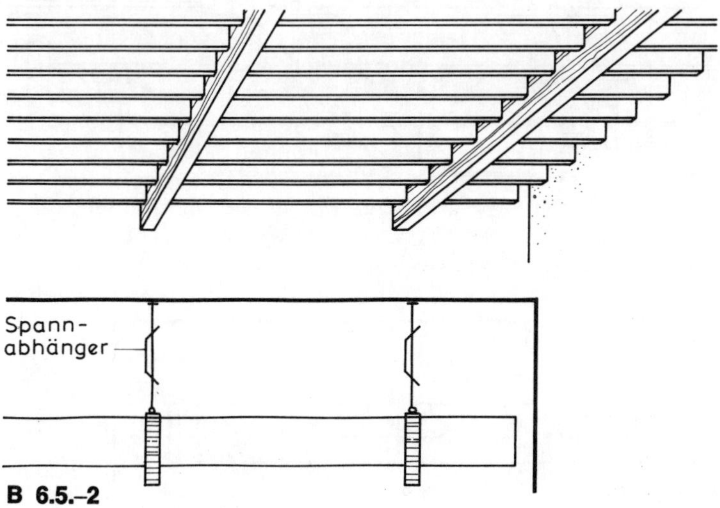

B 6.5.–2

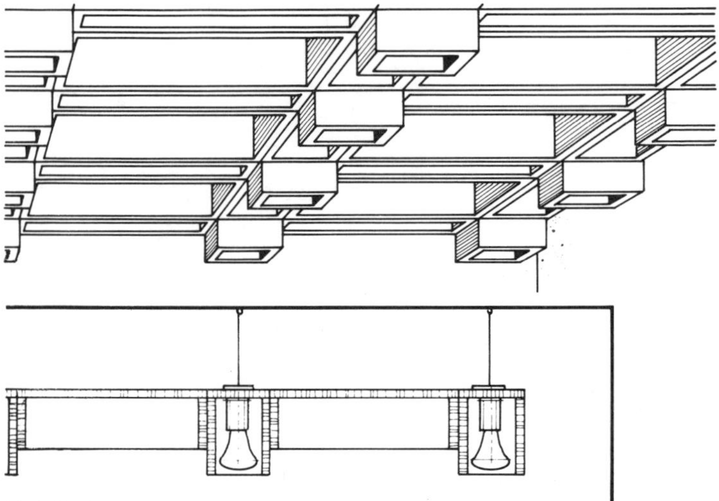

B 6.5.–3

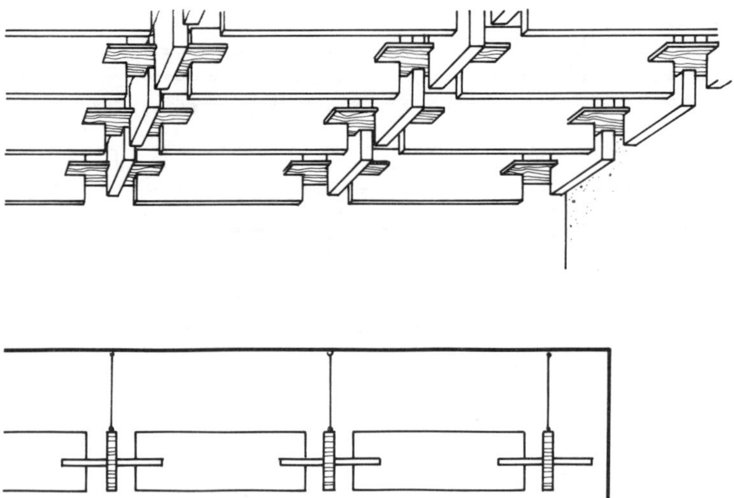

B 6.5.–4

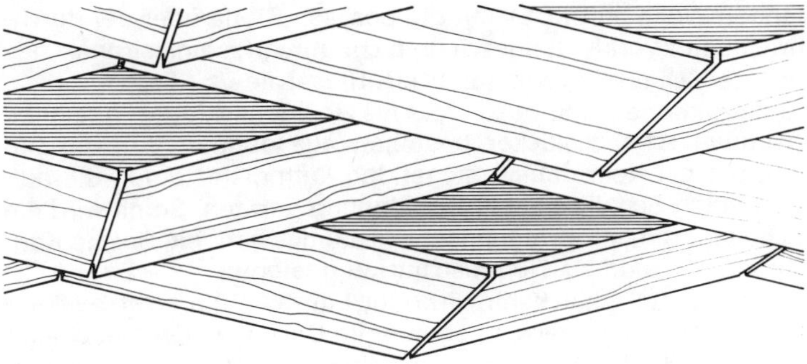

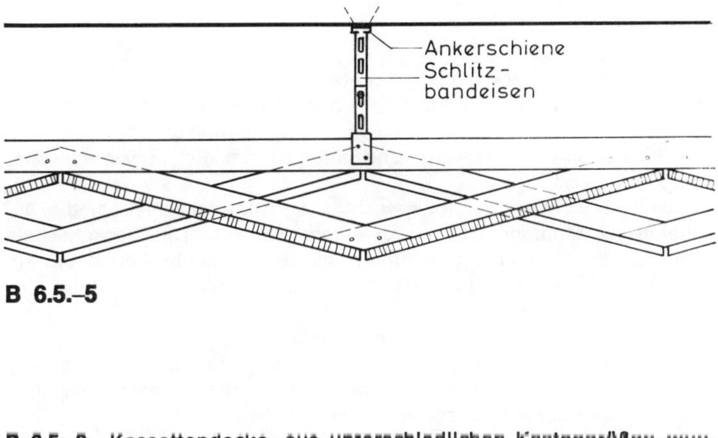

B 6.5.–5

B 6.5.–3 Kassettendecke, aus unterschiedlichen Kastengrößen montiert. In die kleinen Kästen können Strahlerleuchten eingebaut werden.
B 6.5.–4 Holzdecke, aus Brettern zusammengesteckt. Unterschiedliche Farbigkeit oder Holzauswahl der senkrechten und waagerechten Elemente kann die Decke besonders plastisch wirken lassen.
B 6.5.–5 Faltdecke. Die durch die Faltung der Platten seitlich entstehenden rautenförmigen Felder können offen bleiben, verkleidet werden oder zur Beleuchtung der Decke dienen.

fenden Welle auftritt. Damit die porösen Stoffe über der durchbrochenen Verkleidungsschale nicht durchrieseln, ist unter das poröse Schallschluckmaterial ein Rieselvlies zu legen. Solche Konstruktionen sind besonders als Hochtonschlucker geeignet.
Resonanzschallschlucker bestehen aus dünnen Vorsatzschalen, die mit dem dahinterliegenden Luftpolster durch die auftreffenden Schallwellen in Schwingung geraten. Somit wird die Schallenergie in Bewegungsenergie umgewandelt. Solche Konstruktionen sind als Tieftonschlucker geeignet.
Bei der Schallschluckung wirkt der Luftraum über der Deckenschale mit. Daher weisen abgehängte Decken in der Regel eine bessere Schallschluckung auf als direkte Deckenverkleidungen.
Beispiele von Akustikdecken siehe B 6.6.–1 bis 7.

B 6.6.–1 Akustikdecke mit genuteten und hinterschnittenen Profilbrettern, die als „Akustikbretter" in der DIN 68112 genormt sind. Sie werden mit Abstandsklammern (Bö, Fr, Vi) befestigt. Die Holzschalung ist mit einem Rieselvlies und einer 20 mm dicken Mineralwolleplatte hinterlegt.

B 6.6.–2 Akustikdecke aus gelochten Leichtmetallschienen, die auf abgehängte Montageschienen geklemmt werden. Die Deckenschale wird mit Mineralwolleplatten hinterlegt. Die Schallabsorption beträgt bei 360 mm Deckenabstand zwischen 200 bis 3000 Hz im Mittel 0,80 bis 0,90 sab. In das Rasterschema lassen sich handelsübliche Langfeldleuchten oder quadratische Leuchten einbauen(GH).

B 6.6.–3 Akustikdecken aus gelochten Gipskartonplatten, die an abgehängten Metallschienen mit perforiertem Flansch geschraubt sind. Mittlerer Schallabsorptionsgrad 0,6 sab (Kn, Ri).

B 6.6.–4 Akustikdecke aus gelochten Gipsplatten, die an perforierte Metallschienen geschraubt werden. Mittlerer Schallabsorptionsgrad 0,5–0,58 sab (Kn).

B 6.6.–5 Akustikdecke aus Mineralfaserplatten. Die Schallabsorption liegt im hohen Frequenzbereich und beträgt im Mittel 0,6 bis 0,8 sab (Ow).

B 6.6.–6 Akustikdecke mit stellenweise durchgeschlitzten Deweton-Platten (Da), die mit 15 mm dicken Mineralfaserplatten hinterlegt sind, 0,6 bis 0,8 sab.

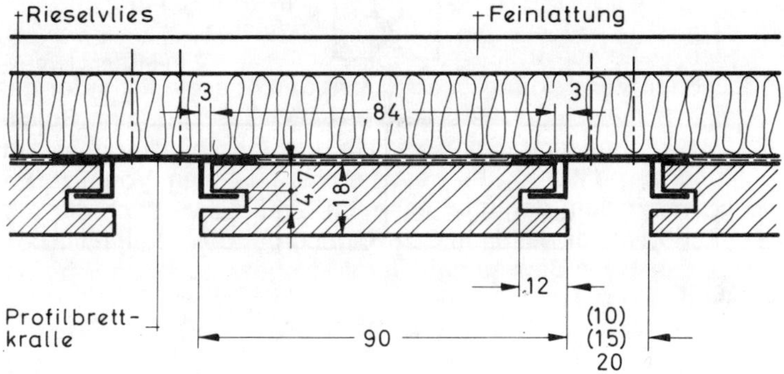

B 6.6.–1

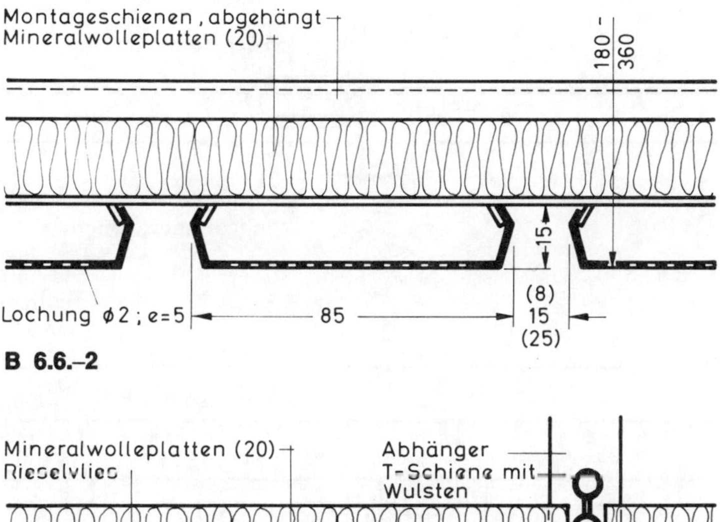

B 6.6.–2

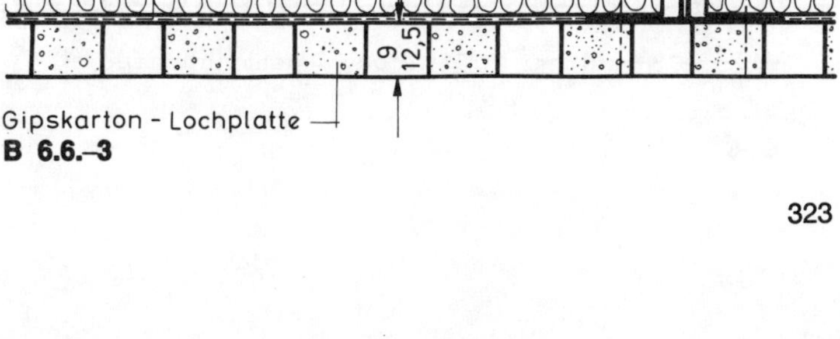

B 6.6.–3

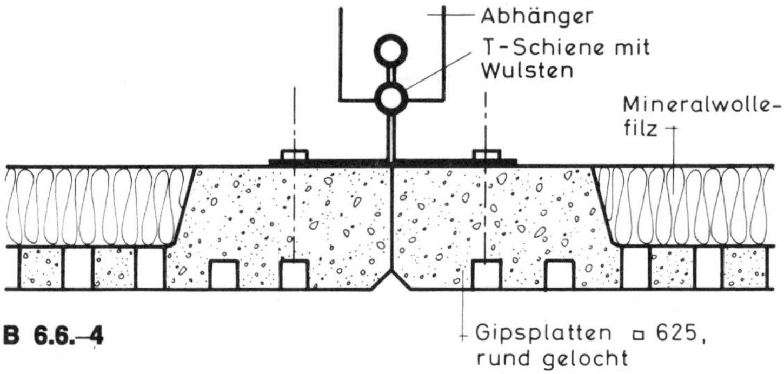

B 6.6.–4

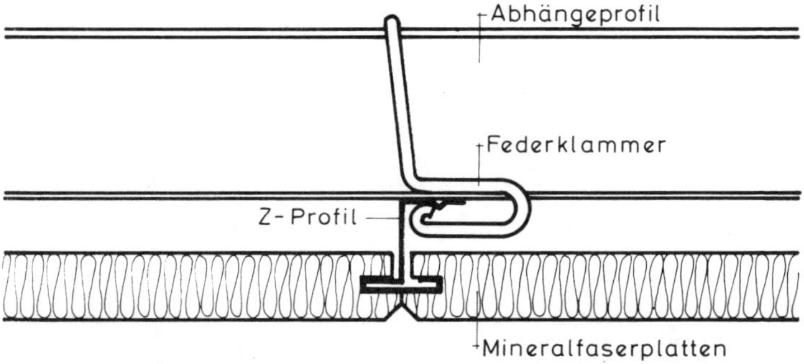

B 6.6.–5

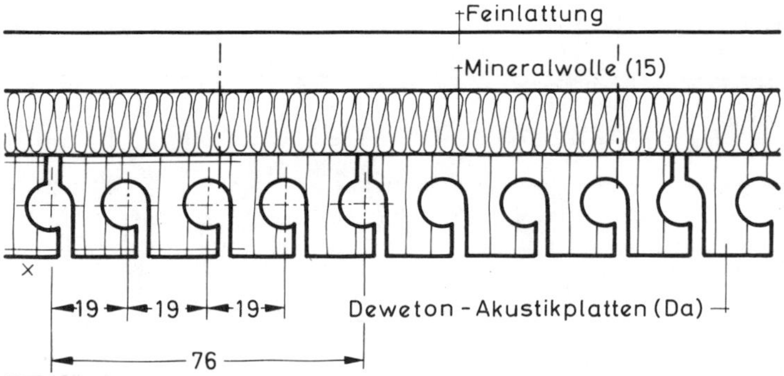

B 6.6.–6

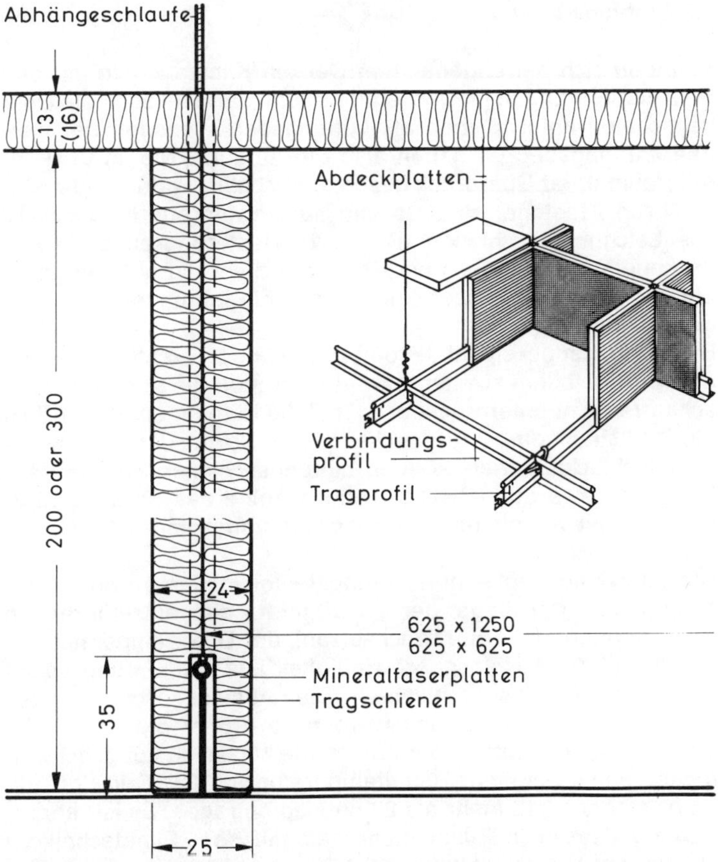

B 6.6.–7 Rasterdecke aus Mineralfaserplatten, die auf abgehängte Metallprofile aufgebaut wird. Die Aufhängeschlaufen liegen in den Kreuzungspunkten der Platten. Abstände der Abhängungen 1250 x 625 mm. In die Raster können Einbauleuchten installiert werden. Die Rasterdecke ist ohne oder mit Abdeckplatten zu montieren. Mit Abdeckplatten ergibt sich in allen Frequenzbereichen eine gute Schallabsorption, z. B. bei 125 Hz 1,0 sab; bei 500 Hz 0,5 sab (tiefster Wert) und bei 2000 Hz 1,0 sab (Ow).

6.7 Lüftungsdecken

Befinden sich bei abgehängten Decken Klimaanlagen mit den Frischluftöffnungen im Deckenhohlraum, dann müssen die Dekkenschalen unterbrochen als Lüftungsdecke ausgebildet werden. Lüftungsdecken haben also die Aufgabe, die im Deckenhohlraum unter Überdruck gesetzte Frischluft in den Raum einzuführen. Geeignet sind Decken aus Profilbrettern (B 6.6.-1), aus Leichtmetallschienen (B 6.6.–2), Rasterdecken ohne Abdeckenplatten (B 6.6–7) und Plattendecken, die auf geeignete Lüftungsschienen verlegt sind oder in die Lüftungsplatten eingebaut werden (Ow).
Bei Lüftungsdecken aus Profilbrettern und Leichtmetallschienen wird in jedem zweiten bzw. dritten Stoß die poröse Schallschluckschicht unterbrochen, so daß die Luft ungehindert durch die Schlitze hindurchströmen kann. Zum Schutz der Kanten des Schallschluckmaterials können Lüftungsschienen auf die Kanten gesetzt werden (GH). Oberseitig sollte das Schallschluckmaterial mit Aluminiumfolie kaschiert und somit staubabweisend und dicht sein.
Die Lage und Größe der Lüftungsfelder in der Decke ist abhängig von der Lage der Abluftgitter, der einzuführenden Frischluftmenge, der Luftwechselzahl, der Untertemperatur der Zuluft und der Ausblasgeschwindigkeit aus den Lüftungsschienen bzw. Deckendurchlässen. Die Ausblasgeschwindigkeit kann um so höher gewählt werden, je größer die Raumhöhe und je höher die Lufttemperatur ist. Die zulässige Luftgeschwindigkeit sollte bei einer Raumtemperatur von 22° C in der Aufenthaltszone nicht mehr als 20 cm/sec betragen. Es ist ratsam, Lüftungsdecken in Zusammenarbeit mit den Klimatechnikern zu planen. Die Hersteller von Lüftungsschienen und -gittern geben die für die Projektierung von Lüftungsdecken erforderlichen Lüftungsschienenabstände und die Anzahl der Lüftungsgitter bei mittleren Ausströmungsgeschwindigkeiten an.

6.8 Deckenleuchten

In den meisten Fällen ist bei Deckenverkleidungen die Beleuchtung mit einzuplanen. Es können Lichtbänder als Aufbauleuchten, Einbauleuchten oder abgehängte Leuchten eingebaut werden. Lichtplatten können als Aufbau- oder Einbauleuchten oder Strahlerleuchten eingebaut oder an Stromschienen installiert werden.

6.8.1 Leuchtenarten

Lichtbänder können in der Decke als umlaufende Friesbeleuchtung oder an der Fensterfront vor der Gardine bzw. dem Store angeordnet werden. Die Lichtbänder bestehen in der Regel aus Leuchten mit Leuchtstofflampen. Leuchten mit Vorschaltgeräten und die Vorschaltgeräte selbst dürfen nicht direkt auf brennbare Stoffe montiert werden. Sie müssen eine Brandschutzzwischenlage aus Asbest oder Promabest bei 5 mm Dicke mit und bei 12 mm Dicke ohne Aluminiumblech aufweisen. Es sind etliche Einbauleuchten und Aufbauleuchten im Handel, die zu einem ununterbrochenem Lichtband zusammengebaut werden können (AEG, Bä, Kl, No, Phi, Wil).

Lichtplatten sind quadratische, rechteckige oder auch runde Einbau- oder Aufbauleuchten. Einbauleuchten werden anstatt einer Deckenplatte eingebaut oder müssen in die Deckenverkleidung eingeschnitten werden. Bei Rasterdecken passen sie in ein Rasterfeld. Zu diesem Zweck sind fast alle Einbauleuchten auf die Rohbaurichtmaße 500 x 500, 625 x 625, 625 x 1250, 625 x 1500 oder ähnlich abgestimmt. Für die Einbaumontage werden entsprechende Befestigungssätze mitgeliefert. Die Leuchtenabdeckung kann entweder mit der Decke bündig sein oder als Platte 40 mm vorstehen. Sie ist je nach Größe mit vier bis sechs Leuchtstofflampen bestückt (AEG, Bä, Kai, KL, No, Phi, Si, Wi).

Einige Firmen bieten auch ornamentale Deckenelemente an, die als Lichtdecke eingebaut werden können (ER, Stf).

Aufbauleuchten werden auf der Deckenverkleidung befestigt, ohne daß diese vorher ausgespart werden müßte. Sie können daher verschiedene Abmessungen und Formen aufweisen. Aufbauleuchten sollten so konstruiert sein, daß sie die Deckenfläche nicht unter einem sehr flachen Winkel anstrahlen. Unebenheiten in der Decke würden dadurch besonders gut sichtbar und in Deckenverkleidungen mit blanken Oberflächen ergäben sich unangenehme Spiegelungen.

Strahlerleuchten weisen vielfach eine zylindrische Form auf. Sie werden auf die Decken gesetzt oder in diese teilweise oder ganz eingelassen. Es sind auch kugelförmige Strahlerleuchten im Handel, die sich in ihrer Fassung schwenken lassen.

Mit diesen Strahlerleuchten läßt sich durch unterschiedliche Lampenbestückung weich fließendes Licht, stark gerichtetes Licht eng gebündelt z. B. auf Ausstellungsstücke oder breit strahlendes Licht erzielen. Im Ladenbau können diese Strahlerleuchten an ein Stromschienensystem befestigt werden, das eine sehr variable und flexible Bestückung zuläßt (ER, Hff, Wi).

6.8.2 Befestigung der Leuchten

Von den meisten Leuchtenherstellern werden Befestigungsteile mitgeliefert, mit denen die Einbauleuchten direkt in die Deckenkonstruktion oder an der Deckenkonstruktion befestigt werden können. Es genügt aber nicht nur eine ausreichende Befestigung an der Deckenschale, sondern die gesamte Decke muß die erhöhte Last der Leuchten aufnehmen können. Aus diesem Grund muß die Unterkonstruktion bei direkter Deckenverkleidung ausgewechselt und bei Einbauleuchten im Bereich der Leuchten die Verkleidung in diesem Bereich zusätzlich befestigt sein. Bei abgehängten Deckenverkleidungen müssen eingebaute Lichtplatten an allen vier Ecken durch zusätzliche Abhänger unterstützt werden, oder es sind durch zusätzlich abgehängte Schienen oder Latten die Kräfte zu übertragen. Über eingebaute oder aufgesetzte Lichtbänder ist ebenfalls die Unterkonstruktion verstärkt zu befestigen, abgehängte Decken müssen in diesem Bereich zusätzliche Abhänger erhalten.

Aufbauleuchten mit Vorschaltgeräten und die Vorschaltgeräte selbst sind bei Decken aus brennbaren Stoffen auf einer Brandschutzzwischenlage zu befestigen.

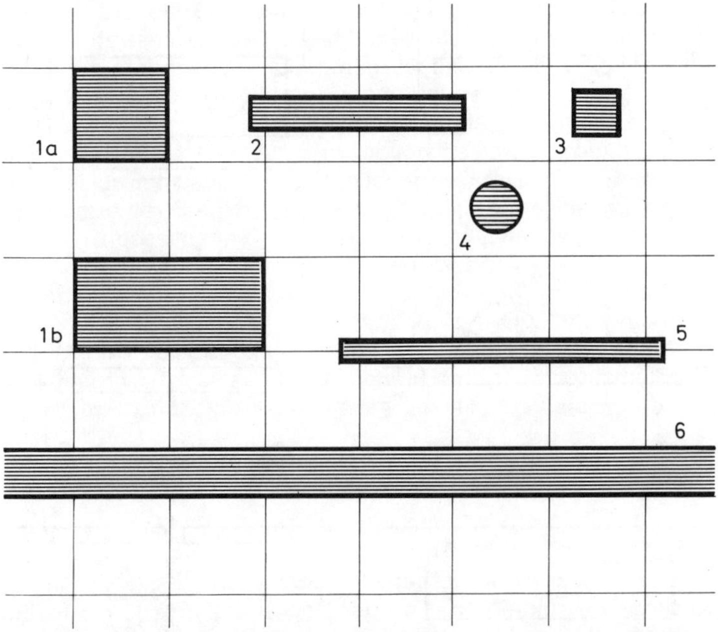

B 6.8.–1 Einbaumöglichkeiten von Leuchten. (1a) Quadratische Lichtplatte in der Größe einer Deckenplatte. (1b) rechteckige Lichtplatte in der Größe einer doppelten Deckenplatte, (2) Aufbauleuchte oder in die Decke eingeschnittene Einbauleuchte, (3) wie (2) jedoch quadratisch, (4) runde Aufbauleuchte, (5) Lichtband als Aufbauleuchte oder als in die Decke eingeschnittene Einbauleuchte, (6) durchgehendes Lichtband; zwischen die Deckenplatten eingebaut.

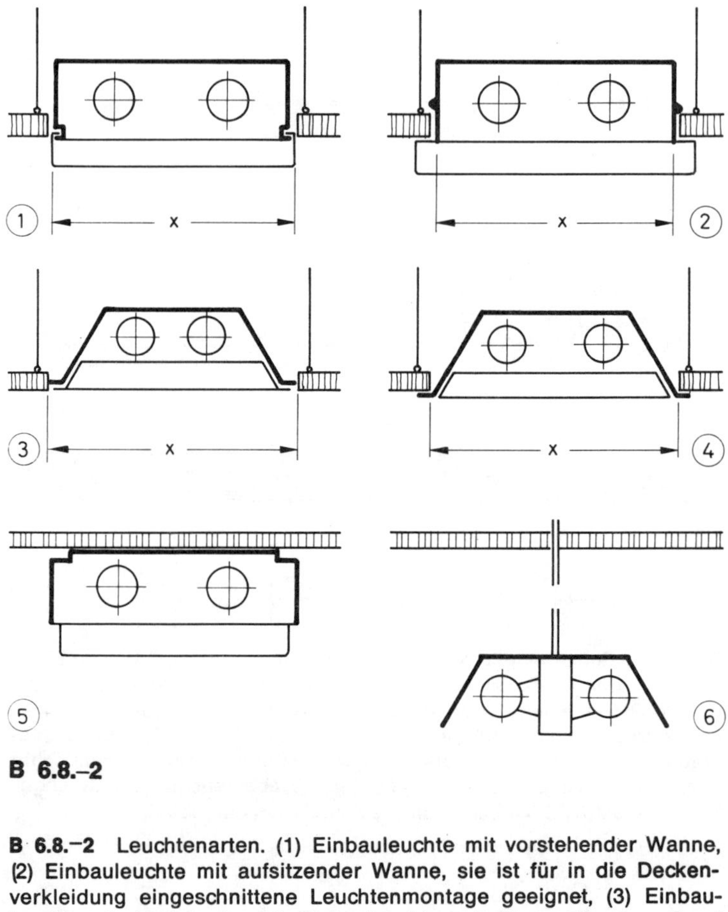

B 6.8.–2

B 6.8.–2 Leuchtenarten. (1) Einbauleuchte mit vorstehender Wanne, (2) Einbauleuchte mit aufsitzender Wanne, sie ist für in die Deckenverkleidung eingeschnittene Leuchtenmontage geeignet, (3) Einbauleuchte, deckenbündig, (4) Einbauleuchte mit übergreifendem Rand für eingeschnittene Leuchtenmontage, (5) Aufbauleuchte mit seitlicher Abschirmung, (6) Abgehängte Leuchten oder Lichterbänder mit Abschirmung, (7) Strahlerleuchten, (7a) deckenbündig eingebauter Zylinder, (7b) vorstehender Zylinder, (7c) eingebaute Kugelleuchte, (8) nicht zu empfehlende Beleuchtung, die die Deckenunebenheiten stark betont und sich in blanken Deckenflächen unangenehm spiegelt.

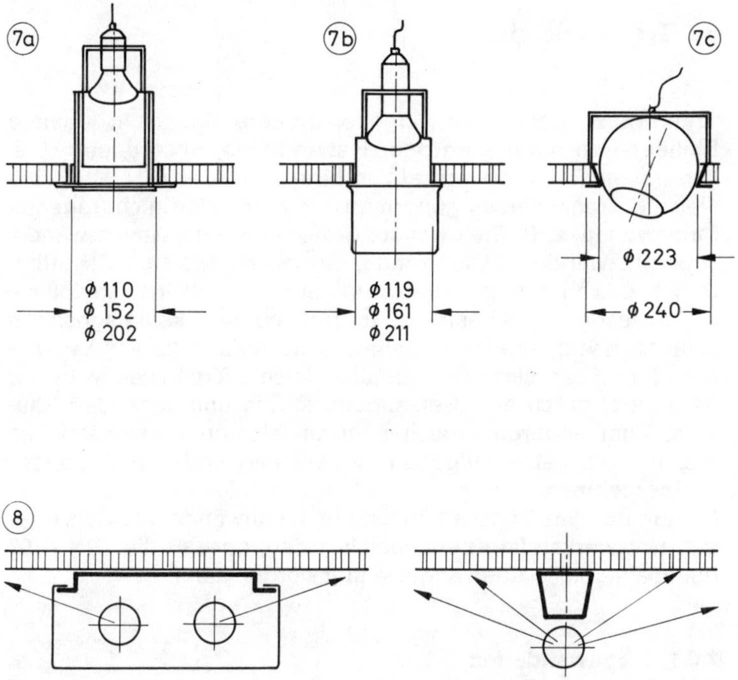

B 6.8.-2

7. Trennwände

Trennwände haben die Aufgabe, größere Räume in kleinere Einheiten zu unterteilen oder Nebenräume, Sitzgruppen o. ä. von einem Raum optisch abzuschirmen. In der DIN 4103 sind »leichte Trennwände« genormt. Hierunter fallen nichttragende Innenwände, z. B. Steinwände, Glassteinwände, Anwurfwände, Drahtputzwände, Plattenwände, Gerippewände und Schüttbetonwände von geringer Dicke und geringem Gewicht, so daß sie keine wesentlichen Lasten zu tragen und auch keine sonstigen statischen Aufgaben wie Gebäudeaussteifung zu erfüllen haben. Ihre Standsicherheit erhalten leichte Trennwände in der Regel erst durch eine Befestigung an die angrenzenden Bauteile. Zum anderen brauchen diese leichten Trennwände im allgemeinen keine Aufgaben des Wärme- und Schallschutzes zu übernehmen.
Im Rahmen des Buches können nur Trennwände aus Holz oder aus Holzwerkstoffen behandelt werden, so daß die DIN 4103 nur in einigen Punkten angewendet werden kann.

7.0.1 Trennwandarten

Selbst bei der Beschränkung auf Trennwände aus Holz und Holzwerkstoffen lassen sich folgende Gruppen bilden.
1. Unterscheidung nach der Konstruktion:
a) Gerippewände: Sie bestehen im wesentlichen aus einem Gerüst, das einseitig oder beidseitig mit Platten oder Brettern beplankt ist. Gerippewände sind meistens nicht demontierbar.
b) Elementwände: Es sind aus serienmäßig vorgefertigten Wandelementen zusammengebaute Trennwände, die demontierbar oder versetzbar sein können.
c) Raumtrenner: Sie dienen nur als Sichtschutz oder sollen einen Raum optisch unterteilen.
2. Unterscheidung nach der Flexibilität:
a) Fest eingebaute Wände.
b) Demontierbare Trennwände, sie sind auszubauen ohne daß größere Bauschäden sichtbar werden.

c) Versetzbare Trennwände, sie lassen sich demontieren und an anderer Stelle ohne größeren Aufwand wieder aufstellen.
d) Bewegliche Trennwände, wie Schiebewände (siehe 2.5) oder versenkbare Trennwände.

3. Unterscheidung nach der technischen Ausstattung:

a) Schalldämmende Trennwände.
b) Wärmedämmende Trennwände.
c) Feuerhemmende, feuerbeständige oder hochfeuerbeständige Trennwände.

7.0.2 Bauliche Anforderungen

Obwohl die leichten Trennwände »nichttragende Wände« sind, müssen sie doch gewissen Belastungen beim Einbau standhalten, die die Bemessung der Gerüstquerschnitte und die Konstruktion der Randeinspannungen beeinflussen.

Horizontale Kräfte können durch anlehnen an die Wand, durch Gedränge von Menschen oder durch die Befestigung von Hängeschränken oder Waschbecken auftreten.

Vertikale Kräfte entstehen durch den Einspanndruck der Trennwandelemente und durch die unter Belastung sich durchbiegenden Decken. Die Deckendurchbiegung kann besonders bei größeren Spannweiten erheblich sein, so daß festeingespannte Trennwände unter der Deckenbelastung ausbeulen können.

Um Schäden an den Trennwänden zu vermeiden, sollten besonders die versetzbaren Trennwände nicht vertikal gespannt werden und ihr Deckenanschluß so ausgebildet sein, daß ein teleskopartiges Tolerieren der Deckenschwankungen gewährleistet ist.

Bei verspannten Pfosten kann der wirkende Spanndruck mit 800 N angenommen werden. In der DIN 1055 Blatt 3 ist die Seitenkraft an Brüstungen und Geländern in Holmenhöhe mit 500 N/m und in Räumen mit größeren Menschenansammlungen mit 1000 N/m angegeben. Normalerweise genügt bei Trennwänden ein Holmendruck von 500 N/m. Nur wenn die Trennwände zusätzlich durch Hängeschränke oder ähnliches belastet werden, sollte mit einem horizontalen Druck von 1000 N/m gerechnet werden. Allerdings darf die Durchbiegung unter der hori-

zontalen Belastung und einem vertikalen Spanndruck 1/500 der Wandhöhe nicht überschreiten.
Unter anderem müssen die Trennwände den Beanspruchungen durch Schlag und Stoß standhalten, die durch umfallende Gegenstände oder stolpernde Menschen auftreten können. Die Standsicherheit der Trennwände und auch die Festigkeit gegen Schlag und Stoß kann sicher nur durch Belastungsversuche ermittelt werden.
Versetzbare Trennwände müssen ein geringes Gewicht aufweisen, damit sie sich leicht transportieren und montieren lassen. Jede Gewichtsabnahme geht aber auf Kosten der schalldämmenden Qualitäten einer Wand, so daß sie bei gewissen schalldämmenden Eigenschaften wieder ein höheres Gewicht aufweisen muß.
Das Eigengewicht der Trennwände läßt sich als Streckenlast durch unterstützende Deckenstreifen oder Unterzüge abfangen. Jedoch wäre eine solche Berechnung und Ausführung zu umständlich, so daß man für unbelastete leichte Trennwände einen Zuschlag zu den Verkehrslasten ansetzt. Nach DIN 1055 Blatt 3 soll der Zuschlag bei Wandgewichten von $\leqq$ 100 kg/m^2 mindestens 75 kg/m^2, bei Wandgewichten von 100 bis 150 kg/m^2 mindestens 125 kg/m^2 betragen. Ist die Decke schon mit Verkehrslasten von 500 kg/m^2 und mehr berechnet, kann man auf einen Zuschlag zur Verkehrslast für die leichten Trennwände verzichten.

Neben den Festigkeiten der Wände und der Baustatik sind beim Einbau von Trennwänden die Installationen zu beachten. Elektrische Installationen kommen häufiger als Wasserinstallationen vor. Die elektrischen Leitungen können verdeckt horizontal im Fußbodenanschlußprofil oder Deckenanschlußprofil und vertikal in den Hohlräumen der Trennwandelemente oder in besonderen Aussparungen der Federleisten geführt werden. Die Befestigung der elektrischen Leitungen erfolgt mit Schellen. Steckdosen, Schalter und Verteilerdosen können in die Platten der Trennwandelemente eingelassen werden.
Schlechter ist das Verlegen von Wasserinstallationen. Die Stellen für die Wasserentnahme müssen vorher exakt eingeplant werden, damit auch eine gute Abwasserbeseitigung möglich

ist. Die Größe der Hohlräume zwischen den Verkleidungsplatten der Trennwände ist entscheidend dafür, ob die Leitungen verdeckt verlegt werden können oder nicht. Waschbecken müssen nicht unbedingt freitragend an leichten Trennwänden aufgehängt werden. Um die horizontalen Kräfte in der Wand zu verringern, sollte man Waschbecken mit einem Unterbau versehen.

7.1 Gerippewände

Gerippewände sind in der DIN 4103 »leichte Trennwände, Richtlinien für die Ausführung« besonders aufgeführt. Hierunter sind Trennwände aus einem Gerüst aus Kanthölzern oder Metallständern zu verstehen, auf die einseitig oder beidseitig Platten aus Holzwerkstoffen, Gipskartonplatten, Holzfaserzementplatten oder Bretter aufgenagelt, aufgeschraubt oder aufgeklemmt werden. Das Gerüst besteht aus den vertikalen Stielen, den horizontalen Fuß- und Deckenschwellen und den Riegeln. Die Stiele sollten bei 4 m Trennwandhöhe 100 mm dick und bei 3,50 m Höhe 80 mm dick sein. Um ein Verformen der Wand zu vermeiden, sollten sie das Maß 60 mm nicht unterschreiten. Die Riegel werden zur Aussteifung der Bekleidungsplatten quer zu den Stielen befestigt. Je nach Plattendicke liegt der Abstand der Riegel zwischen 600 und 800 mm. Mit den Schwellen und den Wandpfosten wird die Trennwand an der Decke bzw. am Fußboden und an den Wänden befestigt. Die Fußschwelle hat die Aufgabe, den Druck aus den Stielen auf den Fußboden zu übertragen. Das Ständerwerk kann einfach oder doppelt aufgestellt werden. Die Platten werden meistens vertikal auf den Stielen oder Ständern gestoßen. Die Fugen bei Platten aus Holzwerkstoffen können stumpf durch Schattenfuge oder Fase getrennt, mit Federn verbunden oder mittels Kunststoffprofilen ausgefüllt werden. Gipskartonplatten werden meistens in den Fugen mit Fugenfüllern verspachtelt.
In der Regel sind Gerippewände festeingebaute Trennwände. Sie können aber je nach Lösbarkeit der Platten und der Konstruktionsverbindungen des Gerüstes auch demontierbar sein.

Gerippewände werden nicht serienmäßig vorgefertigt, sondern sind Einzelanfertigungen. Fest eingebaute Gerippewände werden mit dem Rohbau zusammen erstellt, besonders dann, wenn Trockenputz an den Wänden vorgesehen ist. Bei Plattenverkleidungen aus furnierten oder kaschierten Holzwerkstoffen wird zumindest die Beplankung nach dem Verputzen der Wände und der Decke und auch nach dem Verlegen des Fußbodens vorgenommen. Die Trennwände sind dann sinngemäß wie die Vertäfelung zu betrachten. Demontierbare Gerippewände müssen auf den fertigen Fußboden und zwischen die verputzten Wände und die verputzte Decke eingebaut werden. Aufbau einer Gerippewand siehe B 7.1.–1.

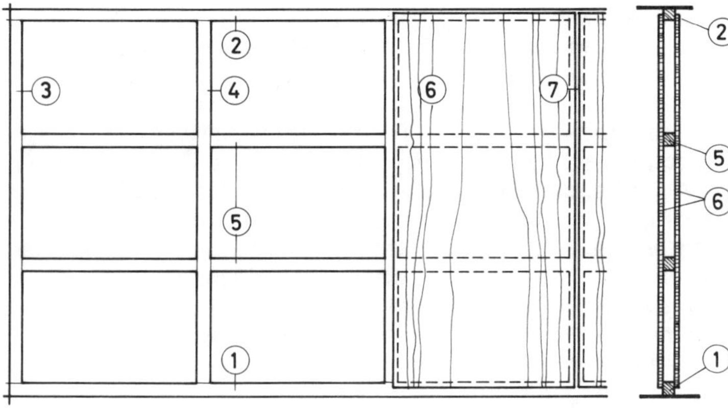

B 7.1.–1 Aufbau einer Gerippewand. (1) Fußschwelle, (2) Deckenschwelle, (3) Wandpfosten, (4) Stiel, Pfosten oder Ständer, (5) Riegel, (6) Platten, (7) Schattenfuge.

7.2 Elementwände

Elementwände bestehen aus einzelnen Elementen, die serienmäßig vorgefertigt sein können. Aus diesem Grund muß bei der Konstruktion auf einfache Montierbarkeit und Demontierbarkeit sowie aus Gründen des Transports auf ein geringes Gewicht Rücksicht genommen werden. Die Wand-, Decken- und Fußbodenanschlüsse müssen gute Anpassungsmöglichkeiten gewährleisten. In der Regel sind es in sich standsichere Plattenelemente, die lotrecht aneinandergesetzt werden. Dabei wird man sie auf ausgerichtete Fußschwellen setzen und auf diesen so wie an der Deckenschwelle befestigen. Die vertikalen Plattenstöße können durch ein Nut- und Federsystem oder durch eingeschobene Federleisten bzw. -pfosten erzielt werden. Bei der Planung von Elementwänden wird man sich für eine Maßordnung und ein bestimmtes Rastersystem entscheiden müssen, wenn die Elemente gut versetzbar und serienmäßig herstellbar sein sollen. Für ein Maßsystem steht uns die Maßordnung im Hochbau zur Verfügung, die auf ein Vielfaches von 125 mm aufgebaut ist. Es sind aber Bestrebungen im Gange, das oktametrische Maßsystem durch ein dekadisches abzulösen, das das Grundmaß 100 mm kennt. Somit sind einmal Elementbreiten von 500, 625, 750, 875, 1000, 1125, 1250 mm gängig oder zum anderen Elementbreiten, die auf die Großmodule 3 M (300, 600, 900, 1200 mm) oder 6 M (600, 1200 mm) aufbauen.
Die Unterschiede im Rastersystem liegen im Achsraster und Bandraster. Beim Achsrastersystem überschneiden sich die einzelnen Wandelemente bei den Anschlüssen und den Eckausbildungen jeweils um eine halbe Plattendicke, so daß bei einem quadratischen Grundraster verschiedene Elementbreiten erforderlich sind. Ein Bandraster ist aus Flächenstreifen aufgebaut, der eine Breite des jeweils verwendeten Trennwandelements aufweist. Somit können immer gleich breite Plattenelemente verwendet werden. Allerdings müssen zwischen den Plattenelementen Pfosten vorgesehen werden, so daß Doppelfugen bei den Plattenstößen auftreten. Der Unterschied zwischen Achsraster- und Bandrastersystem wird in B 7.2.–2a/b deutlich.

Elementwände werden häufig als demontierbare oder versetzbare Trennwände hergestellt. Demontierbare Trennwände sind dann aufzustellen, wenn nur noch feine Ausbauarbeiten, wie Anstrich- oder Tapezierarbeiten, zu erledigen sind.
Versetzbare Trennwände werden erst nach dem Verlegen des Fußbodens aufgestellt, wenn alle wesentlichen Innenausbauarbeiten abgeschlossen sind. Die Installationen der elektrischen Anlagen und des Wassers müssen vorher berücksichtigt werden. Die Elektroleitungen werden dann in den Hohlräumen der Plattenelemente oder zwischen den Plattenstößen geführt. Schalter und Steckdosen kann man in die Verkleidungsplatten einlassen. Die einzelnen Elemente versetzbarer Trennwände sind austauschbar, so daß verglaste Elemente, geschlossene Elemente, Türelemente usw. gegeneinander ausgetauscht werden können. Zum anderen sollte man jeder Zeit in den Elementstößen weitere Elemente zum T-Stoß oder Kreuz-Stoß anschließen können. Bei größeren Einbauten weisen nicht nur die Trennwandkonstruktionen einen einheitlichen Raster auf, sondern auch die Wandvertäfelungen und Einbauschränke. Dadurch ist eine beliebige Unterteilung von Großräumen gegeben.

7.2.1 Vertikale und horizontale Anschlüsse

Trennwände schließen an den Raumwänden, am Fußboden, an der Decke oder auch an Fensterwänden an. Diese Trennwandanschlüsse müssen bei Elementwänden besonders sorgfältig ausgeführt werden.
Der *Fußbodenanschluß* hat in der Hauptsache vertikale Kräfte und einen Teil horizontaler Kräfte aufzunehmen. Bei Elementwänden bestehen die vertikalen Kräfte fast ausschließlich aus dem Wandgewicht. Die horizontalen Kräfte bestehen aus der Schlag- und Stoßbeanspruchung der Wände und den besonderen Einbauten und Anbauten wie Hängeschränken, Durchgangstüren usw. Deshalb werden die Trennwände auf Schwellen gesetzt, die auf den Boden mittels Schrauben oder Bolzen montiert sind. Nur bei schweren Trennwänden kann die durch den Anpreßdruck auf dem Fußboden erzielte Reibung für die Aufnahme der horizontalen Kräfte ausreichen. Für versetzbare Trennwände hat die Schwellenbefestigung im Fußboden Nach-

teile, denn die Befestigungsstellen sind nach dem Ausbau der Trennwände sichtbar. Neben der Kräfteaufnahme aus der Wand hat der Fußbodenanschluß noch die Unebenheiten im Fußboden auszugleichen. Zu diesem Zweck müssen die Fußleisten am Boden angepaßt oder die Differenzen durch dauerelastischen Kitt ausgeglichen werden. Vielfach hat man zum Justieren und zum Höhenausgleich Spannschrauben zwischen Schwelle und Wandelement angeordnet.

Der *Deckenanschluß* hat ausschließlich horizontale Kräfte aufzunehmen. Darum brauchen an der Deckenschwelle die Wandelemente nur in der horizontalen Lage gehalten zu werden. Die Deckenschwelle wird an der Decke mit Bolzen oder Schrauben befestigt. Bei Decken mit großer Spannweite kann die Durchbiegung der Decke größere Ausmaße annehmen. Zu diesem Zweck ist der Deckenanschluß so zu konstruieren, daß die Bewegungen der Decke ohne Schaden für die Trennwand aufgefangen werden können. Stramm eingebaute Wände würden unter der Deckenbelastung ausweichen, so daß sich die Flächen ausbeulen könnten. Als Deckenanschluß haben sich besonders die U-förmigen Anschlüsse bewährt, die aus der Deckenschwelle und den Deckleisten gebildet werden, oder Dichtungen aus dauerelastischen Materialien.

Schwieriger wird der Deckenanschluß, wenn die Decken abgehängt sind. Die Trennwände können hier einmal nur bis zur Höhe der abgehängten Decke reichen, so daß die abgehängte Deckenkonstruktion die Horizontalkräfte der Trennwand aufnehmen muß, oder die Trennwände werden zum anderen durch Blindkonstruktionen über der abgehängten Decke bis zur Rohbaudecke durchgeführt. Die erste Lösung ist bei versetzbaren Trennwandelementen zu bevorzugen, wenn schalltechnisch keine besonderen Anforderungen an die Wand gestellt werden. Der Deckenraster ist dann mit dem Trennwandraster abzustimmen. Die zweite Lösung bringt dann Schwierigkeiten, wenn im Deckenhohlraum viele Installationsleitungen und Klimakanäle laufen, die bei durchlaufender Trennwand alle ausgeklinkt werden müssen.

Seitliche Wandanschlüsse haben bei Elementwänden, die ja ausschließlich vertikal gespannt sind, nur geringe horizontale

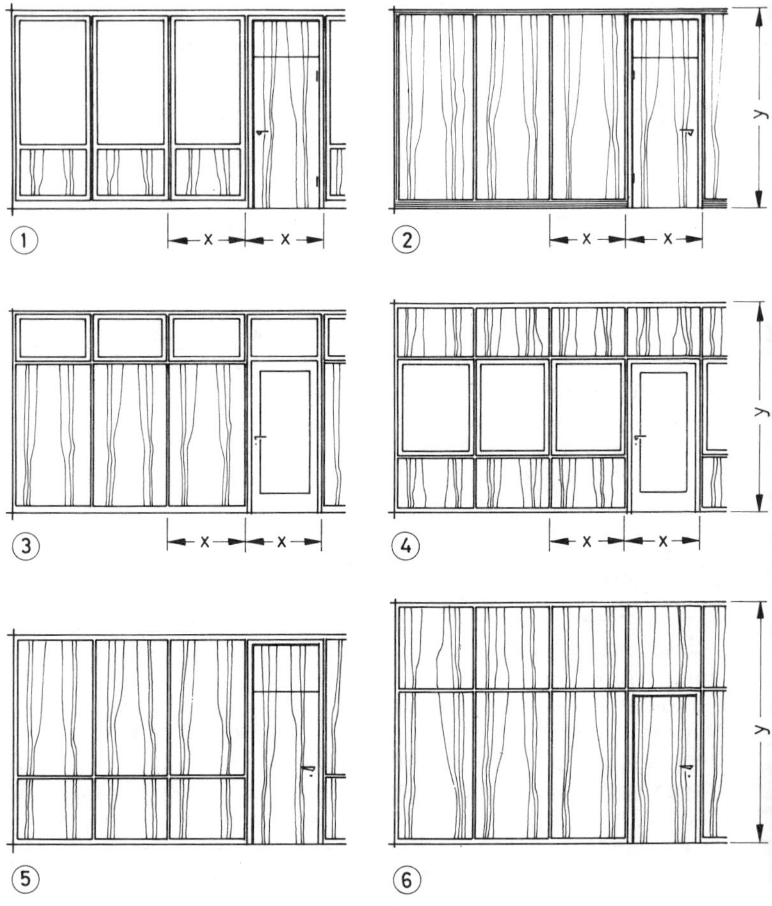

B 7.2.–1 Elementtrennwände. (1) verglaste Trennwand, (2) geschlossene Trennwand, (3) Trennwand mit Oberlichten, (4) Trennwand mit mittlerem Glasband, (5) geschlossene Trennwand mit Teilung in Brüstungshöhe, (6) geschlossene Trennwand mit Teilung in Kämpferhöhe (Türhöhe), x = Rasterbreite, 4 = Trennwandhöhe.

Kräfte aufzunehmen. Ihre Hauptaufgabe ist es, einen schalltechnisch und optisch dichten Anschluß an der Wand zu gewährleisten. Aus architektonischen und konstruktiven Gründen werden Wandanschlüsse ähnlich wie bei Deckenanschlüssen ausgebildet.

Besonders problematisch sind Trennwandanschlüsse an Fensterwänden. Oft sind die senkrechten Fenstersprossen so schmal, daß hier nur dünne Materialien anstoßen können. Der Zwischenraum von Trennwandkante und Fenstersprosse ist dann durch extra angefertigte Paßstücke auszuführen, die bei schalldämmenden Trennwänden aus besonders schwerem Material wie Stahlplatten, mehrschichtigen Platten mit Bleieinlagen usw. bestehen mussen, wenn nicht die Schalldämmung der ganzen Wand vollkommen in Frage gestellt werden soll.

Die Ausführungen von Elementwänden siehe B 7.2.–1 bis 9.

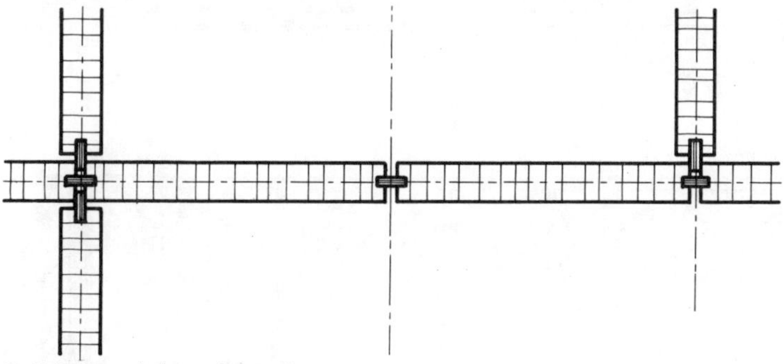

B 7.2.–2a Achsrastersystem.
B 7.2.–2b Bandrastersystem.

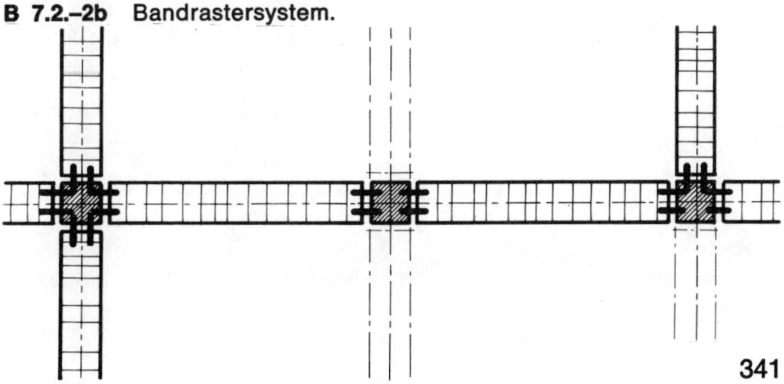

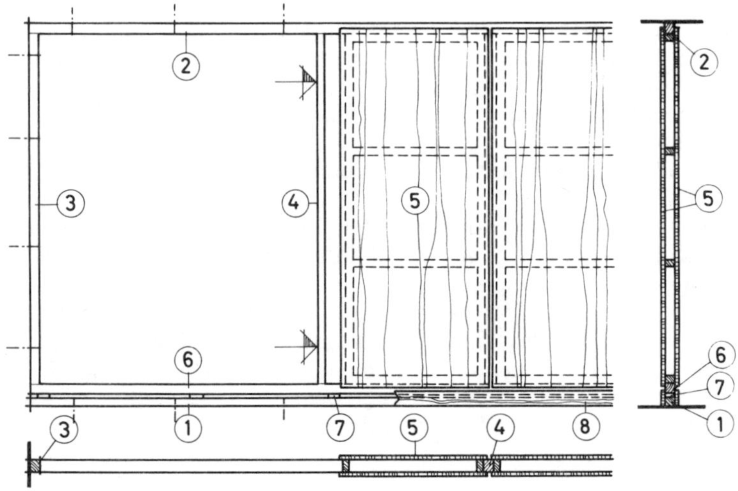

B 7.2.–3

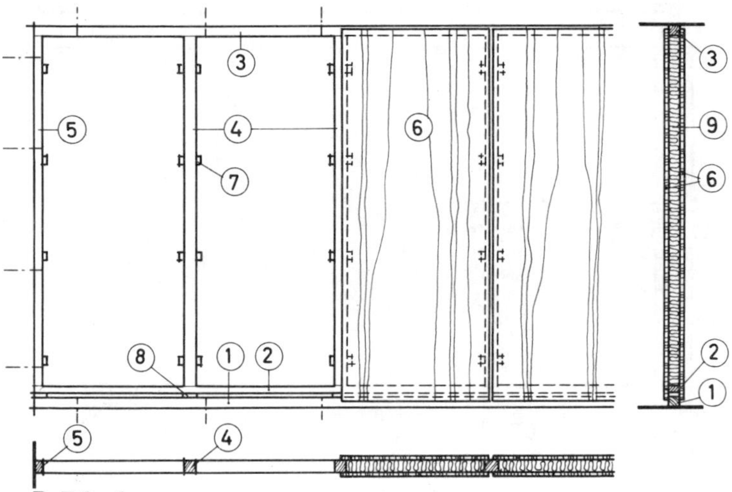

B 7.2.–4

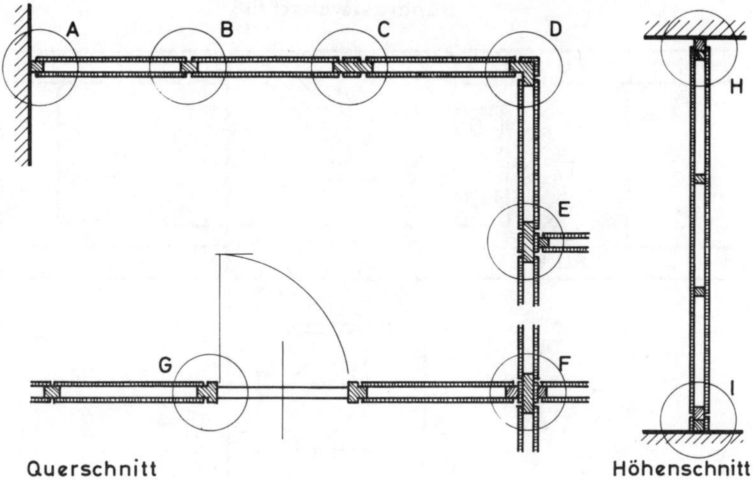

B 7.2.–5

B 7.2.–3 Elementwand. (1) Fußschwelle, (2) Deckenschwelle, (3) Wandleiste, (4) Federleiste, (5) Trennwandelement, (6) Spannschwelle, (7) Spannkeile oder -schrauben, (8) Fußleiste.

B 7.2.–4 Zwischenlösung zwischen Elementwand und Gerippewand. (1) Fußschwelle, (2) Spannschwelle, (3) Deckenschwelle, (4) Pfosten, (5) Wandleiste, (6) Wandplatten, (7) Einhängevorrichtung für die Platten, (8) Spannschrauben oder Spannkeile, (9) Dämmaterial.

B 7.2.–5 Die Anschlüsse bei Trennwänden. A Wandanschluß, B Achsrasteranschluß, C Bandrasteranschluß, D Eckanschluß, E T-Stoß, F Kreuzstoß, G Türanschluß, H Deckenanschluß, I Fußbodenanschluß.

B 7.2.–6 Einfache Elementtrennwand, Plattenstöße durch Fasen. (a) Aussparung für Eltkabel, (b) Fußleiste (Sch), (c) Federleisten.

B 7.2.–7 Detailpunkte einer Trennwand im Achsrastersystem. (a) Eltkabel, (b) Verglasungsprofil.

B 7.2.–8 Detailpunkte einer Elementwand. Plattenstöße mit Schattenfugen.

B 7.2.–9 Detailpunkte einer Elementtrennwand. (a) Eltkabel, (b) Spannschraube, (c) Mineralfaserplatte.

Bandrasteranschluß

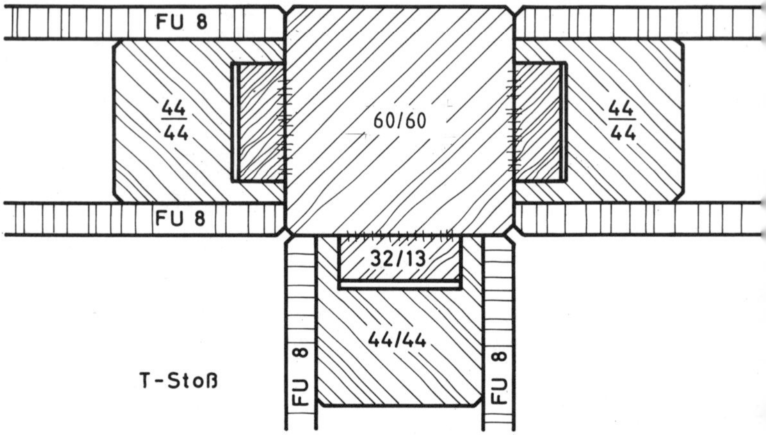

T-Stoß

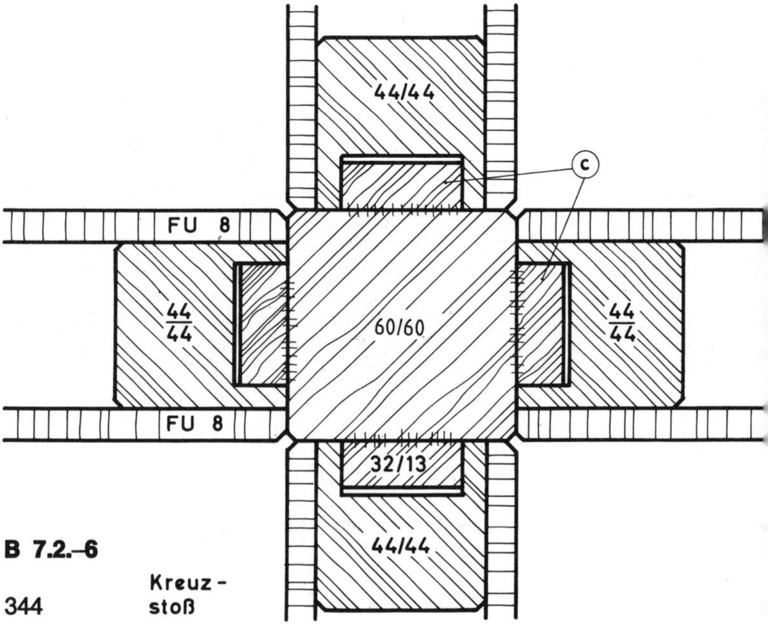

B 7.2.–6

Kreuzstoß

ındandanschluß

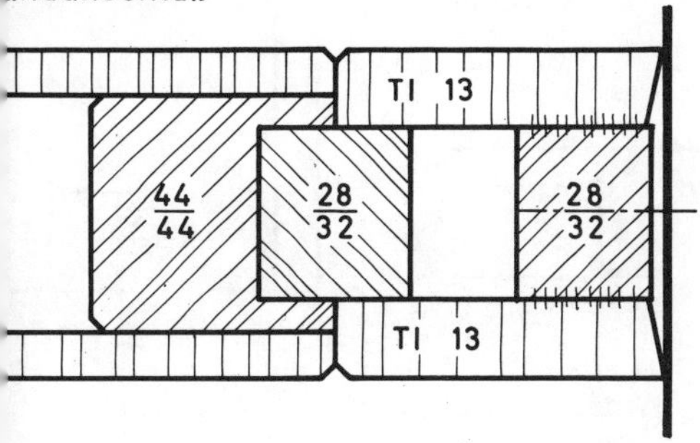

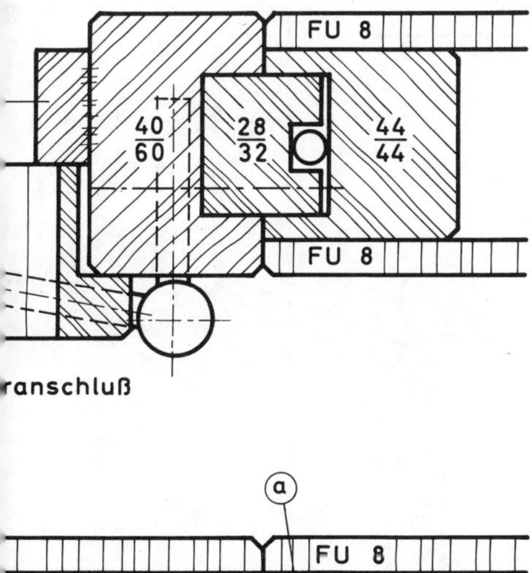

ranschluß

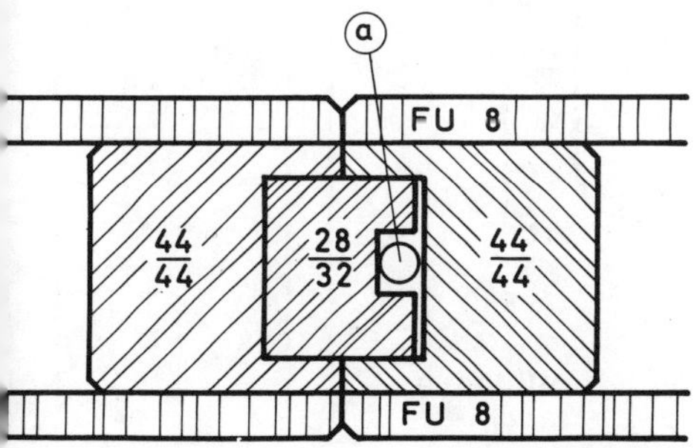

ıhsrasteranschluß

Deckenanschluß

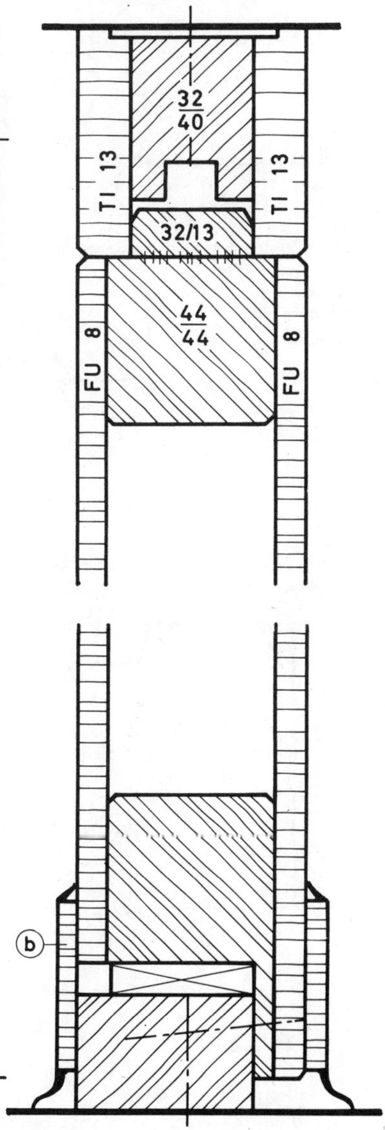

Fußboden-
anschluß

Wandanschluß

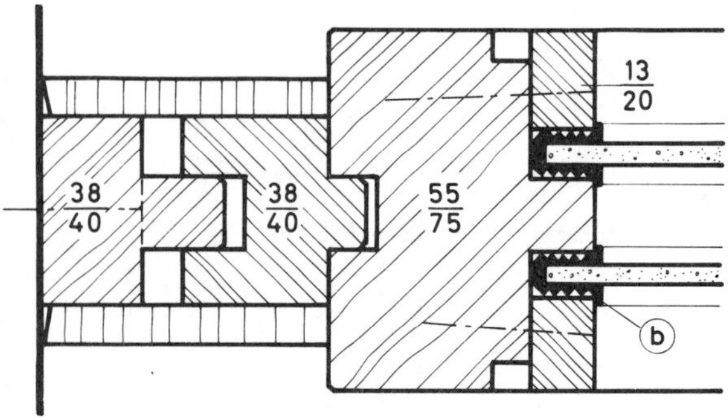

Decken-anschluß

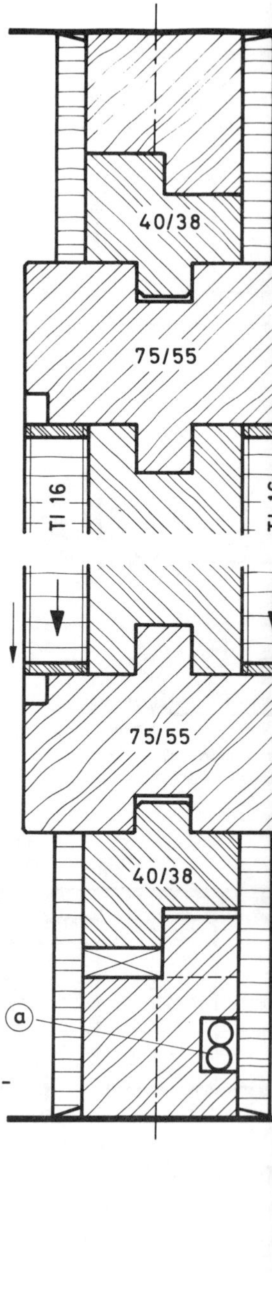

Fußboden-anschluß

Türanschluß

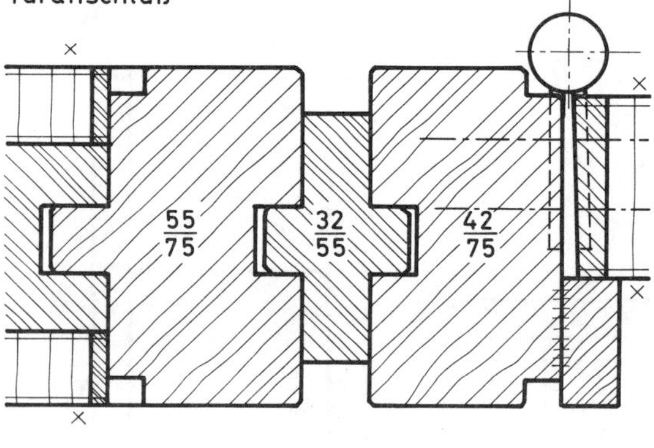

B 7.2.–7

Kreuzstoß

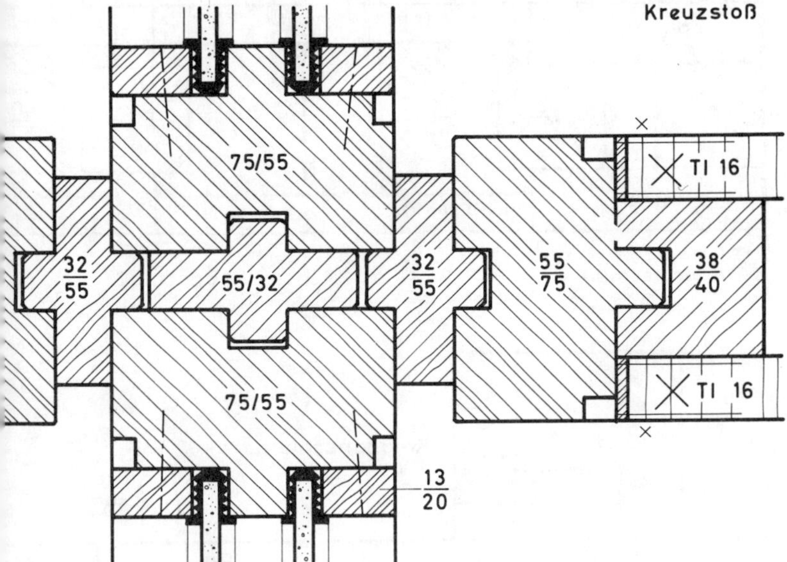

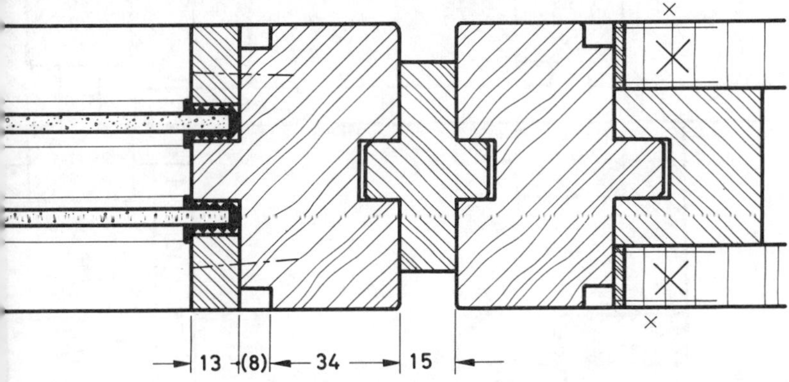

Achsrasteranschluß

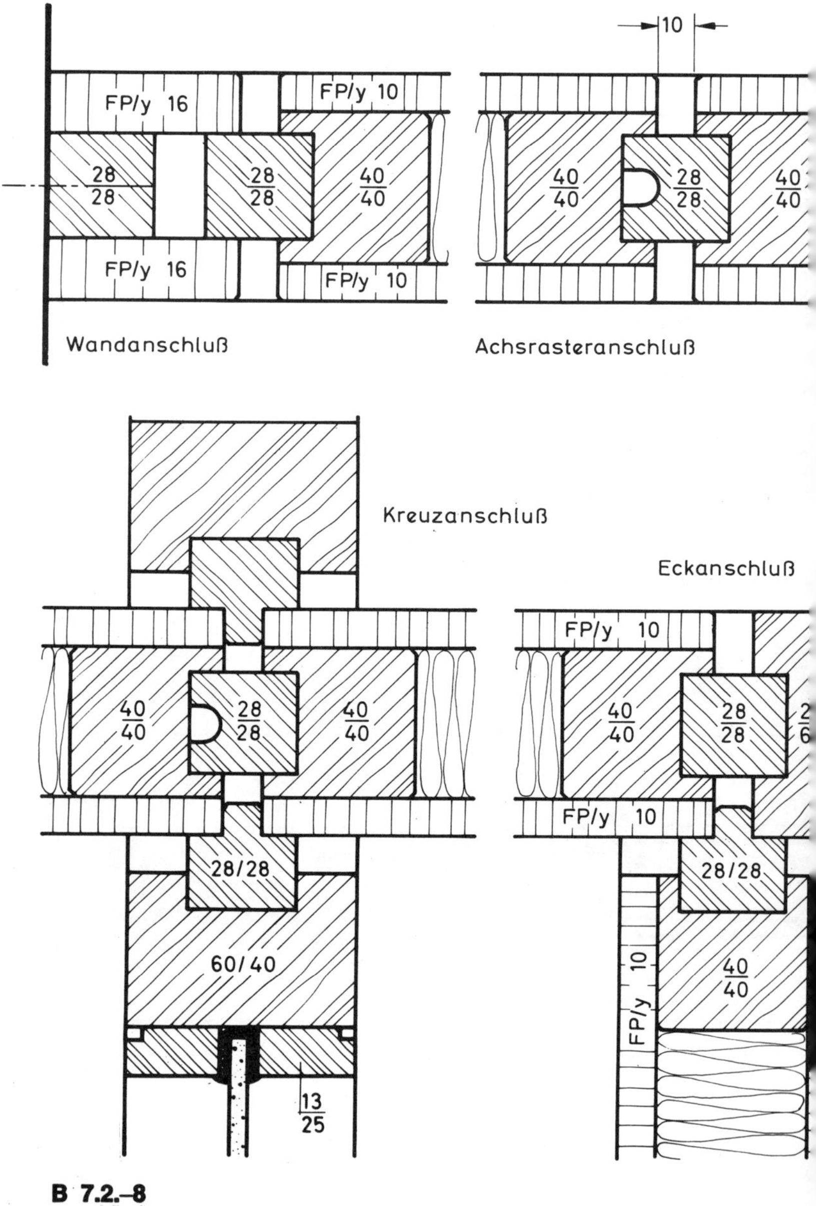
FP/y 16
FP/y 10
28
28
28
28
40
40
FP/y 16
FP/y 10
Wandanschluß
10
40
40
28
28
40
40
Achsrasteranschluß
Kreuzanschluß
40
40
28
28
40
40
28/28
60/40
13
25
Eckanschluß
FP/y 10
40
40
28
28
FP/y 10
28/28
FP/y 10
40
40

B 7.2.–8

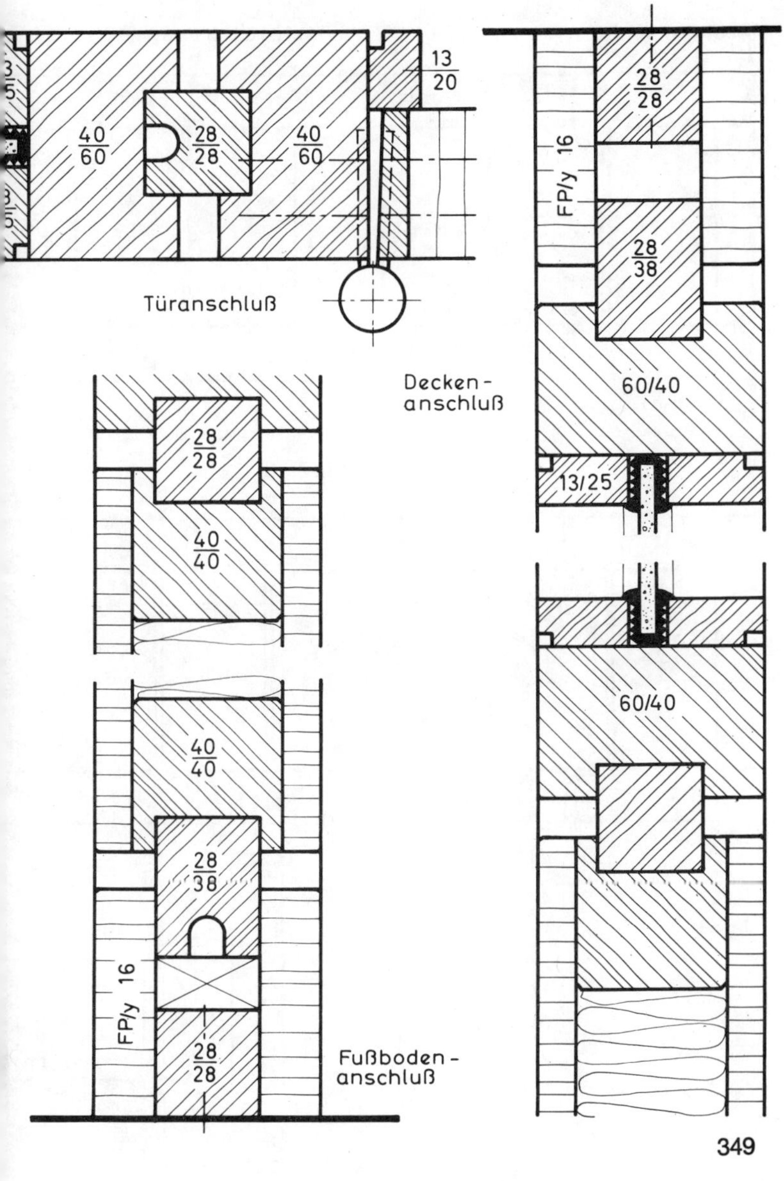
13/20
40/60
28/28
40/60
Türanschluß
28/28
FP/y 16
28/38
60/40
13/25
Decken-anschluß
28/28
40/40
40/40
28/38
FP/y 16
28/28
Fußboden-anschluß
60/40

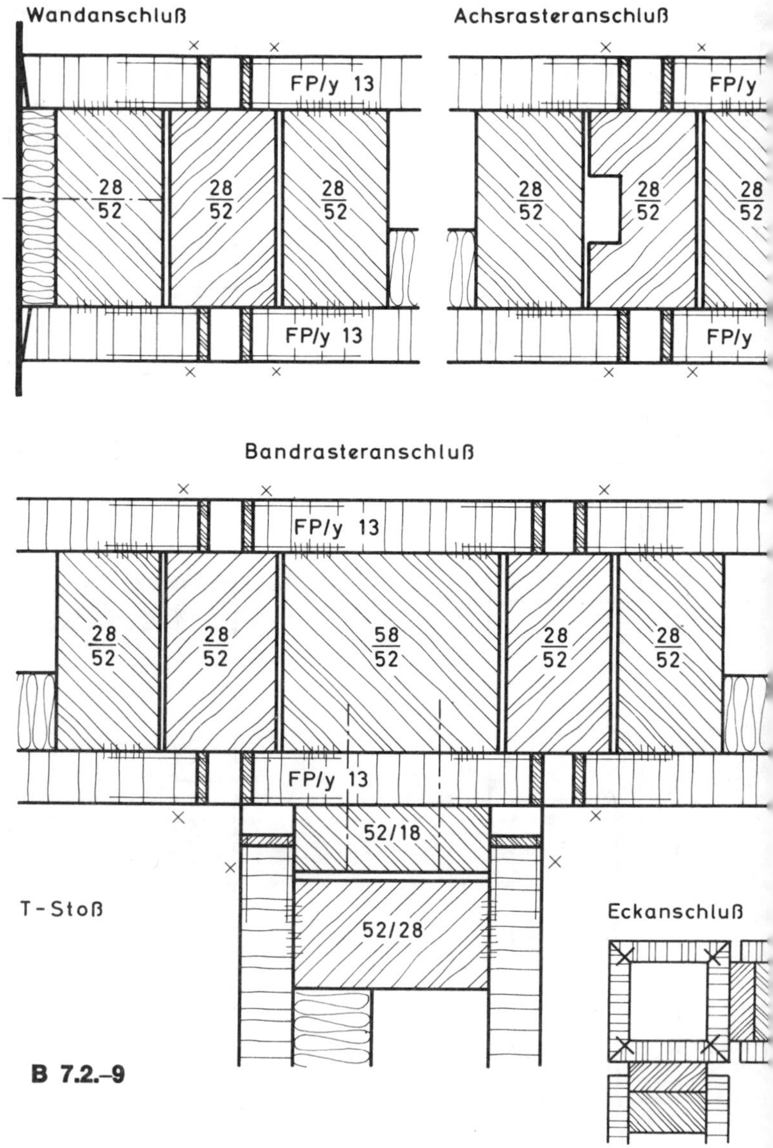
Wandanschluß
Achsrasteranschluß
FP/y 13
FP/y
28/52
Bandrasteranschluß
58/52
52/18
52/28
T-Stoß
Eckanschluß

B 7.2.-9

nschluß

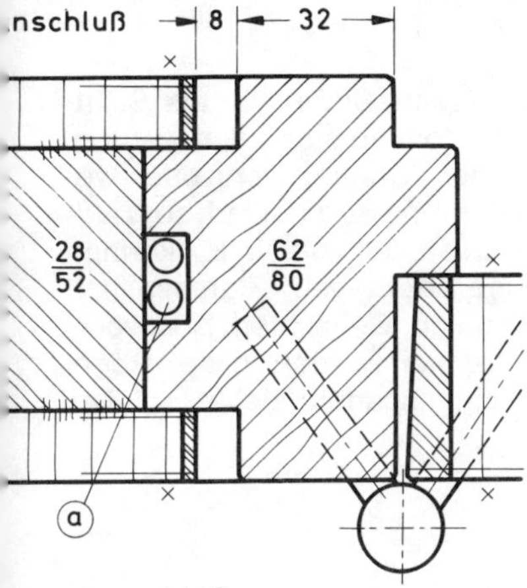

wandanschluß

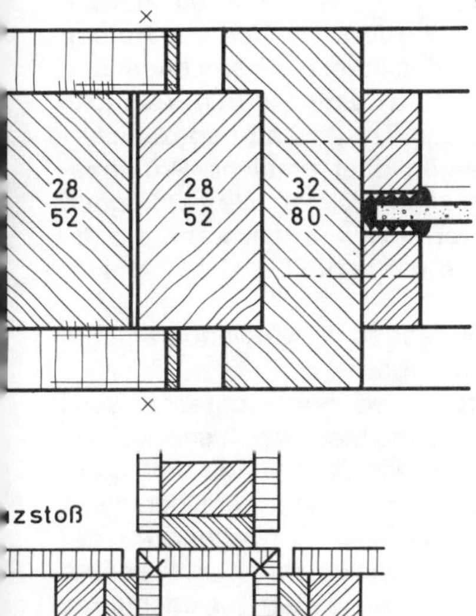

zstoß

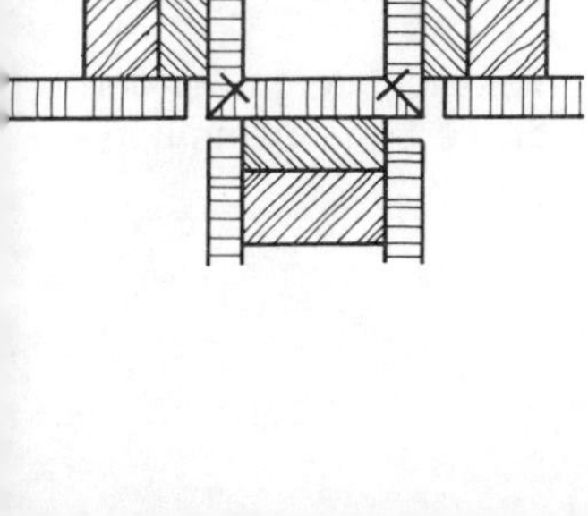

Deckenanschluß

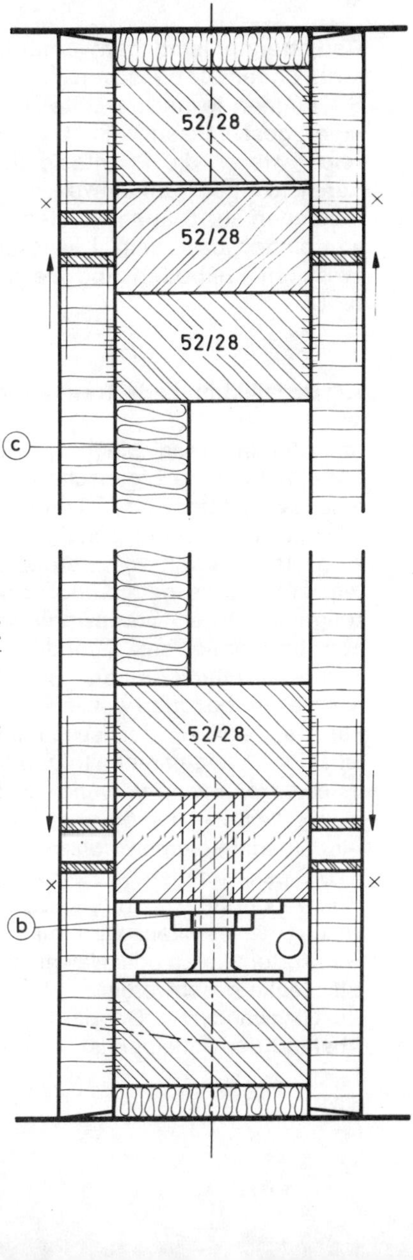

7.3 Raumtrenner

Raumtrenner sind paraventartige Trennwände, die als Sichtschutz oder zur optischen Raumunterteilung eingebaut werden. Sie können je nach architektonischer Wirkung mehr oder weniger geschlossen sein. Die Ausführungsarten sind so zahlreich, wie es die Phantasie der Gestalter zuläßt. Es können durchsichtige Rahmenwerke, Verbretterungen, Rahmen mit Füllungen aus Stäben, Leisten, Textilien, Geflechten, Holzwerkstoffplatten usw. sein. Die Raumtrenner werden in der Regel zwischen Fußboden und Decke eingespannt (siehe B 7.3.–1 bis 6).

7.4 Schalldämmende Trennwände

Im zunehmenden Maße werden von Trennwänden höhere schalldämmende Eigenschaften gefordert. Da sich der Aufbau einer schalldämmenden Trennwand nicht exakt berechnen läßt, sind die Erfolge der Schallschutzkonstruktion durch Versuche zu prüfen. Viele Firmen, die sich auf Trennwände spezialisierten, haben das getan und verfügen über amtliche Prüfungszeugnisse ihrer Trennwandelemente. Diese Werte können aber im montierten Zustand nur erreicht werden, wenn die die Trennwand flankierenden Bauteile mit in die Schallschutzmaßnahmen einbezogen werden.

Für den Aufbau der schalldämmenden Trennwandelemente läßt sich im allgemeinen folgendes sagen:

1. *Die Trennwandelemente* sollten zweischalig aufgebaut sein, wobei die Schalen möglichst schwer und biegeweich sein sollten. Als Material kommen Holzwerkstoffe wie Span- und Furnierplatten, Gipskartonplatten, Holzfaserzementplatten, metallbeplankte Holzwerkstoffe u. a. in Frage. Da die Platten schwer und »biegeweich« sein sollten, wird man die Schalen durch aufgeklebte Gipskartonplatten oder Hawa-Schallschutzplatten (Ha) oder durch Bleibleche beschweren.

Bei Glaswänden ist Doppelverglasung vorzusehen. Je größer der Abstand der Scheiben ist, desto besser ist die Schalldämmung.

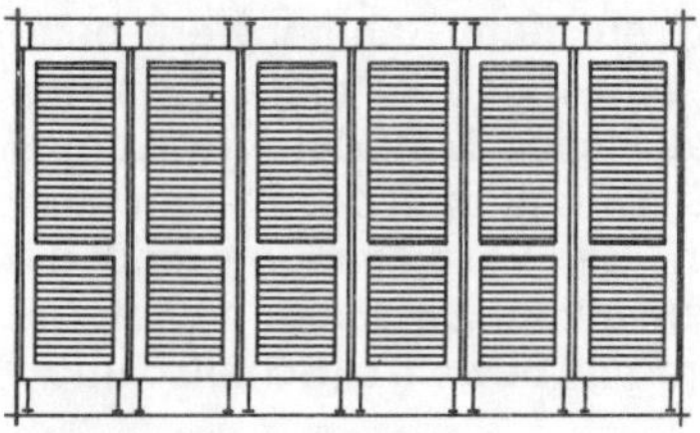

B 7.3.–1

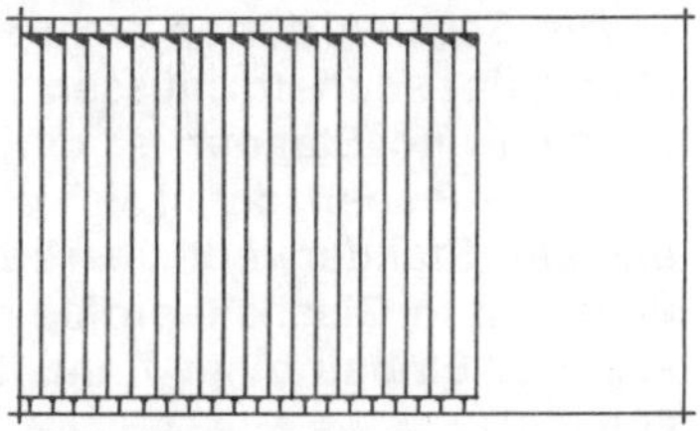

B 7.3.–2

B 7.3.–3

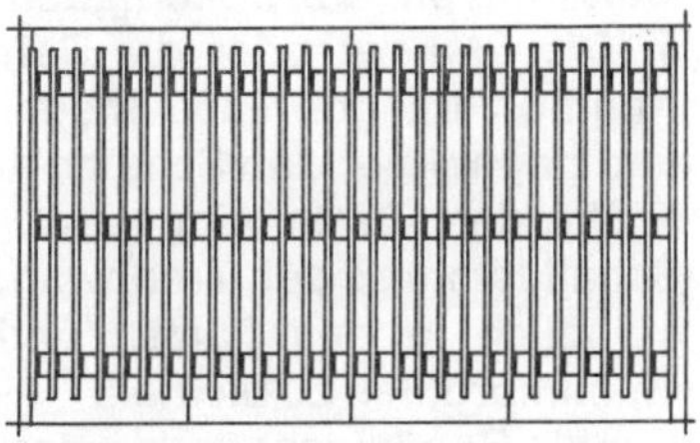

B 7.3.–4

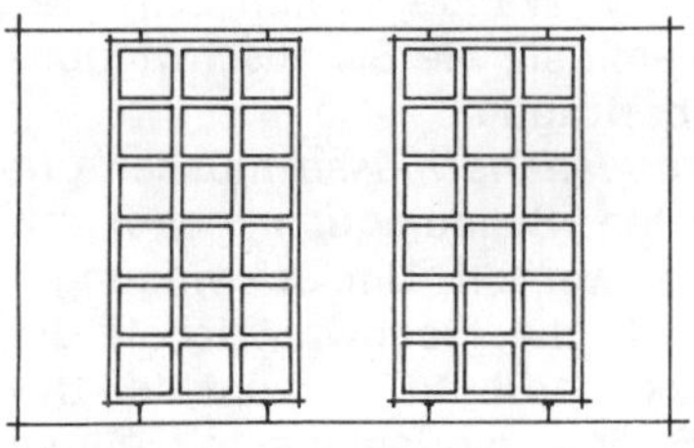

B 7.3.–5

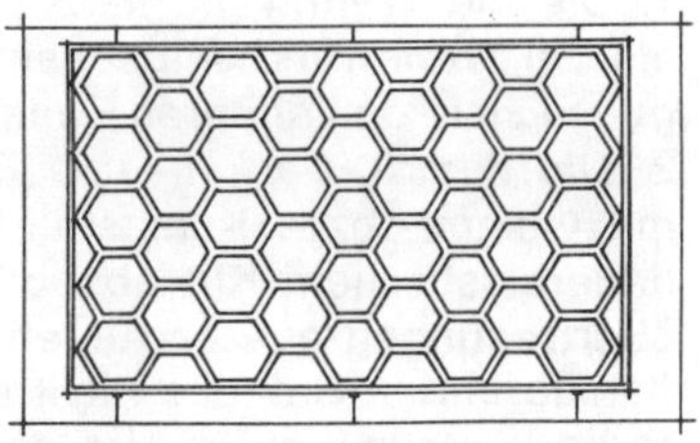

B 7.3.–6

B 7.3–1 Raumtrenner aus Rahmen mit jalousieartigen Verstäbungen.
B 7.3.–2 Raumtrenner aus vertikalen schräggestellten Brettern.
B 7.3.–3 Raumtrenner aus Rahmen mit Füllungen aus Korbgeflecht oder Textilien.
B 7.3.–4 Raumtrenner aus quergestellten Brettern.
B 7.3.–5 Raumtrenner aus einem quadratischen Rahmenwerk.
B 7.3.–6 Raumtrenner aus einem Sechseck-Rahmenwerk.

2. *Die Schalen* dürfen nicht starr auf dem Rahmenwerk befestigt sein, sondern müssen frei schwingen können. Zwischen Schalen und Ständer ist ein elastisches Material wie Gummi o. ä. einzubauen, damit sich die Schwingungen der Platten nicht auf das Ständerwerk übertragen. Bei Verglasungen sind die Scheiben in Glashalteprofile einzusetzen. Zwischen diesen hat sich der Einbau einer Randdämpfung bewährt (Schallschluckkammer).
3. *Die Hohlräume* zwischen den Schalen sind ganz oder teilweise mit Mineralwolleplatten oder -filz auszufüllen.
4. *Die Ständer* oder die Rahmen bestehen in der Regel aus Kanthölzern oder aus Metallprofilen. Sie sind untereinander und gegenüber den Schalen akustisch zu dämmen.
5. Werden *Türen* eingebaut, muß das Türblatt ebenfalls das Schalldämmaß der Trennwand aufweisen und es ist selbstverständlich in den Fälzen und am Boden mittels elastischen Gummiprofilen zu dichten.

Für die Randeinspannung der Trennwände kann man folgendes festlegen:

1. Die die Trennwand *flankierenden Wände* sollten schwerer als die Trennwand selbst sein, damit sie die Schallschwingungen nicht in den anderen Raum übertragen.
2. *Die Wand-, Decken- und Fußbodenanschlüsse* müssen gut mit Gummi- bzw. Kunststoffprofilen, Schaumgummi oder mit dauerelastischem Kitt abgedichtet werden. Um Schwingungsübertragungen auszuschalten, sollte die Trennwandschale die flankierenden Bauteile nicht direkt berühren. Besteht der Unterboden aus Estrich, ist der Boden mindestens mit einem hochflorigen Teppichboden zu belegen, damit sich die Schallschwingungen nicht durch den Boden fortsetzen.
3. Bei *abgehängten Decken* sind die Räume auch über den Trennwänden im Deckenhohlraum schalldämmend abzuschotten. Besonders kritisch sind dann durchlaufende Klimakanäle oder Installationsleitungen, die einmal ausgespart werden müssen und zum anderen die Schallschwingungen in andere Räume weiterleiten.
4. Schwierig gestaltet sich der *Anschluß an eine Fensterwand,* der ja wegen der schmalen Fenstersprossen nur sehr dünn

sein kann. Hier wird man besondere Zwischenstücke aus dünnem, schwerem Material, wie Stahlplatten, mit Bleiblech beplankte Multiplexplatten o. ä. anfertigen müssen.
Beispiel einer schalldämmenden Trennwand siehe 7.4.–1.

7.5 Brandschutztrennwände

Trennwände haben normalerweise als nichttragende Bauteile für die Standsicherheit im Brandfalle keine Bedeutung, so daß feuerhemmende oder feuerbeständige Trennwände nur selten gefordert werden können. Sie kommen aber vor, wenn Brandabschnitte innerhalb eines Raumes zu bilden sind oder bei Laboreinrichtungen. Die DIN 4102 klassifiziert die Widerstandsfähigkeit der Baustoffe in die Klasse A: nicht brennbare Baustoffe wie Stahl, Stein, Beton, Glas, Asbest usw. und in die Klasse B: brennbare Baustoffe, wie schwerentflammbare Baustoffe (flammgeschützte Spanplatten, Holzwolleleichtbauplatten, Gipskartonplatten), normal entflammbare Baustoffe (Holz und Holzwerkstoffe) und leicht entflammbare Baustoffe (Papier, Kunststoffolien usw.).
Die DIN 4102 unterscheidet feuerhemmende (Feuerwiderstandsklasse F 30, F 60), feuerbeständige (Feuerwiderstandsklasse F 90, F 120) und hochfeuerbeständige (Feuerwiderstandsklasse F 180) Bauteile.
Als feuerhemmend gelten Bauteile, die während einer Prüfzeit von 30 Minuten (F 30) nicht entflammen und den Durchgang des Feuers während dieser Zeit verhindern. Einseitig dem Feuer ausgesetzte Bauteile dürfen auf der dem Feuer abgekehrten Seite nicht wärmer als 130° C werden. Die Konstruktion darf nicht zusammenbrechen und muß noch bis zu 1 cm dick erhalten geblieben sein.

B 7.4.–1 Detailpunkte einer schalldämmenden Trennwand. (a) Mineralwollefilz, (b) Gipskartonplatten, aufgeklebt, (c) Dichtungsprofil, (d) Einhängevorrichtungen, (e) Randdämpfung, (f) Spannschraube, (g) gedämmte Randeinspannung.

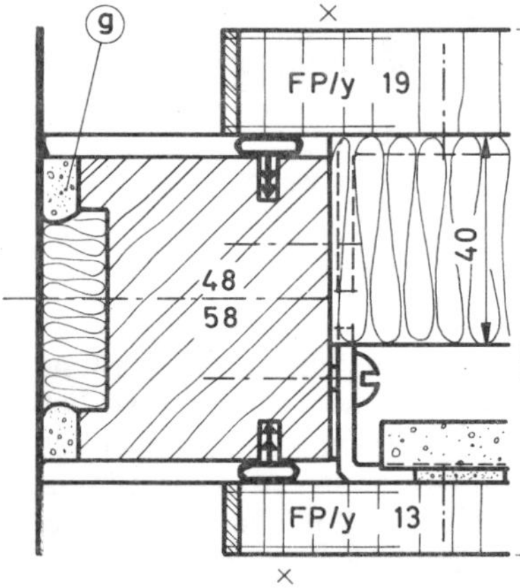

Wandanschluß

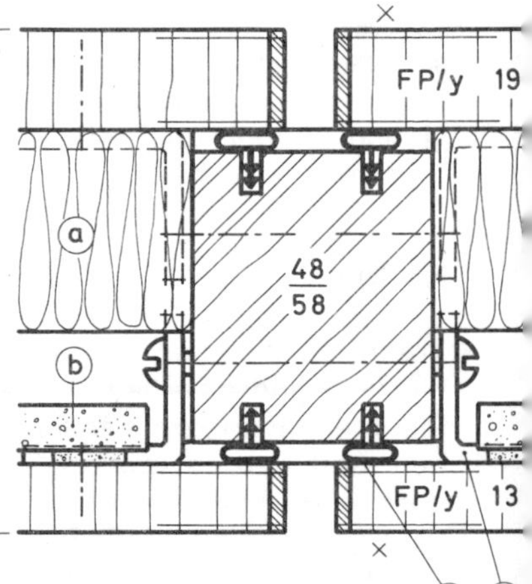

Achsrasteranschluß

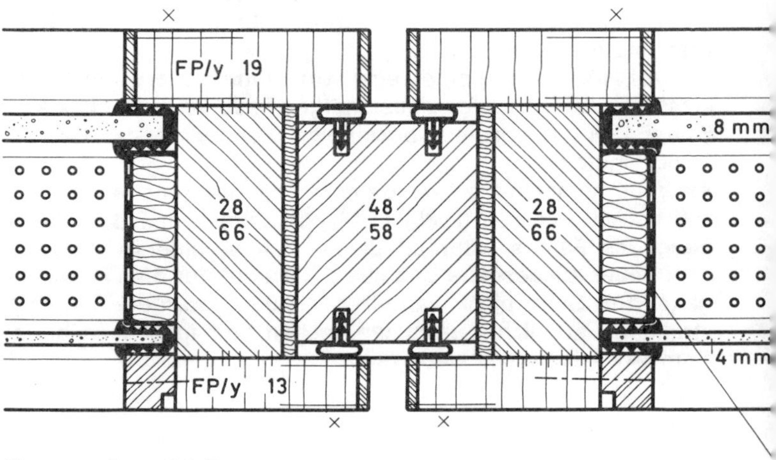

Glaswandanschluß

B 7.4.–1

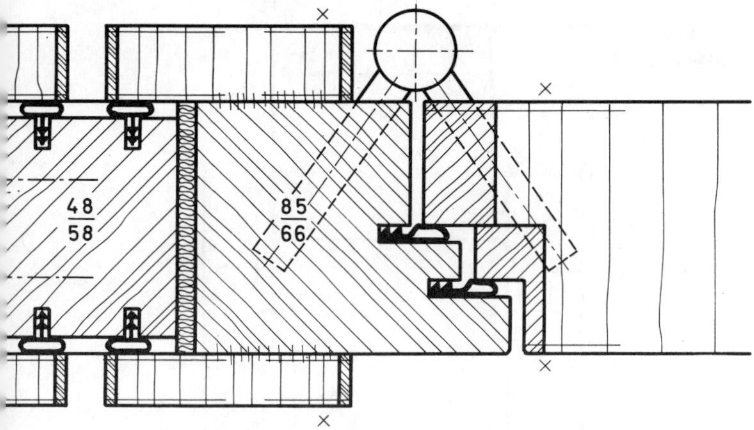

Türanschluß

Bandrasteranschluß

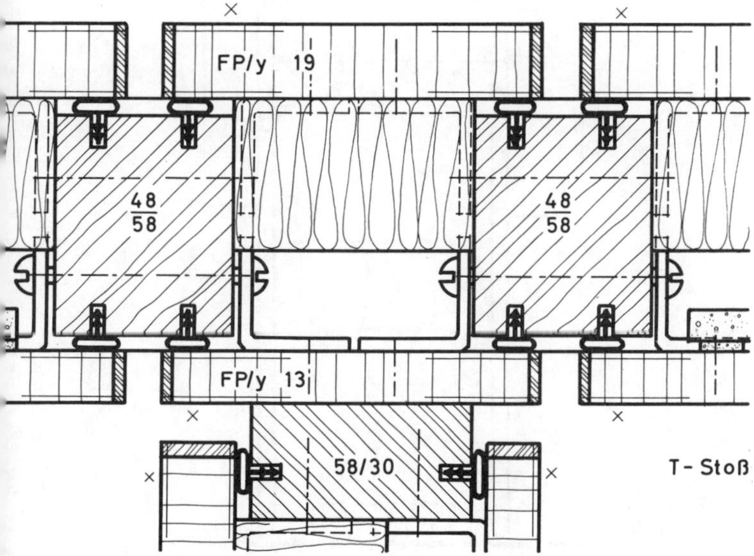

T-Stoß

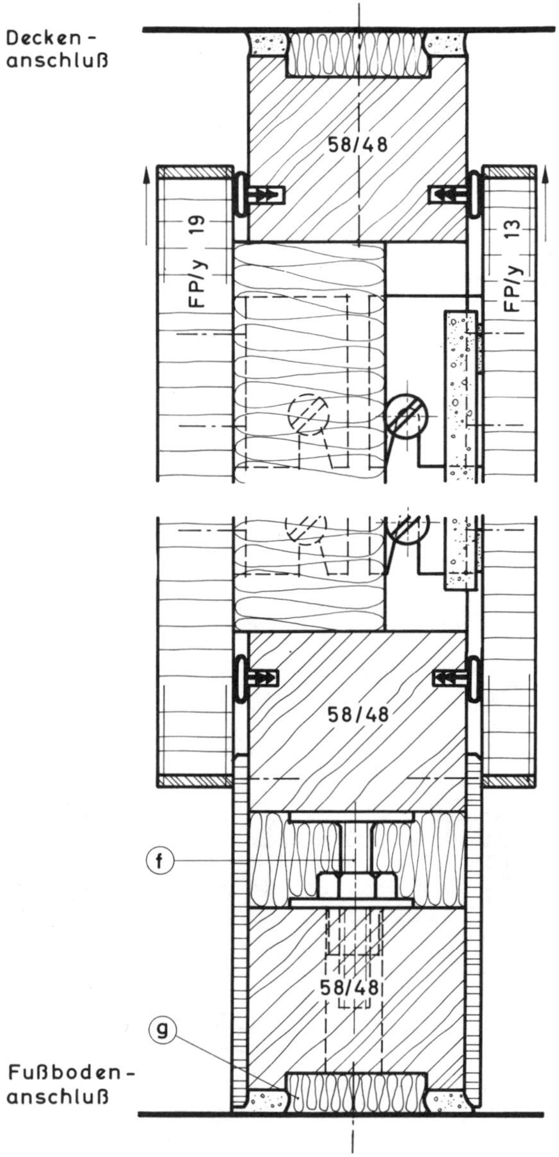
Decken-
anschluß
58/48
FP/y 19
FP/y 13
58/48
f
58/48
g
Fußboden-
anschluß

Als feuerbeständig gelten Bauteile aus nicht brennbaren Baustoffen, die bei einem Brandversuch während einer Zeit von 90 Minuten (F 90) dem Feuer und dem anschließenden Löschwasser standhalten.
Als hochfeuerbeständig gelten feuerbeständige Bauteile, die dem Brandversuch 180 Minuten lang standhalten.
Aus diesen Angaben wird klar, daß diese feuerhemmenden Trennwände noch mit flammgeschützten Spanplatten auf Holzständern hergestellt werden können. Die Kanten der Spanplatten sind aber entweder durch Metallprofile zu schützen oder müssen fugenlos aneinander verlegt werden. Für alle feuerbeständigen Trennwände können nur nichtbrennbare Baustoffe wie Metallstützen und Beplankungen aus Holzfaserzementplatten in Frage kommen. Für feuerhemmende und feuerbeständige Trennwände wird in der Regel ein bauaufsichtlich anerkanntes Prüfungszeugnis verlangt, so daß man auf die von spezialisierten Trennwandherstellern gelieferten Trennwandelemente zurückgreifen wird.

Register

Abkürzungen

AEG	Firma AEG, 2000 Hamburg
Al	Aluminium
An	Anuba-Herkula-Band, Firma X. Heine und Sohn KG, 7714 Vöhrenbach
Ar	Firma Armstrong Cork, International GmbH, 4000 Düsseldorf
Ath	Firma F. Athmer, 5763 Müschede
Bä	Firma Bäder, 7014 Kornwestheim
BKS	BKS-Gesellschaft mbH, 5620 Velbert
BL	Firma Blum, A-6973 Höchst
Bo	Bolta-Werk GmbH, 8560 Lauf/Pegnitz
Bö	Firma W. Bögle KG, 7410 Reutlingen-Betzingen
Bos	Bostik GmbH, 6370 Oberursel
Br	Firma Fr. R. Brumme, 5620 Velbert
BSW	Firma Breuer & Schmitz, Baubeschlagfabrik, 5650 Solingen-Wald
Bu	Firma Josef Burda, 4000 Düsseldorf-Oberkassel
Da	Firma Karl Danzer KG, 7640 Kehl/Rhein
dB	dezibel
De	Firma Deventer KG, 2000 Hamburg-Neuwulmstorf
Do	DORMA-Baubeschlag, 5828 Ennepetal
Ei	Firma Kurt Eisinger & Sohn, 6832 Hockenheim
Er	Firma Erco-Leuchten KG, 5880 Lüdenscheid
Es	Elepart-System GmbH, 5620 Velbert
Fi	Firma Fischer-Dübelwerk, 7241 Tumlingen-Freudenstadt
FP/Y	Flachpreßspanplatte mit hoher Biegefestigkeit und normaler Querzugsfestigkeit
Fr	Firma F. Früh, 7241 Neckartenzlingen
FU	Sperrholz-Furnierplatte
Ge	Firma Geze, vereinigte Baubeschlagsfabriken, Gretsch & Co, GmbH, 7250 Leonberg
Gea	Firma Happel KG, 4680 Wanne-Eickel
GH	Firma Grünzweig & Hartmann, 6700 Ludwigshafen
Gr	Firma A. Gras, 6973 Höchst

GU	Firma Gretsch-Unitas, 7000 Stuttgart-Feuerbach
Ha	Firma Hawa, CH-8932 Mettmenstetten
Hä	Firma Häfele, 7270 Nagold
Haw	Hawgood-Pendeltürbänder
Heb	Hebgo-Beschläge, Hch. Briner-Gugger, CH-4600 Olten
Hem	Firma Helm, Schiebetürbeschläge, 5628 Heiligenhaus
Hff	Hoffmeister-Leuchten, 5880 Lüdenscheid
HFH	Holzfaserhartplatte
Hu	Firma Huwil, 5224 Ruppichteroth
Hü	Firma Hüppe & Co, 2900 Oldenburg
IB	Ibegla-Gußglashandel
Jo	Firma Jost & Co, 7959 Großschafhausen
Joc	Firma Joco, 7590 Achern
Kai	Kaiser-Leuchten
Ke	Kellpax Werk, Keller & Co, GmbH, 6707 Schifferstadt
Kl	K-Leuchten, 4920 Lemgo
Kn	Gebr. Knauf, Westdeutsche Gipswerke, 8715 Ipfhofen
KU	Kunststoff
Kuf	Gebr. Kufferath, 5161 Mariaweiler-Düren
La	Firma Karl Lautenschläger, 6101 Reinheim/Odenwald
LM	Leichtmetall
Mo	Morako-Werk, Johann Stockrahm, 4130 Moers
Mon	Firma Monowa GmbH, 7016 Gerlingen
Ms	Messing
Na	Firma Nalasek & Edelkotte OHG, 5038 Rodenkirchen-Köln
No	Novalux Gesellschaft, Brandenburg & Co, 5000 Köln-Braunsfeld
Nü	Firma Nüssing, 4400 Münster
OFF	Oberfläche Fußboden
OFR	Oberfläche Rohdecke
On	Firma Oni-Metallwarenfabrik, Günter & Co, 4973 Vlotho
Ow	Odenwald Faserplattenwerk GmbH, 8762 Amorbach
Öw	Öffnungswinkel
Phi	Firma Phillips
Pr	Firma Prämenta, 5000 Köln-Ostheim

Pro	Firma Promat GmbH & Co Kg, 4000 Düsseldorf
Pt	Protektorschienen
Re	Firma Rehau-Plastik GmbH, 8521 Eltersdorf
Ri	Rigips-Vertriebs GmbH, 3452 Bodenwerder
RR	Rohbaurichtmaß
Sch	Firma Schock & Co GmbH, 7060 Schorndorf
Scha	Firma Stahl Schanz GmbH, 6052 Mühlheim
Si	Simonswerk GmbH, Baubeschlagfabrik, 4840 Rheda
Sie	Firma Siemens
Sil	Silan, Grünzweig u. Hartmann, 6700 Ludwigshafen
Sl	Firma Schütte & Lanz, 6800 Mannheim-Rheinau
Sp	Stanmore Springs GmbH, 2000 Hamburg 26
St	Stahl
Sta	Staba-Vertrieb, W. Bögle KG, 7411 Reutlingen-Betzingen
STAE	Sperrholz-Stäbchenplatte
Stf	Firma Staff & Schwarz GmbH, Leuchtenwerk, 4920 Lemgo
Sv	Svedex-Türen, Firma Karl Schwab GmbH, 7140 Reutlingen
Tl	Sperrholz-Tischlerplatten
Tri	Trilux-Leuchten
Vi	Vilin-Vertrieb, 8000 München (Vilin-Klammern)
Vie	Gebr. Vieler GmbH, 5868 Letmathe
We	Firma Westag & Getalit AG, 4832 Wiedenbrück
Wen	Wenü-Bänder, Hans Weber, Metallwarenfabrik GmbH, 8500 Nürnberg
Wi	Firma A. Winkhaus, 4404 Teltge
Wil	Wilu-Leuchten, Wilhelm Hagen, 5860 Iserlohn
Wr	Wirus Werke, 4830 Gütersloh
Wz	Firma Werzalit, 7141 Oberstenfeld